방사선비파괴검사

기능사 필기+실기

시대에듀

합격에 윙크[Win-Q]하다

Win-Q

[방사선비파괴검사기능사] 필기+실기

Always with you

사람이 길에서 우연하게 만나거나 함께 살아가는 것만이 인연은 아니라고 생각합니다.

책을 펴내는 출판사와 그 책을 읽는 독자의 만남도 소중한 인연입니다.

시대에듀는 항상 독자의 마음을 헤아리기 위해 노력하고 있습니다.

늘 독자와 함께하겠습니다.

PREFACE

머리말

방사선비파괴검사 분야의 전문가를 향한 첫 발걸음!

우리나라를 돌이켜보면 참 많은 희생을 거쳐 현재에 머물러 있다. 성수대교 붕괴, 삼풍백화점 붕괴, 대구 지하철 참사, 세월호 침몰 등 참 많은 재난·재해가 있었다. 더욱 안타까운 것은 이 사고를 모두 사전에 예방하고 막을 수 있었다는 점이다. 안전에 대해 무심하고, '겨우 이 정도는 괜찮겠지?'란 생각은 더 큰 사고를 낼 수 있는 발단이 되기 마련이다.

'잊혀가는 사고를 영원히 기억하고, 안전사고가 일어나지 않는 대한민국이 되었으면 한다.'
비파괴검사는 우리에게 품질과 안전의 진단을 내릴 수 있는 중요한 검사 방법이다. 철강, 조선, 우주, 항공 등 여러 분야의 부품을 파괴하지 않은 상태에서 검사하여 앞으로의 사용 유무를 알 수 있다. 그러므로 현재뿐만 아니라 앞으로 그 효용 가치는 더 높아질 것으로 보인다.

방사선탐상을 공부하다 보면 새로운 단어와 더불어 알아야 할 규격도 많아 수험생 여러분들이 어려움을 겪었을 것이라 생각된다. 저자 역시도 광범위한 이론적 부분과 규격들을 어떻게 압축하면 수험생에게 도움이 될까 많은 고민을 하였다. 또한 실기 부분 역시 방사선 조사 타입에 따라 방법이 달라 어려운 부분이 한두 가지가 아니었다. 이는 아마 수험생들도 공부하며 겪는 어려움이 아닐까 생각한다.

본 교재는 세 가지 목표를 가지고 집필하였다.
첫 번째, 비파괴검사에서 꼭 알아야 하는 이론들에 대해 정리하는 것으로 비파괴검사의 초석을 다질 수 있도록 하였다.
두 번째, 15년간의 기능사 출제 문제를 분석하여, 중복되는 이론과 중요한 규격 내용들이 필수적으로 포함되고, 최대한 이해하기 쉽도록 설명하였다.
세 번째, 방사선탐상 실기 부분에서는 기능사 수준의 최소한 알아야 할 규격을 바탕으로 실기 작업 시 필요한 내용을 담았다.

특히 방사선탐상의 경우 안전관리 및 규격에 맞게 방사선 촬영 기법을 사용하는 것이 매우 중요하므로, 해당 규격에 대해 꼭 암기하고, 이미지 트레이닝을 거친 후 시험을 보았으면 한다.

끝으로 이번 방사선비파괴검사 집필에 있어서 여러 방사선 관련 자료를 주신 도경윤 이사님, 김대진 과장님, 김종범 교수님, 오지섭 소장님께 감사의 말씀을 드리며, 이 책을 기초로 수험생 여러분의 기능이 더욱 발전할 수 있길 바란다.

편저자 권유현

시험안내

개 요

방사선비파괴검사는 그 적용대상이 광범위하지만 작업 중 방사선에 노출될 위험이 있어 각별한 주의가 요구된다. 이에 따라 숙련된 기능을 바탕으로 비파괴검사작업을 수행할 수 있고, 관련 장비를 안전하게 조작ㆍ취급할 수 있는 기능인력을 양성이 요구되어 자격제도를 제정하였다.

수행직무 및 진로

방사선을 이용한 비파괴검사에 대해 주로 현장실무를 담당하며 적절한 도구를 이용하여 검사방법 및 절차에 따라 실제적인 비파괴검사 업무를 수행한다. 전문 비파괴검사업체에 취업하거나 자체 검사시설을 갖춘 조선소, 철강업체, 중공업 및 선박제작업체, 건설회사, 가스용기제작업체 및 보일러제조회사 등에 진출할 수 있다.

시험일정

구 분	필기원서접수 (인터넷)	필기시험	필기합격 (예정자) 발표	실기원서접수	실기시험	최종 합격자 발표일
제1회	1.6~1.9	1.21~1.25	2.6	2.10~2.13	3.15~4.2	4.11
제2회	3.17~3.21	4.5~4.10	4.16	4.21~4.24	5.31~6.15	6.27

※ 상기 시험일정은 시행처의 사정에 따라 변경될 수 있으니, www.q-net.or.kr에서 확인하시기 바랍니다.

시험요강

❶ 시행처 : 한국산업인력공단
❷ 시험과목
　㉠ 필기 : 비파괴검사 총론, 방사선비파괴검사, 방사선비파괴검사 표준, 금속재료 및 용접
　㉡ 실기 : 방사선비파괴검사 실무
❸ 검정방법
　㉠ 필기 : 객관식 60문항(60분)
　㉡ 실기 : 작업형(30~60분 정도)
❹ 합격기준
　㉠ 필기 : 100점을 만점으로 하여 60점 이상
　㉡ 실기 : 100점을 만점으로 하여 60점 이상

검정현황

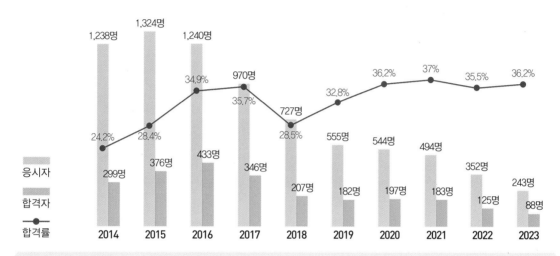

필기시험

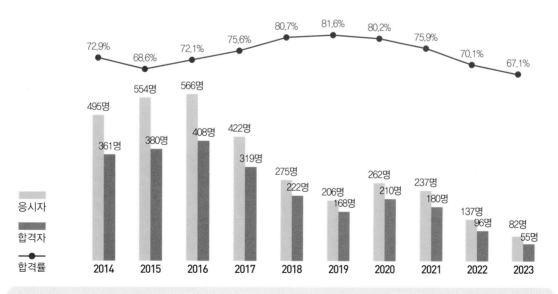

실기시험

시험안내

출제기준(필기)

필기과목명	주용항목	세부항목
비파괴검사총론 · 방사선비파괴검사 · 방사선비파괴검사 표준 · 금속재료 및 용접	비파괴검사 총론	• 비파괴검사의 기초원리 • 비파괴검사의 종류와 특성
	방사선투과검사의 기초이론	• 방사선의 종류 • 방사선의 발생 • 방사선(엑스선 및 감마선)의 성질 • 방사선투과검사의 원리와 종류
	방사선투과검사 장비 및 재료	• 방사선투과검사 장비 • 감광재료 • 방사선투과검사 재료
	투과 사진 촬영기법	• 투과도계와 계조계 • 촬영배치 • 노출조건의 결정 • 투과 사진의 콘트라스트 • 사진처리 기술 • 특수촬영
	평가 및 판정	• 투과 사진의 관찰 조건 • 투과 사진의 평가 및 판정
	방사선 안전관리	• 방사선 안전관리 • 방사선의 검출과 측정
	방사선 관련 법규(관련 법령)	• 방사선투과검사 관련(원자력안전법)
	관련 국내 규격	• 검사조건 • 투과 사진의 필요조건 확인 • 결함의 분류
	합금함량 분석	• 금속의 특성과 상태도
	재료설계 자료 분석	• 금속재료의 성질과 시험 • 철강 재료 • 비철금속 재료 • 신소재 및 그 밖의 합금
	용접방법과 용접결함	• 아크용접 • 가스용접 • 기타 용접법 및 절단 • 용접시공 및 검사

출제기준(실기)

실기과목명	주요항목	세부항목
방사선비파괴검사 실무	방사선 안전관리	• 방사선 안전장비 점검하기 • 피폭 방사선량 확인하기 • 방사선 관리구역 설정하기
	방사선 장비 운용	• 감마선 장비 점검하기 • 감마선 장비 설치하기 • 엑스선 장비 점검 및 설치하기
	맞대기 용접부 방사선 촬영	• 맞대기 용접부 방사선 촬영 준비하기 • 맞대기 용접부 방사선 촬영 실시하기
	원둘레 용접부 방사선 촬영	• 원둘레 용접부 방사선 촬영 준비하기 • 단일벽 단일면 방사선 촬영 실시하기 • 이중벽 단일면 방사선 촬영 실시하기 • 이중벽 양면 방사선 촬영 실시하기
	필릿 용접부 방사선 촬영	• 필릿 용접부 방사선 촬영 준비하기 • 필릿 용접부 방사선 촬영 실시하기
	필름 현상	• 현상 시설 점검하기 • 필름 현상 실시하기
	방사선 투과 사진 판독	• 판독설비 점검하기 • 투과 사진 품질수준 확인하기 • 투과 사진 합부 판정하기

출제비율

비파괴검사 일반	방사선탐상 일반	방사선탐상 관련 규격	금속재료 일반 및 용접 일반
23%	20%	25%	32%

CBT 응시 요령

기능사 종목 전면 CBT 시행에 따른

CBT 완전 정복!

"CBT 가상 체험 서비스 제공"

한국산업인력공단
(http://www.q-net.or.kr) 참고

수험자 정보 확인

신분확인이 끝나면 시험이 곧 시작됩니다. 잠시만 기다려 주세요.

수험번호	00000000
성명	수험자
생년월일	XX.01.01
응시종목	정보처리기능사
좌석번호	07번

07 좌석번호

01 수험자 정보 확인

시험장 감독위원이 컴퓨터에 나온 수험자 정보와 신분증이 일치하는지를 확인하는 단계입니다. 수험번호, 성명, 생년월일, 응시종목, 좌석번호를 확인합니다.

안내사항

- 시험은 총 5문제로 구성되어 있으며, 5분간 진행됩니다.
- 시험도중 수험자 PC 장애발생시 손을 들어 시험감독관에게 알리면 긴급 장애 조치 또는 자리이동을 할 수 있습니다.
- 시험이 끝나면 합격여부를 바로 확인할 수 있습니다.

02 안내사항

시험에 관한 안내사항을 확인합니다.

유의사항 - [1/4]

- 다음과 같은 부정행위가 발각될 경우 감독관의 지시에 따라 퇴실 조치되고, 시험은 무효로 처리되며, 3년간 국가기술자격검정에 응시할 자격이 정지됩니다.

  - 시험 중 다른 수험자와 시험에 관련한 대화를 하는 행위
  - 시험 중에 다른 수험자의 문제 및 답안을 엿보고 답안지를 작성하는 행위
  - 다른 수험자를 위하여 답안을 알려주거나, 엿보게 하는 행위
  - 시험 중 시험문제 내용과 관련된 물건을 휴대하여 사용하거나 이를 주고받는 행위

03 유의사항

부정행위에 관한 유의사항이므로 꼼꼼히 확인합니다.

문제풀이 메뉴 설명

- 아래 문제풀이 기능 설명을 유의해서 읽고 기능을 숙지해 주십시오.

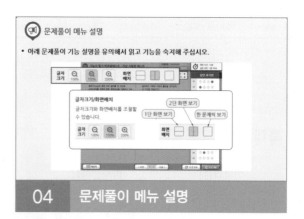

04 문제풀이 메뉴 설명

문제풀이 메뉴의 기능에 관한 설명을 유의해서 읽고 기능을 숙지해 주세요.

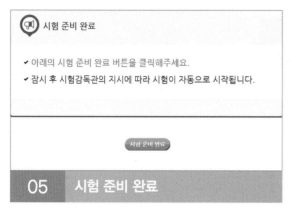

05 시험 준비 완료

시험 안내사항 및 문제풀이 연습까지 모두 마친 수험자는 시험 준비 완료 버튼을 클릭한 후 잠시 대기합니다.

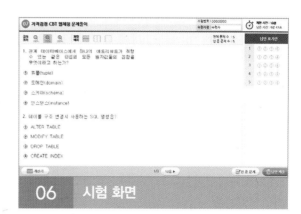

06 시험 화면

시험 화면이 뜨면 수험번호와 수험자명을 확인하고, 글자크기 및 화면배치를 조절한 후 시험을 시작합니다.

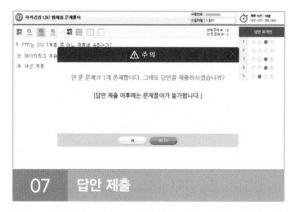

07 답안 제출

[답안 제출] 버튼을 클릭하면 답안 제출 승인 알림창이 나옵니다. 시험을 마치려면 [예] 버튼을 클릭하고 시험을 계속 진행하려면 [아니오] 버튼을 클릭하면 됩니다. 답안 제출은 실수 방지를 위해 두 번의 확인 과정을 거칩니다. [예] 버튼을 누르면 답안 제출이 완료되며 득점 및 합격여부 등을 확인할 수 있습니다.

CBT 완전 정복 *Tip*

내 시험에만 집중할 것
CBT 시험은 같은 고사장이라도 각기 다른 시험이 진행되고 있으니 자신의 시험에만 집중하면 됩니다.

이상이 있을 경우 조용히 손을 들 것
컴퓨터로 진행되는 시험이기 때문에 프로그램상의 문제가 있을 수 있습니다. 이때 조용히 손을 들어 감독관에게 문제점을 알리며, 큰 소리를 내는 등 다른 사람에게 피해를 주는 일이 없도록 합니다.

연습 용지를 요청할 것
응시자의 요청에 한해 연습 용지를 제공하고 있습니다. 필요시 연습 용지를 요청하며 미리 시험에 관련된 내용을 적어놓지 않도록 합니다. 연습 용지는 시험이 종료되면 회수되므로 들고 나가지 않도록 유의합니다.

답안 제출은 신중하게 할 것
답안은 제한 시간 내에 언제든 제출할 수 있지만 한 번 제출하게 되면 더 이상의 문제풀이가 불가합니다. 안 푼 문제가 있는지 또는 맞게 표기하였는지 다시 한 번 확인합니다.

구성 및 특징

핵심이론

필수적으로 학습해야 하는 중요한 이론들을 각 과목별로 분류하여 수록하였습니다.
시험과 관계없는 두꺼운 기본서의 복잡한 이론은 이제 그만! 시험에 꼭 나오는 이론을 중심으로 효과적으로 공부하십시오.

---

01 비파괴검사 일반

핵심이론 01 비파괴검사 개요

① 파괴검사와 비파괴검사의 차이점
  ㉠ 파괴검사 : 시험편이 파괴될 때까지 하중, 열, 전류, 전압 등을 가하거나, 화학적 분석을 통해 소재 혹은 제품의 특성을 구하는 검사이다.
  ㉡ 비파괴검사 : 소재 혹은 제품의 상태, 기능을 파괴하지 않고 소재의 상태, 내부구조 및 사용 여부를 알 수 있는 모든 검사이다.

② 비파괴검사 목적
  ㉠ 소재 혹은 기기, 구조물 등의 품질관리 및 평가
  ㉡ 품질관리를 통한 제조원가 절감
  ㉢ 소재 혹은 기기, 구조물 등의 신뢰성 향상
  ㉣ 제조기술의 개량
  ㉤ 조립 부품 등의 내부구조 및 내용물 검사
  ㉥ 표면처리 층의 두께 측정

③ 비파괴검사 시기
  품질평가 실시하기 적정한 때로 사용 전, 가동 중, 상시 검사 등이다.

④ 비파괴검사 평가
  설계의 단계에서 재료의 선정, 제작, 가공방법, 사용환경 등 종합적인 판단 후 평가한다.

⑤ 비파괴검사의 평가 가능 항목
  시험체 내의 결함 검출, 내부구조 평가, 물리적 특성 평가 등이다.

⑥ 비파괴검사의 종류
  육안, 침투, 자기, 초음파, 방사선, 와전류, 누설, 음향방출, 스트레인측정 등이 있다.

⑦ 비파괴검사의 분류
  ㉠ 내부결함검사 : 방사선(RT), 초음파(UT)
  ㉡ 표면결함검사 : 침투(PT), 자기(MT), 육안(VT), 와전류(ET)
  ㉢ 관통·설함검사 : 누설(LT)
  ㉣ 검사에 이용되는 물리적 성질

물리적 성질	비파괴시험법의 종류
광학적 및 역학적 성질	육안, 침투, 누설
음향적 성질	초음파, 음향방출
전자기적 성질	자분, 와전류, 전위차
투과 방사선의 성질	X선 투과, γ선 투과, 중성자 투과
열적 성질	적외선 서모그래픽, 열전 탐촉자

분석 화학

2010년 제1회 과년도 기출문제

01 각종 비파괴검사에 대한 설명 중 틀린 것은?
  ① 방사선투과시험은 반영구적으로 기록이 가능하다.
  ② 초음파탐상시험은 균열에 대하여 높은 감도를 갖는다.
  ③ 자분탐상시험은 강자성체에만 적용이 가능하다.
  ④ 침투탐상시험은 비금속 재료에만 적용이 가능하다.

해설
침투탐상시험은 거의 모든 재료에 적용 가능하다. 단, 다공성 물질에는 적용이 어렵다.

02 자분탐상시험법에 사용되는 시험 방법이 아닌 것은?
  ① 축통전법 ② 직각통전법
  ③ 프로드법 ④ 단층촬영법

해설
자분탐상시험에는 축통전법, 직각통전법, 프로드법, 전류관통법, 코일법, 극간법, 지속관통법이 있으며, 단층촬영법은 시험하고자 하는 한 단면만을 촬영하는 X-선 검사법에 속한다.

03 다른 비파괴검사법과 비교하여 와전류탐상시험의 장점이 아닌 것은?
  ① 시험을 자동화할 수 있다.
  ② 비접촉 방법으로 할 수 있다.
  ③ 시험체의 도금두께 측정이 가능하다.
  ④ 형상이 복잡한 것도 쉽게 검사할 수 있다.

해설
와전류 탐상의 장단점
• 장점
  - 고속으로 자동화된 전수검사 가능
  - 가는 선, 구멍 내부, 고온 등 여러 환경에서 적용 가능
  - 결함, 재질변화, 품질관리 등 적용 범위가 광범위
  - 탐상 및 재질검사 등 탐상 결과를 보전 가능
• 단점
  - 표피효과로 인해 표면 근처의 시험에만 적용 가능
  - 잡음 인자의 영향을 많이 받음
  - 결함 종류, 형상, 치수에 대한 정확한 측정은 불가
  - 형상이 간단한 시험체에만 적용 가능
  - 도체에만 적용 가능

04 초음파탐상시험법을 원리에 따라 분류할 때 포함되지 않는 것은?
  ① 투과법 ② 공진법
  ③ 표면파법 ④ 펄스반사법

해설
초음파탐상법의 원리 분류 중 송·수신 방식에 따라 반사법(펄스반사법), 투과법, 공진법이 있으며, 표면파법은 탐촉자의 진동 방식에 의한 분류이다.

1 ④ 2 ④ 3 ④ 4 ③ **정답**

과년도 기출문제

지금까지 출제된 과년도 기출문제를 수록하였습니다. 각 문제에는 자세한 해설이 추가되어 핵심이론만으로는 아쉬운 내용을 보충 학습하고 출제경향의 변화를 확인할 수 있습니다.

2024년 제1회 최근 기출복원문제

01 방사선투과시험 시 암실에 비치해야 할 최소한의 기기만으로 구성된 것은?

① 현상탱크, 세척탱크, 암등, 싱크대
② 현상탱크, 필름보관함, Ir-192 저장함, 암등
③ 압력탱크, 싱크대, 암등, 필름보관함
④ 세척탱크, 싱크대, 암등, Ir-192 저장함

해설
방사선투과시험 시 암실에는 현상탱크, 세척탱크, 암등, 싱크대 등이 반드시 필요하다.

02 다음 그림에서와 같이 시험체 속으로 초음파(에너지)가 전달될 때 초음파 선속은 어떻게 되는가?

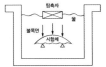

① 시험체 내에서 퍼지게 된다.
② 시험체 내에서 한 점에 집중된다.
③ 시험체 내에서 평행한 직선으로 전달된다.
④ 시험체 표면에서 모두 반사되어 들어가지 못한다.

해설
초음파는 직진성을 가지고 있지만 경계면 혹은 다른 재질에서는 굴절, 반사, 회절을 일으키므로 시험체 내에서 퍼지게 된다.

03 결함검출 확률에 영향을 미치는 요인이 아닌 것은?

① 결함의 방향성
② 균질성이 있는 재료 특성
③ 검사시스템의 성능
④ 시험체의 기하학적 특징

해설
균질성이란 성분이나 특성이 전체적으로 같은 상질로 결함검출 확률에는 미치지 않는다.

04 강용접 용기의 용접부위 두께가 80mm일 때 다음 중 가장 알맞은 방사선투과 촬영기는?

① 150kV
② 300kV
③ Ir-192
④ Co-60

해설
두께가 매우

05 관의 보수
때 관의 내
하면 내

① $\left(\dfrac{D}{d}\right)^2$

③ $\left(\dfrac{D}{d+}\right)$

해설
충전율 =

01 실기(작업형)

KEYWORD 이 편에서는 방사선비파괴검사기능사 수준의 결함형상과 판독에 한하여 설명하며, 시험장소에 의해 사용되는 기자재는 상이할 수 있다. 이 교재에서는 기능사 수준의 방사선탐상 시 필요한 순서 및 배치방법, 결함분류에 한하여 설명한다.

제1과제 | 주어진 시험편에 대하여 방사선 투과작업을 실시하시오.

1 방사선탐상 과제

① 평판맞대기 및 곡률 용접부

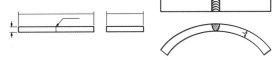

② 원둘레용접 이음부

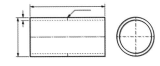

③ 필릿(T형) 용접부

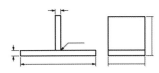

최신 기출문제 출제경향

- 와전류 밀도
- 필름의 농도(흑화도)
- X선과 물질의 상호작용
- X선 발생장치 안전관리
- KS D 0237 각종 이음 부위에서의 모재 두께와 재료 두께
- KS D 0845 계조계의 적용 구분
- 1성분계 상태도의 3중점
- 비정질 합금 제조방법

- 방사선의 특성, 표준침투깊이, 누설검사의 종류
- 노출도표, 스텝웨지, 방사선투과검사용 선원
- KS B 0845 식별 최소 선지름
- KS D 0242 산정하지 않는 흠집 모양의 치수
- KS D 0245 계조계의 종류 및 적용 구분
- KS D 0241 필름 농도, 선원의 선택
- 금속의 재결정 온도, 면결함, 인성부여 열처리

2017년	2018년	2019년	2020년
2회	1회	1회	1회

- 타이타늄산바륨 진동자, 방사선의 투과력, 방사선투과 촬영기, 상질계, 필름 특성곡선, 10가층, 반가층
- 결함 검출 확률, 도금두께 측정, 아연의 특성, 퀴리점
- Fe-C 상태도, 라우탈, 탄소 함유량, 인코넬

- 방사선탐상검사 시 암실에 필요한 기기
- X선관의 특징
- 방사선탐상에서 나타나지 않는 흠집
- 형광증감지의 특징
- KS D 0227 주강품의 방사선탐상
- 원자력안전법 중 유효선량한도
- γ선 조사기에 사용되는 차폐용기

- 음향방출시험
- 와전류탐상에 미치는 영향 인자
- 필름온도에 따른 현상시간
- X선 발생장치의 선택
- 필름의 입상성
- 방사선 발생장치의 종류
- 선량한도
- 주강품의 방사선투과검사방법 중 산란선의 저하

- 공업용 X선 필름의 성능 특성
- SFD(선원 – 필름 간 거리) 및 노출 시간 계산
- 투과 사진의 선명도
- 계조계의 사용 이유
- 타이타늄용접 이음부의 방사선투 과검사(KS D 0239)의 촬영 배치
- 강용접 이음부의 방사선투과검사 (KS B 0845)의 투과 사진 관찰기

2021년	2022년	2023년	2024년
1회	1회	1회	1회

- 명료도에 영향을 미치는 인자
- 주강품의 방사선투과검사(KS D 0227) 블로홀, 모래 박힘 검사 시야
- 강용접 이음부의 방사선투과검사(KS B 0845) 검사부 유효 길이
- 양면 개선된 알루미늄 T형 용접부(KS D 0245) 계조계의 종류
- 주강품의 방사선투과검사(KS D 0227) 촬영 배치
- 서베이미터 배율을 통한 방사선량율

- 결함검출에 영향을 미치는 요인
- 내삽코일의 충전율
- 형광증감지의 특징
- 방사선 측정기의 사용목적
- 방사선투과시험방법(KS B 0845)에 의한 결함의 분류방법
- 서베이미터의 방사선량
- 아세틸렌가스의 역할

D-20 스터디 플래너

20일 완성!

D-20
✈ CHAPTER 01
비파괴검사 일반
핵심이론 01~
핵심이론 03

D-19
✈ CHAPTER 01
비파괴검사 일반
핵심이론 04~
핵심이론 07

D-18
✈ CHAPTER 02
방사선탐상 일반
핵심이론 01~
핵심이론 03

D-17
✈ CHAPTER 02
방사선탐상 일반
핵심이론 04~
핵심이론 07

D-16
✈ CHAPTER 02
방사선탐상 일반
핵심이론 08~
핵심이론 11

D-15
✈ CHAPTER 02
방사선탐상 일반
핵심이론 12~
핵심이론 15

D-14
✈ CHAPTER 03
방사선탐상 관련 규격
핵심이론 01~
핵심이론 03

D-13
✈ CHAPTER 03
방사선탐상 관련 규격
핵심이론 04~
핵심이론 06

D-12
✈ CHAPTER 03
방사선탐상 관련 규격
핵심이론 07~
핵심이론 09

D-11
✈ CHAPTER 04
금속재료 일반 및 용접 일반
핵심이론 01~
핵심이론 03

D-10
✈ CHAPTER 04
금속재료 일반 및 용접 일반
핵심이론 04~
핵심이론 06

D-9
✈ CHAPTER 04
금속재료 일반 및 용접 일반
핵심이론 07~
핵심이론 08

D-8
2010년
과년도 기출문제 풀이

D-7
2011년
과년도 기출문제 풀이

D-6
2012년
과년도 기출문제 풀이

D-5
2013년
과년도 기출문제 풀이

D-4
2014~2016년
과년도 기출문제 풀이

D-3
2017~2019년
과년도 기출복원문제 풀이

D-2
2020~2023년
과년도 기출복원문제 풀이

D-1
2024년
최근 기출복원문제 풀이

이번 방사선비파괴검사기능사 자격증 따서 총 5개 모았습니다.

침투비파괴, 자기비파괴, 초음파비파괴, 정보처리기능사 이렇게 4개 있었는데..

방사선도 이번에 그냥 따버렸어요.

제철소에서 근무하는 직장인이고 쉬엄쉬엄 자기개발 목적이나 자격증 수집 정도로만. 그리고 겹치는 게 꽤 있어서 시간 얼마 안 걸렸습니다.

자격증 따면 월급이나 승진에 도움 되는 회사도 있는데..

저희는 아니라서.. 그냥 축하금 정도 받았네요.

기출문제 구하기가 어려워서 책을 사긴 했는데 윙크요. 윙크 풀다 보니까 다음 자격증도 이 책으로 해야겠다 싶네요.

특히 카페를 운영하는 출판사라서 공부하다가 도움 꽤나 됐어요.

비슷한 직종 사람들하고 이야기도 나누어서 좋고. 딱히 수기라고 하는 건 아니지만. 남깁니다.

모두 힘내시길..

2020년 방사선비파괴검사기능사 합격자

제 친구는 떨어지고 저만 붙었습니다.

대학 전공이 비슷한데 취업 앞두니까 이거 저거라도 막 준비해야 될 것 같아서 막 학기 앞두고 동기 몇 명이랑 스터디 했는데 저만 붙었네요.

따야 할 자격증은 많은데 책 한 권 가격만 해도 너무 비싸서 고민했는데..

스터디로 모여 각자 돌아가면서 맡은 파트 책 보면서 정리하고 공유하고 했거든요.

기출은 2회만 풀었고 서로 틀린 거 공유해서 봤어요. 작심삼일로 끝나지 않아서 혼자 공부하기 어려운 분들은 스터디 추천이요. 친구들이랑 같이 스터디 플랜 짜고 체크해가면서 공부하니까 편합니다.

전공이라 쉬웠을 수도 있는데. 비전공자 분들은 기출 계속 반복해서 풀면 익숙해질 것 같아요.

앞으로 취업도 파이팅이고, 모두 자격증 파이팅!

2021년 방사선비파괴검사기능사 합격자

이 책의 목차

빨리보는 간단한 키워드 ──────

빨간키

#합격비법 핵심 요약집　　　#최다 빈출키워드　　　#시험장 필수 아이템

▌ 파괴검사와 비파괴검사의 차이점

- 파괴검사 : 시험편이 파괴될 때까지 하중, 열, 전류, 전압 등을 가하거나 화학적 분석을 통해 소재 혹은 제품의 특성을 구하는 검사
- 비파괴검사 : 소재 혹은 제품의 상태, 기능을 파괴하지 않고 소재의 상태, 내부 구조 및 사용 여부를 알 수 있는 모든 검사

▌ 비파괴검사 목적

- 소재 혹은 기기, 구조물 등의 품질관리, 품질관리를 통한 제조원가 절감
- 소재 혹은 기기, 구조물 등의 신뢰성 향상, 제조기술의 개량

▌ 비파괴검사 시기

품질평가 실시하기 적정한 때로 사용 전, 가동 중, 상시검사 등

▌ 비파괴검사 평가

설계 단계에서 재료의 선정, 제작, 가공방법, 사용 환경 등 종합적인 판단 후 평가

▌ 비파괴검사의 평가 가능 항목

시험체 내의 결함검출, 내부구조 평가, 물리적 특성평가 등

▌ 비파괴검사의 종류

침투, 자기, 초음파, 방사선, 와전류, 누설, 음향방출

▌ 비파괴검사의 분류

- 내부결함검사 : 방사선, 초음파
- 표면결함검사 : 침투, 자기, 육안, 와전류
- 관통결함검사 : 누설

■ 침투탐상검사

모세관현상을 이용하여 표면에 열려있는 개구부(불연속부)에서의 결함을 검출하는 방법

■ 침투탐상의 측정 가능 항목

불연속의 위치, 크기(길이), 지시의 모양

■ 침투탐상의 적용 대상

용접부, 주강부, 단조품, 세라믹, 플라스틱 및 유리(비금속 재료)

■ 침투탐상의 주요 순서

- 일반적인 탐상 순서 : 전처리 - 침투 - 제거 - 현상 - 관찰
- 후유화성 형광침투액(기름베이스 유화제) - 습식현상법 : FB-W

  전처리 - 침투 - 유화 - 세척 - 현상 - 건조 - 관찰 - 후처리
- 수세성 형광침투액 - 습식형광법(수현탁성) : FA-W

  전처리 - 침투 - 세척 - 현상 - 건조 - 관찰 - 후처리

■ 자기탐상검사

강자성체 시험체의 결함에서 생기는 누설자장을 이용하여 표면 및 표면 직하의 결함을 검출하는 방법

■ 자기탐상검사의 특징

- 강자성체의 표면 및 표면 직하의 미세하고 얕은 결함검출 중 감도가 가장 높음
- 시험체의 크기, 형태, 모양에 큰 영향을 받지 않고 육안 관찰이 가능
- 시험면에 비자성 물질(페인트 등)이 얇게 도포되어도 검사 가능
- 검사 방법이 간단하며 저렴
- 강자성체에만 적용 가능
- 직각방향으로 최소 2회 이상 검사해야 함
- 전처리 및 후처리가 필요하며 탈자가 필요한 경우도 있음
- 전기 접촉으로 인한 국부적 가열이나 손상이 발생 가능

▌ 자화방법의 분류

- 자화방법 : 시험체에 자속을 발생시키는 방법
- 선형자화 : 시험체의 축 방향을 따라 선형으로 발생하는 자속
  - 종류 : 코일법, 극간법
- 원형자화 : 환봉, 철선 등 전도체에 전류를 흘려 주위에 발생하는 자력선이 원형으로 형성하는 자속
  - 종류 : 축통전법, 프로드법, 중앙전도체법, 직각통전법, 전류통전법

▌ 자기탐상검사의 절차

- 연속법 : 전처리 – 자화개시 – 자분적용 – 자화종류 – 관찰 및 판독 – 탈자 – 후처리
- 잔류법 : 전처리 – 자화개시 및 종료 – 자분적용 – 관찰 및 판독 – 탈자 – 후처리

▌ 초음파

물질 내의 원자 또는 분자의 진동으로 발생하는 탄성파로 20kHz ~ 1GHz 정도의 주파수를 발생시키는 영역대의 음파

▌ 초음파탐상법의 종류

초음파형태	송·수신 방식	탐촉자수	접촉방식	표시방식	진동방식
펄스파법 연속파법	반사법 투과법 공진법	1탐촉자법 2탐촉자법	직접접촉법 국부수침법 전몰수침법	A-scan법 B-scan법 C-scan법 D(T)-scope F-scan법 P-scan법 MA-scan법	수직법(주로 종파) 사각법(주로 횡파) 표면파법 판파법 클리핑파법 누설표면파법

▌ 접촉 매질

초음파의 진행 특성상 공기층이 있을 경우 음파가 진행되기 어려워 특정한 액체를 사용

▌ 압전효과

기계적인 에너지를 가하면 전압이 발생하고, 전압을 가하면 기계적인 변형이 발생하는 현상. 어떤 소재에 힘을 가하였을 경우 표면에 전압이 발생하고, 반대로 전압을 걸어주면 소자가 이동하거나 힘이 발생하는 현상

▌ 와전류탐상시험 코일의 분류

관통코일, 내삽코일, 표면코일

▌ 누설탐상검사

관통된 결함을 검사하는 방법으로 기체나 액체와 같은 유체의 흐름을 감지해 누설 부위를 탐지하는 것

▌ 누설탐상검사의 보일−샤를의 법칙

온도와 압력이 동시에 변하는 것으로 기체의 부피는 절대 압력에 반비례하고 절대 온도에 비례함

$$\frac{PV}{T} = \text{일정}, \quad \frac{P_1 V_1}{T_1} = \frac{P_2 V_2}{T_2}$$

▌ 음향방출검사

재료의 결함에 응력이 가해졌을 때 음향을 발생시키고 불연속 펄스를 방출하게 되는데 이러한 미소 음향 방출 신호들을 검출 분석하는 시험

▌ 카이저효과(Kaiser Effect)

재료에 하중을 걸어 음향방출을 발생시킨 후, 하중을 제거했다가 다시 걸어도 초기 하중의 응력 지점에 도달하기까지 음향방출이 발생되지 않는 비가역적 성질

▌ 방사선

입자선 또는 전자파 중에서 공기를 직·간접적으로 전리시킬 수 있는 능력을 가진 것으로 에너지의 흐름

▌ 방사선의 성질

- 빛의 속도로 직진성을 가지고 있으며, 물질에 부딪혔을 때 반사함
- 비가시적이고, 인간의 오감에 의해 검출 불가
- 물질을 전리시킴
- 파장이 짧아 물질을 투과함

▌ 원자의 구조

양성자, 중성자, 전자로 이루어져 있음

▌ 동위원소

원자번호는 같지만, 질량수가 다른 원소

▌ X선과 γ선의 특징

- 파장에 직접 비례하는 에너지를 갖는 전자파
- 물질에 침투하고 침투깊이는 방사선 에너지에 의함
- 물질에 흡수하고, 재료밀도와 두께에 직접 비례, 방사선 에너지에 간접 비례
- 물질에 의해 산란되며, 산란량은 재료 밀도에 직접 비례
- 물질을 이온화시킴
- 이온화에 의해 필름을 감광하거나 재료를 형광시킴

▌ 광전효과

원자의 궤도전자에 감마선의 전에너지를 주어 궤도전자를 원자에서 튀어나가게 하면서 감마선의 에너지를 잃는 과정

■ 콤프턴 산란(Compton Scattering)

입사한 감마선이 물질 내의 전자에 의해 산란되어 그 에너지와 방향이 바뀌는 것으로, 입사한 에너지보다 낮은 에너지의 감마선이 방출되고 동시에 전자도 방출되는 과정

■ 전자쌍 생성(Pair Production)

고에너지의 전자기방사선이 원자 근처를 지날 때, 원자핵이 쿨롱전장 속에서 광자가 소멸하고 대신에 한 쌍의 음전자와 양전자가 생성되는 현상

■ 톰슨산란(Thomson Scattering)

물질에 따라 X선이 입사한 후 산란될 때 파장이 변화하지 않는 산란

■ 흡수체에 의한 감쇠

흡수체를 통과함에 따라 물질과의 상호작용을 거쳐 방사선의 세기는 지수함수적으로 줄어듦

$$I = I_0 e^{-\mu t}$$

- I_0 : 방사선의 초기 강도
- μ : 선형흡수계수
- e : 자연대수
- t : 시험체 두께

■ 역제곱의 법칙(Inverse Square Law)

방사선은 직진성을 가지고 있으며, 거리가 멀어질수록 강도는 거리의 제곱에 반비례하여 약해지는 법칙

$$\frac{I}{I_0} = \left(\frac{d_0}{d}\right)^2, \ I = I_0 \times \left(\frac{d_0}{d}\right)^2$$

- I_0 : 거리 d_0에서의 방사선 강도
- d : 강도가 I가 되는 거리
- I : 거리 d에서의 방사선 강도
- d_0 : 선원으로부터 최초 거리

■ 반가층(HVL ; Half-Value Layer)

표면에서의 강도가 물질 뒷면에 투과된 방사선 강도의 1/2이 되는 것

$$반가층 = \frac{t}{2} = \frac{\ln 2}{\mu} = \frac{0.693}{\mu}$$

▌ 사진 작용

사진 필름에 방사선을 쪼였을 때, 필름의 사진 유제 속의 할로겐화은이 방사선을 흡수하여 현상핵(잠상)을 만드는
작용

▌ 투과사진 흑화도(Film Density, 농도)

필름이 흑화된 정도를 정량적으로 나타내는 것

$$D = \log \frac{L_0}{L}$$

- L_0 : 빛을 입사시킨 강도
- L : 투과된 빛의 강도

▌ 방사선 투과사진 감도에 영향을 미치는 인자

사진 감도, 시험물의 명암도, 필름의 명암도, 기하학적 불선명도, 고유 불선명도

투과사진 콘트라스트		선명도	
시험물의 명암도	필름의 명암도	기하학적 요인	입상성
시험체의 두께 차 방사선의 선질 산란 방사선	필름의 종류 현상시간 온도 및 교반 농도 현상액의 강도	초점 크기 초점-필름 간 거리 시험체-필름 간 거리 시험체의 두께 변화 스크린-필름접촉상태	필름의 종류 스크린의 종류 방사선의 선질 현상시간 온 도

▌ 필름의 입상성

필름 내에서의 미세한 은 입자에 의해 형성되는 상이 덩어리를 형성하는 것

▌ 투과사진의 콘트라스트

방사선을 투과시키면 투과사진에는 결함부분과 건전부 사이에 강도차 ΔI 가 생기고, 투과사진 상에서는 ΔI 에
비례하여 사진의 농도차가 생기는 것으로 ΔD로 표시

$$\Delta D = -0.434 \frac{\gamma \mu \sigma \Delta T}{(1+n)}$$

■ X선 발생 원리

- X선 : 고속으로 움직이는 전자가 표적원자와 충돌하여 발생하는 전자기파
- 음극의 필라멘트에 전류를 흘려 가열하면 전자를 발생시키고, 온도를 높여줌에 따라 전자의 방출이 증가하여 양극으로 가려는 성질을 가짐
- 양극에 전압을 걸어 전자를 고속으로 가속
- 가속된 전자가 양극의 표적에 충돌하여 파장이 짧고 큰 투과력의 X선을 발생

■ γ선 발생 원리

- γ선 : 방사선 동위원소의 원자핵이 붕괴할 때 방사되는 전자파
- 방사선 동위원소(RI)로는 Co-60, Ir-192, Cs-137, Tm-170, Ra-226 등이 있음

■ 감마선 선원의 종류별 특성

특성 \ 종류	Tm-170	Ir-192	Cs-137	Co-60
반감기	127일	74.4일	30.1년	5.27년
에너지	0.084MeV 0.052MeV	0.31, 0.47 0.60-MeV	0.66MeV	1.33MeV 1.17MeV
R. H. M.	0.003	0.55	0.34	1.35
비방사능(Ci/g)	6,300	10,000	25	1,200
투과력(Fe)	13mm	74mm	90mm	125mm

■ 필름특성곡선(Characteristic Curve)

특정한 필름에 대한 노출량과 흑화도와의 관계를 곡선으로 나타낸 것

■ 투과도계(= 상질 지시기)

검사방법의 적정성을 알기위해 사용하는 시험편

■ 증감지(Screen)

X선 필름의 사진작용을 증가시키려는 목적으로, 마분지나 얇은 플라스틱 판에 납이나 구리 등을 얇게 도포한 것

■ 계조계(Step Wedge)

바늘형 투과도계 사용 시 방사선 에너지가 적당한지 확인하기 위한 것

▌ 노출인자

관전류, 감마선 선원의 강도, 노출시간, 선원-필름 간 거리를 조합한 양

$$E = \frac{I \cdot t}{d^2}$$

- E : 노출인자
- t : 노출시간[s]
- I : 관전류[A], 감마선 선원의 강도[Bq]
- d : 선원-필름 간 거리[m]

▌ 관전류와 노출시간과의 관계

- 관전압, 선원-필름 간 거리가 일정한 상태에서의 노출량은 관전류×시간으로 나타냄
- 전류값(M)과 시간(T)은 역비례 관계 $\dfrac{T_2}{T_1} = \dfrac{D_2^2}{D_1^2}$

$$\frac{M_1}{M_2} = \frac{T_2}{T_1}, \ \ 노출량 = M \times T = M_1 \times T_1 = M_2 \times T_2 = 일정$$

- M_1, M_2 : 관전류(mA)
- T_1, T_2 : 노출시간

▌ 노출도표

- 가로축은 시험체의 두께, 세로축은 노출량(관전류×노출시간 : mA×min)을 나타내는 도표
- 시험체의 재질, 필름 종류, 스크린 특성, 선원-필름 간 거리, 필터, 사진처리 조건 및 사진농도가 제시되어 있는 도표

▌ 방사능 강도 계산법

방사선 강도 변화식인 $N = N_0 e^{-\lambda T}$를 이용하여 계산 가능

▌ 주요 사진처리 절차

절 차	온 도	시 간
1. 현상	20℃	5분
2. 정지	20℃	30~60초 이내
3. 정착	20℃	15분 이내
4. 수세	16~21℃	20~30분
5. 건조	50℃ 이하	30~45분

▌ 조사선량(Exposure)

엑스선 또는 감마선에 의해 공기의 단위 질량당 생성된 전하량으로 나타내는 선량. R, C/kg

▌ 흡수선량(Absorbed Dose)

임의의 방사선 및 물질에 대하여 적용되는 개념으로 피폭물질의 단위 질량당 흡수된 방사선의 에너지
$1Gy=1J/kg=100rad$

▌ 등가선량(Equivalent Dose)

흡수선량에 당해 방사선에 방사선 가중치를 곱한 양
$1Sv=100rem$

▌ 선량계(Dosimeter)

방사선량을 측정하는 측정기로 정해진 구역 혹은 개인이 착용하여 일정기간 동안의 누적된 피폭을 측정하는 기기

▌ 필름 배지

필름에 방사선이 노출되면 사진작용에 의해 필름의 흑화도를 읽어 피폭된 방사선량을 측정

▌ 열형광선량계(TLD)

방사선에 노출된 소자를 가열하면 열형광이 나오며 이 방출된 양을 측정하여 피폭누적선량을 측정하는 원리

▌ 서베이미터(Survey Meter)

가스충전식 튜브에 방사선이 투입될 때, 기체의 이온화 현상 및 기체증폭장치를 이용해 방사선을 검출하는 측정기

CHAPTER 03 방사선탐상 관련 규격

KS B 0845

적용 범위 : 강의 용접 이음부를 공업용 방사선 필름을 사용하여 X선 또는 γ선(이하 방사선이라 한다)을 이용한 직접촬영방법에 의하여 시험을 하는 방사선 투과시험방법에 대하여 규정

KS B 0845 부속서 A

적용 범위 : 강판의 맞대기용접 이음부를 방사선에 의하여 직접촬영하는 경우의 촬영방법 및 투과사진의 필요 조건에 대하여 규정

KS B 0845 부속서 B

적용 범위 : 강관의 원둘레용접 이음부를 방사선에 의하여 직접촬영하는 경우의 촬영방법 및 투과사진의 필요 조건에 대하여 규정

KS B 0845 부속서 C

적용 범위 : 강판의 T용접 이음부를 방사선에 의하여 직접촬영하는 경우의 촬영방법 및 투과사진의 필요 조건에 대하여 규정

KS B 0845 부속서 D

적용 범위 : 강용접 이음부의 투과사진에서의 결함의 분류에 대하여 규정

KS D 0227

적용 범위 : 주강품의 X선 또는 γ선에 의한 흠의 검출을 목적으로 한, 공업용 X선 필름을 사용하여 직접 촬영법에 의한 방사선 투과시험방법

KS D 0242

적용 범위 : 알루미늄 및 알루미늄합금 모재 두께 200mm 미만의 평판접합 용접부의 공업용 X선 필름을 이용한 직접촬영방법에 의한 방사선 투과시험방법

▋ KS D 0241

적용 범위 : 알루미늄 주물의 X선 및 γ선의 투과사진에 의한 시험방법 및 투과사진의 등급분류방법에 대하여
규정

▋ KS D 0245

적용 범위 : 알루미늄 및 그 합금의 T형 용접부의 X선에 의한 투과시험방법에 대하여 규정

CHAPTER 04 금속재료 일반 및 용접 일반

▌금속의 특성

고체 상태에서 결정 구조, 전기 및 열의 양도체, 전·연성 우수, 금속 고유의 색

▌경금속과 중금속

비중 4.5(5)를 기준으로 4.5(5) 이하를 경금속(Al, Mg, Ti, Be), 4.5(5) 이상을 중금속(Cu, Fe, Pb, Ni, Sn)이라 함

▌비 중

물과 같은 부피를 갖는 물체와의 무게 비

Mg : 1.74, Cr : 7.19, Sn : 7.28, Fe : 7.86, Ni : 8.9, Cu : 8.9, Mo : 10.2, W : 19.2,

Mn : 7.43, Co : 8.8, Ag : 10.5, Au : 19.3, Al : 2.7, Zn : 7.1

▌용융 온도

고체 금속을 가열시켜 액체로 변화되는 온도점

W	Cr	Fe	Co	Ni	Cu	Au	Al	Mg	Zn	Pb	Bi	Sn	Hg
3,401℃	1,890℃	1,538℃	1,495℃	1,455℃	1,083℃	1,063℃	660℃	650℃	420℃	327℃	271℃	231℃	−38.8℃

▌열전도율

물체 내의 분자 열에너지의 이동(kcal/m·h·℃)

▌융해 잠열

어떤 물질 1g을 용해시키는 데 필요한 열량

▌비 열

어떤 물질 1g의 온도를 1℃ 올리는 데 필요한 열량

▌ 선팽창 계수

- 어떤 길이를 가진 물체가 1℃ 높아질 때 길이의 증가와 늘기 전 길이와의 비
- 선팽창 계수가 큰 금속 : Pb, Mg, Sn 등
- 선팽창 계수가 작은 금속 : Ir, Mo, W 등

▌ 자성체

- 강자성체 : 자기 포화 상태로 자화되어 있는 집합(Fe, Ni, Co)
- 상자성체 : 자기장 방향으로 약하게 자화되고, 제거 시 자화되지 않는 물질(Al, Pt, Sn, Mn)
- 반자성체 : 자화 시 외부 자기장과 반대 방향으로 자화되는 물질(Hg, Au, Ag, Cu)

▌ 금속의 이온화

K > Ca > Na > Mg > Al > Zn > Cr > Fe > Co > Ni(암기법 : 카카나마 알아크철코니)

▌ 금속의 결정 구조

- 체심입방격자(Ba, Cr, Fe, K, Li, Mo)
- 면심입방격자(Ag, Al, Au, Ca, Ni, Pb)
- 조밀육방격자(Be, Cd, Co, Mg, Zn, Ti)

▌ 철-탄소 평형 상태도

철과 탄소의 2원 합금 조성과 온도와의 관계를 나타낸 상태도

▌ 변 태

- 동소변태
  - A_3변태 : 910℃, 철의 동소변태
  - A_4변태 : 1,400℃, 철의 동소변태
- 자기변태
  - A_0변태 : 210℃, 시멘타이트 자기변태점
  - A_2변태 : 768℃, 순철의 자기변태점

▌ 불변 반응

- 공석점 : 723℃ $\gamma - \mathrm{Fe} \Leftrightarrow \alpha - \mathrm{Fe} + \mathrm{Fe_3C}$
- 공정점 : 1,130℃ $\mathrm{Liquid} \Leftrightarrow \gamma - \mathrm{Fe} + \mathrm{Fe_3C}$
- 포정점 : 1,490℃ $\mathrm{Liquid} + \delta - \mathrm{Fe} \Leftrightarrow \gamma - \mathrm{Fe}$

기계적 시험법

인장시험, 경도시험, 충격시험, 연성시험, 비틀림시험, 충격시험, 마모시험, 압축시험 등

현미경 조직검사

시편 채취 → 거친 연마 → 중간 연마 → 미세 연마 → 부식 → 관찰

열처리 목적

조직 미세화 및 편석 제거, 기계적 성질 개선, 피로응력 제거

냉각의 3단계

증기막 단계 → 비등 단계 → 대류 단계

열처리 종류

• 불림 : 조직의 표준화
• 풀림 : 금속의 연화 혹은 응력 제거
• 뜨임 : 잔류응력 제거 및 인성 부여
• 담금질 : 강도, 경도 부여

탄소강의 조직의 경도 순서

시멘타이트 → 마텐자이트 → 트루스타이트 → 베이나이트 → 소르바이트 → 펄라이트 → 오스테나이트 → 페라이트

특수강

보통강에 하나 또는 2종의 원소를 첨가해 특수 성질을 부여한 강

특수강의 종류

강인강, 침탄강, 질화강, 공구강, 내식강, 내열강, 자석강, 전기용강 등

주 철

2.0~4.3% C : 아공정주철, 4.3% C : 공정주철, 4.3~6.67% C : 과공정주철

마우러 조직도

C, Si량과 조직의 관계를 나타낸 조직도

▌ 구리 및 구리합금의 종류

7 : 3황동(70% Cu-30% Zn), 6 : 4황동(60% Cu-40% Zn), 쾌삭황동, 델타메탈, 주석황동, 애드미럴티, 네이벌, 니켈황동, 베어링청동, Al청동, Ni청동

▌ 알루미늄과 알루미늄합금의 종류

Al-Cu-Si : 라우탈(알구시라), Al-Ni-Mg-Si-Cu : 로-엑스(알니마시구로), Al-Cu-Mn-Mg : 두랄루민(알구망마두), Al-Cu-Ni-Mg : Y-합금(알구니마와이), Al-Si-Na : 실루민(알시나실)

▌ 용접의 극성

- 직류 정극성 : 모재에 (+)극을, 용접봉에 (−)극을 결선하여 모재의 용입이 깊고, 비드의 폭이 좁은 특징이 있으며 용접봉의 소모가 느린 편
- 직류 역극성 : 모재에 (−)극을, 용접봉에 (+)극을 결선하여 모재의 용입이 얕고, 비드의 폭이 넓은 특징이 있으며, 용접봉의 소모가 빠른 편

▌ 교류아크용접기의 종류

가동철심형(코일을 감은 철심 이용), 가동코일형(1, 2차 코일 간격 변화), 가포화리액터형(가변저항), 탭전환형(1, 2차 코일 감긴 수)

▌ 사용률

$$사용률 = \frac{아크발생시간}{아크발생시간 + 정지시간} \times 100\%$$

▌ 허용사용률

$$허용사용률 = \frac{(정격\ 2차\ 전류)^2}{(실제의\ 용접전류)^2} \times 정격사용률(\%)$$

▌ 역률과 효율

- 역률 : $\dfrac{소비전력(kW)}{전원입력(kVA)} \times 100\%$

- 효율 : $\dfrac{아크출력(kW)}{소비전력(kVA)} \times 100\%$

Win-Q

※ 핵심이론과 기출문제에 나오는 KS 규격의 표준번호는 변경되지 않았으나, 일부 표준명 및 용어가 변경된 부분이 있으므로 정확한 표준명 및 용어는 국가표준인증통합정보시스템(e-나라 표준인증, https://www.standard.go.kr) 에서 확인하시기 바랍니다.

핵심이론

#출제 포인트 분석   #자주 출제된 문제   #합격 보장 필수이론

CHAPTER 01 비파괴검사 일반

핵심이론 01 | 비파괴검사 개요

① 파괴검사와 비파괴검사의 차이점
- ㉠ 파괴검사 : 시험편이 파괴될 때까지 하중, 열, 전류, 전압 등을 가하거나, 화학적 분석을 통해 소재 혹은 제품의 특성을 구하는 검사이다.
- ㉡ 비파괴검사 : 소재 혹은 제품의 상태, 기능을 파괴하지 않고 소재의 상태, 내부구조 및 사용 여부를 알 수 있는 모든 검사이다.

② 비파괴검사 목적
- ㉠ 소재 혹은 기기, 구조물 등의 품질관리 및 평가
- ㉡ 품질관리를 통한 제조원가 절감
- ㉢ 소재 혹은 기기, 구조물 등의 신뢰성 향상
- ㉣ 제조기술의 개량
- ㉤ 조립 부품 등의 내부구조 및 내용물 검사
- ㉥ 표면처리 층의 두께 측정

③ 비파괴검사 시기
품질평가 실시하기 적정한 때로 사용 전, 가동 중, 상시 검사 등이다.

④ 비파괴검사 평가
설계의 단계에서 재료의 선정, 제작, 가공방법, 사용환경 등 종합적인 판단 후 평가한다.

⑤ 비파괴검사의 평가 가능 항목
시험체 내의 결함 검출, 내부구조 평가, 물리적 특성 평가 등이다.

⑥ 비파괴검사의 종류
육안, 침투, 자기, 초음파, 방사선, 와전류, 누설, 음향방출, 스트레인측정 등이 있다.

⑦ 비파괴검사의 분류
- ㉠ 내부결함검사 : 방사선(RT), 초음파(UT)
- ㉡ 표면결함검사 : 침투(PT), 자기(MT), 육안(VT), 와전류(ET)
- ㉢ 관통결함검사 : 누설(LT)
- ㉣ 검사에 이용되는 물리적 성질

물리적 성질	비파괴시험법의 종류
광학적 및 역학적 성질	육안, 침투, 누설
음향적 성질	초음파, 음향방출
전자기적 성질	자분, 와전류, 전위차
투과 방사선의 성질	X선 투과, γ선 투과, 중성자 투과
열적 성질	적외선 서모그래픽, 열전 탐촉자
분석 화학적 성질	화학적 검사, X선 형광법, X선 회절법

1-1. 각종 비파괴검사에 대한 설명 중 틀린 것은?

① 방사선투과검사시험은 반영구적으로 기록이 가능하다.

② 초음파탐상시험은 균열에 대하여 높은 감도를 갖는다.

③ 자분탐상시험은 강자성체에만 적용이 가능하다.

④ 침투탐상시험은 비금속 재료에만 적용이 가능하다.

1-2. 비파괴검사의 목적에 대한 설명으로 가장 관계가 먼 것은?

① 제품의 신뢰성 향상

② 제조원가 절감에 기여

③ 생산할 제품의 공정시간 단축

④ 생산공정의 제조 기술 향상에 기여

1-3. 다음 비파괴시험 중 표면결함 또는 표층부에 관한 정보를 얻기 위한 시험으로 맞게 조합된 것은?

① 육안시험, 자분탐상시험

② 침투탐상시험, 방사선투과시험

③ 자분탐상시험, 초음파탐상시험

④ 와류탐상시험, 초음파탐상시험

|해설|

1-1

침투탐상시험은 거의 모든 재료에 적용 가능하다. 단, 다공성 물질에는 적용이 어렵다.

1-2

비파괴검사의 목적

• 소재 혹은 기기, 구조물 등의 품질관리 및 평가

• 품질관리를 통한 제조원가 절감

• 소재 혹은 기기, 구조물 등의 신뢰성 향상

• 제조기술의 개량

• 조립부품 등의 내부구조 및 내용물검사

• 표면처리 층의 두께 측정

1-3

표면결함검출에는 육안시험, 자분탐상, 침투탐상, 와전류 등이 있다. 내부결함검출에는 초음파, 방사선이 대표적이다.

정답 1-1 ④ 1-2 ③ 1-3 ①

핵심이론 02 | 침투탐상검사(Penetrant Testing)

① 침투탐상의 원리

모세관현상을 이용하여 표면에 열려 있는 개구부(불연속부)에서 결함을 검출하는 방법이다.

② 침투탐상으로 평가 가능 항목

㉠ 불연속의 위치

㉡ 크기(길이)

㉢ 지시의 모양

③ 침투탐상 적용 대상

㉠ 용접부

㉡ 주강부

㉢ 단조품

㉣ 세라믹

㉤ 플라스틱 및 유리(비금속 재료)

④ 침투탐상의 특징

㉠ 검사 속도가 빠르다.

㉡ 시험체 크기 및 형상 제한이 없다.

㉢ 시험체 재질 제한이 없다(다공성 물질 제외).

㉣ 표면결함만 검출 가능하다.

㉤ 국부적인 검사가 가능하다.

㉥ 전처리의 영향을 많이 받는다(개구부의 오염, 녹, 때, 유분 등이 탐상 감도 저하).

㉦ 전원시설이 필요하지 않은 검사가 가능하다.

⑤ 침투제의 적심성

액체 방울의 표면장력은 내부 수압이 평형을 이루면서 형성되는 것으로, 응집력은 표면과 액체 사이의 접촉각을 결정한다. 액체의 적심성(Wettability)은 접촉각이 90°보다 작을 때 양호한 경우이며, 90° 이상인 경우 불량한 상태를 보인다.

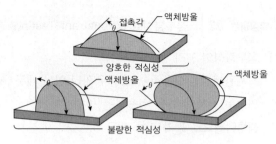

[접촉각에 따른 적심 특성]

⑥ 주요 침투탐상 순서

  ㉠ 일반적인 탐상 순서 : 전처리 → 침투 → 제거 → 현상 → 관찰

  ㉡ 후유화성형광침투액(기름베이스 유화제) – 습식현상법 : FB-W

   전처리 → 침투 → 유화 → 세척 → 현상 → 건조 → 관찰 → 후처리

  ㉢ 수세성형광침투액 – 습식형광법(수현탁성) : FA-W

   전처리 → 침투 → 세척 → 현상 → 건조 → 관찰 → 후처리

⑦ 침투탐상시험방법의 분류

  ㉠ 침투액에 따른 분류

구 분	방 법	기 호
염색 침투액	염색침투액을 사용하는 방법 (조도 500lx 이상의 밝기에서 시험)	V
형광 침투액	형광침투액을 사용하는 방법 (자외선 강도 38cm 이상에서 800μW/cm^2 이상에서 시험)	F
이원성 침투액	이원성 염색침투액을 사용하는 방법	DV
	이원성 형광침투액을 사용하는 방법	DF

  ㉡ 잉여 침투액 제거방법에 따른 분류

구 분	방 법	기 호
방법 A	수세에 의한 방법 (물로 직접 수세가 가능하도록 유화제가 포함되어 있으며, 물에 잘 씻기므로 얕은 결함 검출에는 부적합함)	A
방법 B	기름베이스 유화제를 사용하는 후유화법 (침투처리 후 유화제를 적용해야 물 수세가 가능하며, 과세척을 막아 폭이 넓고 얕은 결함에 쓰임)	B
방법 C	용제제거법 (용제로만 세척하며 천이나 휴지로 세척가능하며, 야외 혹은 국부검사에 사용됨)	C
방법 D	물 베이스 유화제를 사용하는 후유화법	D

  ㉢ 현상방법에 따른 분류

구 분	방 법	기 호
건식현상법	건식현상제 사용	D
습식현상법	수용성현상제 사용	A
	수현탁성현상제 사용	W
속건식현상법	속건식현상제 사용	S
특수현상법	특수한 현상제 사용	E
무현상법	현상제를 사용하지 않는 방법 (과잉 침투제 제거 후 시험체에 열을 가해 팽창되는 침투제를 이용한 시험방법)	N

⑧ 결함의 종류

  ㉠ 독립결함 : 선상, 갈라짐, 원형상

  ㉡ 연속결함 : 갈라짐, 선상, 원형상 결함이 직선상에 연속한 결함이라고 인정되는 결함

  ㉢ 분산결함 : 정해진 면적 내에 1개 이상의 결함이 있는 결함

2-1. 일반적인 침투탐상시험의 탐상 순서로 가장 적합한 것은?

① 침투 → 세정 → 건조 → 현상
② 현상 → 세정 → 침투 → 건조
③ 세정 → 현상 → 침투 → 건조
④ 건조 → 침투 → 세정 → 현상

2-2. 다음 중 침투탐상 원리와 가장 관계가 깊은 것은?

① 틴틸현상
② 대류현상
③ 용융현상
④ 모세관현상

2-3. 침투탐상시험법의 특징이 아닌 것은?

① 비자성체 결함검출 가능
② 결함 깊이를 알기 어려움
③ 표면이 막힌 내부결함검출 가능
④ 결함검출에 별도에 방향성이 없음

|해설|

2-1
침투탐상시험의 일반적인 탐상 순서로는 전처리 → 침투 → 세척 → 건조 → 현상 → 관찰의 순으로 이루어진다.

2-2
침투탐상은 모세관현상을 이용하여 표면의 열린 개구부(결함)를 탐상하는 시험이다.

2-3
침투탐상은 표면의 열린 개구부(결함)를 탐상하는 시험이다.

정답 2-1 ① 2-2 ④ 2-3 ③

핵심이론 03 | 자기탐상검사(Magnetic Field Testing)

① 자분탐상의 원리

강자성체 시험체의 결함에서 생기는 누설자장을 이용하여 표면 및 표면 직하의 결함을 검출하는 방법이다.

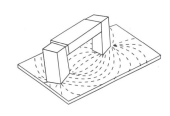 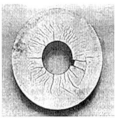

[자분탐상의 원리]

② 자성재료의 분류

㉠ 반자성체(Diamagnetic Material)

수은, 금, 은, 비스무트, 구리, 납, 물, 아연과 같이 자화를 하면 외부 자기장과 반대 방향으로 자화되는 물질을 말하며, 투자율이 진공보다 낮은 재질을 말한다.

㉡ 상자성체(Pramagnetic Material)

알루미늄, 주석, 백금, 이리듐, 공기와 같이 자화를 하면 자기장 방향으로 약하게 자화되며, 제거 시 자화하지 않는 물질을 말한다. 투자율이 진공보다 다소 높은 재질이다.

㉢ 강자성체(Ferromagnetic Material)

철, 코발트, 니켈과 같이 강한 자장 내에 놓이면 외부 자장과 평행하게 자화되며, 제거된 후에도 일정시간을 유지하는 투자율이 공기보다 매우 높은 재질을 말한다.

③ 자분탐상의 특징

㉠ 강자성체의 표면 및 표면 직하의 미세하고 얇은 결함 검출 중 감도가 가장 높다.

㉡ 시험체의 크기, 형태, 모양에 큰 영향을 받지 않고 육안 관찰이 가능하다.

㉢ 시험면에 비자성 물질(페인트 등)이 얇게 도포되어도 검사가 가능하다.

② 검사방법이 간단하며 저렴하다.

⑩ 강자성체에만 적용 가능하다.

⑪ 직각 방향으로 최소 2회 이상 검사해야 한다.

⑦ 전처리 및 후처리가 필요하며 탈자가 필요한 경우도 있다.

⑧ 전기 접촉으로 인한 국부적 가열이나 손상이 발생할 수 있다.

④ 자장 이론

㉠ 자 장

• 자구(Magnetic Domain)

원자는 자구라는 영역으로 분류되어 양쪽 끝에는 양극과 음극(N극과 S극)으로 나누어진다. 자구의 방향은 자화되지 않은 상태에서는 일정한 배열이 없으며, 자화된 상태에서는 한쪽으로 평행하게 배열이 되며 자석의 성질을 가지게 된다.

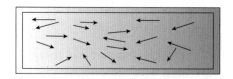

[자화되지 않은 상태]

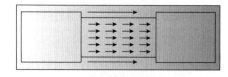

[자화된 상태]

• 자극(Magnetic Pole)

자석이 강자성체를 끌어당기는 성질은 극(Pole)에 의한 성질 때문으로 이러한 극은 한쪽 자극에서 다른 쪽 자극으로 들어가며 자력선을 이룬다. 이는 절단되지 않고 겹쳐지지 않으며, 외부에서는 N극에서 S극으로 이동하는 방향을 가진다.

㉡ 자장과 관련된 용어

• 자속(Magnetic Flux) : 자장이 영향을 주는 범위의 모든 자력선

• 자속밀도(Flux Density, B) : 자속의 방향과 수직인 단위면적당 자속선의 수(단위 : Weber/m^2)

• 최대 투자율 : 자화곡선에서 평행한 부분이 시작 전 재질에서의 최대 투자율

• 유효 투자율 : 자장 내 외에서의 시험체 자속밀도의 비

• 초기 투자율 : 자기이력곡선의 초기 자화곡선에서 자속밀도 및 자기세기 강도(단위 : Ampere/Meter)가 수평(0)에 근접할 때의 투자율

• 자기저항 : 자속의 흐름을 방해하는 저항

• 잔류자기 : 자성을 제거한 후에도 자력이 존재하는 것

• 보자성 : 자화된 시험체 내에 존재하는 잔류자장을 계속 유지하려는 성질

• 항자력 : 잔류자장을 제거하는 데 필요한 성질

• 자기이력곡선(Hysteresis Loop, B-H곡선)

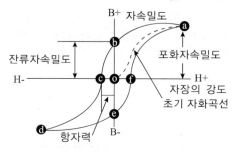

자력의 힘과 자속밀도의 관계를 나타낸 곡선으로 C점에서 자장의 세기를 반대로 증가시키면 포화자속밀도에 이르게 되며, 정방향으로 증가시키면 계속 증가하여 하나의 폐쇄된 곡선이 완성되는 것이다. 이 곡선은 재질의 종류, 상태, 입자의 크기, 미세구조 등에 따라 달라지게 된다.

⑤ 자화방법의 분류

㉠ 자화방법 : 시험체에 자속을 발생시키는 방법

• 선형자화 : 시험체의 축 방향을 따라 선형으로 발생하는 자속

– 종류 : 코일법, 극간법

- 원형자화 : 환봉, 철선 등 전도체에 전류를 흘려 주위에 발생하는 자력선이 원형으로 형성하는 자속
  - 종류 : 축통전법, 프로드법, 중앙전도체법, 직각통전법, 전류통전법

⑥ 자화방법별 특성

자화방법	그 림	특 징	기 호
축통전법	코일 / 시험체 / 축(Head)	직접 전류를 축 방향으로 흘려 원형자화를 형성	EA
직각통전법	자력선 / 시험품 / 결함 / 전극 / 전극 / 전류 / 전류	축에 직각인 방향으로 직접 전류를 흘려 원형자화를 형성	ER
프로드법	전류 / 용접부 / 원형자장	2개의 전극을 이용하여 직접 전류를 흘려 원형자화를 형성	P
전류관통법	결함 / 전류 / 자력선 / 시험품 / 전류	시험체 구멍 등에 전도체를 통과시켜 도체에 전류를 흘려 원형자화를 형성	B
코일법	유효자장 거리 / 최대 6~9인치 / 최대 6~9인치 / 2차로 검사 해야 할 부분 / 전류 / 시험체	코일 속에 시험체를 통과시켜 선형자화를 형성	C

자화방법	그 림	특 징	기 호
극간법	자장의 방향(요크법)	전자석 또는 영구자석을 사용하여 선형자화를 형성	M
자속관통법	시험품 / 자력선 / 결함 / 철심 / 교류 전류 / 교류 전류	시험체 구멍 등에 전도체를 통과시켜 교류 자속을 가하여 유도전류를 통해 결함을 검출	I

⑦ 자분탐상시험
  ㉠ 검사방법의 종류
    - 연속법 : 시험체에 자화 중 자분을 적용한다.
    - 잔류법 : 시험체의 자화 완료 후 잔류자장을 이용하여 자분을 적용한다.
  ㉡ 자분의 종류에 따른 분류
    - 형광자분법 : 형광자분을 적용하여 자외선 등을 비추어 검사한다.
    - 비형광자분법 : 염색자분을 사용하여 검사한다.
  ㉢ 자분의 분산매에 따른 분류
    - 습식법 : 습식자분을 사용하여 검사하며 형광자분 적용 시 검사 감도가 높다.
    - 건식법 : 건식자분을 사용하여 국부적인 검사에 편리하다.

⑧ 검사 절차
  ㉠ 연속법 : 전처리-자화개시-자분적용-자화종류-관찰 및 판독-탈자-후처리
  ㉡ 잔류법 : 전처리-자화개시 및 종료-자분적용-관찰 및 판독-탈자-후처리

3-1. 자분탐상시험법에 사용되는 시험 방법이 아닌 것은?

① 축통전법
② 직각통전법
③ 프로드법
④ 단층촬영법

3-2. 철강재료 자분탐상시험할 때 그림과 같이 시험체 또는 시험할 부위를 전자석 또는 영구자석의 사이에 놓아 자화시키는 방법은?

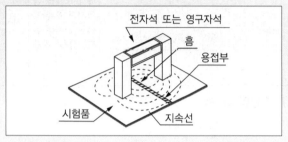

① 프로드법
② 자속관통법
③ 극간법
④ 직각통전법

3-3. 자분탐상법을 실시하기에 가장 좋은 금속끼리 짝지어진 것은?

① Au, Ag, Cu
② Zn, Ti, Mg
③ Fe, Al, Cu
④ Fe, Ni, Co

3-4. 자분탐상검사의 특징을 설명한 것 중 옳은 것은?

① 시험체는 반자성체가 아니면 적용할 수 없다.
② 시험체의 내부 깊숙한 결함검출에 우수하다.
③ 시험체의 크기, 형상 등에 제한을 많이 받는다.
④ 사용하는 자분은 시험체 표면의 색과 대비가 잘 되는 구별하기 쉬운 색을 선정한다.

| 해설 |

3-1

자분탐상시험에는 축통전법, 직각통전법, 프로드법, 전류관통법, 코일법, 극간법, 자속관통법이 있으며, 단층촬영법은 시험하고자 하는 한 단면만을 촬영하는 X선 검사법에 속한다.

3-2

극간법 : 전자석 또는 영구자석을 사용하여 선형자화를 형성하며, 기호로는 M을 사용한다.

3-3

자분탐상법은 강자성체의 결함에서 생기는 누설자장을 이용하는 것으로 Fe, Co, Ni은 강자성체로 탐상이 가능하다.

3-4

자분탐상검사는 강자성체의 시험체만 검사가 가능하며, 표면 및 표면 직하 결함에 한정되는 시험이다. 또한 탐상기를 부분에 적용할 수 있어 크기, 형상에 제한을 받지 않으며, 사용하는 자분은 시험체 표면의 색과 대비가 잘 되는 색을 선정하여 시험하여야 한다.

정답 3-1 ④ **3-2** ③ **3-3** ④ **3-4** ④

① 초음파

물질 내의 원자 또는 분자의 진동으로 발생하는 탄성파로 20kHz~1GHz 정도의 주파수를 발생시키는 영역대의 음파이다.

② 초음파의 특징

㉠ 지향성이 좋고 직진성을 가진다.

㉡ 동일 매질 내에서는 일정한 속도를 가진다.

㉢ 온도 변화에 대해 속도가 거의 일정하다.

㉣ 경계면 혹은 다른 재질, 불연속부에서는 굴절, 반사, 회절을 일으킨다.

㉤ 음파의 입사조건에 따라 파형변환이 발생한다.

③ 초음파탐상의 장단점

㉠ 장 점

• 감도가 높아 미세균열검출이 가능하다.

• 투과력이 좋아 두꺼운 시험체의 검사가 가능하다.

• 불연속(균열)의 크기와 위치를 정확히 검출 가능하다.

• 시험 결과가 즉시 나타나 자동검사가 가능하다.

• 시험체의 한쪽 면에서만 검사가 가능하다.

㉡ 단 점

• 시험체의 형상이 복잡하거나, 곡면, 표면거칠기에 영향을 많이 받는다.

• 시험체의 내부구조(입자, 기공, 불연속 다수 분포)에 따라 영향을 많이 받는다.

• 불연속 검출의 한계가 있다.

• 시험체에 적용되는 접촉 및 주사방법에 따른 영향이 있다.

• 불감대가 존재(근거리 음장에 대한 분해능이 떨어짐)한다.

④ 음파의 종류

㉠ 종파(Longitudinal Wave) : 입자의 진동방향이 파를 전달하는 입자의 진행방향과 일치하는 파, 압축파, 고체와 액체에서 전파

㉡ 횡파(Transverse Wave) : 입자의 진동방향이 파를 전달하는 입자의 진행방향과 수직인 파로 종파의 $\frac{1}{2}$ 속도, 전단파, 고체에만 전파되고 액체와 기체에서 전파되지 않는다.

㉢ 표면파(Surface Wave) : 고체 표면을 약 1파장 정도의 깊이로 투과하여 표면을 따라 진행하는 파이다.

⑤ 음속(Velocity, V)

음파가 한 재질 내에서 단위시간당 진행하는 거리이다.

$$C = \sqrt{\frac{E(탄성계수)}{\rho(밀도)}}$$

[주요 물질에 대한 음파 속도]

물 질	종파 속도(m/s)	횡파 속도(m/s)
알루미늄	6,300	3,150
주강(철)	5,900	3,200
유 리	5,770	3,430
아크릴 수지	2,700	1,200
글리세린	1,920	–
물	1,490	–
기 름	1,400	–
공 기	340	–

⑥ 초음파탐상법의 종류

초음파형태	송·수신 방식	탐촉자수
펄스파법 연속파법	반사법 투과법 공진법	1탐촉자법 2탐촉자법

접촉방식	표시방식	진동방식
직접접촉법 국부수침법 전몰수침법	A-scan법 B-scan법 C-scan법 D(T)-scope F-scan법 P-scan법 MA-scan법	수직법(주로 종파) 사각법(주로 횡파) 표면파법 판파법 크리핑파법 누설표면파법

⑦ 초음파의 진행 원리에 따른 분류

㉠ 펄스파법(반사법) : 초음파를 수μ초 이하로 입사시켜 저면 혹은 불연속부에서의 반사신호를 수신하여 위치 및 크기를 알아보는 방법이다.

ⓛ 투과법 : 2개의 송·수신 탐촉자를 이용하여 송신된 신호가 시험체를 통과한 후 수신되는 과정에 의해 초음파의 감쇠효과로부터 불연속부의 크기를 알아보는 방법이다.

ⓒ 공진법 : 시험체의 고유 진동수와 초음파의 진동수가 일치할 때 생기는 공진현상을 이용하여 시험체의 두께 측정에 주로 적용하는 방법이다.

⑧ 기타 초음파탐상장치 - 접촉매질

초음파의 진행 특성상 공기층이 있을 경우 음파가 진행하기 어려워 특정한 액체를 사용한다.

ⓐ 물 : 탐상면이 평탄하고 기계유 등이 묻지 않은 곳에 사용 가능하다.

ⓑ 기계유 : 물과 마찬가지로 표면이 평탄한 경우 사용 가능하다.

ⓒ 글리세린 : 물, 기계유보다 전달 효율이 우수하나, 강재를 부식시킬 우려가 있다.

ⓓ 물유리 : 글리세린보다 전달 효율이 우수하여 거친 면이나 곡면검사에 사용되나, 강알칼리성을 띄는 단점이 있다.

ⓔ 글리세린 페이스트 : 글리세린에 계면활성제와, 증점제를 추가하여 점성을 높인다.

ⓕ 그리스 : 점성이 높아 경사면에 유리하다.

⑨ 기타 초음파탐상장치 - 시험편

ⓐ 초음파탐상의 특성상 탐상기, 탐촉자, 감도 등을 보정할 때 사용하는 시험편이다.

ⓑ 한국산업규격(KS)에 의거하여 표준시험편 및 대비시험편에 대해 검정된 시험편이다.

ⓒ 표준시험편의 종류로 STB-A1, STB-A2, STB-A3, STB-A21, STB-A22, STB-G, STB-N 등이 있으며, 수직 및 사각탐상 시 측정범위 조정, 탐상감도 조정, 성능특성 조정을 위하여 사용한다.

ⓓ 대비시험편의 종류로는 RB-4, RB-5, RB-6, RB-7, RB-8, ARB, RB-D 등으로 수직 및 사각탐상 시 탐상감도 조정, 성능특성 측정 등에 사용한다.

4-1. 초음파 진동자에서 초음파의 발생효과는 무엇인가?

① 진동효과
② 압전효과
③ 충돌효과
④ 회절효과

4-2. 초음파탐상시험법을 원리에 따라 분류할 때 포함되지 않는 것은?

① 투과법
② 공진법
③ 표면파법
④ 펄스반사법

4-3. 그림에서와 같이 시험체 속으로 초음파(에너지)가 전달될 때 초음파 선속은 어떻게 되는가?

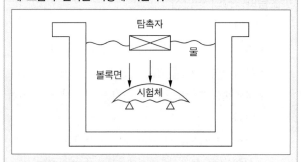

① 시험체 내에서 퍼지게 된다.
② 시험체 내에서 한 점에 집중된다.
③ 시험체 내에서 평행한 직선으로 전달된다.
④ 시험체 표면에서 모두 반사되어 들어가지 못한다.

4-4. 투과시험과 초음파탐상시험을 비교하였을 때 초음파탐상시험의 장점은?

① 블로홀 검출
② 라미네이션 검출
③ 불감대가 존재
④ 검사자의 능숙한 경험

4-5. 두께방향 결함(수직 크랙)의 경우 결함검출 확률과 크기의 정량화에 관한 시험으로 가장 우수한 검사법은?

① 초음파탐상검사(UT)
② 방사선투과검사(RT)
③ 스트레인 측정검사(ST)
④ 와전류탐상검사(ECT)

4-1

압전효과 : 기계적인 에너지를 가하면 전압이 발생하고, 전압을 가하면 기계적인 변형이 발생하는 현상으로, 어떤 소재에 힘을 가하였을 경우 표면에 전압이 발생하고, 반대로 전압을 걸어주면 소자가 이동하거나 힘이 발생하는 현상을 말한다.

4-2

초음파탐상법의 원리 분류 중 송·수신 방식에 따라 반사법(펄스반사법), 투과법, 공진법이 있으며, 표면파법은 탐촉자의 진동 방식에 의한 분류이다.

4-3

초음파는 직진성을 가지나 경계면 혹은 다른 재질에서는 굴절, 반사, 회절을 일으키므로 시험체 내에서 퍼지게 된다.

4-4

초음파탐상법 중 수직탐상법을 사용하면 라미네이션 검출에 효과적이다.

4-5

초음파탐상법은 초음파의 진행방향에 대해 수직한 결함의 결함검출 감도가 좋다.

정답 4-1 ② 4-2 ③ 4-3 ① 4-4 ② 4-5 ①

핵심이론 05 │ 기타 비파괴시험법

① **와전류탐상검사의 원리**

코일에 고주파 교류 전류를 흘려주면 전자유도현상에 의해 전도성 시험체 내부에 맴돌이 전류를 발생시켜 재료의 특성을 검사한다. 맴돌이 전류(와전류 분포의 변화)로 거리·형상의 변화, 합금성분, 재질의 선별, 균열, 불균질 부분, 도금층 두께 측정, 치수 변화, 열처리 상태 등을 확인 가능하다.

② **와전류탐상의 장단점**

　㉠ 장 점

　　• 고속으로 자동화된 전수검사 가능
　　• 가는 선, 구멍 내부, 고온 등 여러 환경에서 적용 가능
　　• 결함, 재질변화, 품질관리 등 적용 범위가 광범위
　　• 탐상 및 재질검사 등 탐상 결과를 보전 가능

　㉡ 단 점

　　• 표피효과로 인해 표면 근처의 시험에만 적용 가능
　　• 잡음 인자의 영향을 많이 받음
　　• 결함 종류, 형상, 치수에 대한 정확한 측정은 불가
　　• 형상이 간단한 시험체에만 적용 가능
　　• 도체에만 적용 가능

③ **와전류탐상시험 코일의 분류**

　㉠ 관통코일(Encircling Coil, Feed Through Coil, OD Coil)

　　시험체를 시험코일 내부에 넣고 시험하는 코일(고속 전수검사, 선 및 봉, 관의 자동검사에 이용)

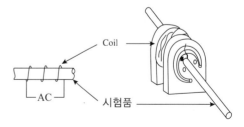

[관통형 코일]

ⓛ 내삽코일(Inner Coil, Inside Coil, Bobbin Coil, ID Coil)

시험체 구멍 내부에 코일을 삽입하여 구멍의 축과 코일 축을 맞추어 시험하는 코일(관, 볼트구멍 등을 검사)

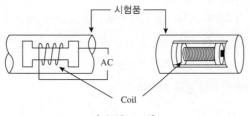

[내삽형 코일]

ⓒ 표면코일(Surface Coil, Probe Coil)

코일 축이 시험체 면에 수직인 경우 시험하는 코일 (판상, 규칙적 형상이 아닌 시험체에 검사)

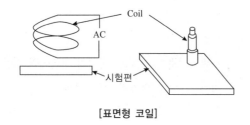

[표면형 코일]

④ 와전류탐상 이론

ⓐ 전자유도현상

코일을 통과하는 자속이 변화하면 코일에 기전력이 생기는 현상이다.

ⓑ 표피효과(Skin Effect)

교류 전류가 흐르는 코일에 도체가 가까이 가면 전자유도현상에 의해 와전류가 유도되며, 이 와전류는 도체의 표면 근처에서 집중되어 유도되는 효과이다.

ⓒ 침투 깊이

• 침투 깊이는 시험주파수의 $\frac{1}{2}$ 승에 반비례한다 (주파수를 4배 올리면 침투 깊이는 $\frac{1}{2}$ 로 감소).

• 표준 침투 깊이(Standard Depth of Penetration) : 와전류가 도체 표면의 약 37% 감소하는 깊이

ⓐ 코일임피던스(Coil Impedance)

코일에 전류가 흐르면 저항과 리액턴스가 발생하는 것을 합한 것으로 시험체에서의 변화를 측정하는 데 사용한다.

ⓑ 코일임피던스에 영향을 미치는 인자

시험 주파수, 시험체의 전도도, 시험체의 투자율, 시험체의 형상과 치수, 상코일과 시험체의 위치, 탐상속도 등이다.

ⓒ 충진율(Fill Factor)

원주와 코일간의 거리에 따라 출력 지시가 변하는 경우 충진율 $\eta = \left(\dfrac{D_1}{D_2}\right)^2$

ⓓ 모서리효과(Edge Effect)

코일이 시험체의 모서리 또는 끝 부분에 다다르면 와전류가 휘어지는 효과로 모서리에서 3mm 정도는 검사가 불확실하다.

⑤ 와전류탐상장치 구성

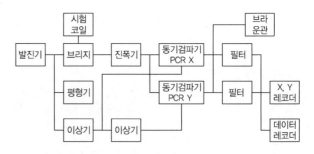

ⓐ 발진기 : 교류를 발생시키는 장치

ⓑ 브리지 : 코일에 결함 부분이 들어가면 코일의 임피던스 변화에 따라 압이 발생

ⓒ 증폭기 : 브리지의 신호를 증폭시켜 주는 장치

ⓓ 동기검파기 : 결함신호와 잡음의 위상 차이로 S/N비의 향상

ⓔ 필터 : 결함신호와 잡음의 주파수 차이를 이용해 잡음을 억제하고 S/N비를 향상

ⓗ 디스플레이(브라운관) : 수평에 동기검파 X의 출력, 수직에 동기검파 Y의 출력을 접속하여 벡터적으로 관측

⑥ 와전류탐상시험 방법

　ⓖ 검사준비

　　대비시험편 준비, 시험코일, 탐상장치, 시험방법의 선정, 시험조건의 예비시험, 작업환경조사 등의 준비이다.

　ⓛ 전처리

　　시험체의 산화 스케일, 유지류, 금속분말 등 시험 시 의사지시 형성이 가능한 부분을 제거한다.

　ⓒ 탐상조건 설정 및 확인

　　시험주파수, 탐상감도, 위상, 시험속도 등을 설정한다.

　ⓓ 탐 상

　　시험코일을 삽입 후 탐상 위치까지 정확히 확인한다.

　ⓜ 지시 확인 및 기록

　　• 의사 지시 및 결함 여부의 확인 및 재시험 여부를 결정한 후 탐상장치, 시험코일, 검사조건 등을 기록한다.

　　• 의사 지시 원인
　　　- 자기 포화 부족에 의한 의사 지시
　　　- 잔류응력, 재질 불균질
　　　- 외부 도체 물질의 영향
　　　- 잡음에 의한 원인
　　　- 지지판, 관 끝단부

10년간 자주 출제된 문제

5-1. 시험체의 도금두께 측정에 가장 적합한 비파괴검사법은?

① 침투탐상시험법
② 음향방출시험법
③ 자분탐상시험법
④ 와전류탐상시험법

5-2. 시험체를 시험코일 내부에 넣고 시험을 하는 코일로서, 선 및 직경이 작은 봉이나 관의 자동검사에 널리 이용되는 것은?

① 표면코일
② 프로브코일
③ 관통코일
④ 내삽코일

5-3. 와전류탐상시험에 대한 설명 중 틀린 것은?

① 시험코일의 임피던스 변화를 측정하여 결함을 식별한다.
② 접촉식 탐상법을 적용함으로써 표피효과가 발생하지 않는다.
③ 철, 비철재료의 파이프, 와이어 등 표면 또는 표면 근처 결함을 검출한다.
④ 시험체 표층부의 결함에 의해 발생된 와전류의 변화를 측정하여 결함을 식별한다.

5-4. 내마모성이 요구되는 부품의 표면 경화층 깊이나 피막두께를 측정하는 데 쓰이는 비파괴시험법은?

① 적외선분석검사(IRT)
② 방사선투과검사(RT)
③ 와전류탐상검사(ECT)
④ 음향방출검사(AE)

5-1

와전류탐상의 장점으로는 다음과 같으며, 검사의 숙련도가 필요하다.

• 고속으로 자동화된 전수검사 가능
• 가는 선, 구멍 내부, 고온 등 여러 환경에서 적용 가능
• 결함, 재질변화, 품질관리 등 적용범위가 광범위
• 탐상 및 재질검사 등 탐상 결과를 보전 가능

5-2

와전류탐상에서의 시험코일의 분류로는 관통형, 내삽형, 표면형 코일이 있으며, 시험코일 내부에 넣고 시험하는 코일은 관통코일이다.

5-3

와전류탐상은 표피효과로 인해 표면 근처의 시험에만 적용 가능하다.

5-4

와전류탐상검사는 맴돌이 전류(와전류 분포의 변화)로 거리·형상의 변화, 합금성분, 재질의 선별, 균열, 불균질 부분, 도금층 두께 측정, 치수변화, 열처리 상태 등을 확인 가능하다.

핵심이론 06 | 누설검사

① 누설검사의 개요
  ㉠ 누설탐상원리
    관통된 결함을 검사하는 방법으로 기체나 액체와 같은 유체의 흐름을 감지해 누설 부위를 탐지하는 것이다.
  ㉡ 누설탐상의 특성
    • 재료의 누설손실을 방지
    • 제품의 실용성과 신뢰성 향상
    • 구조물의 조기 파괴 방지

② 누설탐상 주요 용어
  ㉠ 표준대기압 : 표준이 되는 기압, 대기압
    $$1기압(atm) = 760mmHg = 1.0332kg/cm^2 = 30inHg$$
    $$= 14.7lb/in^2 = 1,013.25mbar$$
    $$= 101.325kPa$$
  ㉡ 게이지압력 : 게이지에 나타나는 압력으로 표준대기압이 0일 때 그 이상의 압력을 나타낸다(kgf/cm^2, lb/in^2).
  ㉢ 절대압력 : 게이지압력에 대기압을 더해 준 압력(kgf/cm^2, $inHgV$)
  ㉣ 진공압력 : 대기압보다 낮은 압력($cmHgV$, $inHgV$)
  ㉤ 보일의 법칙 : 온도가 일정할 때 기체의 압력은 부피에 반비례, $PV = $일정, $P_1 V_1 = P_2 V_2$(P : 절대압력, V : 기체의 부피)
  ㉥ 샤를의 법칙 : 압력이 일정할 때 기체의 부피는 온도 증가에 비례, $\frac{V}{T} = $일정, $\frac{V_1}{T_1} = \frac{V_2}{T_2}$($T$: 절대온도 K(℃+273), V : 기체의 부피)
  ㉦ 보일-샤를의 법칙 : 온도와 압력이 동시에 변하는 것으로 기체의 부피는 절대압력에 반비례하고 절대온도에 비례한다.
    $$\frac{PV}{T} = 일정, \quad \frac{P_1 V_1}{T_1} = \frac{P_2 V_2}{T_2}$$

③ 누설탐상방법
　㉠ 추적가스 이용법
　　추적가스(CO_2, 황화수소, 암모니아 등)를 이용하여 누설지시를 나타내는 화학적 시약과의 반응으로 탐상한다.
　　• 암모니아 누설검출 : 암모니아 가스(NH_3)로 가압하여 화학적 반응을 일으키는 염료를 이용하여 누설 시 색의 변화로 검출한다.
　　• CO_2 추적가스법 : CO_2 가스를 가압하여 화학적 반응을 일으키는 염료를 이용하여, 누설 시 색의 변화로 검출한다.
　　• 연막탄(Smoke Bomb)법 : 연막탄을 주입 후 누설 시 그 부위로 연기가 새어 나오는 부분을 검출한다.
　㉡ 기포누설시험
　　• 침지법 : 액체 용액에 가압된 시험품을 침적해서 기포 발생 여부를 확인하여 검출한다.
　　• 가압발포액법 : 시험체를 가압 후 표면에 발포액을 적용하여 기포 발생 여부를 확인하여 검출한다.
　　• 진공상자발포액법 : 진공상자를 시험체에 위치시킨 후 외부 대기압과 내부 진공의 압력차를 이용하여 검출한다.
　㉢ 할로겐누설시험
　　할로겐추적가스(염소, 불소, 브롬, 요오드 등)으로 가압하여 가스가 검출기의 양극과 음극 사이에 포집 시 양극에서 양이온이 방출, 음극에서 전류가 증폭되어 결함 여부를 검출한다.
　　• 할라이드토치법(Halide Torch) : 불꽃의 색이 변색되는 유무로 판별한다.
　　• 가열양극 할로겐검출기 : 추적가스를 가압하여 양이온 방출이 증가하여 음극에 이르면 전류가 증폭되어 누설 여부를 판별한다.
　　• 전자포획법

　㉣ 방치법에 의한 누설시험
　　시험체를 가압 또는 감압하여 일정 시간 후 압력의 변화 유무에 따른 누설 여부를 검출한다.
　㉤ 방사성동위원소시험
　　방사성가스인 크립톤-85(Kr-85)를 소량 투입한 공기로 시험체를 가압한 후, 방사선 검출기를 이용하여 누설 여부 및 누설량을 검출한다.

10년간 자주 출제된 문제

6-1. 시험체의 내부와 외부의 압력차에 의해 유체가 결함을 통해 흘러 들어가거나 나오는 것을 감지하는 방법으로 압력 용기나 배관 등에 주로 적용되는 비파괴검사법은?

① 누설검사
② 침투탐상검사
③ 자분탐상검사
④ 초음파탐상검사

6-2. 누설검사에 이용되는 가압 기체가 아닌 것은?

① 공 기
② 황산가스
③ 헬륨가스
④ 암모니아가스

6-3. 시험체를 가압 또는 감압하여 일정한 시간이 지난 후 압력 변화를 계측하여 누설검사하는 방법을 무엇이라 하는가?

① 헬륨누설검사
② 암모니아누설검사
③ 압력변화누설검사
④ 전위차에 의한 누설검사

6-4. 기포누설검사의 특징에 대한 설명으로 옳은 것은?

① 누설 위치의 판별이 빠르다.
② 경제적이나 안전성에 문제가 많다.
③ 기술의 숙련이나 경험을 크게 필요로 한다.
④ 프로브(탐침)나 스니퍼(탐지기)가 반드시 필요하다.

6-5. 누설검사에서 추적자로 사용되지 않는 기체는?

① 수 소
② 헬 륨
③ 암모니아
④ 할로겐가스

핵심이론 07 | 음향방출검사

① 음향방출검사 개요

  ㉠ 음향방출검사의 원리

   재료의 결함에 응력이 가해졌을 때 음향을 발생시
키고 불연속 펄스를 방출하게 되는데 이러한 미소
음향방출 신호들을 검출 분석하는 시험이다.

   • 카이저효과(Kaiser Effect) : 재료에 하중을 걸어
음향방출을 발생시킨 후, 하중을 제거했다가 다시
걸어도 초기 하중의 응력 지점에 도달하기까지
음향방출이 발생되지 않는 비가역적 성질이다.

   • 페리시티효과(Felicity Effect) : 재료 초기 설정
하중보다 낮은 응력에서도 검출 가능한 음향방
출이 존재하는 효과이다.

  ㉡ 음향방출검사의 특징

   • 시험 속도가 빠르고 구조의 건전성 분석이 가능
하다.

   • 크기에 제한이 없고 한꺼번에 시험 가능하다.

   • 동적검사로 응력이 가해질 때 결함 여부를 판단
가능하다.

   • 접근이 어려운 부분에서의 구조적 결함탐상이
가능하다.

   • 압력용기검사에서의 파괴는 예방 가능하다.

   • 응력이 작용하는 동안에만 측정 가능하다.

   • 신호대 잡음비 제어가 필요하다.

② 음향방출 발생원

  ㉠ 소성변형 : 전위, 석출, 쌍정 등

  ㉡ 파괴 : 연성 파괴, 취성 파괴, 피로, 복합재 파괴,
크리프 등

  ㉢ 상변태 : 마텐자이트 변태, 용해/응고, 소결 등

③ 음향방출신호 형태

  ㉠ 1차 음향방출(돌발형 신호, Burst Emission) : 재료
의 파괴, 상변태, S.C.C(Stress Corrosion Cracking)
등에 의해 발생한다.

ⓛ 2차 음향방출(연속형 신호, Continuous Emission) : 마찰, 액체나 기체의 누설 등에 의해 발생한다.

④ 음향방출측정장치

　　㉠ 센서 : 압전형 센서(공진형, 광대역), 고온용 센서, 전기용량형 센서 등이다.

　　㉡ 전치증폭기 : 마이크로볼트 수준의 신호를 밀리볼트 수준의 신호로 증폭시켜 주는 장치이다.

　　㉢ 여파기 : 잡음 제거 및 필요 주파수 성분의 신호만 추출하기 위한 장치이다.

　　㉣ 후치증폭기 : 전치증폭기에서 증폭된 신호를 신호처리에 맞게 조정해 주는 장치이다.

　　㉤ 신호처리장치 : 신호처리 및 분석

⑤ 스트레인 측정

　　대표적으로 스트레인 게이지에 외부적 힘 또는 열을 가할 시 전기 저항이 변화하는 원리를 이용하며, 전기 저항 변화, 전기 용량 변화, 코일의 임피던스 변화, 압전효과 등을 측정한다.

⑥ 서모그래피법(Thermography)

　　㉠ 적외선 카메라를 이용하여 비접촉식으로 온도 이미지를 측정하여 구조물의 이상 여부를 탐상한다.

　　㉡ 시험 중 발생하는 온도 신호로 결함, 균열, 열화상태, 전기선 연결상태, 접합부 계면 분리 등을 파악한다.

7-1. 고체가 소성변형하며 발생하는 탄성파를 검출하여 결함의 발생, 성장 등 재료 내부의 동적 거동을 평가하는 비파괴검사법은?

① 누설검사
② 음향방출시험
③ 초음파탐상시험
④ 와전류탐상시험

7-2. 시험체에 있는 도체에 전류가 흐르도록 한 후 형성된 시험체 중의 전위분포를 계측해서 표면부의 결함을 측정하는 시험법은?

① 광탄성시험법
② 전위차시험법
③ 응력 스트레인 측정법
④ 적외선 서모그래픽 시험법

|해설|

7-1

음향방출시험 : 재료의 결함에 응력이 가해졌을 때 음향을 발생시키고 불연속 펄스를 방출하게 되는데 이러한 미소음향방출신호들을 검출 분석하는 시험으로 내부 동적 거동을 평가하는 시험이다.

7-2

전자기의 원리를 사용하는 검사방법은 자분탐상, 와전류탐상, 전위차법 등이 있으며, 전위분포를 계측해서 결함을 측정하는 시험은 전위차시험법이다.

정답 7-1 ② 7-2 ②

| 핵심이론 01 | 방사선 기초 이론

① 방사선의 개요

ㄱ 방사선 : 입자선 또는 전자파 중에서 공기를 직·간접적으로 전리시킬 수 있는 능력을 가진 것으로 에너지의 흐름이다.

ㄴ 방사선의 종류

- 입자 방사선 : α선, β선, 중성자선
- 전자파 방사선 : 적외선, 가시광선, 자외선, X선, γ선

ㄷ 방사선투과검사의 원리 : 방사선은 시험체를 투과하며, 물질과의 상호작용으로 인해 흡수되는 강도변화를 필름에 담아 사진처리하여, 사진농도의 차이로 결함을 찾는 검사이다.

② 방사선의 성질

ㄱ 빛의 속도로 직진성을 가지고 있으며, 물질에 부딪혔을 때 반사한다.

ㄴ 비가시적이고, 인간의 오감에 의해 검출 불가하다.

ㄷ 물질을 전리시킨다.

ㄹ 파장이 짧아 물질을 투과한다.

③ 방사선투과검사의 특징

ㄱ 장 점

- 시험체를 한번에 검사 가능하다.
- 시험체 내부의 결함탐상이 가능하다.
- 금속, 비금속, 플라스틱 등 모든 종류의 재료에 적용 가능하다.
- 기록성 및 정확성이 우수하다.
- 투과방향에 대해 두께 차가 나는 결함(개재물, 기공, 수축공)탐상이 수월하다.

ㄴ 단 점

- 투과에 한계가 있어 두꺼운 시험체 검사가 불가하다.
- 검사장치 가격이 고가이다.
- 필름 및 사진처리에 비용이 들어 검사비가 높다.
- 결함의 위치에 따라 찾지 못할 가능성이 있다.
- 시험체의 양면에 접근할 수 있어야 한다.

④ 방사선투과검사의 종류

ㄱ 방사선의 종류 : X선 투과, γ선 투과, 중성자 투과

ㄴ 선원의 종류 : 감마선 투과, 중성자 투과

ㄷ 시험 방법

- 직접 촬영법 : 시험체를 직접 투과선으로 투과시켜 뒷면의 X선 필름의 농도차로 검출한다.
- 간접 촬영법 : 방사선에 의한 형광작용을 이용해, 투과상을 형광체에서 가시상으로 바꾸어 상을 촬영한다.

⑤ 방사선 물리

ㄱ 원자의 구조

원자는 원자핵과 전자로 구성되어 있고, 전자는 원자핵의 둘레를 돌며, 이를 궤도전자라 부른다. 원자핵은 양성자와 중성자로 구성되어 있다.

- 양성자 : 양전하를 가진 비교적 무거운 입자
- 중성자 : 양성자와 무게 크기가 비슷한 입자로 전기적으로 중성
- 전자 : 매우 가벼우며 음전자 전하를 가짐

ㄴ 원자번호와 원자량

- 원자수 : 원자를 이루고 있는 핵 속에 양자의 수, 동일 원자수를 갖는 원소는 존재하지 않는다.

- 원자량 : 원자를 이루고 있는 핵 속 양자수와 중성자수를 합한 수로, 동일 원소 내 질량수가 다른 경우 존재한다.
ⓒ 방사선 동위원소
- 동위 원소 : 원자번호는 같지만, 질량수가 다른 원소
- 방사선 원소
  - 원자핵으로부터 α선, β선, γ선 등의 방사선을 방출하고 붕괴하는 원소를 말하며, 천연방사성 원소와, 인공방사성 원소로 나누어진다.
  - 안정한 원소에 중성자가 들어가 균형을 이루지 못해 불안정한 원자가 되며, 이는 분열 및 붕괴를 통해 안정한 상태로 변하려고 하는 원자이다.
- 방사선 동위원소 : 방사성 원자를 지니고 있는 원소의 동위원소이다.
ⓓ X선과 γ선의 특징
- 파장에 직접 비례하는 에너지를 갖는 전자파이다.
- 물질을 침투하고 침투깊이는 방사선 에너지에 의한다.
- 물질에 흡수하고, 재료밀도와 두께에 직접 비례, 방사선 에너지에 간접 비례한다.
- 물질에 의해 산란되며, 산란량은 재료밀도에 직접 비례한다.
- 물질을 이온화시킨다.
- 이온화에 의해 필름을 감광하거나 재료를 형광시킨다.

1-1. 다음 중 원자력안전법 시행령에서 규정하고 있는 방사선에 해당되지 않는 것은?

① 중성자선
② 감마선 및 엑스선
③ 1만전자볼트 이상의 에너지를 가진 전자선
④ 알파선, 중양자선, 양자선, 베타선 기타 중하전입자선

1-2. 시험체 내부결함이나 구조적인 이상 유무를 판별하는 데 이용되는 방사선의 특성은?

① 회절특성
② 분광특성
③ 진동특성
④ 투과특성

1-3. 다음 중 가장 무거운 입자는?

① α입자
② β입자
③ 중성자
④ γ입자

1-4. 가속된 전자가 빠른 속도로 어떤 물질에 부딪혀 생성되는 매우 짧은 파장을 갖는 전자파 방사선을 무엇이라 하는가?

① α선
② X선
③ γ선
④ 중성자선

1-5. 원자핵의 분류 중 ^1_1H와 ^2_1H는 무엇으로 분류되는가?

① 동중핵
② 동위원소
③ 동중성자핵
④ 핵이성체

1-6. 방사선투과시험에 대한 설명으로 틀린 것은?

① 체적결함에 대한 검출감도가 높다.
② 결함의 깊이를 정확히 측정할 수 있다.
③ 결함의 형상 또는 결함 길이의 정보가 양호하다.
④ 건전부와 결함부에 대한 투과선량의 차이에 따라 필름상의 농도차를 이용하는 시험방법이다.

1-1

방사선의 종류

• 입자 방사선 : α선, β선, 중성자선
• 전자파 방사선 : 적외선, 가시광선, 자외선, X선, γ선
• 5만전자볼트 이상의 전자선을 가져야 한다.

1-2

방사선의 성질

• 빛의 속도로 직진성을 가지고 있으며, 물질에 부딪혔을 때 반사함
• 비가시적이고, 인간의 오감에 의한 검출 불가
• 물질을 전리시킴
• 파장이 짧아 물질을 투과

1-3

α입자가 가장 무겁다.

1-4

X선 : 가속된 전자가 빠른 속도로 어떤 물질에 부딪혀 생성되는 매우 짧은 파장을 갖는 전자파 방사선

1-5

원자번호는 같으나 질량수가 다른 원소를 동위원소라고 한다.

1-6

방사선은 투과되어 사진의 명암도로 결함을 찾는 것으로 결함의 깊이는 측정 불가하다.

정답 1-1 ③ 1-2 ④ 1-3 ① 1-4 ② 1-5 ② 1-6 ②

핵심이론 02 | 방사선투과검사 원리

① 원자의 들뜸과 이온화

ㄱ 원자의 들뜸 : 물질을 가열하거나 빛을 쬐어 원자를 자극시킬 때, 궤도전자의 일부가 에너지 준위가 높은 바깥쪽 궤도로 옮아가는 현상이다.

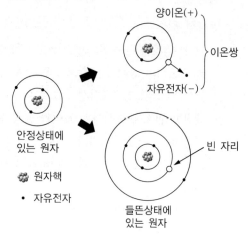

ㄴ 원자의 전이 : 불안정한 들뜬 상태의 전자는 빈자리인 안쪽 궤도로 가려고 하는 현상으로, 전이 시 여분의 에너지가 빛, 자외선, X선의 전자기파 에너지로 방출된다.

ㄷ 원자의 이온화 : 궤도전자가 원자핵과의 결합에너지 이상의 에너지를 받을 때, 원자핵의 인력권에서 벗어나 자유전자로 되는 현상이다.

ㄹ 이온화 에너지 : 원소의 전자를 하나 떼어내는 데 필요한 에너지를 의미하며, 원자・분자의 종류에 따라 다르다. 예시로 수소원자의 이온화 에너지는 13.6eV이다.

② 물질의 상호작용

ㄱ 광전효과(Photoelectric Effect)

• 원자의 궤도전자에 감마선의 전에너지를 주어 궤도전자를 원자에서 튀어나가게 하면서 감마선의 에너지를 잃는 과정이다.
• 0.1MeV 이하의 낮은 에너지 범위에서 발생한다.
• 광자에너지는 이온쌍을 생성하는 데 사용한다.

※ 광전효과의 특징
- 입사한 감마선 에너지가 비교적 낮을 때 발생한다.
- 궤도전자의 에너지 준위가 클수록 발생 확률이 높아진다.
- 원자번호가 큰 물질에서 잘 발생한다.
- 입사한 감마선의 전에너지를 소비한다.

ⓒ 콤프턴산란(Compton Scattering)
- 입사한 감마선이 물질 내의 전자에 의해 산란되어 그 에너지와 방향이 바뀌는 것으로, 입사한 에너지보다 낮은 에너지의 감마선이 방출되고 동시에 전자도 방출되는 과정이다.
- 0.1~1.0MeV 범위에서 발생한다.
- 2차 방사선 또는 산란방사선으로 정의 가능하며, 이 산란방사선은 다시 콤프턴산란을 일으키거나 광전효과를 일으켜 에너지를 상실한다.
  ※ 콤프턴산란의 특징
  - 입사한 감마선의 에너지가 비교적 높을 때 잘 발생한다.
  - 에너지 준위가 낮은 전자(최외각 전자)와 산란이 일어날 확률이 높다.
  - 입사한 감마선의 일부 에너지만 소비한 후 산란한다.

ⓒ 전자쌍 생성(Pair Production)
- 고에너지의 전자기방사선이 원자 근처를 지날 때, 원자핵이 쿨롱전장 속에서 광자가 소멸하고 대신에 한 쌍의 음전자와 양전자가 생성되는 현상이다.
- 광자에너지가 물질로 변환하는 현상이다.
- 1.02MeV 이상의 고에너지에서 발생한다.
- 콤프턴산란과 광전효과를 수반한다.

② 톰슨산란(Thomson Scattering)
- 물질에 따라 X선이 입사한 후 산란될 때 파장이 변화하지 않는 산란이다.

- 광양자의 에너지 변화가 없으므로 탄성산란이라고도 한다.
- 파장이 변화하지 않고 각각의 전자에 의해 산란된 X선이 간섭을 일으켜 간섭성 산란이라고도 한다.
- 발생확률은 원자번호에 비례한다.

③ 흡수와 감쇠
방사선은 물질을 투과하는 성질을 가지고 있으며, 투과나 흡수되는 양은 시편의 두께, 밀도, 방사선의 에너지 등에 따라 달라진다. 일반적으로 시험체의 두께, 원자번호 및 밀도가 클수록 흡수되는 양이 커지고, 방사선의 에너지가 클수록 투과되는 양이 커진다.

㉠ 흡수체에 의한 감쇠
흡수체를 통과함에 따라 물질과의 상호작용을 거쳐 방사선의 세기는 지수함수적으로 줄어든다.

$$I = I_0 e^{-\mu t}$$

I_0 : 방사선의 초기 강도, e : 자연대수, μ : 선형흡수계수, t : 시험체 두께

㉡ 역제곱의 법칙(Inverse Square Law)

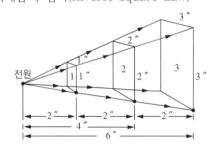

방사선은 직진성을 가지고 있으며, 거리가 멀어질수록 강도는 거리의 제곱에 반비례하여 약해지는 법칙이다.

$$\frac{I}{I_0} = \left(\frac{d_0}{d}\right)^2, \quad I = I_0 \times \left(\frac{d_0}{d}\right)^2$$

I_0 : 거리 d_0에서의 방사선 강도
I : 거리 d에서의 방사선 강도
d : 강도가 I가 되는 거리
d_0 : 선원으로부터 최초 거리

ⓒ 반가층(HVL ; Half-Value Layer)

표면에서의 강도가 물질 뒷면에 투과된 방사선 강도의 1/2이 되는 것

$$반가층 = \frac{t}{2} = \frac{\ln 2}{\mu} = \frac{0.693}{\mu}$$

ⓔ 10가층(TVL ; Tenth Value Layer)

최초의 방사선 강도가 1/10이 되는 수준의 두께

$$10가층 = \frac{t}{10} = \frac{\ln 10}{\mu} = \frac{2.303}{\mu}$$

μ : 선형흡수계수

ⓜ 사진작용

• 사진필름에 방사선을 쪼였을 때, 필름의 사진 유제 속의 할로겐화은이 방사선을 흡수하여 현상핵(잠상)을 만드는 작용이다.

• 방사선의 양에 따라 감광이 많이 된 부분은 어둡게, 감광이 적게 된 부분은 밝게 나타난다.

• 투과사진 흑화도(Film Density, 농도) : 필름이 흑화된 정도를 정량적으로 나타내는 것이다.

$$D = \log \frac{L_0}{L}$$

L_0 : 빛을 입사시킨 강도, L : 투과된 빛의 강도

• 방사선 사진촬영, 방사선 피폭선량의 측정에 이용한다.

• 사진상으로의 변환은 방사선에 노출된 필름을 현상, 정착의 사진처리를 하여 잠상 부분이 화학반응으로 검은색의 황화은으로 바뀌며 발생한다.

ⓗ 전리작용

• 기체에 방사선을 쪼였을 때, 전기적 중성이던 기체의 원자 또는 분자가 이온으로 분리되는 현상이다.

• 전리되는 기체 분자의 수는 조사된 방사선량에 비례하며, 이 작용으로 조사선량을 측정한다.

ⓢ 형광작용

• 형광물질에 방사선을 가하게 되면, 방사선의 에너지를 흡수하여 들뜨게 되며, 안정한 상태로 돌아올 때 황색, 청색 등의 형광을 발하는 작용이다.

• 형광물질에는 ZnS, CdS, CaWO₄ 등이 있으며, 형광증감지, 투시법의 형광판 및 측정기 등에 이용한다.

10년간 자주 출제된 문제

2-1. X선과 감마선은 전자기방사선으로써, 물질과의 상호작용은 세 가지 메커니즘으로 나타난다. 다음 중 틀린 것은?

① 전자쌍생성(Pair Production)
② 콤프턴산란(Compton Scattering)
③ 음의 분산(Beam Spread)
④ 광전효과(Photoelectric Effect)

2-2. 차폐물이 없는 공터에서 작업 시 10m 거리에서의 선량률이 100mR/h였다면, 20m 떨어진 곳에서의 선량률은?

① 500mR/h
② 200mR/h
③ 5mR/h
④ 25mR/h

2-3. 방사선투과사진에서 작은 결함을 검출할 수 있는 능력을 나타내는 용어는?

① 투과사진의 농도
② 투과사진의 명료도
③ 투과사진의 감도
④ 투과사진의 대조도

2-4. 반가층에 관한 정의로 가장 적합한 것은?

① 방사선의 양이 반으로 되는 데 걸리는 시간이다.
② 방사선의 에너지가 반으로 줄어드는 데 필요한 어떤 물질의 두께이다.
③ 어떤 물질에 방사선을 투과시켜 그 강도가 반으로 줄어들 때의 두께이다.
④ 방사선의 인체에 미치는 영향이 반으로 줄어드는 데 필요한 차폐체의 무게이다.

2-5. 다음 중 그림과 같은 원리를 이용하는 방사선계측기는?

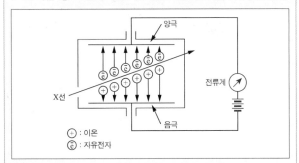

① 필름배지
② 체렌코프계수관
③ 비례계수관
④ 신틸레이션검출기

|해설|

2-1
물질과의 상호작용으로는 광전효과, 전자쌍생성, 콤프턴산란, 톰슨산란이 있다.

2-2
역제곱의 법칙 : 방사선은 직진성을 가지고 있으며, 거리가 멀어질수록 강도는 거리의 제곱에 반비례하여 약해지는 법칙

$$I = I_0 \times \left(\frac{d_0}{d}\right)^2$$

$$100 \times \frac{10^2}{20^2} = 100 \times \frac{100}{400} = 25\text{mR/h}$$

2-3
• 사진감도 : 투과사진으로 찾을 수 있는 가장 작은 흠집의 크기
• 시험물의 명암도 : 같은 시험물의 두께지만, 밀도의 차에 의해 방사선 강도의 변화가 생겨 명암도 차이가 생기는 것
• 필름의 명암도 : 필름의 종류, 필름특성에 의해 생기는 명암도

2-4
반가층 : 어떤 물질에 방사선을 투과시켜 그 강도가 반으로 줄어들 때의 두께이다.

2-5
기체 전리작용을 이용한 검출기
• 검출기 내에 기체를 넣고 방사선이 조사될 때 기체가 이온화되는 원리를 이용
• 검출기에 걸어준 전압에 따라 펄스의 크기가 달라져 검출특성이 다음과 같이 분류됨
  − 전리함식(Ion Chamber) : 30~250V
  − 비례계수관(Proportional Counter) : 250~850V
  − G−M계수관(Geiger−Mueller Counter) : 1,050~1,400V

정답 2-1 ③ 2-2 ④ 2-3 ③ 2-4 ③ 2-5 ③

핵심이론 03 | 투과사진

① 투과사진의 상질

　㉠ 방사선투과사진 감도에 영향을 미치는 인자

　　• 사진감도 : 투과사진으로 찾을 수 있는 가장 작은 흠집의 크기

　　• 시험물의 명암도 : 같은 시험물의 두께지만, 밀도의 차에 의해 방사선강도의 변화가 생겨 명암도 차이가 생기는 것

　　• 필름의 명암도 : 필름의 종류, 필름특성에 의해 생기는 명암도

　　• 기하학적 불선명도 : 산란방사선의 영향으로 시험물의 상이 제대로 맺히지 못하는 것

　　• 고유 불선명도 : 방사선을 투과시킬 때 발생하는 상호작용에 의해 생성되는 자유전자들의 영향으로, 영상이 불선명하게 되는 것

[방사선 투과사진 감도에 영향을 미치는 인자]

투과사진 콘트라스트		선명도	
시험물의 명암도	필름의 명암도	기하학적 요인	입상성
• 시험체의 두께차 • 방사선의 선질 • 산란 방사선	• 필름의 종류 • 현상시간, 온도 및 교반 농도 • 현상액의 강도	• 초점크기 • 초점−필름 간 거리 • 시험체−필름 간 거리 • 시험체의 두께 변화 • 스크린−필름 접촉상태	• 필름의 종류 • 스크린의 종류 • 방사선의 선질 • 현상시간 • 온 도

　㉡ 선명도에 영향을 주는 요인

　　고유 불선명도, 산란방사선, 기하학적 불선명도, 필름의 입도 등이다.

　　• 고유 불선명도(Inherent Unsharpness) : 방사선을 투과시킬 때 발생하는 상호작용에 의해 생성되는 자유전자들의 영향으로, 영상이 불선명하게 되는 것이다.

- 산란방사선(Scattered Radiation)
  - 방사선이 물체에 부딪힐 때, 흡수, 산란, 투과의 작용이 나타나며, 산란에 의해 발생되는 방사선은 파장이 증가되면 최초 방사선에 비해 약하고 침투력이 낮아지는 것이다.
  - 산란방사선의 구분
    - ⓐ 내면산란 : 시험체 내·외부에 의해 산란되거나 반사되는 방사선
    - ⓑ 측면산란 : 시험물 주변이 벽, 실험대 등을 통해 산란되는 방사선
    - ⓒ 후방산란 : 필름 및 시험물을 높은 실험대, 바닥 등으로부터 산란되는 방사선
  - 산란방사선 영향을 최소화하는 방법
    - ⓐ 후면 납판 사용 : 필름 뒤 납판을 사용함으로써 후방 산란방사선 방지
    - ⓑ 마스크 사용 : 제품 주위 납판을 둘러 불필요한 일차 방사선 방지
    - ⓒ 필터 사용 : X선에 적용가능하며, 방사선을 선별하여 산란방사선의 발생을 저지
    - ⓓ 콜리메이터, 다이어프램, 콘 사용 : 필요 부분에만 방사선을 보내어주는 방법
    - ⓔ 납증감지의 사용 : 카세트 내 필름 전·후면에 납증감지를 부착해 산란방사선 방지
- 기하학적 불선명도
  - 산란방사선의 영향으로 시험물의 상이 제대로 맺히지 못하는 것이다.
  - 기하학적 불선명도에 영향을 주는 요인이다.

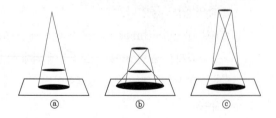

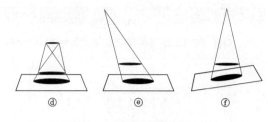

- ⓐ 초점 또는 선원의 크기 : 선원의 크기는 작을수록, 점선원(Point Source)에 가까워질수록 선명도는 좋아진다.
- ⓑ 선원-필름과의 거리 : 선원-필름 간 거리는 멀수록 선명도는 좋아지며, 거리가 짧아질수록 음영의 형성이 커져 선명도는 낮아진다.
- ⓒ 시험체-필름과의 거리 : 가능한 한 밀착시켜야 선명도가 좋아진다.
- ⓓ 선원-시험물-필름의 배치관계 : 방사선은 가능한 필름과 수직을 이루어지도록 한다.
- ⓔ 시험체의 두께 변화 : 두께 변화가 심한 경우 시험체의 일부가 필름과 각도를 이루어 음영이 형성되어 선명도가 낮아진다.
- ⓕ 증감지-필름의 접촉 상태 : 증감지와 필름은 밀착한다.
- ⓖ 기하학적 불선명도

$$U_g = F \cdot \frac{t}{d_0}$$

- U_g : 기하학적 불선명도
- F : 방사선원의 크기
- t : 시험체와 필름의 거리
- d_0 : 선원-시험체의 거리

- 필름의 입상성
  - 필름 내에서의 미세한 은 입자에 의해 형성되는 상이 덩어리를 형성하는 것이다.

- 입상성에 영향을 주는 요인
    ⓐ 필름의 종류 : 필름의 입상이 미세할수록 선명도가 양호, 감광속도가 늦은 필름의 입상이 미세하므로 선명도가 양호하다.
    ⓑ 증감지의 종류 : 형광증감지의 경우 칼슘 스테이트의 결정입자가 사용되어져, 필름의 감광 유제인 브롬화은보다 입자가 크기 때문에 선명해지지 않는다.
    ⓒ 방사선의 선질 : 방사선이 필름을 투과할 때 필름과의 상호작용으로 인한 이온화 과정에서 생성된 전자들로 인해 필름의 영상이 불선명하게 된다(고유 불선명도와 같은 상태).
    ⓓ 현상시간 : 현상액의 강도, 현상시간, 온도, 교반상태에 따라 선명도의 차이가 발생한다.
    ⓔ 온 도
ⓒ 명암도에 영향을 주는 요인
    시험체 명암도, 필름 명암도가 있으며, 흑화도의 차이가 클수록 명암도가 높으므로 구분 가능하다.
    • 시험체 명암도
        - 시험체 두께 차이 : 두께 차이가 클수록 방사선 투과량의 강도 차이가 커지므로, 흑화도 차이가 커져 명암도가 커진다.
        - 방사선질 : 방사선의 에너지가 높아질수록 시험체 명암도는 감소하는 경향이 있다.
        - 산란방사선 : 내부산란, 측면산란, 후방산란에 의해 명암도의 차이가 발생한다.
    • 필름 명암도
        - 필름의 종류 : 필름의 종류에 따라 필름특성곡선의 기울기가 다르며, 이는 필름 명암도를 나타낸다.
        - 현상조건 : 현상시간, 현상온도, 교반상태 및 현상액의 강도에 따라 동일한 노출량에 대해 흑화도의 정도가 달라진다.

- 흑화도 : 필름특성곡선에서 흑화도가 달라지면 곡선의 기울기가 달라지므로, 명암도 차이가 발생한다.
• 관용도(=노출허용도)
    - 주어진 흑화도 범위 내에서 1장의 투과사진에 나타날 수 있는 시험체의 두께 범위
    - 70kV, 150kV를 촬영한 스텝웨지 시험편의 명암도 차이로, 투과사진의 명암도가 높으면 관용도가 낮아지고, 명암도가 낮으면 관용도가 높아진다.

[방사선 에너지에 따른 관용도 차이 예시]

② 투과사진의 콘트라스트
    ㄱ 방사선을 투과시키면 투과사진에는 결함부분과 건전부 사이에 강도차 ΔI가 생기고, 투과사진 상에서는 ΔI에 비례하여 사진의 농도차가 생기는 것으로 ΔD로 표시한다.
    ㄴ 콘트라스트 ΔD가 클수록 결함 식별은 쉽고, 작아질수록 식별이 어려워진다.
    ㄷ 시험체 내 ΔT인 결함이 존재할 때 투과사진 콘트라스트 ΔD는 다음 식과 같다.

$$\Delta D = -\,0.434\,\frac{\gamma\mu\sigma\Delta T}{(1+n)}$$

γ : 필름 콘트라스트, μ : 선흡수계수, σ : 기하학적 보정계수, n : 산란비
    ㄹ 높은 콘트라스트를 얻으려면, 분자가 크고, 분모가 가능한 작아지도록 촬영조건을 선택한다.

3-1. 기하학적 불선명도와 관련하여 좋은 식별도를 얻기 위한 조건으로 옳지 않은 것은?

① 선원의 크기가 작은 X선 장치를 사용한다.
② 필름-시험체 사이의 거리를 가능한 멀리한다.
③ 선원-시험체 사이의 거리를 가능한 멀리한다.
④ 초점을 시험체의 수직 중심선상에 정확히 놓는다.

3-2. 시험체 내에 두께가 $\triangle T$인 미소결함이 존재한다고 할 때, 미소결함의 두께 $\triangle T$에 대응하는 투과사진의 콘트라스트 $\triangle D$를 구하는 식은?(단, γ는 필름콘트라스트, μ는 선흡수계수, n은 산란비를 나타낸 것이다)

① $\triangle D = -0.434\dfrac{1+n}{\gamma\mu}\triangle T$

② $\triangle D = 0.434\dfrac{1+n}{\gamma\mu}\triangle T$

③ $\triangle D = -0.434\dfrac{\gamma\mu}{1+n}\triangle T$

④ $\triangle D = 0.434\dfrac{\gamma\mu}{1+n}\triangle T$

3-3. 필름의 주요 특성 중 하나인 필름 콘트라스트(Film Contrast)에 영향을 주는 인자가 아닌 것은?

① 필름의 종류
② 현상도 및 농도
③ 사용된 스크린의 종류
④ 사용된 방사선의 파장

3-4. 방사선 투과사진의 명료도에 영향을 미치는 기하학적 요인이 아닌 것은?

① 필름의 종류
② 선원의 크기
③ 선원과 필름 사이 거리
④ 증감지와 필름의 접촉상태

3-5. 형광증감지의 특징을 바르게 설명한 것은?

① 연박증감지보다 증감률이 낮다.
② 연박증감지보다 노출시간이 짧아진다.
③ 연박증감지보다 산란선 저감효과가 나쁘다.
④ 연박증감지보다 콘트라스트가 높다.

3-6. 방사선투과검사 시 고려해야 하는 기하학적 원리에 관한 사항으로 옳지 않은 것은?

① 초점은 다른 고려사항이 허용하는 한 작아야 한다.
② 초점과 시험할 재질과의 거리는 가능한 가깝게 해야 한다.
③ 필름은 가능한 한 방사선 투과검사될 시험체와 밀착해야 한다.
④ 시편의 형상이 허용하는 한 관심 부위와 필름면은 평행이 되도록 해야 한다.

3-7. 방사선투과시험에서 연박증감지(Lead Intensifying Screen)를 사용하는 이유로 틀린 것은?

① 2차 전자를 발생시키기 위하여
② 산란방사선을 제거하기 위하여
③ 필름의 손상을 보호하기 위하여
④ 필름의 감광도를 높이기 위하여

3-8. 필름에 입사한 방사선의 강도가 10R이고, 필름을 투과한 방사선의 강도가 5R이었다. 이 방사선 투과사진의 농도는 얼마인가?

① 0.3
② 0.5
③ 1.0
④ 2.0

|해설|

3-1
필름-시험체 사이 거리를 가능한 밀착시켜야 한다.

3-2
시험체 내 ΔT인 결함이 존재할 때 투과사진 콘트라스트 ΔD는 다음 식과 같다.

$$\Delta D = -0.434\frac{\gamma\mu\sigma\Delta T}{(1+n)}$$

γ : 필름 콘트라스트, μ : 선흡수계수, σ : 기하학적 보정계수, n : 산란비

3-1
필름-시험체 사이 거리를 가능한 밀착시켜야 한다.

3-2
시험체 내 ΔT인 결함이 존재할 때 투과사진 콘트라스트 ΔD는 다음 식과 같다.

$$\Delta D = -0.434 \frac{\gamma\mu\sigma\Delta T}{(1+n)}$$

γ : 필름 콘트라스트, μ : 선흡수계수, σ : 기하학적 보정계수, n : 산란비

3-3, 3-4
방사선 투과사진 감도에 영향을 미치는 인자

투과사진 콘트라스트		선명도	
시험물의 명암도	필름의 명암도	기하학적 요인	입상성
• 시험체의 두께차 • 방사선의 선질 • 산란 방사선	• 필름의 종류 • 현상시간, 온도 및 교반 농도 • 현상액의 강도	• 초점크기 • 초점-필름 간 거리 • 시험체-필름 간 거리 • 시험체의 두께 변화 • 스크린-필름 접촉상태	• 필름의 종류 • 스크린의 종류 • 방사선의 선질 • 현상시간 • 온 도

3-5
형광증감지(Fluorescent Intensifying Screen)
• 칼슘 텅스테이트(Ca–Ti)와 바륨 리드 설페이트(Ba–Pb–S)분말과 같은 형광물질을 도포한 증감지
• X선에서 나타나는 형광작용을 이용한 증감지로 조사시간을 단축하기 위해 사용
• 높은 증감률을 가지고 있지만, 선명도가 나빠 미세한 결함 검출에는 부적합
• 노출시간을 10~60% 줄일 수 있음

3-6
기하학적 불선명도에 영향을 주는 요인

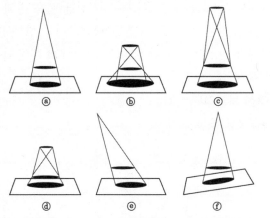

ⓐ ⓑ ⓒ

ⓓ ⓔ ⓕ

• 초점 또는 선원의 크기 : 선원의 크기는 작을수록, 점선원(Point Source)에 가까워질수록 선명도는 좋아짐
• 선원-필름과의 거리 : 선원-필름 간 거리는 멀수록 선명도는 좋아지며, 거리가 짧아질수록 음영의 형성이 커져 선명도는 낮아짐
• 시험체-필름과의 거리 : 가능한 밀착시켜야 선명도가 좋아짐
• 선원-시험물-필름의 배치관계 : 방사선은 가능한 필름과 수직을 이루도록 함
• 시험체의 두께 변화 : 두께 변화가 심한 경우 시험체의 일부가 필름과 각도를 이루어 음영이 형성되어 선명도가 낮아짐
• 증감지-필름의 접촉상태 : 증감지와 필름은 밀착

3-7
연박증감지(Lead Intensifying Screen)
• 0.01~0.015mm 정도의 아주 얇은 납판을 도포한 것
• 150~400kV의 관전압을 사용하는 투과사진 상질에 적당
• 필름의 사진작용을 증대
• 일차 방사선에 비해 파장이 긴 산란방사선 흡수
• 산란방사선보다 일차 방사선을 증가시킴

3-8
투과사진의 흑화도(농도) : $\log\left(\dfrac{10}{5}\right) = 0.301$

정답 3-1 ② 3-2 ③ 3-3 ④ 3-4 ① 3-5 ② 3-6 ② 3-7 ③ 3-8 ①

방사선투과검사를 위한 장비로는 방사선원, 필름, 투과사진 식별을 위한 표식, 투과도계 등이 있다. 이 중 방사선을 발생시키는 장치인 X선 발생장치와 감마선원에 대해 알아보도록 한다.

① X선 투과검사 장치

ㄱ X선 발생 원리

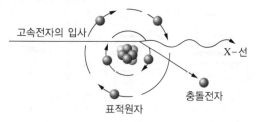

• X선 : 고속으로 움직이는 전자가 표적원자와 충돌하여 발생하는 전자기파이다.
• 음극의 필라멘트에 전류를 흘려 가열하면 전자를 발생시키고, 온도를 높여줌에 따라 전자의 방출이 증가하여 양극으로 가려는 성질을 가진다.
• 양극에 전압을 걸어 전자를 고속으로 가속한다.
• 가속된 전자가 양극의 표적에 충돌하여 파장이 짧고 큰 투과력의 X선을 발생시킨다.

ㄴ X선의 특징

• 파장이 원자 크기로 작아 결정마다 고유한 회절무늬를 형성한다.
• 에너지가 커 물질에 대한 형광작용이 강하고, 물질을 쉽게 투과하며, 이때 물질을 이온화시킨다.
• 투과 시 물질의 밀도, 원자에 따라 투과율이 달라진다.
• 파장이 짧으면 투과율이 커지고, 높은 가속전압일수록 짧은 파장의 X선이 발생한다.
• X선의 최단파장은 관전압(kV)에 의해 결정된다.

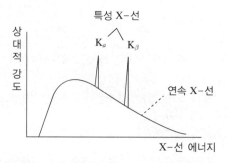

ㄷ 특성 X선

• 고속으로 움직이는 전자가 표적원자의 궤도전자와 충돌할 경우 높은 에너지 준위의 궤도전자가 빈 동공을 채우는데, 이 과정에서 이탈된 궤도전자의 에너지 준위와 천이전자의 에너지 차이가 X선이 되어 방출되는 것이다.
• 특성 X선의 파장은 관전압을 변화시켜도 변하지 않고, 표적금속 고유의 값을 가진다.
• 금속 고유의 스펙트럼을 이용하여 X선 회절법 등 물질의 분석에 사용한다.

ㄹ 연속 X선

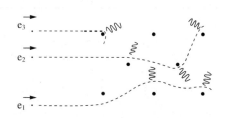

• 고속으로 움직이는 전자가 표적원자의 핵에 접근하면, 음전하의 전자는 양전하의 핵과 인력에 의해 원자핵쪽으로 휘어지며, 이때 전자의 제동으로 인해 감소된 에너지가 X선으로 방출된다.
• 이때 발생되는 X선을 제동 복사선이라 하며, 제동의 정도에 따라 감소되는 에너지가 0에서 최대 에너지까지 연속 스펙트럼을 나타내 연속 X선이라고 한다.
• 최단파장 : 일정 파장보다 짧은 파장의 X선이 존재하지 않는 지점의 파장

- 관전압이 높을수록 최단파장은 짧아지며, 파장도 단파장 쪽으로 이동한다.
- 관전압이 일정한 경우 X선 강도는 관전류에 비례한다.
- 표적금속의 원자번호에 의해 연속 X선의 강도는 비례한다.
- X선관 표적금속은 원자번호가 높고, 융점이 높은 텅스텐을 사용한다.

㉤ X선 발생장치

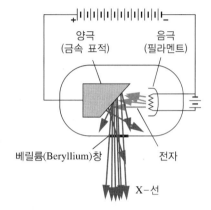

- X선관의 기본 요소 : 전자원 필라멘트(음극), 표적(양극), 음극-양극 연결 고전압, 양극-음극 고진공 공간을 지지하는 관유리이다.
- 양극(Anode)
  - 구리전극봉 안에 텅스텐 표적이 부착되어 있는 형태
  - 전극봉 : 음극에서 발생된 전자가 가속되어 표적에 충돌할 때 열로 변하게 되며, 이 열을 냉각시키기 위하여 열전도성이 높은 구리를 사용
  - 표적(Target) : 음극에서 발생된 열전자가 충돌하여 X선을 방출하는 곳
    ⓐ 원자번호가 높은 것
    ⓑ 용융온도가 높은 것
    ⓒ 열전도성이 높고 증기압이 낮은 것
    ⓓ 주요 표적물질 : 텅스텐, 금, 플래티나이트

- 초점(Focal Spot) : 전자가 표적에 충돌할 때 X선이 발생되는 면적
  ⓐ 초점의 크기가 작을수록 투과사진의 선명도가 높아짐
  ⓑ 0~30°까지 경사가 가능하도록 설치
  ⓒ 일반적으로 표적을 20° 정도 기울여 설계하며 이는 선원-필름 간 거리를 정하는 데 영향을 미침
  ⓓ 음극은 필라멘트와 초점컵으로 구성
  ⓔ 양극의 표적물질은 열전도성이 좋아 냉각이 잘되어야 함
- 음극(Cathode)

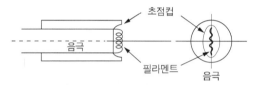

  - 필라멘트(Filament) : 열전자를 발생시키는 전자의 방출원
    ⓐ 일반적으로 텅스텐을 사용하며, 전류가 흐르면 전자가 발생할 수 있는 온도로 가열되어 열전자가 방출
    ⓑ 필라멘트 전류는 1~10mA의 범위에서 조정되며, X선의 강도를 나타냄
    ⓒ X선의 양은 관전류로 조정
  - 초점컵(Focusing Cup) : 필라멘트 바깥쪽에 위치해 필라멘트에서 발생된 열전자가 이탈되는 것을 제거하는 것
    ⓐ 전자의 집속을 도와 유효초점의 크기가 작게 되어 선명도를 개선
    ⓑ 재질 : 순철, 니켈
㉥ 보조장치
- X선관 창(X-ray Tube Window)
  - 양극에서 발생된 X선이 방출되는 곳

- 베릴륨으로 된 창을 X선 출구에 설치하며, 이는 X선관의 강도와 진공에 손상을 주지 않아야 함
- X선이 필요한 부분으로만 방출되게 하며, 불필요한 방사선의 차폐 역할을 함
- 정류기/변압기
  - 교류는 시간에 따라 방향이 바뀌므로, 반드시 정류하여 사용하여야 함
  - 정류기 : 정류 시 X선관의 불필요한 과열을 방지하며, 전류의 흐름이 일정하여 균일한 에너지의 X선이 발생
  - 변압기 : 전압을 증감시키는 기기로, X선 발생장치에 적합한 전압으로 바꾸는 역할을 함
- 관전압조정기
  - X선의 에너지를 결정하는 조정기(kV)
  - 관전압을 증가시키면 열전자의 가속속도가 증가되어 파장이 짧은 고에너지 X선이 발생
- 관전류조정기
  - X선의 강도를 결정하는 조정기(mA)
  - 관전류 증가 시 필라멘트 온도가 증가되어 열전자의 방출량이 많아짐
- 타이머
  - 노출시간 조정장치로 고전압회로와 개폐기에 연결되어 원하는 노출시간 후 자동적으로 방사선 방출을 중지시키는 역할
- 보호장치
  - 예상되는 사고 시 적절하게 대처할 수 있는 장치(과부하자동차단기)

(ㅅ) 작동 주기
- X선 발생장치는 열의 냉각효율에 따라 수명에 많은 영향을 미치므로 일정시간 사용 후 휴지시간을 주어야 함
- 작동주기(%) = $\dfrac{\text{사용시간}}{\text{총 시간}} \times 100$

◎ 고에너지 X선 발생장치
- 선형가속기 : 5~25MeV 정도의 에너지 범위를 사용하며, 전자총, 라디오파 가속장치, 파유도를 위한 원통으로 구성
- 베타트론(Betatron)가속기 : 10MeV의 에너지를 사용하며, 자석과 변압기를 이용해 전자를 원형궤도에서 매회전마다 전자가 받는 전압을 증가시켜 고에너지로 가속
- 반데그라프(Van de Graaff)형가속기 : 벨트 기전기의 원리를 이용한 정전형가속기로 상질이 우수한 투과사진을 얻을 수 있음

10년간 자주 출제된 문제

4-1. 다음 중 X선 발생장치에 관한 설명으로 옳지 않은 것은?

① 관전압을 증가시키면 고에너지의 X선이 발생된다.
② 관전류를 증가시키면 필라멘트의 온도가 감소하게 된다.
③ 관전압을 증가시키면 발생된 열전자의 속도가 빨라지게 된다.
④ 관전류를 증가시키면 발생되는 방사선의 양이 많아지게 된다.

4-2. X선관의 음극 필라멘트로 주로 많이 사용되는 물질은?

① 텅스텐
② 철
③ 구 리
④ 알루미늄

4-3. X선 발생장치에서 관전압(kV), 조사시간 외에 조절이 가능한 인자는?

① 온 도
② 필라멘트와 초점과의 거리
③ 초점의 크기
④ 관전류

4-4. 방사선발생장치에서 필라멘트와 초점컵(Focusing Cup)은 다음 중 어떤 것의 필수 부품인가?

① 음 극
② 양 극
③ 정류기
④ X선 트랜스

4-5. X선에 관한 다음 설명 중 적절하지 않은 것은?

① X선은 방사성 동위원소의 원자핵 붕괴 또는 원자핵 반응에 의해 발생한다.

② X선은 전자기파의 일종이며 가시광선에 비해 파장이 매우 짧다.

③ X선의 파장과 에너지는 상호 환산이 가능하며 파장이 짧을수록 에너지가 크다.

④ X선은 물질을 투과하는 성질이 있으며 물질의 원자번호와 밀도가 클수록 흡수가 크게 되어 투과하기 어렵다.

|해설|

4-1
관전류를 증가시키면 필라멘트 온도는 증가하며, 방사선 양이 많아진다.

4-2
음극(Cathode)
• 필라멘트(Filament) : 열전자를 발생시키는 전자의 방출원
• 일반적으로 텅스텐을 사용하며, 전류가 흐르면 전자가 발생할 수 있는 온도로 가열되어 열전자가 방출
  – 필라멘트 전류는 1~10mA의 범위에서 조정되며, X선의 강도를 나타냄
  – X선의 양은 관전류로 조정

4-3
X선 발생장치는 관전압, 관전류, 조사시간을 조절하여 X선을 조절할 수 있다.

4-4
음극(Cathode)

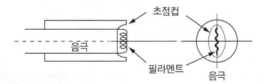

초점컵(Focusing Cup) : 필라멘트 바깥쪽에 위치해 필라멘트에서 발생된 열전자가 이탈되는 것을 제거하는 것

4-5
방사선 동위원소의 원자핵 붕괴 또는 원자핵 반응에 의해 발생하는 원소로는 α선, β선, γ선이 있으며, X선은 파장에 비례하는 에너지를 갖는 전자파이다.

정답 4-1 ②   4-2 ①   4-3 ④   4-4 ①   4-5 ①

핵심이론 05 | γ선 개요

① γ선 투과검사장치
  ㉠ γ선 발생원리
    • γ선 : 방사성 동위원소의 원자핵이 붕괴할 때 방사되는 전자파이다.
    • 방사선 동위원소(RI)로는 Co-60, Ir-192, Cs-137, Tm-170, Ra-226 등이 있다.
  ㉡ γ선의 특징
    • 특별히 전원을 필요로 하지 않는다.
    • 작고, 가벼워 수시로 이동하여 사용 가능하다.
    • 동일 kV 범위에서 X-ray 장비보다 저렴하다.
    • 360° 또는 원하는 방향으로 투사 조절이 가능하다.
    • 초점이 적어 짧은 초점-필름거리(FFD)가 필요할 경우 적당하다.
    • 투과능이 좋다.
    • 안전관리에 철저히 해야 한다.
    • X선과 비교하여 조도가 떨어진다.
    • 동위원소마다 투과력이 다르다.
    • 감마선 선원의 종류별 특성

특성 \ 종류	Tm-170	Ir-192	Cs-137	Co-60
반감기	127일	74.4일	30.1년	5.27년
에너지	0.084MeV 0.052MeV	0.31, 0.47 0.60-MeV	0.66MeV	1.33MeV 1.17MeV
R. H. M.	0.003	0.55	0.34	1.35
비방사능 (Ci/g)	6,300	10,000	25	1,200
투과력 (Fe)	13mm	74mm	90mm	125mm

※ 반감기 : 방사성 원소의 에너지가 반으로 줄어드는 데 소요되는 시간
비방사능 : 동위원소의 단위질량당 방사능의 세기

© γ선 발생장치

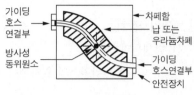

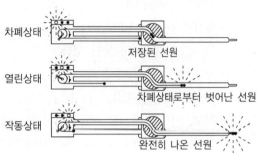

- γ선원을 담아두는 선원 용기
- γ선원을 정해진 위치까지 보내기 위한 전송관 및 조작관
- γ선원의 출입 등을 원격조작하는 제어기
  - 선원이 조사장치 내에 있을 때에는 외부로 방출되지 않고, 가이딩 호스에 의해 조사장치 밖으로 나올 때 방사선이 방출되는 원리

② 보조장치

- 차폐함 : 방사선을 차폐하기 위해 납 또는 우라늄으로 된 저장틀
- 릴 : 선원을 원하는 방향으로 이동할 수 있게 유도해주는 장치
- 튜브 케이블 : 차폐함 양쪽 끝에 선원이 연결되어 조절할 수 있는 케이블
- 연장튜브 : 선원의 위치를 연장하여 인도할 수 있는 튜브 케이블
- 지시등 : 선원의 위치를 알려주는 지시등

5-1. 다음 중 γ선의 에너지를 나타내는 단위는?

① Ci   ② MeV

③ RBE   ④ Roentgen

5-2. 400GBq인 어떤 방사성 동위원소의 3반감기가 지난 후 방사능은 얼마인가?

① 50GBq   ② 67GBq

③ 100GBq   ④ 133GBq

5-3. 3Ci의 Ir-192선원은 1년 후 약 몇 mCi가 되겠는가?(단, Ir-192의 반감기는 75일이다)

① 52mCi   ② 103mCi

③ 213mCi   ④ 425mCi

5-4. 선원송출방식의 감마선조사기에서 감마선원이 들어 있는 곳은?

① 안내튜브   ② 제어튜브

③ 선원홀더   ④ 송출와이어

5-5. 다음 그림은 방사선투과검사에 사용되는 감마선조사장치의 단면구조도이다. 그림 중 S-tube를 둘러싸고 있는 차폐물의 재질은?

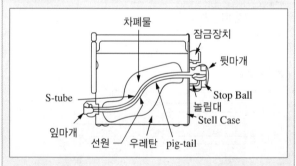

① 천연우라늄
② 농축우라늄
③ 감손우라늄
④ 섬우라늄

| 해설 |

5-1

γ선의 에너지를 나타내는 단위는 MeV이다.

5-2

$400\text{GBq} \times \frac{1}{2} \times \frac{1}{2} \times \frac{1}{2} = 50\text{GBq}$이 된다.

5-3

$3,000 \times \dfrac{1}{2^{\frac{365}{75}}} = 102.8\text{mCi}$가 된다. 약 103mCi이다.

5-4

감마선조사기에서 감마선원은 선원홀더에 저장되어 있다.

5-5

감손우라늄 : U-235의 함유량이 자연상태보다 낮은 우라늄으로 열화우라늄이라고도 한다. 일반 납보다 단위질량당 차폐효과가 우수하다.

정답 5-1 ② 5-2 ① 5-3 ② 5-4 ③ 5-5 ③

핵심이론 06 │ 방사선투과검사 기기

① X선 필름

  ㉠ X선 필름의 구조

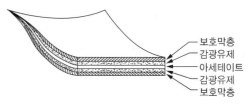

  - X선 필름은 위 그림과 같은 구조로 되어 있으며, 유연하고 투명한 폴리에스테르 필름 바탕의 양쪽 면에 사진유제가 얇게 발라져 있는 것이다.
  - 일반적으로 아세테이트로 이루어진 얇은 막 양면에 할로겐화은의 미세한 입자가 도포되어 있다.
  - 할로겐화은의 경우 한쪽 면에만 도포하는 경우 투과사진의 감도가 증가된다.
  - 젤라틴 : 할로겐화은의 지지체로 필름에 접착시키는 역할을 한다.
    - 사진유제의 감도를 높인다.
    - 현상 시 포그(Fog)를 방지한다.
    - 현상액, 정지액, 정착액과 친화성이 있다.

  ㉡ X선 필름의 분류

  - 감광속도를 기준으로 하여 4가지 종류로 분류

필름 종류	감광속도	명암도	입상성
Type Ⅰ	느 림	매우 높음	매우 낮음
Type Ⅱ	중 간	높 음	낮 음
Type Ⅲ	빠 름	중 간	높 음
Type Ⅳ	매우 빠름	매우 높음	–

  ㉢ X선 필름의 특성

  - 필름의 입상성
    - 입상성 : 선명도에 영향을 주는 필름의 특성
    - 필름의 입상성 : 노출된 필름을 현상하였을 때 흑화도의 변화가 느껴지는 입도의 크기
    - 필름의 입상성이 작을수록 선명도가 좋음
    - 감광유제의 입자 크기가 클수록 입상성은 커짐

- 동일 필름 내에서도 방사선 에너지의 증가에
  따라 입상성도 증가

A   B

선명도 : A형 필름 〈 B형 필름

[필름 입상에 따른 선명도]

• 필름의 명암도
  - 필름 명암도 : 노출량의 변화에 따라 필름 상
    에 나타나는 흑화도의 차이
  - 필름 고유의 특성을 가지고 있으며, 종류에 따
    라 동일 노출조건에서도 명암도는 다름

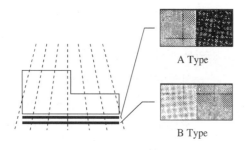

A Type

B Type

• 필름특성곡선(Characteristic Curve)
  - 필름특성곡선 : 특정한 필름에 대한 노출량과
    흑화도와의 관계를 곡선으로 나타낸 것
  - H&D곡선, Sensitometric곡선이라고도 함

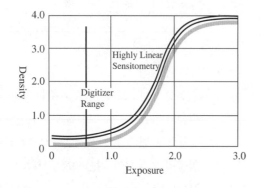

- 가로축 : 상대노출량에 Log를 취한 값
- 세로축 : 흑화도
- 필름특성곡선의 임의 지점에서의 기울기는 필
  름 명암도를 나타냄

㉣ 필름 선정 시 고려사항
• 사용되는 방사선의 형태에 따라
• 감마선의 종류, 강도 및 X선 장치의 사용전압 범
  위에 따라
• 선명도, 명암도, 농도, 노출시간 등 특히 필요한
  조건에 따라

㉤ 필름 취급 및 보관방법
• 필름은 빛에 예민하므로, 반드시 암실의 암등 하
  에서 시행한다.
• 투과필름을 누르거나 보호층에 손상이 가면 현
  상 후 필름에 그대로 나타난다.
• 먼지나 화학약품이 묻는 경우도 자국이 나타난다.
• 정전기가 발생하지 않도록 한다.
• 그늘에 보관하여 열에 의한 영향을 받지 않게 한다.
• 암모니아, 과산화수소, 황화수소 등 휘발성 가스
  에 주의한다.
• 필름 통을 길이 방향으로 수직되게 보관한다.
• 노출이 안 된 필름은 운반 시 별도의 표지를 부착
  한다.

6-1. 다음 중 방사선 투과사진의 필름콘트라스트와 가장 관계가 깊은 것은?

① 물질의 두께
② 방사선 선원의 크기
③ 노출의 범위
④ 필름특성곡선의 기울기

6-2. 방사선투과검사에서 H&D 커브라고도 하며 노출량을 조절하여 투과사진의 농도를 변경하고자 할 때 필요한 것은?

① 노출도표
② 초점의 크기
③ 필름의 특성곡선
④ 동위원소의 붕괴곡선

6-3. 다음 그림은 필름 X를 사용하여 10mA-min으로 노출했을 때 관심 부위의 농도가 0.7이었다. 관심 부위의 농도를 2.0으로 하고자 할 때 필요한 노출은?

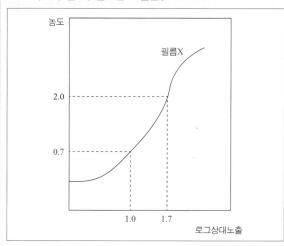

① 50mA-min
② 29mA-min
③ 17mA-min
④ 13mA-min

6-4. 방사선 투과사진의 시험체 콘트라스트에 영향을 주는 인자가 아닌 것은?

① 필름의 종류
② 산란방사선
③ 시험체의 두께차
④ 방사선의 성질

6-5. 방사선투과시험에서 기하학적 불선명도에 영향을 주는 주요 원인이 아닌 것은?

① 필름과 선원과의 거리
② 초점 또는 선원의 크기
③ 필름의 입상성
④ 필름과 시험체와의 거리

| 해설 |

6-1, 6-2

필름특성곡선(Characteristic Curve)

- 필름특성곡선 : 특정한 필름에 대한 노출량과 흑화도와의 관계를 곡선으로 나타낸 것
- H&D곡선, Sensitometric곡선이라고도 함
- 가로축 : 상대노출량에 Log를 취한 값, 세로축 : 흑화도
- 필름특성곡선의 임의지점에서의 기울기는 필름 명암도를 나타냄

6-3

농도 0.7일 때는 로그상대노출이 $\log_{10}x = 1.0$이므로 $x = 10$이 되며, 농도 2.0일 때는 로그상대노출이 $\log_{10}x = 1.7$이므로 $x = 50.11$이 된다.

따라서, $t_2 = t_1 \times \dfrac{E_2}{E_1} = 10\text{mA} \times \dfrac{50.11}{10} = 50\text{mA}$ 가 된다.

6-4

방사선 투과사진감도에 영향을 미치는 인자

투과사진 콘트라스트		선명도	
시험물의 명암도	필름의 명암도	기하학적 요인	입상성
• 시험체의 두께차 • 방사선의 선질 • 산란방사선	• 필름의 종류 • 현상시간, 온도 및 교반 농도 • 현상액의 강도	• 초점크기 • 초점 – 필름간 거리 • 시험체–필름간 거리 • 시험체의 두께 변화 • 스크린 – 필름접촉상태	• 필름의 종류 • 스크린의 종류 • 방사선의 선질 • 현상시간 • 온 도

6-5

기하학적 불선명도에 영향을 주는 요인

- 초점 또는 선원의 크기 : 선원의 크기는 작을수록, 점선원(Point Source)에 가까워질수록 선명도는 좋아짐
- 선원–필름과의 거리 : 선원–필름 간 거리는 멀수록 선명도는 좋아지며, 거리가 짧아질수록 음영의 형성이 커져 선명도는 낮아짐
- 시험체–필름과의 거리 : 가능한 밀착시켜야 선명도가 좋아짐
- 선원–시험물–필름의 배치관계 : 방사선은 가능한 필름과 수직을 이루어지도록 함
- 시험체의 두께 변화 : 두께 변화가 심한 경우 시험체의 일부가 필름과 각도를 이루어 음영이 형성되어 선명도가 낮아짐
- 증감지–필름의 접촉상태 : 증감지와 필름은 밀착

정답 6-1 ④ 6-2 ③ 6-3 ① 6-4 ① 6-5 ③

① 투과도계 개요

    ㉠ 투과도계(=상질 지시기) : 검사방법의 적정성을 알기 위해 사용하는 시험편이다.

    ㉡ 투과도계의 재질은 시험체와 동일하거나 유사한 재질을 사용한다.

    ㉢ 시험체와 함께 촬영하여 투과사진 상과 투과도계 상을 비교하여 상질 적정성 여부를 판단한다.

    ㉣ 주로 선형과 유공형 투과도계를 사용한다.

② 선형 투과도계(Wire Type Penetrameter)

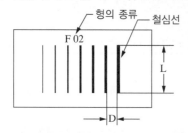

    ㉠ KS(한국산업규격), JIS(일본공업규격), DIN(독일의 검사규격)에서 적용된다.

    ㉡ 플라스틱판 안에 직경이 다른 여러개의 선을 배열한다.

    ㉢ 형의 종류로는 일반적으로 적용 재질 및 적용 두께를 의미하며, F 02, F 04, F 08, F 16, F 32 등이 있다.

    ㉣ F는 재질기호를 나타내며, F(철), S(스테인리스강), A(알루미늄), T(타이타늄), C(구리)가 있다.

    ㉤ 투과사진의 상질 적정성 결정 여부는 사진상 나타난 투과도계의 최소선지름을 관찰하여 투과도계의 식별도를 구한다.

$$투과도계\ 식별도(\%) = \frac{시험부에\ 있어서\ 식별되는\ 투과도계의\ 최소선지름(mm)}{투과두께(mm)} \times 100$$

③ 유공형 투과도계(Hole Type Penetrameter)

    ㉠ 대표적으로 ASME Code를 적용한다.

    ㉡ 일반적으로 사각형 금속판에 3개의 관통구멍이 있다.

    ㉢ 구멍 각각의 직경은 투과도계 두께(T)의 1배(1T), 2배(2T), 4배(4T)로 구성된다.

    ㉣ 투과사진의 상질 적정성 결정 여부는 사진 상 투과도계의 고유번호 및 투과사진 상에 나타나야 할 구멍의 크기가 지정된 구멍 크기로 나타났는지 확인하면 된다.

    ㉤ 투과도계 등가감도(EPS ; Equivalent Penetrameter Sensitivity) : 유공형 투과도계 사용 시 투과도계 두께와 기준 구멍의 크기에 따라 투과도계 등가감도를 구한다.

$$\alpha = \left(\frac{100}{x}\right)\sqrt{\frac{TH}{2}}$$

α : 투과도계 등가감도(%), x : 시험체 투과 두께, T : 투과도계 두께, H : 규정된 구멍의 직경

7-1. 2개의 투과도계를 양쪽에 놓고 촬영한 결과 어느 한 쪽의 투과도계가 규격값을 만족하지 못했을 때 그 사진의 판정으로 가장 적절한 것은?

① 불합격으로 판정한다.
② 규격값을 만족한 쪽으로 판정한다.
③ 사진의 농도가 진한 것으로 판정한다.
④ 결함의 정도가 많은 것으로 판정한다.

7-2. 방사선투과시험 시 투과도계의 역할은?

① 필름의 밀도 측정
② 필름 콘트라스트의 양 측정
③ 방사선투과사진의 상질 측정
④ 결합 부위의 불연속부 크기 측정

7-3. 투과도계에 관한 설명으로 옳지 않은 것은?

① 유공형과 선형으로 나눌 수 있다.
② 일반적으로 선원쪽 시험면 위에 배치한다.
③ 촬영유효범위의 양 끝에 투과도계의 가는 선이 바깥쪽이 되도록 한다.
④ 재질의 종류로는 유공형 투과도계가 선형에 비하여 더 많은 제한을 받는다.

7-4. 다음 중 방사선투과시험에 사용되는 투과도계의 위치로 적절하지 않은 것은?

① 유공형은 카세트 아래쪽에 놓는다.
② 선원 쪽의 시험면 위쪽에 놓는다.
③ 시험할 부위의 두께와 동일한 위치에 놓는다.
④ 용접부의 경우 심(Shim) 위쪽에 놓는다.

|해설|

7-1
2개의 투과도계 모두 만족하여야만 합격판정을 한다.

7-2
투과도계
• 투과도계(=상질 지시기) : 검사방법의 적정성을 알기 위해 사용하는 시험편
• 투과도계의 재질은 시험체와 동일하거나 유사한 재질을 사용
• 시험체와 함께 촬영하여 투과사진 상과 투과도계 상을 비교하여 상질 적정성 여부 판단
• 주로 선형과 유공형 투과도계를 사용

7-3
투과도계의 재질은 유공형과 선형이 있으며, 재질의 종류와 무관하게 재질과 동일하거나 방사선적으로 유사한 것을 사용한다.

7-4
투과도계의 사용
• 시험체의 투과두께를 기준으로 선정
• 촬영 시 시험체의 선원측에 놓는 것이 원칙이며, 불가능할 경우 필름 측에 부착한 후 촬영
• 투과도계는 시험부를 방해하지 않고, 불선명도가 가장 크게 나타날 곳에 배치

정답 7-1 ① 7-2 ③ 7-3 ④ 7-4 ①

① 증감지(Screen) 개요

　㉠ 증감지 : X선 필름의 사진작용을 증가시키려는 목
　　적으로, 마분지나 얇은 플라스틱 판에 납이나 구리
　　등을 얇게 도포한 것이다.

　　• 전면증감지 : 사진작용의 증감을 위한 목적
　　• 후면증감지 : 후방산란방사선의 방지를 위한
　　　목적

　㉡ 종류 : 연박증감지, 산화납증감지, 금증감지, 구리
　　증감지, 혼합증감지, 형광증감지 등이 있다.

② 연박증감지(Lead Screen)

　㉠ 0.01~0.015mm 정도의 아주 얇은 납판을 도포한
　　것이다.

　㉡ 150~400kV의 관전압을 사용하는 투과사진 상질
　　에 적당하다.

　㉢ 필름의 사진작용을 증대시킨다.

　㉣ 일차 방사선에 비해 파장이 긴 산란방사선을 흡수
　　한다.

　㉤ 산란방사선보다 일차 방사선을 증가시킨다.

③ 산화납증감지(Lead Oxide Screen)

　㉠ 산화납을 도포한 증감지로 증감지와 함께 필름이
　　포장되어 있다.

　㉡ 연박증감지보다 방사선 흡수가 적다.

　㉢ 140kV 이하의 낮은 에너지에서 증감효과가 크다.

④ 금증감지(Gold Screen)

　㉠ 금을 얇게 도포한 증감지이다.

　㉡ 납증감지보다 감도는 높으나 비싸다.

⑤ 구리증감지(Copper Screen)

　㉠ 구리를 얇게 도포한 증감지이다.

　㉡ Co-60 방사선원 사용 시 주로 사용한다.

　㉢ 연박증감지에 비해 감도가 높으나, 흡수 및 증감효
　　과가 적다.

⑥ 형광증감지(Fluorescent Intensifying Screen)

　㉠ 칼슘 텅스테이트(Ca-Ti)와 바륨 리드 설페이트
　　(Ba-Pb-S)분말과 같은 형광물질을 도포한 증감
　　지이다.

　㉡ X선에서 나타나는 형광작용을 이용한 증감지로 조
　　사시간을 단축하기 위해 사용한다.

　㉢ 높은 증감률을 가지고 있지만, 선명도가 나빠 미세
　　한 결함 검출에는 부적합하다.

　㉣ 노출시간을 10~60% 줄일 수 있다.

10년간 자주 출제된 문제

8-1. 형광스크린을 사용함으로써 얻을 수 있는 효과에 관한 설명으로 옳은 것은?

① 노출시간을 크게 감소시킨다.
② 사진 명료도가 크게 향상된다.
③ 스크린 반점을 만들지 않는다.
④ 감마선과 더불어 사용할 경우 높은 강화인자를 나타낸다.

8-2. X선 필름에 영향을 주는 후방산란을 방지하기 위한 가장 적당한 조작은?

① X선관 가까이 필터를 끼운다.
② 필름의 표면과 피사체 사이를 막는다.
③ 두꺼운 마분지로 필름 카세트를 가린다.
④ 두꺼운 납판으로 필름 카세트 후면을 가린다.

8-3. 방사선투과검사 시 필름에 직접 납스크린을 접촉하여 사용하는 이유로 타당하지 않은 것은?

① 납스크린에 의해 방출된 전자에 의한 필름의 사진작용 증대
② 1차 방사선에 비해 파장이 긴 산란방사선을 흡수
③ 스크린에 의해 방출되는 빛의 효과에 의해 사진작용 강화
④ 1차 방사선의 강화

8-1

형광증감지(Fluorescent Intensifying Screen)
- 칼슘 텅스테이트(Ca–Ti)와 바륨 리드 설페이트(Ba–Pb–S)분말 과 같은 형광물질을 도포한 증감지
- X선에서 나타나는 형광작용을 이용한 증감지로 조사시간을 단축 하기 위해 사용
- 높은 증감률을 가지고 있지만, 선명도가 나빠 미세한 결함검출에 는 부적합
- 노출시간을 10~60% 줄일 수 있음

8-2
- 증감지 : X선 필름의 사진작용을 증가시키려는 목적으로, 마분지 나 얇은 플라스틱 판에 납이나 구리 등을 얇게 도포한 것
  - 전면증감지 : 사진작용의 증감을 위한 목적
  - 후면증감지 : 후방산란방사선의 방지를 위한 목적
- 종류 : 연박증감지, 산화납증감지, 금증감지, 구리증감지, 혼합 증감지, 형광증감지 등

8-3

연박증감지(Lead Screen)
- 0.01~0.015mm 정도의 아주 얇은 납판을 도포한 것
- 150~400kV의 관전압을 사용하는 투과사진 상질에 적당
- 필름의 사진작용을 증대
- 일차 방사선에 비해 파장이 긴 산란방사선 흡수
- 산란방사선보다 일차 방사선을 증가시킴

정답 8-1 ① 8-2 ④ 8-3 ③

핵심이론 09 | 기타 투과검사 기기

① **계조계(Step Wedge)**
- ㉠ 바늘형 투과도계 사용 시 방사선에너지가 적당한 지 확인하기 위한 것이다.
- ㉡ 투과도계와 함께 사용하며, 투과사진의 상질을 확인 한다.
- ㉢ 모양은 1단형 판상과 2단형 스텝상이 있다.

② **농도계** : 교정된 표준농도필름으로 교정하여 사진농 도를 측정하는 기계이다.

③ **관찰기** : 투과사진 뒷면에서 적절한 밝기의 빛을 비추 어 주는 조명 기기이다.

④ **필름 홀더 및 카세트**

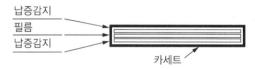

[카세트, 증감지, 필름의 배열상태]

- ㉠ 빛으로부터 필름을 보호하기 위한 기기이다.
- ㉡ 재질은 고무, 플라스틱, 알루미늄 등으로 제작한다.

⑤ **필름 마커**
- ㉠ 투과사진 식별을 위해 글자, 기호를 삽입하기 위한 도구이다.
- ㉡ 주로 납 글자나 기호를 사용한다.

⑥ **심(Shim)**
- ㉠ 유공형 투과도계 사용 시 쓰이며, 용접부와 모재의 두께 차이를 보상하기 위해 사용한다.
- ㉡ 모재와 같은 재질을 사용하고, 용접 덧붙임 크기 정도의 두께의 것을 사용한다.
- ㉢ 투과도계를 시험체에 놓기 곤란한 경우 투과두께 만큼 심을 투과도계 밑에 두고 함께 촬영한다.

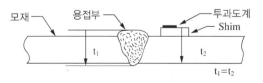

[심의 사용 예시]

⑦ 흑화도계(Densitometer)
  ㉠ 투과사진 판독 시 흑화도의 적정성 측정 시 사용한다.
  ㉡ 주기별로 표준 대비 필름을 이용하여 교정 후 사용한다.
⑧ 현상탱크
  암실작업 시 중요하게 사용하는 장비로, 현상, 정지, 정착 탱크를 분리하여 사용한다.
⑨ 필름건조기
  ㉠ 필름을 신속하게 건조시킬 수 있는 장치이다.
  ㉡ 가열장치, 통풍장치, 타이머, 필터 등으로 구성된다.
⑩ 암 등
  습한구역 및 건조구역에 설치되어야 하며, 현상정도를 확인하거나, 필름 로딩 등을 위해 반드시 필요하다.

① 방사선원 및 필름의 선택
  ㉠ 방사선원의 선택
    • X선의 경우 시험체의 두께에 따라 최대허용관전압 규정을 지키며 검사한다.
    • γ선의 경우 에너지 조정이 불가능하므로, 방사선 동위원소에 따라 최소검사두께를 권고하여 검사한다.
    • 주로 X선이 시험체의 두께에 따라 에너지 조절이 가능하므로 γ선보다 상질이 우수하다.
  ㉡ 필름의 선택
    • 적은 비용으로 만족하는 상질을 가지는 필름을 선택한다.
    • 입상성이 미세, 필름 콘트라스트가 높은 필름이 상질이 우수하다.
② 노출조건 결정
  ㉠ 노출인자
    관전류, 감마 선원의 강도, 노출시간, 선원-필름 간 거리를 조합한 양이다.

    $$E = \frac{I \cdot t}{d^2}$$

    E : 노출인자, I : 관전류(A), 감마 선원의 강도(Bq), t : 노출시간(s), d : 선원-필름 간 거리(m)
  ㉡ X선원 사용 시 노출시간
    • X선 사용 시 노출도표를 사용하며, 특정 관전압(kV)에 대해 시험체의 두께에 따른 노출량(관전류×노출시간 : mA×min)을 나타낸 도표
    • 관전류와 노출시간과의 관계
      - 관전압, 선원-필름 간 거리가 일정한 상태에서의 노출량은 관전류×시간으로 나타냄

- 전류값(M)과 시간(T)은 역비례 관계

$$\frac{T_2}{T_1} = \frac{D_2^2}{D_1^2}$$

$$\frac{M_1}{M_2} = \frac{T_2}{T_1}$$

노출량 $= M \times T = M_1 \times T_1 = M_2 \times T_2$

$\qquad\qquad = $ 일정

M_1, M_2 : 관전류(mA), T_1, T_2 : 노출시간

• 거리와 노출시간과의 관계

노출시간은 거리가 멀어질수록 거리의 제곱에 비례하여 길어진다.

$$\frac{M_1 \times T_1}{D_1^2} = \frac{M_2 \times T_2}{D_2^2}$$

D_1, D_2 : 선원-필름 간 거리, T_1, T_2 : 노출시간

• 관전류, 거리와 노출시간과의 관계

관전류(M), 거리(D), 노출시간(T)의 관계를 이용하여 노출조건을 계산 가능하다.

• 노출도표
  - 가로축은 시험체의 두께, 세로축은 노출량(관전류×노출시간 : mA×min)을 나타내는 도표
  - 관전압별 직선으로 표시되어 원하는 사진농도를 얻을 수 있게 노출조건을 설정 가능
  - 시험체의 재질, 필름 종류, 스크린 특성, 선원-필름간 거리, 필터, 사진처리 조건 및 사진 농도가 제시되어 있는 도표

시험체 : 강재 (Steel) 장 치 : X-선 발생장치(300kV)
필 름 : Film No.XX 흑화도 : 2.0
전원-필름 간 거리 : 90cm 현 상 : 20℃ 5분
관전류 : 5mA 증감지 : 연박(두께 0.125mm)

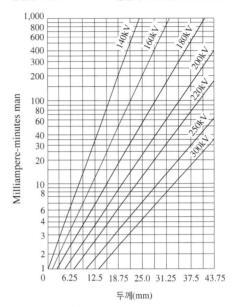

10년간 자주 출제된 문제

10-1. 반감기가 75일인 10Ci의 Ir-192를 사용하여 2분간 노출하여 양질의 방사선 투과사진을 얻었다. 75일 후에 같은 조건에서 동등한 사진을 얻고자 할 때 노출시간은 약 얼마이어야 하는가?

① 1.5분   ② 4분

③ 6분   ④ 15분

10-2. 거리 3m, 관전류 15mA에 0.5분의 노출을 주어 얻은 사진과 동일한 사진을 얻기 위해 거리는 동일하게 하고 노출시간을 1.5분으로 조건을 바꾸면 필요한 관전류는 얼마인가?

① 1mA   ② 3mA

③ 5mA   ④ 15mA

10-3. 방사선 투과사진 촬영 시 X선 발생장치를 사용할 때 노출조건을 정하기 위해 노출도표를 많이 이용하는데, 다음 중 노출도표와 가장 거리가 먼 인자는?

① 관전류
② 선원의 크기
③ 관전압
④ 시험체의 두께

10-4. 방사선투과시험에서 재질의 두께, 관전압, 노출시간 등의 관계를 도표로 나타낸 것은?

① 막대도표
② 특성곡선
③ H와 D곡선
④ 노출선도(노출도표)

10-5. 노출도표에 의한 X선 투과촬영에서 촬영 전에 알고 있어야 할 정보가 아닌 것은?

① 시험체의 재질
② 결함의 종류와 크기
③ 관전압 및 관전류
④ 필름 및 증감지의 종류

|해설|

10-1
1반감기가 지난 Ir-192를 2분간 노출시켰을 때와 동등한 사진을 얻기 위해서는 노출시간을 2배로 늘려준다.

10-2
• 노출인자 : 관전류, 감마 선원의 강도, 노출시간, 선원-필름 간 거리를 조합한 양
• $E = \dfrac{I \cdot t}{d^\ell}$, E : 노출인자, I : 관전류(A), t : 노출시간(s), d : 선원-필름 간 거리(m)
• 관전류와 노출시간은 반비례하는 것을 알 수 있으니 시간을 3배 늘렸을 경우 관전류를 1/3 줄이면 15/3=5mA가 된다.

10-3
X선 사용 시 노출도표를 사용하며, 특정 관전압(kV)에 대해 시험체의 두께에 따른 노출량(관전류×노출시간 : mA×min)을 나타낸 도표

10-4
노출도표
• 가로축은 시험체의 두께, 세로축은 노출량(관전류×노출시간 : mA×min)을 나타내는 도표
• 관전압별 직선으로 표시되어 원하는 사진농도를 얻을 수 있게 노출조건을 설정 가능
• 시험체의 재질, 필름 종류, 스크린 특성, 선원-필름 간 거리, 필터, 사진처리 조건 및 사진농도가 제시되어 있는 도표

10-5
노출도표는 시험체의 재질, 필름 종류, 스크린 특성, 선원-필름 간 거리, 필터, 사진처리 조건 및 사진농도가 제시되어 있는 도표이며, 결함의 종류와 크기는 탐상 후 알 수 있다.

정답 10-1 ② 10-2 ③ 10-3 ② 10-4 ④ 10-5 ②

핵심이론 11 | 방사선투과검사 방법(2)

① γ선원 사용 시 노출시간

γ선원의 경우 노출도표 또는 노출자를 사용하여 결정하나, 시간이 경과함에 따라 γ선원의 강도(Ci)는 변하기 때문에, 사용 당시의 방사능량을 우선적으로 알아야 노출시간 계산이 가능하다.

㉠ 방사능 강도, 거리, 노출시간과의 관계
방사능 강도(C), 거리(D), 노출시간(T)의 관계를 이용하여 노출조건을 계산 가능하다.

$$\frac{C_1 \times T_1}{D_1^2} = \frac{C_2 \times T_2}{D_2^2}$$

㉡ 방사능 강도 계산법
• 계산식을 이용한 방법
방사선 강도 변화식인 $N = N_0 e^{-\lambda T}$를 이용하여 계산 가능하다.
• 붕괴곡선을 이용한 방법
방사성 동위원소에서 제공되는 선원 강도의 붕괴곡선을 보고 일일별 Ci수를 알 수 있다.
• 노출도표를 이용한 노출시간 계산
  − 가로축 시험체 두께, 세로축 노출량(방사능 세기×노출시간 : Ci×min)을 나타낸다.
  − 선원-필름 간 거리(SFD)별로 직선으로 표시한다.
  − Ir-192 30Ci 선원을 이용해 두께 25mm인 강 용접부를 선원-필름 간 거리 60cm로 촬영 시 가로측 두께 25mm와 세로축 노출량 90cm SFD와 만나는 지점 90Ci · min이 되므로, 90 Ci · min/30Ci = 3min이 된다. 따라서 노출시간은 3분으로 설정 가능하다.

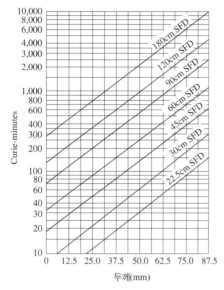

시험체 : 강재(Steel) 방사선원 : Ir-192
필 름 : Film No.xx 흑화도 : 2.0
현 상 : 20℃ 5분 증감지 : 연박(0.125mm)

[등가계수 예시]

구 분	X선							감마선	
금속의 종류	50kV	100kV	150kV	220kV	400kV	1,000kV	2,000kV	Ir-192	Co-60
Mg	0.6	0.6	0.05	0.05					
Al	1.0	1.0	0.12	0.12				0.35	0.35
2024 alloy	1.4	1.2	0.13	0.13				0.35	0.35
강		12.0	1.0	1.0	1.0	1.0	1.0	1.0	1.0
18-8 alloy		12.0	1.0	1.0	1.0	1.0	1.0	1.0	1.0
Cu		18.0	1.6	1.4	1.4			1.1	1.1
Zn			1.4	1.3	1.3			1.1	1.0
Brass			1.4	1.3	1.3	1.2	1.2	1.1	1.1
P			14.0	12.0		5.0	2.5	4.0	2.3

• 노출자를 이용한 노출시간 계산

방사능 원소에 대해 선원-필름 간 거리와 노출시간이 표시되어 있는 계산자로, 주어진 선원-필름 간 거리와 일치하는 지점을 읽어 노출시간을 계산한다.

• 등가계수를 이용한 방법

- 노출도표는 주로 강 또는 알루미늄을 사용하므로 다른 재질을 사용 시 등가계수로 보상하여 계산할 수 있게 도와주는 환산계수이다.

- 등가계수표의 숫자를 검사하고자 하는 재질의 두께에 곱해 주면 기준재질의 등가한 두께로 환산되어 노출조건을 파악 가능하다.

② 투과도계의 사용

㉠ 시험체의 투과두께를 기준으로 선정한다.

㉡ 촬영 시 시험체의 선원측에 놓는 것이 원칙이며, 불가능할 경우 필름측에 부착한 후 촬영한다.

㉢ 투과도계는 시험부를 방해하지 않고, 불선명도가 가장 크게 나타날 곳에 배치한다.

③ 유효범위 표시

㉠ 선원 쪽 시험체의 표면에 화살표 또는 납 숫자를 놓아 표시한다.

㉡ 시험부에 납 글자가 가리지 않도록 주의하여 표시한다.

④ 선원-필름 간 거리 결정

㉠ 선원-필름 간 거리는 길수록 기하학적 불선명도(Ug)가 작아져 투과사진 감도는 좋아진다.

㉡ 선원-필름 간 거리는 짧아질수록 상이 확대되어 흐릿하게 나타난다.

㉢ 선원-필름 사이에는 시험체를 놓고, 선원의 시험체 표면에는 투과도계, 계조계 및 시험부 범위 표지를 규정에 따라 배열한다.

㉣ 선원-필름 사이의 거리(L)=선원-투과도계 사이의 거리(L_1)+투과도계-필름 사이 거리(L_2)

ⓜ 선원의 크기(f)와 기하학적 불선명도(Ug)의 관계

$$Ug = \frac{f \cdot L_2}{L_1} = \frac{F \cdot A}{D - A}$$

ⓗ 즉, L_1의 크기에 따라 기하학적 불선명도(Ug)는 달라지며, L_1이 길어질수록 Ug는 작아지고, 상의 흐림이 작아지므로 결함이나 투과도계의 상은 명확히 잘 보이게 된다.

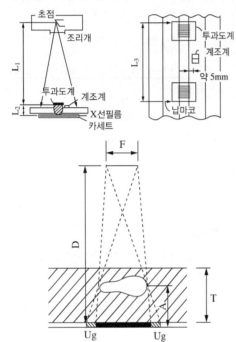

[촬영배치 예시도 및 기하학적 불선명도]

ⓢ 기하학적 불선명도를 최소화하는 방법
 • 선원의 크기는 최대한 작게 한다.
 • 선원-시험체 간 거리는 가능한 멀리한다.
 • 시험체-필름 간 거리는 가능한 작게 한다.

11-1. 투과도계에 관한 설명으로 옳지 않은 것은?

① 유공형과 선형으로 나눌 수 있다.
② 일반적으로 선원쪽 시험면 위에 배치한다.
③ 촬영유효범위의 양 끝에 투과도계의 가는 선이 바깥쪽이 되도록 한다.
④ 재질의 종류로는 유공형 투과도계가 선형에 비하여 더 많은 제한을 받는다.

11-2. 기하학적 불선명도와 관련하여 좋은 식별도를 얻기 위한 조건으로 옳지 않은 것은?

① 선원의 크기가 작은 X선 장치를 사용한다.
② 필름-시험체 사이의 거리를 가능한 한 멀리한다.
③ 선원-시험체 사이의 거리를 가능한 한 멀리한다.
④ 초점을 시험체의 수직 중심선상에 정확히 놓는다.

11-3. 방사선 투과사진의 선명도를 좋게 하기 위한 방법이 아닌 것은?

① 선원의 크기를 작게 한다.
② 산란방사선을 적절히 제어한다.
③ 기하학적 불선명도를 크게 한다.
④ 선원은 가능한 한 시험체의 수직으로 입사되도록 한다.

11-4. 방사선투과시험에서 기하학적 불선명도에 영향을 주는 주요 원인이 아닌 것은?

① 필름과 선원과의 거리
② 초점 또는 선원의 크기
③ 필름의 입상성
④ 필름과 시험체와의 거리

|해설|

11-1
투과도계의 재질은 유공형과 선형이 있으며, 재질의 종류와 무관하게 재질과 동일하거나 방사선적으로 유사한 것을 사용한다.

11-2
필름-시험체 사이의 거리는 가능한 밀착시켜야 선명도가 좋아진다.

11-3
선명도에 영향을 주는 요인으로는 고유 불선명도, 산란방사선, 기하학적 불선명도, 필름의 입도 등이 있으며 기하학적 불선명도를 최소화해야 한다.

11-4

기하학적 불선명도에 영향을 주는 요인

- 초점 또는 선원의 크기 : 선원의 크기는 작을수록, 점선원(Point Source)에 가까워질수록 선명도는 좋아짐
- 선원-필름과의 거리 : 선원-필름 간 거리는 멀수록 선명도는 좋아지며, 거리가 짧아질수록 음영의 형성이 커져 선명도는 낮아짐
- 시험체-필름과의 거리 : 가능한 밀착시켜야 선명도가 좋아짐
- 선원-시험물-필름의 배치관계 : 방사선은 가능한 필름과 수직을 이루어지도록 함
- 시험체의 두께 변화 : 두께 변화가 심한 경우 시험체의 일부가 필름과 각도를 이루어 음영이 형성되어 선명도가 낮아짐
- 증감지-필름의 접촉상태 : 증감지와 필름은 밀착

정답 11-1 ④ 11-2 ② 11-3 ③ 11-4 ③

핵심이론 12 | 사진처리

① 사진처리

    ㉠ 자동현상처리와 수동현상처리가 있으며, 자동현상기는 사진처리액의 농도, 현상시간 및 온도를 자동으로 조절해 처리해 주며, 소량의 검사의 경우 수동현상을 사용하며, 현상, 정지, 정착, 수세, 건조의 단계로 이루어진다.

    ㉡ 주요 사진처리 절차

절 차	온 도	시 간
1. 현상	20℃	5분
2. 정지	20℃	30~60초 이내
3. 정착	20℃	15분 이내
4. 수세	16~21℃	20~30분
5. 건조	50℃ 이하	30~45분

② 수동현상방법

    ㉠ 현상처리

- 감광된 필름을 알칼리성 현상용액에 넣으면 감광된 부위의 할로겐화은이 금속은으로 변하며 시간이 지날수록 잠상이 검은 영상으로 나타나게 하는 처리
- 현상온도 및 시간
  - 20℃에서 5분이 기준으로 하며 이 온도 이하에서는 화학반응이 늦어지며, 25℃ 이상의 온도에서는 안개현상(Fogging)이 발생해 상질을 떨어뜨림
  - 현상시간 예시

현상온도	현상시간	현상온도	현상시간
16℃	8분	21℃	4분 30초
18℃	6분	24℃	3분 30초
20℃	5분		

- 현상 중 교반처리
  - 현상 중 필름을 흔들어 주어 균일한 현상이 되도록 하는 작업
  - 현상진행을 빠르게 하며, 얼룩을 방지

- 교반방법 : 행거를 두드리거나, 행거를 꺼내어 2~3초 배액 후 다시 침적시키는 방법
- 현상액의 농도
  현상액을 사용할수록 반응물질에 의해 능력이 감소되므로 탱크 안 현상액의 2~3% 정도 보충시켜 사용한다.
ⓛ 정지처리
- 현상처리가 끝난 후 초산정지액 혹은 물로 필름 유제에 남아 있는 현상제를 헹구어 현상작용을 정지시키는 처리이다.
- 정지처리를 하지 않은 경우 줄무늬의 인공결함이 발생한다.
- 초산 혹은 빙초산 3% 수용액을 물에 혼합하여 사용한다.
- 정지액 온도는 20℃를 기준으로 30~60초간 교반시킨 후 정착처리로 넘어간다.
- 정지액은 현상액에 의해 중화되므로 수시로 점검 및 교환한다.
ⓒ 정착처리
- 필름의 감광유제에 현상되지 않은 은입자를 제거하고, 현상된 은입자를 영구적 상으로 남게 하는 처리이다.
- 정착처리 시간은 15분을 초과하지 않도록 한다.
- 사용함에 따라 정착 능력이 낮아지므로, 보충하여 사용해야 한다.
ⓔ 수세처리
- 필름에 묻어 있는 정착액을 제거하기 위해 흐르는 물에서 씻어주는 처리이다.
- 물의 온도는 16~21℃ 정도로 하며, 20~30분 정도 수세한다.
- 세척 시, 물방울무늬가 건조 시 나타나는 것을 방지하기 위해서 수적방지액에 담금 후 건조한다.
ⓜ 건조처리
- 자연건조와 필름건조기를 사용한다.

- 대부분 필름건조기를 사용하며, 50℃ 이하의 온도에서 30~45분 정도 처리한다.
③ 자동현상방법
  ㉠ 특수배합된 현상제를 사용해, 전공정이 롤러에 의하여 필름이 움직여 진행속도 및 현상조건 등이 조절되어 현상하는 방법이다.
  ㉡ 현상속도가 15분 정도로 매우 빠르다.
  ㉢ 투과사진의 상질이 균일하다.
  ㉣ 장소가 좁은 공간에 적합하다.
④ 투과사진의 불량상태에 따른 원인과 대책

상 태	원 인	처리 방법
선명도 불량	시험체-필름 밀착 부족	시험체-필름 밀착 혹은 선원-필름 간 거리 증가
	선원-필름 간 거리 짧음	선원-필름 간 거리 증가
	초점크기가 큼	크기가 작은 선원 사용 혹은 선원-필름 간 거리 증가
고명암도	높은 피사체 명암도	과전압을 증가
	높은 필름 명암도	필름 교체
저명암도	낮은 피사체 명암도	관전압 감소
	낮은 필름 명암도	명암도 높은 필름 사용
	현상 부족	현상온도, 현상시간 증가 및 용액 보충 혹은 교체
고흑화도	노출과도	노출감소 및 필름 관찰 시 밝기를 높게 함
	과잉현상	현상온도 또는 현상시간 감소
	안개현상	안개현상처리 방안 참고
저흑화도	노출 부족	노출 증가
	현상 부족	현상온도, 현상시간 증가 및 용액 보충 혹은 교체
	증감지 필름 사이 이물질	이물질 제거
안개현상	증감지와 필름 밀착 부족	가능한 한 밀착시켜 배치
	필름의 입상 과대	미세한 입상의 필름으로 교체
	완전한 암실 부족	완벽한 차광설비설치
	암등에 과노출	암등의 출력을 줄이고 적정 필터 사용
	필름이 방사선에 노출	필름보관 시 방사선 차폐 철저
	필름이 열, 습기에 노출	필름보관온도에 유의
	과잉현상	현상시간 또는 현상온도 낮춤
	현상액 오염	현상액 교체

12-1. 방사선 투과사진 필름현상 시 현상용액에 보충액을 보충하는 이유로 가장 옳은 것은?

① 현상액의 산화를 촉진시키기 위함이다.
② 현상능력을 일정하게 유지하기 위함이다.
③ 현상액의 형광성능을 강화하기 위함이다.
④ 현상능력을 촉진시켜 현상시간을 줄이기 위함이다.

12-2. 방사선투과검사 시 노출필름의 수동현상처리에 관한 설명으로 옳지 않은 것은?

① X선 필름을 현상용액에 담그면 조사된 할로겐화은 입자는 금속은으로 바뀐다.
② 정착액은 현상 안 된 할로겐화은 입자를 제거하고 감광유제층을 부풀고 연화시킨다.
③ 수세과정을 통해 잔류 정착액을 씻어내고 나쁜 영향을 미치는 반응물을 제거한다.
④ 건조과정에서 감광유제를 더욱 경화하고 수축시킨다.

12-3. 방사선투과시험의 현상처리에서 수동현상법과 비교한 자동현상법에 관한 설명으로 틀린 것은?

① 투과사진의 균질성이 더 높다.
② 현상액의 온도조절이 비교적 쉽다.
③ 현상액의 공기 산화가 크다.
④ 수동현상법보다 실패율이 작다.

12-4. 방사선투과검사의 필름현상처리 순서로 옳은 것은?

① 수세 → 건조 → 현상 → 정지 → 정착
② 현상 → 정지 → 정착 → 수세 → 건조
③ 건조 → 현상 → 정지 → 정착 → 수세
④ 정착 → 수세 → 건조 → 현상 → 정지

12-5. 방사선촬영이 완료된 필름을 현상하기 위한 3가지 기본용액은?

① 정지액, 초산, 물
② 초산, 정착액, 정지액
③ 현상액, 정착액, 물
④ 현상액, 정지액, 과산화수소수

|해설|

12-1

현상액의 농도 : 현상액을 사용할수록 반응물질에 의해 능력이 감소되므로 탱크 안 현상액의 2~3% 정도 보충시켜 사용

12-2

정착처리
• 필름의 감광유제에 현상되지 않은 은입자를 제거하고, 현상된 은 입자를 영구적 상으로 남게 하는 처리
• 정착처리시간은 15분을 초과하지 않도록 함
• 사용함에 따라 정착능력이 낮아지므로, 보충하여 사용해야 함

12-3

사진처리에는 자동현상처리와 수동현상처리가 있으며, 자동현상기는 사진처리액의 농도, 현상시간 및 온도를 자동으로 조절해 처리해 주며, 필름 현상에 필요한 전 공정을 필름을 운반하는 롤러를 이용하여 진행속도 및 현상조건 등이 모두 정확하게 조절된다. 이에 현상속도가 빠르고 투과사진의 상질이 균일하다. 또한 장소가 좁은 공간에 적합하며, 자동 이송이 되므로 공기 산화가 적다.

12-4

주요 사진처리 절차

절 차	온 도	시 간
1. 현상	20℃	5분
2. 정지	20℃	30~60초 이내
3. 정착	20℃	15분 이내
4. 수세	16~21℃	20~30분
5. 건조	50℃ 이하	30~45분

12-5

주요 사진처리의 절차로는 현상 → 정지 → 정착 → 수세 → 건조의 순이며, 현상을 위해서는 현상액, 정착액, 수세용 물이 필요하다.

정답 12-1 ② **12-2** ② **12-3** ③ **12-4** ② **12-5** ③

① 방사선 장해

  ㉠ 방사선은 인체에 피폭 시 인체의 조직을 파괴하여 장해를 일으킨다.

  ㉡ 방사선 피폭원 : 자연방사선, 직업상 피폭, 의료상 피폭

  ㉢ 급성장해와 지발성장해

    • 급성장해 : 단시간에 많은 피폭을 받았을 때 나타나는 피폭이다.

    • 지발성장해 : 피폭 후 장시간 경과한 후 나타나는 장해로 피폭을 받지 않아도 발생되는 증세(백혈병, 악성종양, 재생 불량성 빈혈, 백내장 등)가 많아 분류하기 어렵다.

  ㉣ 확률적 장해와 비확률적 장해

    • 확률적 장해 : 피폭된 방사선량이 클수록 장해의 발생확률이 높아지는 장해이다.

    • 비확률적 장해 : 장해의 심각성이 피폭선량에 따라 달라지며, 일정 수준을 초과하는 경우에만 발생하는 장해이다.

② 방사선 분야에서 사용되는 단위

  ㉠ 초당 붕괴수(Disintegration Per Second : dps)

    • 매초당 붕괴수를 말하며, 매 분당 붕괴 수(dpm)도 많이 쓰인다.

    • Si단위로는 Bq(Becquerel)을 사용(1Bq=1dps)한다.

  ㉡ 퀴리(Curie : Ci)

    • 방사성핵종의 단위시간당 붕괴수를 방사능이라 하며, 이 방사능의 단위를 퀴리(Ci)로 나타낸다.

    • 초당 붕괴수가 3.7×10^{10}일 때의 방사능을 1Ci로 정의한다.

    • $1Ci = 3.7 \times 10^{10} dps$

  ㉢ 뢴트겐(Roentgen : R)

    • 방사선의 조사선량을 나타내는 단위이다.

    • $1R = 2.58 \times 10^{-4} C/kg$

    • 조사선량 : X선 또는 γ선이 공기 중의 분자를 이온화시킨 정도를 양으로 표현한 것이다.

    • 감마 상수(γ-factor) : 방사성 물질 1Ci의 점선원에서 1m, 거리에 1시간에 조사되는 조사선량을 나타낸 것이다.

  ㉣ 라드(Roentgen Absorbed Dose : rad)

    • 방사선의 흡수선량을 나타내는 단위이다.

    • 흡수선량 : 방사선이 어떤 물질에 조사되었을 때, 물질의 단위질량당 흡수된 평균에너지이다.

    • 1rad는 방사선의 물질과의 상호작용에 의해 그 물질 1g에 100erg(Electrostatic Unit, 정전단위)의 에너지가 흡수된 양(1rad=100erg/g=0.01J/kg)이다.

    • Si단위로는 Gy(Gray)를 사용하며, 1Gy=1J/kg=100rad

  ㉤ 렘(Roentgen Equivalent Man : rem)

    • 방사선의 선량당량(Dose Equivalent)을 나타내는 단위이다.

    • 방사선 피폭에 의한 위험의 객관적인 평가척도이다.

    • 등가선량 : 흡수선량에 대해 방사선의 방사선 가중치를 곱한 양이다.

    • 동일 흡수선량이라도 같은 에너지가 흡수될 때 방사선의 종류에 따라 생물학적 영향이 다르게 나타나는 것이다.

- 방사선 가중치 : 생물학적 효과를 동일한 선량값으로 보정해 주기 위해 도입한 가중치이다.

[방사선 가중치(방사선방호 등에 관한 기준 별표 1)]

종류	에너지(E)	방사선 가중치 (W_R)
광자	전 에너지	1
전자 및 뮤온	전 에너지	1
중성자	$E < 10\text{keV}$	5
	10~100keV	10
	100keV~2MeV	20
	2~20MeV	10
	20MeV $< E$	5
반조양자 이외의 양자	$E > 2\text{MeV}$	5
α입자, 핵분열 파편, 무거운 원자핵		20

- 흡수선량과의 관계

  등가선량(H)=가중치(W_R)×흡수선량(D)

- Si단위로는 Sv(Sievert)를 사용하며,

  1Sv=1J/kg=100rem

10년간 자주 출제된 문제

13-1. 흡수선량에 대한 SI단위로 그레이(Gy)를 사용한다. 10 rad를 그레이(Gy)로 환산하면 얼마인가?

① 0.01Gy
② 0.1Gy
③ 1Gy
④ 10Gy

13-2. 다음 중 조사선량의 단위를 나타낸 것은?

① Bq
② Sv
③ J/kg
④ C/kg

13-3. 다음 중 방사선 방호량으로 방사선량에 확률적 영향이 포함된 선량단위는?

① Sv
② Gy
③ Bq
④ C/kg

13-4. 1rem에 대한 국제단위인 시버트(Sv)로 환산한 값은?

① 1Sv
② 0.1Sv
③ 0.01Sv
④ 1mSv

13-5. 다음 중 방사선의 종류에 대한 가중치가 옳지 않은 것은?

① 광자 : 1
② 전자 : 3
③ 알파입자 : 20
④ 10keV 미만의 중성자 : 5

|해설|

13-1

라드(Roentgen Absorbed Dose : rad)
- 방사선의 흡수선량을 나타내는 단위
- 흡수선량 : 방사선이 어떤 물질에 조사되었을 때, 물질의 단위질량 당 흡수된 평균에너지
- 1rad는 방사선의 물질과의 상호작용에 의해 그 물질 1g에 100erg(Electrostatic Unit, 정전단위)의 에너지가 흡수된 양 (1rad=100erg/g=0.01J/kg)
- Si단위로는 Gy(Gray)를 사용하며, 1Gy=1J/kg=100rad

13-2

뢴트겐(Roentgen : R)
- 방사선의 조사선량을 나타내는 단위
- 1R=2.58×10^{-4}C/kg
- 조사선량 : X선 또는 γ선이 공기 중의 분자를 이온화시킨 정도를 양으로 표현한 것

13-3, 13-4

렘(Roentgen Equivalent Man : rem)
- 방사선의 선량당량(Dose Equivalent)을 나타내는 단위
- 방사선 피폭에 의한 위험의 객관적인 평가척도
- 등가선량 : 흡수선량에 대해 방사선의 방사선 가중치를 곱한 양
- 동일 흡수선량이라도 같은 에너지가 흡수될 때 방사선의 종류에 따라 생물학적 영향이 다르게 나타나는 것
- Si단위로는 Sv(Sievert)를 사용하며 1Sv=1J/kg=100rem

13-5

방사선 가중치 : 생물학적 효과를 동일한 선량값으로 보정해 주기 위해 도입한 가중치

[방사선 가중치(방사선방호 등에 관한 기준 별표 1)]

종류	에너지(E)	방사선 가중치 (W_R)
광자	전 에너지	1
전자 및 뮤온	전 에너지	1
중성자	$E < 10\text{keV}$	5
	10~100keV	10
	100keV~2MeV	20
	2~20MeV	10
	20MeV $< E$	5
반조양자 이외의 양자	$E > 2\text{MeV}$	5
α입자, 핵분열 파편, 무거운 원자핵		20

정답 13-1 ② 13-2 ④ 13-3 ① 13-4 ③ 13-5 ②

① 방사선 방어

방사선 방어의 목적은 방사선 피폭에 의한 비확률적 영향의 발생을 방지하고 확률적 영향을 발생확률을 합리적으로 달성할 수 있는 한 낮게 유지하는 것이다.

② 외부피폭방어의 원칙

㉠ 시간 : 필요 이상으로 선원 혹은 조사장치에 오래 머무르지 말아야 한다.

• 방사선의 피폭량을 피폭시간과 비례

• 방사선 강도는 거리의 제곱에 반비례

$(I = \dfrac{1}{d^2},\ d$: 선원으로부터의 거리$)$

• 피폭선량 계산 : $D = R \times T$

$(D$: 방사선 피폭선량(R), R : 방사선량률(R/hr), T : 노출시간(hr)$)$

㉡ 거리 : 가능한 한 선원으로부터 먼 거리를 유지해야 한다.

• 거리의 변화에 따른 방사선량 계산 : $\dfrac{D}{D_0} = \left(\dfrac{R_0}{R}\right)^2$

D : 선원으로부터 거리 R만큼 떨어진 곳에서의 선량, D_0 : 선원으로부터 거리 R_0만큼 떨어진 곳에서의 선량, R_0 : 선원으로부터의 거리, R : 선원으로부터의 거리

㉢ 차폐 : 선원과 작업자 사이에는 차폐물을 사용해야 한다.

• 방사선을 흡수하는 납, 철판, 콘크리트 등을 이용한다.

• 차폐체의 재질은 일반적으로 원자번호 및 밀도가 클수록 차폐효과가 크다.

• 차폐체는 선원에 가까이 할수록 차폐제의 크기를 줄일 수 있어 경제적이다.

• 차폐체의 종류

방사선의 종류	성 질	사용 차폐체
X선, γ선	원자번호 큰 원소	U, Pb, Fe, W, 콘크리트 등
중성자	원자번호 작은 원소	물, 파라핀, 폴리에틸렌, 콘크리트 등
β선	원자번호 작은 원소	플라스틱, Al, Fe 등

③ 내부 피폭 방어의 원칙

㉠ 방사성물질을 격납하여 외부 유출을 방지한다.

㉡ 방사성물질의 농도를 희석(공기정화설비, 배기설비 등)한다.

㉢ 내부 오염 경로를 차단(방독면, 방호복 등)한다.

㉣ 화학적 처리를 한다.

④ 최대허용선량한도

㉠ 원자력안전법에 허용된 범위 내에서 방사선 피폭을 합리적으로 최소화하기 위한 한도이다.

㉡ 선량한도

구 분		방사선 작업종사자	수시출입자 및 운반종사자	일반인
유효선량한도		연간 50mSv를 넘지 않는 범위에서 5년간 100mSv	연간 6mSv	연간 1mSv
등가선량한도	수정체	연간 150mSv	연간 15mSv	연간 15mSv
	손발 및 피부	연간 500mSv	연간 50mSv	연간 50mSv

※ 법 개정으로 인해 '수시출입자 및 운반종사자'가 '수시출입자, 운반종사자 및 교육훈련 등의 목적으로 위원회가 인정한 18세 미만인 사람'으로 '일반인'이 '그 외의 사람'으로 변경됨

10년간 자주 출제된 문제

14-1. 방사선 외부피폭의 방어 3대 원칙은?

① 시간, 차폐, 강도
② 차폐, 시간, 거리
③ 강도, 차폐, 시간
④ 거리, 강도, 차폐

14-2. Co-60을 1m 거리에서 측정한 선량률이 100mR/h이라면, 2m 거리에서의 선량률은 얼마인가?

① 25mR/h
② 50mR/h
③ 100mR/h
④ 200mR/h

14-3. 다음 중 γ선 조사기에 사용되는 차폐용기로 가장 효율적인 것은?

① 철
② 고령토
③ 콘크리트
④ 고갈우라늄

14-4. 방사선 작업자에 대하여 일정기간 동안의 피폭선량이 최대허용선량을 초과하지 않았으나 초과될 염려가 있다고 판단하였을 때, 작업책임자가 취할 수 있는 조치로 적절하지 않은 것은?

① 작업방법을 개선한다.
② 차폐 및 안전설비를 강화한다.
③ 작업자를 다른 곳으로 배치한다.
④ 방사성물질을 태워서 폐기한다.

14-5. 원자력안전법 시행령에서 규정하고 있는 일반인에 대한 방사선의 연간 유효선량한도는 얼마인가?

① 0.5mSv
② 1mSv
③ 5mSv
④ 10mSv

|해설|

14-1

외부피폭방어의 원칙 : 시간, 거리, 차폐

14-2

방사선강도는 거리의 제곱에 반비례
($I = \dfrac{1}{d^2}$, d : 선원으로부터의 거리)하므로, $\dfrac{1}{4}$인 25mR/h이 된다.

14-3

차폐 : 선원과 작업자 사이에는 차폐물을 사용할 것
• 방사선을 흡수하는 납, 철판, 콘크리트, 우라늄 등을 이용함
• 차폐체의 재질은 일반적으로 원자번호 및 밀도가 클수록 차폐효과가 큼
• 차폐체는 선원에 가까이 할수록 차폐제의 크기를 줄일 수 있어 경제적임

14-4

방사성물질을 태울 경우 방사능은 사라지지 않고 대기 중에 유출되어 피폭될 우려가 있으므로 적절하지 않다.

정답 14-1 ② 14-2 ① 14-3 ④ 14-4 ④ 14-5 ②

핵심이론 15 | **방사선 안전관리(3)**

① 방사선 검출기의 종류 및 특성

　㉠ 방사선 검출의 원리 : 방사선과 물질과의 상호작용으로 나타난 현상을 이용하여 방사선의 양 및 에너지를 검출한다.

　㉡ 기체전리작용을 이용한 검출기

　　• 검출기 내에 기체를 넣고 방사선이 조사될 때 기체가 이온화되는 원리를 이용한다.

　　• 검출기에 걸어준 전압에 따라 펄스의 크기가 달라져 검출특성이 다음과 같이 분류된다.

　　　– 전리함식(Ion Chamber) : 30~250V

　　　– 비례계수관(Proportional Counter) : 250~850V

　　　– G-M계수관(Geiger-Mueller Counter) : 1,050~1,400V

　㉢ 반도체 검출기

　　• 방사선이 고체 속을 통과할 때 전자와 양전자가 생성하는 양을 측정하여 방사선량을 측정한다.

　　• 고체 검출기 혹은 반도체 검출기라고도 한다.

　㉣ 여기작용을 이용한 검출기

　　• 신틸레이션 계수관(Scintillation Counter)이 대표적인 검출기이다.

　　• 하전입자가 어떤 물질에 부딪히면 발광하는 현상(신틸레이션)을 이용하는 신틸레이터(Scintillator)와 광전자증배관(Photo Multiplier Tube)을 결합하여 사용한다.

　　• 방사선별 사용검출기 종류 : X선, γ선 검출 : NaI(TI), CsI(TI), α선 검출 : ZnS(Ag)

② 개인 피폭 관리

　㉠ 필름배지

　　• 필름에 방사선이 노출되면 사진작용에 의해 필름의 흑화도를 읽어 피폭된 방사선량을 측정한다.

　　• 감도가 수십 mR 정도로 양호하고, 소형으로 가지고 다니기 수월하다.

- 필름이 저렴하여 많이 사용한다.
- 결과의 보전성이 있다.
- 장기간의 피폭선량 측정이 가능하다.
- 열과 습기에 약하고, 방향 의존성이 있다.
- 잠상퇴행, 현상조건 등의 측정에 영향을 미쳐 오차가 비교적 크다.

ⓒ 열형광선량계(TLD)
- 방사선에 노출된 소자를 가열하면 열형광이 나오며, 이 방출된 양을 측정하여 피폭누적선량을 측정하는 원리이다.
- 사용되는 물질로는 LiF(Mg), CaSO$_4$(Dy)가 많이 사용된다.
- X선, γ선, 중성자의 측정이 가능하다.
- 감도가 좋으며, 측정범위가 넓다.
- 소자를 반복 사용 가능하며, 에너지 의존도가 좋다.
- 필터 사용 시 방사선 종류를 구분 가능하다.
- 퇴행(Fading)이 커 장기간 누적선량 측정에는 부적합하다.
- 판독장치가 필요하며, 기록보존이 어렵다.

ⓒ 포켓 도시미터(Pocket Dosimeter)
- 피폭된 선량을 즉시 측정할 수 있는 개인 피폭관리용 선량계이다.
- 가스를 채워넣은 전리함으로 기체의 전리작용에 의한 전하의 방전을 이용한 측정계이다.
- 감도가 양호하며, 크기가 작아 휴대가 용이하다.
- 선질특성이 좋고 시간 및 장소에 구애받지 않는다.
- 온도에 영향을 많이 받으며, 측정오차가 크다.
- 장시간 선량측정이 불가능하고, 충격에 약하다.

ⓔ 경보계(Alarm Monitor)
- 방사선이 외부에 유출되면 경보음이 울리는 장치
- 소형으로 휴대가 편리하며, 실제 사고 및 이상 유무를 쉽게 알 수 있는 기기이다.

- 정량적인 측정장치가 아니며, 항시 고장 및 이상 유무를 점검해야 한다.

ⓜ 서베이미터(Survey Meter)
- 가스충전식 튜브에 방사선이 투입될 때, 기체의 이온화 현상 및 기체증폭장치를 이용해 방사선을 검출하는 측정기이다.
- 종류 : 이온함식(전리함식), GM계수관식, 섬광계수관식
- 기체전리작용을 이용한 검출기에 해당된다.

③ 방사선 사고의 원인 및 응급조치
ⓐ 방사선 사고의 원인
- 선원 탈락 사고 : 방사성 동위원소 선원이 조사장치 외부로 빠진 경우
- 확인측정을 하지 않은 경우 : 방사선원을 저장용기로 이동시킨 뒤 방사선 측정을 생략하거나 잊은 경우 발생
- 조사장치를 잠그지 않은 경우 : 선원이 차폐 위치에 있지 않을 경우 제대로 잠기지 않아 발생

ⓑ 방사선 사고의 응급조치
- 노출된 선원으로부터 주위 사람들을 대피시킨다.
- 제한구역을 설정한 후 접근하지 못하도록 조치한다.
- 선원에서 떨어진 채 협조를 요청한다.

15-1. 방사선측정기 중 여기작용에 의하여 발생되는 형광의 방출을 이용한 것은?

① GM 계수기(GM Counter)
② 이온전리함(Ionization Chamber)
③ 비례계수기(Proportional Counter)
④ 신틸레이션계수기(Scintillation Counter)

15-2. 외부피폭선량 측정에 사용하는 필름배지에 관한 설명으로 옳지 않은 것은?

① 필름의 흑화농도를 측정하여 피폭선량을 측정한다.
② TLD와는 달리 잠상퇴행에 의한 감도의 감소가 없다.
③ 금속필터를 사용하여 입사방사선의 에너지를 결정한다.
④ 기계적 압력, 온도상승 또는 빛에 노출되었을 때 흐림현상(Fogging)이 발생한다.

15-3. 방사선방어용측정기 중 패용자의 자기감시가 가능한 것은?

① 필름배지
② 포켓선량계
③ 열형광선량계
④ 초자선량계

15-4. 서베이미터의 배율조정이 ×1, ×10, ×100으로 되어 있는데, 지시눈금의 위치가 3mR/h이고, 배율조정 손잡이가 ×100에 있다면 이때 방사선량률은 얼마인가?

① 3mR/h
② 30mR/h
③ 300mR/h
④ 3,000mR/h

15-5. 다음 중 측정기기에 대한 설명이 잘못된 것은?

① TLD(티엘디)는 개인피폭선량 측정용이다.
② 서베이미터는 교정하지 않아도 된다.
③ 동위원소 회수 시 서베이미터로 관찰해야 한다.
④ 포켓도시미터로 선량률을 측정해서는 안 된다.

15-6. 방사선 작업자에 대하여 일정기간 동안의 피폭선량이 최대허용선량을 초과하지 않았으나 초과될 염려가 있다고 판단하였을 때, 작업책임자가 취할 수 있는 조치로 적절하지 않은 것은?

① 작업방법을 개선한다.
② 차폐 및 안전설비를 강화한다.
③ 작업자를 다른 곳으로 배치한다.
④ 방사성물질을 태워서 폐기한다.

|해설|

15-1

여기작용을 이용한 검출기
- 신틸레이션 계수관(Scintillation Counter)이 대표적인 검출기
- 하전입자가 어떤 물질에 부딪히면 발광하는 현상(신틸레이션)을 이용하는 신틸레이터(Scintillator)와 광전자증배관(Photo Multiplier Tube)을 결합하여 사용
- 방사선별 사용검출기 종류 : X선, γ선 검출 : NaI(Tl), CsI(Tl), α선 검출 : ZnS(Ag)

15-2

필름배지
- 필름에 방사선이 노출되면 사진작용에 의해 필름의 흑화도를 읽어 피폭된 방사선량을 측정
- 감도가 수십 mR 정도로 양호하고, 소형으로 가지고 다니기 수월
- 필름이 저렴하여 많이 사용
- 결과의 보전성이 있음
- 장기간의 피폭선량 측정 가능
- 열과 습기에 약하고, 방향 의존성이 있음
- 잠상퇴행, 현상조건 등의 측정에 영향을 미쳐 오차가 비교적 큼

15-3

포켓 도시미터(Pocket Dosimeter)
- 피폭된 선량을 즉시 측정할 수 있는 개인피폭관리용 선량계
- 가스를 채워넣은 전리함으로 기체의 전리작용에 의한 전하의 방전을 이용한 측정계
- 감도가 양호하며, 크기가 작아 휴대가 용이
- 선질특성이 좋고 시간 및 장소에 구애받지 않음
- 온도에 영향을 많이 받으며, 측정오차가 큼

15-4

지시눈금이 3mR/h이며, 배율이 ×100이었다면 3×100 = 300mR/h가 된다.

15-5

피폭관리 측정기기는 최소 6개월에 한 번씩은 검사 및 교정을 받아야 한다.

15-6

방사성물질을 태울 경우 방사능은 사라지지 않고 대기 중에 유출되어 피폭될 우려가 있으므로 적절하지 않다.

정답 15-1 ④ 15-2 ② 15-3 ② 15-4 ③ 15-5 ② 15-6 ④

핵심이론 01 | KS B 0845

① **적용 범위** : 강의 용접 이음부를 공업용 방사선 필름을 사용하여 X선 또는 γ선(이하 방사선이라 한다)을 이용한 직접 촬영방법에 의하여 시험을 하는 방사선투과시험 방법에 대하여 규정한다.

② **정의**

ㄱ 모재의 두께 : 사용된 강재의 호칭 두께. 모재의 두께가 이음부의 양쪽이 다른 경우는 원칙적으로 얇은 쪽의 두께로 한다.

ㄴ 시험부 : 시험 대상이 되는 용접 금속 및 열 영향부를 포함한 부분이다.

③ **투과사진의 상질의 적용 구분**

[표 1. 투과사진의 상질의 적용 구분]

용접 이음부의 모양	상질의 종류
강판의 맞대기 용접 이음부 및 촬영 시의 기하학적 조건이 이와 동등하다고 보는 용접 이음부	A급, B급
강관의 원둘레 용접 이음부	A급, B급, P1급, P2급
강판의 T용접 이음부	F급

④ **방사선투과장치 및 부속 기기**

ㄱ 방사선투과장치 : 방사선투과장치는 KS A 4606에 규정하는 X선 장치, 전자가속기에 따른 X선 발생장치 및 KS A 4921에 규정하는 γ선 장치 및 이들과 동등 이상의 성능을 가진 장치로 한다.

ㄴ 감광재료 : 저감도·극초미립자, 저감도·초미립자, 중감도·미립자 또는 고감도·미립자로 한다. 증감지를 사용하는 경우는 납박증감지, 형광증감지 또는 금속형광증감지로 한다.

ㄷ 투과도계 : 투과도계는 KS A 4054에 규정하는 일반형의 F형(강재) 혹은 S형(스테인리스)의 투과도계, 또는 이와 동등 이상의 성능을 가진 것으로 한다. 또한 원둘레 용접 이음부의 촬영에 대해서는 원칙적으로 띠형(帶形) 투과도계의 F형 또는 S형을 사용하는 것으로 하지만, 일반형의 F형 또는 S형의 투과도계 및 이들과 동등 이상의 성능을 가진 것을 사용할 수 있다.

⑤ **계조계**

ㄱ 계조계의 종류·구조 및 치수

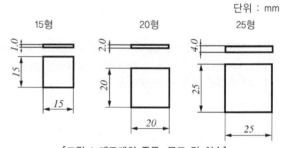

[그림 1 계조계의 종류·구조 및 치수]

ㄴ 계조계의 치수 허용차는 두께에 대해서는 ±5%로 하고, 한 변의 길이에 대해서는 ±0.5mm로 한다.

ㄷ 계조계의 재질은 KS D 3503에 규정하는 강재, KS D 3705에 규정하는 STS 304로 한다.

⑥ **관찰기**

관찰기는 KS A 4918에 규정하는 것 또는 이와 동등 이상의 성능을 가진 것으로 한다.

⑦ **투과사진의 촬영방법**

ㄱ 선원과 감광재료의 조합 : 선원과 감광재료는 투과도계의 식별최소선지름을 식별할 수 있도록 조합한다.

ⓛ 기호 : 촬영 시에는 투과사진이 기록과 조합되도록 기호를 사용한다.

ⓒ 조사범위 : 촬영 시에는 조리개 또는 조사통을 사용하여 조사 범위(영역)를 필요 이상으로 크게 하지 않는 것이 바람직하다.

ⓔ 촬영방법 : 투과사진의 촬영방법은 용접 이음부의 모양에 따라서 표 2에 표시하는 부속서에 따른다.

[표 2. 촬영방법을 규정하는 부속서]

용접 이음부의 모양	부속서
강판의 맞대기용접 이음부 및 촬영 시의 기하학적 조건이 이와 동등하다고 보는 용접 이음부	부속서 A
강관의 원둘레 용접 이음부	부속서 B
강판의 T용접 이음부	부속서 C

ⓜ 투과사진의 필요조건

촬영된 투과사진의 필요조건은 용접 이음부의 모양에 따라서 표 3에 표시하는 부속서에 따른다. 또한 투과사진에는 상질의 평가 및 결함의 분류에 방해가 되는 현상, 즉 얼룩, 필름결함 등이 없어야 한다.

[표 3. 투과사진의 필요조건을 규정하는 부속서]

용접 이음부의 모양	부속서
강판의 맞대기용접 이음부 및 촬영 시의 기하학적 조건이 이와 동등하다고 보는 용접 이음부	부속서 A
강관의 원둘레 용접 이음부	부속서 B
강판의 T용접 이음부	부속서 C

⑧ 투과사진의 관찰

㉠ 관찰기 : 투과사진의 관찰기는 투과사진의 농도에 따라 표 4에서 규정하는 휘도를 갖는 것을 사용한다.

[표 4. 관찰기의 사용 구분]

관찰기의 휘도 요건(cd/m²)	투과사진의 최고 농도[1]
300 이상 3,000 미만	1.5 이하
3,000 이상 10,000 미만	2.5 이하
10,000 이상 30,000 미만	3.5 이하
30,000 이상	4.0 이하

주[1] : 개개의 투과사진에서 시험부가 표시하는 농도의 최댓값

㉡ 관찰방법 : 투과사진의 관찰은 어두운 방에서 투과사진의 치수에 적합한 고정마스크를 사용하여야 한다.

⑨ 기 록

시험성적서는 다음에 표시하는 사항을 기재하고, 그 기록과 시험부를 조합할 수 있도록 한다.

㉠ 시험부 관련
• 시공업자 또는 제조업자
• 공사명 또는 제품명
• 시험 부위의 기호 또는 번호
• 재 질
• 모재의 두께(관의 두께 및 바깥지름)

㉡ 용접 이음부의 모양(덧살의 유무 등)
• 촬영 연월일
• 시험기술자의 소속 및 성명

㉢ 시험조건
• 사용장치 및 재료
  - 방사선투과장치명 및 실효초점치수
  - 필름 및 증감지의 종류
  - 투과도계의 종류
  - 계조계의 종류
• 촬영조건
  - 사용 관전압 또는 방사성 동위원소의 종류
  - 사용 관전류 또는 방사능의 강도
  - 노출시간
• 촬영배치
  - 선원과 필름 간의 거리($L_1 + L_2$)
  - 시험부의 선원측 표면과 필름 간의 거리(L_2)
  - 시험부의 유효길이
    L_3(2중벽 양면 : $L_3 = L_3 + L_3''$)
• 현상조건
  - 현상액, 현상온도 및 현상시간(수동현상)
  - 자동현상기명 및 현상액(자동현상)

- 투과사진의 필요조건 확인
  - 관찰기의 종류 및 관찰조건
  - 상질의 종류(A급, B급, P1급, P2급 또는 F급)
  - 투과도계의 식별 최소선지름
  - 시험부의 농도
  - 계조계의 값 $\left(\dfrac{농도차}{농도}\right)$
  - 투과사진의 여부
- 결함의 분류 실시 연월일
- 결함의 분류 결과
  - 결함의 상의 결함점수에 관한 분류 결과
    ⓐ 제1종 결함의 분류
    ⓑ 제1종 결함과 제4종 결함의 공존 유무
    ⓒ 제4종 결함의 분류
    ⓓ 공존 결함의 분류
      - 제2종 결함의 분류
      - 제3종 결함의 분류
      - 시험 시야의 제2종 결함의 혼재 유무
      - 총합 분류
- 기타 필요한 사항

핵심이론 02 │ KS B 0845 부속서 A

① 적용 범위

강판의 맞대기용접 이음부를 방사선에 의하여 직접촬영하는 경우의 촬영방법 및 투과사진의 필요 조건에 대하여 규정한다.

② 투과사진의 촬영방법

㉠ 투과사진의 상질의 종류 : 투과사진의 상질은 A급 및 B급으로 한다.

㉡ 방사선의 조사방향 : 투과사진은 원칙적으로 시험부를 투과하는 두께가 최소가 되는 방향에서 방사선을 조사하여 촬영한다.

㉢ 투과도계의 사용

- 식별 최소선지름을 포함한 투과도계를, 시험부 선원측 표면에 용접 이음부를 넘어서 시험부의 유효길이 L_3의 양 끝 부근에 투과도계의 가장 가는 선이 위치하도록 각 1개를 둔다. 이때 가는 선이 바깥쪽이 되도록 한다.
- 투과도계와 필름 간의 거리를 식별 최소선지름의 10배 이상 떨어지면 투과도계를 필름에 둘 수 있다.
- 이 경우에는 투과도계의 각각의 부분에 F의 기호를 붙이고, 투과사진상에 필름에 둔 것을 알 수 있도록 한다.
- 또한 시험부의 유효길이가 투과도계의 너비의 3배 이하인 경우, 투과도계는 중앙에 1개만 둘 수 있다.

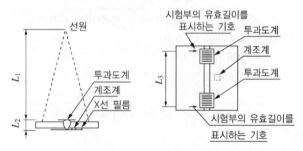

[부속서 A 그림 1 촬영 배치]

ⓔ 계조계의 사용
- 계조계는 모재의 두께가 50mm 이하인 용접 이음부에 대해서 **부속서 A 표 1**의 구분에 따라 사용
- 시험부의 유효길이의 중앙 부근에서 그다지 떨어지지 않은 경우 모재부의 필름쪽에 둔다.
- 다만, 계조계의 값이 **부속서 A 표 6**에 표시하는 값 이상이 되는 경우는 계조계를 선원측에 둘 수 있다.

[**부속서 A 표 1. 계조계의 적용 구분**]

모재의 두께	계조계의 종류
20.0 이하	15형
20.0 초과 40.0 이하	20형
40.0 초과 50.0 이하	25형

ⓜ 촬영배치
- 선원·투과도계·계조계 및 필름의 관계 위치는 원칙적으로 **부속서 A 그림 1**에 표시하는 배치로 한다.
- 선원과 필름 간의 거리($L_1 + L_2$)는 시험부의 선원측 표면과 필름 간의 거리 L_2의 m배 이상으로 한다. m의 값은 상질의 종류에 따라서 **부속서 A 표 2**로 한다.

[**부속서 A 표 2. 계수 m의 값**]

상질의 종류	계수 m(¹)(²)
A급	$\dfrac{2f}{d}$ 또는 6의 큰 쪽의 값
B급	$\dfrac{3f}{d}$ 또는 7의 큰 쪽의 값

주 (¹) f : 선원치수
　　(²) d : **부속서 A 표 4**에 규정하는 투과도계의 식별 최소선지름(mm)

- 선원과 시험부의 선원측 표면 간의 거리 L_1은 시험부의 유효길이 L_3의 n배 이상으로 한다. n의 값은 상질의 종류에 따라서 **부속서 1 표 3**으로 한다.

[**부속서 A 표 3. 계수 n의 값**]

상질의 종류	계수 n
A급	2
B급	3

- 시험부의 유효길이 L_3을 표시하는 필름 마크는 선원측에 둔다.

ⓗ 투과사진의 필요 조건
- 투과도계의 식별 최소선지름

[**부속서 A 표 4. 투과도계의 식별 최소선지름**]

단위 : mm

모재의 두께	상질의 종류	
	A급	B급
4.0 이하	0.125	0.10
4.0 초과 5.0 이하	0.16	
5.0 초과 6.3 이하		0.125
6.3 초과 8.0 이하	0.20	0.16
8.0 초과 10.0 이하		
10.0 초과 12.5 이하	0.32	0.20
12.5 초과 16.0 이하	0.40	
16.0 초과 20.0 이하	0.50	0.32
20.0 초과 25.0 이하	0.40	0.32
25.0 초과 32.0 이하		0.63
32.0 초과 40.0 이하	0.80	0.63
40.0 초과 50.0 이하	0.80	0.63
50.0 초과 63.0 이하		1.0
63.0 초과 80.0 이하	1.25	
80.0 초과 100 이하	1.6	1.25
100 초과 125 이하		
125 초과 160 이하	2.5	2.0
160 초과 200 이하		
200 초과 250 이하	2.0	1.6
250 초과 320 이하		
320을 초과하는 것	2.5	2.0

- 투과사진의 농도범위

[부속서 A 표 5. 투과사진의 농도범위]

상질의 종류	농도범위
A급	1.3 이상 4.0 이하
B급	1.8 이상 4.0 이하

- 계조계의 값 : 계조계를 사용한 투과사진에 있어
서는 계조계에 근접한 모재 부분의 농도와 계조
계의 중앙 부분을 측정한다.

[부속서 A 표 6. 계조계의 값]

단위 : mm

모재의 두께	계조계의 값 ($\frac{농도차}{농도}$) 상질의 종류		계조계의 종류
	A급	B급	
4.0 이하	0.15	0.23	
4.0 초과 5.0 이하	0.10		
5.0 초과 6.3 이하		0.16	
6.3 초과 8.0 이하	0.081	0.12	15형
8.0 초과 10.0 이하			
10.0 초과 12.5 이하	0.062	0.096	
12.5 초과 16.0 이하	0.046		
16.0 초과 20.0 이하	0.035	0.077	
20.0 초과 25.0 이하	0.049	0.11	20형
25.0 초과 32.0 이하		0.092	
32.0 초과 40.0 이하	0.032	0.077	
40.0 초과 50.0 이하	0.060	0.12	25형

- 시험부의 유효길이 : 1회의 촬영에서의 시험부의
유효길이 L_3은 투과도계의 식별 최소선지름, 투
과사진의 농도범위 및 계조계의 값을 만족하는
범위로 한다.

2-1. KS B 0845에 따라 두께 25mm 강판맞대기용접 이음부의 촬영 시 투과도계를 중앙에 1개만 놓아도 되는 경우는?

① 시험부 유효길이가 투과도계 너비의 3배 이하인 때
② 시험부 유효길이가 투과도계 너비의 4배 이하인 때
③ 시험부 유효길이가 시험편 두께의 4배(100mm) 이하인 때
④ 시험부 유효길이가 시험편 두께의 6배(150mm) 이하인 때

2-2. KS B 0845에서 규정하고 있는 A급 상질의 투과사진 농도범위는?

① 1.0 이상 3.5 이하
② 1.0 이상 3.0 이하
③ 1.3 이상 4.0 이하
④ 1.8 이상 4.0 이하

2-3. KS B 0845에서 계조계 사용에 관한 설명으로 옳은 것은?

① 모재두께 50mm 이하인 강판 맞대기용접 이음부에 사용한다.
② 모재두께 10mm씩 증가할 때마다 각기 다른 5종류가 있다.
③ 모재두께 100mm 이하인 강판의 원둘레용접 이음부에 사용한다.
④ 모재두께가 15mm씩 증가할 때마다 각각 다른 3종류가 있다.

2-4. KS B 0845의 맞대기 용접 이음부 촬영배치에 대한 설명으로서 선원과 필름 사이의 거리는 시험부의 선원측 표면과 필름 사이 거리의 m배 이상으로 한다고 규정하고 있다. 여기서 상질이 B급일 경우 m에 대한 설명으로 옳은 것은?

① $\dfrac{3 \times 선원치수}{투과도계의 식별 최소선지름}$ 또는 6의 큰쪽 값

② $\dfrac{4 \times 선원치수}{투과도계의 식별 최대선지름}$ 또는 6의 큰쪽 값

③ $\dfrac{3 \times 선원치수}{투과도계의 식별 최소선지름}$ 또는 7의 큰쪽 값

④ $\dfrac{4 \times 선원치수}{투과도계의 식별 최대선지름}$ 또는 7의 큰쪽 값

|해설|

2-1

시험부의 유효길이가 투과도계의 너비의 3배 이하인 경우, 투과도계는 중앙에 1개만 둘 수 있다.

2-2

KS B 0845 - 사진농도범위

상질의 종류	농도범위
A급	1.3 이상 4.0 이하
B급	1.8 이상 4.0 이하

2-3

KS B 0845 - 계조계의 사용

계조계는 모재의 두께가 50mm 이하인 용접 이음부에 대해서 부속서 A 표 1의 구분에 따라 사용

2-4

KS B 0845 촬영배치

선원과 필름 간의 거리(L_1+L_2)는 시험부의 선원측 표면과 필름 간의 거리 L_2의 m배 이상으로 한다. m의 값은 상질의 종류에 따라서 부속서 A 표 2로 한다.

[부속서 A 표 2. 계수 m의 값]

상질의 종류	계수 m
A급	$\dfrac{2f}{d}$ 또는 6의 큰 쪽의 값
B급	$\dfrac{3f}{d}$ 또는 7의 큰 쪽의 값

정답 2-1 ① 2-2 ③ 2-3 ① 2-4 ③

핵심이론 03 | KS B 0845 부속서 B

① **적용범위** : 강관의 원둘레용접 이음부를 방사선에 의하여 직접 촬영하는 경우의 촬영방법 및 투과사진의 필요조건에 대하여 규정한다.

② **투과사진의 촬영방법**

　㉠ 모재의 두께 : 관의 두께를 모재의 두께로 하며, 관의 두께는 호칭 두께로 하고, 용접 이음부의 양쪽의 관의 두께가 다른 경우는 얇은 쪽의 두께로 한다.

　㉡ 촬영 방법의 종류
　　• 내부선원 촬영방법
　　• 내부필름 촬영방법
　　• 2중벽 단일벽 촬영방법
　　• 2중벽 양면 촬영방법

　㉢ 투과사진의 상질의 종류

[부속서 B 표 1. 투과사진의 상질의 적용 구분]

촬영방법	상질의 종류		
내부선원 촬영방법	A급	B급*	P1급**
내부필름 촬영방법	A급	B급*	P1급**
2중벽 단일면 촬영방법	A급*	P1급	P2급**
2중벽 양면 촬영방법	P1급*	P2급	

③ **촬영배치**

　㉠ 내부선원 촬영방법

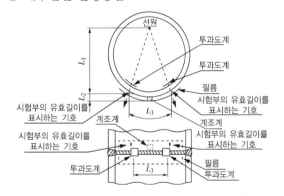

[부속서 B 그림 1 내부선원 촬영방법(분할촬영)]

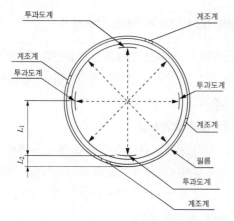

[부속서 B 그림 2 내부선원 촬영방법(전둘레 동시촬영)]

ⓛ 내부필름 촬영방법

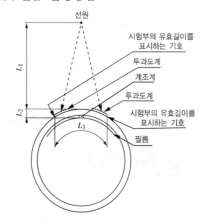

[부속서 B 그림 3 내부필름 촬영방법]

ⓒ 2중벽 단일면 촬영방법

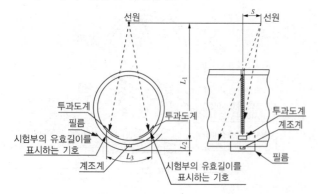

[부속서 B 그림 4 2중벽 단일면 촬영방법]

ⓒ 2중벽 양면 촬영방법

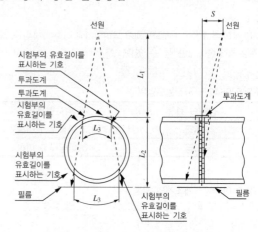

[부속서 B 그림 5 2중벽 양면 촬영방법]

④ 투과사진의 필요조건

　㉠ 투과도계의 식별 최소선지름 : 부속서 B 표 3의
　　값 이하로 한다.

[부속서 B 표 3. 투과도계의 식별 최소선지름]

단위 : mm

모재의 두께	상질의 종류			
	A급	B급	P1급	P2급
4.0 이하	0.125	0.10	0.20	0.25
4.0 초과 5.0 이하	0.16			
5.0 초과 6.3 이하		0.125	0.25	0.32
6.3 초과 8.0 이하	0.20	0.16	0.32	0.40
8.0 초과 10.0 이하				
10.0 초과 12.5 이하	0.25	0.20	0.40	0.50
12.5 초과 16.0 이하	0.32		0.50	
16.0 초과 20.0 이하	0.40	0.25	0.63	0.63
20.0 초과 25.0 이하	0.50	0.32	0.80	0.80
25.0 초과 32.0 이하		0.40	1.0	
32.0 초과 40.0 이하	0.63	0.63	1.25	
40.0 초과 50.0 이하	0.80	0.63	1.6	

ⓛ 투과사진의 농도범위

[부속서 B 표 4. 투과사진의 농도범위]

상질의 종류	농도범위
A급	1.3 이상 4.0 이하
B급	1.8 이상 4.0 이하
P1급	1.0 이상 4.0 이하
P2급	

ⓒ 계조계의 값 : 계조계에 근접한 모재 부분의 농도와 계조계의 중앙 부분의 농도를 측정한다. 그 농도차를 모재 부분의 농도로 나눈 값은 부속서 B 표 5에 표시하는 값 이상으로 한다.

[부속서 B 표 5. 계조계의 값]

단위 : mm

모재의 두께	계조계의 값 ($\frac{농도차}{농도}$)		계조계의 종류
	상질의 종류		
	A급	B급	
4.0 이하	0.15	0.23	15형
4.0 초과 5.0 이하	0.10		
5.0 초과 6.3 이하		0.16	
6.3 초과 8.0 이하	0.081	0.12	
8.0 초과 10.0 이하			
10.0 초과 12.5 이하	0.062	0.096	
12.5 초과 16.0 이하	0.046		
16.0 초과 20.0 이하	0.035	0.077	
20.0 초과 25.0 이하	0.049	0.11	20형
25.0 초과 32.0 이하		0.092	
32.0 초과 40.0 이하	0.032	0.077	
40.0 초과 50.0 이하	0.060	0.12	25형

ⓓ 시험부의 유효길이

• 1회의 촬영에서의 시험부의 유효길이 L_3은 투과도계의 식별 최소선지름, 투과사진의 농도범위 및 계조계 값의 규정을 만족하는 범위로 한다.

• 다만, 시험부에서의 가로 균열의 검출을 특히 필요로 하는 경우는 투과도계의 식별 최소선지름, 투과사진의 농도범위 및 계조계 값의 규정을 만족하고, 부속서 B 표 6의 제한을 만족하는 범위로 한다.

• 시험부의 유효길이 규정

[부속서 B 표 6. 시험부의 유효길이 L_3]

촬영방법	시험부의 유효길이
내부선원 촬영방법 (분할촬영)	선원과 시험부의 선원측 표면 간 거리 L_1의 $\frac{1}{2}$ 이하
내부필름 촬영방법	관의 원둘레 길이의 $\frac{1}{12}$ 이하
2중벽 단일면 촬영방법	관의 원둘레 길이의 $\frac{1}{6}$ 이하

10년간 자주 출제된 문제

3-1. KS B 0845에 따라 강관의 원둘레용접 이음부를 투과시험 할 때 촬영방법의 투과사진 상질의 적용을 모두 바르게 나타낸 것은?

① 내부선원 촬영방법 : A급, P2급
② 내부필름 촬영방법 : B급, P2급
③ 2중벽 단일면 촬영방법 : B급, P1급
④ 2중벽 양면 촬영방법 : P1급, P2급

3-2. KS B 0845에서 강판의 원둘레용접 이음부의 내부필름 촬영방법일 때 시험부의 유효길이를 어떻게 규정하고 있는가?

① 관의 원둘레 길이의 1/3 이하
② 관의 원둘레 길이의 1/6 이하
③ 관의 원둘레 길이의 1/9 이하
④ 관의 원둘레 길이의 1/12 이하

3-3. KS B 0845에 따라 내부필름 촬영방법으로 두께 20mm, 원둘레길이 180cm인 강관의 원둘레이음을 촬영하고자 한다. 시험부에서 가로 갈라짐의 검출을 특히 필요로 하는 경우, 이 때 시험부의 유효길이는 얼마가 효율적인가?

① 90mm
② 150mm
③ 250mm
④ 300mm

|해설|

3-1
투과사진의 상질의 종류

[부속서 B 표 1. 투과사진의 상질의 적용 구분]

촬영 방법	상질의 종류		
내부선원 촬영방법	A급	B급*	P1급**
내부필름 촬영방법	A급	B급*	P1급**
2중벽 단일면 촬영방법	A급*	P1급	P2급**
2중벽 양면 촬영방법	P1급*	P2급	

3-2
KS B 0845 – 시험부의 유효길이 규정

[부속서 B 표 6. 시험부의 유효길이 L_3]

촬영방법	시험부의 유효길이
내부선원 촬영방법 (분할촬영)	선원과 시험부의 선원측 표면 간 거리 L_1의 $\frac{1}{2}$ 이하
내부필름 촬영방법	관의 원둘레 길이의 $\frac{1}{12}$ 이하
2중벽 단일면 촬영방법	관의 원둘레 길이의 $\frac{1}{6}$ 이하

3-3
3-2 해설 표 참조
따라서, 1,800mm ÷ 12 = 150mm가 된다.

정답 3-1 ④ 3-2 ④ 3-3 ②

핵심이론 04 | KS B 0845 부속서 C

① 적용 범위 : 강판의 T용접 이음부를 방사선에 의하여 직접 촬영하는 경우의 촬영방법 및 투과사진의 필요조건에 대하여 규정한다.

② 투과사진의 촬영방법

　㉠ 투과사진의 상질의 종류 : 투과사진의 상질은 F급으로 한다.

　㉡ 방사선의 조사 방향 : 투과사진은 원칙적으로 부속서 C 그림 1 또는 부속서 C 그림 2에 표시하는 방향에서 방사선을 조사하여 촬영한다.

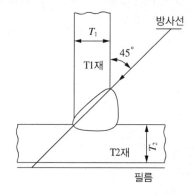

[부속서 C 그림 1 1방향에서의 촬영]

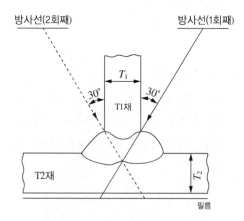

[부속서 C 그림 2 2방향에서의 촬영]

　㉢ 투과도계의 사용

　　• 식별 최소선지름을 포함한 투과도계를 시험부의 유효길이 L_3의 양 끝 부근에 투과도계의 가장 가는 선이 위치하도록 각 1개를 둔다.

• 이때 가는 선이 바깥쪽이 되도록 하고, T_2재의 선원측 표면 또는 필름측에 둔다.
• 투과도계를 필름측에 두는 경우는 투과도계와 필름 간의 거리를 식별 최소선지름의 10배 이상으로 한다.
• 이 경우에는 투과도계의 부분에 F의 기호를 붙여 투과사진상에서 필름측에 둔 것을 알 수 있도록 한다.

ⓒ 두께 보상용 쐐기
• 부속서 C 그림 1의 경우, T1재의 두께가 T2재의 $\frac{1}{4}$ 두께의 또는 5mm 중 작은 값 이하이면 두께 보상용 쐐기를 사용하지 않아도 좋다.
• 부속서 C 그림 2의 경우, T1재의 두께가 T2재의 두께의 $\frac{1}{3}$ 또는 8mm 중 작은 값 이하이면 두께 보상용 쐐기를 사용하지 않아도 좋다.

③ 촬영배치

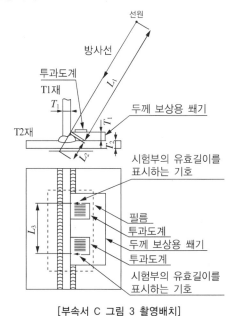

[부속서 C 그림 3 촬영배치]

④ 투과사진의 필요조건
ⓐ 투과도계의 식별 최소선지름 : 촬영된 투과사진에서 투과도계의 최소선지름은 부속서 C 표 1의 값 이하로 한다.

[부속서 C 표 1. 투과도계의 식별 최소선지름]

단위 : mm

T1재와 T2재의 합계의 두께	상질의 종류
	F급
8.0 이하	0.20
8.0 초과 10.0 이하	
10.0 초과 12.5 이하	0.25
12.5 초과 16.0 이하	0.32
16.0 초과 20.0 이하	0.40
20.0 초과 25.0 이하	0.50
25.0 초과 32.0 이하	
32.0 초과 40.0 이하	0.63
40.0 초과 50.0 이하	0.80
50.0 초과 63.0 이하	
63.0 초과 80.0 이하	1.0
80.0 초과 100.0 이하	1.25

ⓑ 투과사진의 농도범위 : 시험부의 결함의 상 이외 부분의 투과사진 농도는 1.0 이상 4.0 이하이어야 한다.

ⓒ 시험부의 유효길이 : 1회의 촬영에서의 시험부의 유효길이 L_3은 투과도계의 식별 최소선지름 및 투과사진의 농도범위의 규정을 만족하는 범위로 한다.

4-1. KS B 0845에 따라 모재두께가 각각 12mm(T1)와 14mm(T2)인 강판의 T용접 이음부를 촬영한 방사선사진에서 반드시 확인되어야 하는 투과도계의 최소선지름은?

① 0.25mm

② 0.32mm

③ 0.40mm

④ 0.50mm

4-2. KS B 0845에 따라 강판의 T용접 이음부의 촬영방법에 대한 설명으로 틀린 것은?

① 시험부의 유효길이의 양 끝 부분에 투과도계를 각 1개 놓는다.

② 계조계는 살두께 보상용 쐐기 위에 용접부에 인접한 중앙에 놓는다.

③ 선원과 시험부의 선원쪽 표면 사이의 거리 L_1은 시험부의 유효길이 L_3의 2배 이상으로 한다.

④ 시험부의 유효길이 L_3을 나타내는 기호는 선원 쪽에 둔다.

|해설|

4-1

모재의 두께가 12mm, 14mm이므로 T1 + T2 = 26mm가 된다. 따라서 부속서 C 표 1 투과도계의 식별 최소 선지름을 참고하여 0.50mm가 된다.

단위 : mm

T1재와 T2재의 합계의 두께	상질의 종류
	F급
20.0 초과 25.0 이하	0.50
25.0 초과 32.0 이하	

4-2

T용접 이음부 촬영에서 계조계는 사용하지 않는다.

정답 **4-1** ④ **4-2** ②

핵심이론 05 | KS B 0845 부속서 D

① 적용범위 : 강용접 이음부의 투과사진에서의 결함의 분류에 대하여 규정한다.

② 분류 절차

㉠ 분류는 모재의 두께로 구분하여 한다.

• 강판의 맞대기용접 이음부의 양쪽 두께가 다른 경우는 얇은 쪽의 두께를 모재의 두께로 한다.

• 강관의 원둘레용접 이음부의 경우는 얇은 쪽의 두께를 모재의 두께로 한다.

• T용접 이음부의 경우는 부속서 C 그림 1 및 부속서 C 그림 2에 표시한 T1의 두께를 모재의 두께로 한다.

㉡ 시험부에 존재하는 결함을 4종별로 구분하여 분류를 한다.

㉢ 결함의 종별마다 1류, 2류, 3류 및 4류로 분류한 결과에 따라 총합 분류를 한다.

③ 결함의 종별

㉠ 제1종 결함이 제2종 결함인가의 구별이 곤란한 결함에 대해서는, 그들을 제1종 결함 또는 제2종 결함으로 하여 각각 분류하고 그 중 분류 번호가 큰 쪽을 채택한다.

㉡ 결함의 종별 분류

[부속서 D 표 1. 결함의 종별]

결함의 종별	결함의 종류
제1종	둥근 블로홀 및 이에 유사한 결함
제2종	가늘고 긴 슬래그 혼입, 파이프, 용입 불량, 융합 불량 및 이와 유사한 결함
제3종	갈라짐 및 이와 유사한 결함
제4종	텅스텐 혼입

④ 결함점수

㉠ 시험 시야는 시험부의 유효길이 중에서 결함점수가 가장 커지는 부위에 적용한다.

ⓛ 제1종 결함이 1개인 경우의 결함점수는 결함의 긴 지름의 치수에 따라서 **부속서 D 표 3**의 값을 사용한다. 다만, 결함의 긴지름이 **부속서 D 표 4**에 표시한 값 이하의 것은 결함점수로서 산정하지 않는다.

ⓒ 제4종 결함은 제1종 결함과 같이 a), b) 및 c)의 방법에 따라서 점수를 구한다. 다만, 결함점수는 결함의 긴지름의 치수에 따라서 **부속서 D 표 3**의 값의 $\frac{1}{2}$로 한다.

ⓔ 결함이 2개 이상인 경우의 결함점수는 시험 시야 내에 존재하는 각 결함의 결함점수의 총합으로 한다.

ⓜ 제1종 결함과 제4종 결함이 동일 시험시야 내에 공존하는 경우는 양자의 점수의 총합을 결함점수로 한다.

ⓗ 시험시야의 크기

[부속서 D 표 2. 시험시야의 크기]

단위 : mm

모재의 두께	25 이하	25 초과 100 이하	100 초과
시험 시야의 크기	10×10	10×20	10×30

ⓢ 결함점수

[부속서 D 표 3. 결함점수]

단위 : mm

결함의 긴 지름	1.0 이하	1.0 초과 2.0 이하	2.0 초과 3.0 이하	3.0 초과 4.0 이하	4.0 초과 6.0 이하	6.0 초과 8.0 이하	8.0 초과
점 수	1	2	3	6	10	15	25

ⓞ 산정하지 않는 결함의 치수

[부속서 D 표 4. 산정하지 않는 결함의 치수]

단위 : mm

모재의 두께	결함의 치수
20 이하	0.5
20 초과 50 이하	0.7
50 초과	모재 두께의 1.4%

⑤ 결함의 길이

ⓐ 결함길이는 제2종 결함길이를 측정하여 결함길이로 한다.

ⓛ 다만, 결함이 일직선상에 존재하고, 결함과 결함의 간격이 큰 쪽의 길이 이하의 경우는 결함과 결함 간격을 포함하여 측정한 치수를 그 결함군의 결함 길이로 한다.

⑥ 결함의 분류

ⓐ 제1종 및 4종의 결함분류

• 제1종 및 4종의 결함분류 기준

[부속서 D 표 5. 제1종 및 제4종의 결함분류]

단위 : mm

분 류	시험 시야				
	10×10	10×20		10×30	
	모재의 두께				
	10 이하	10 초과 25 이하	25 초과 50 이하	50 초과 100 이하	100 초과
1류	1	2	4	5	6
2류	3	6	12	15	18
3류	6	12	24	30	36
4류	결함점수가 3류보다 많은 것				

• 결함의 긴 길이가 모재 두께의 $\frac{1}{2}$을 넘을 때는 4류로 한다. 또한 결함의 길이가 **부속서 D 표 4**에 표시하는 값 이하의 것이라도 1류에 대해서는 시험 시야 내에 10개 이상 없어야 한다.

ⓛ 제2종의 결함분류

• 제2종의 결함분류 기준

[부속서 D 표 6. 제2종의 결함분류]

단위 : mm

분 류	시험시야			
	12 이하	12 초과 48 미만	48 이상	
1류	3 이하	모재두께의 $\frac{1}{4}$ 이하	12 이하	5	6
2류	4 이하	모재두께의 $\frac{1}{3}$ 이하	16 이하	15	18
3류	6 이하	모재두께의 $\frac{1}{2}$ 이하	24 이하	30	36
4류	결함점수가 3류보다 긴 것			

• 1류로 분류된 경우에도 용입불량 또는 융합불량
  이 있으면 2류로 한다.
ⓒ 제3종의 결함분류
  투과사진에 의하여 검출된 결함이 제3종의 결함인
  경우의 분류는 4류로 한다.
ⓔ 총합분류
• 결함의 종별이 1종류인 경우는 그 분류를 총합분
  류로 한다.
• 결함의 종별이 2종류 이상의 경우는 그 중의 분
  류 번호가 큰 쪽을 총합분류로 한다.
  – 다만 제1종의 결함 및 제4종의 결함의 시험 시
    야에 분류의 대상으로 한 제2종의 결함이 혼재
    하는 경우에 결함점수에 의한 분류와 결함의
    길이에 의한 분류가 함께 같은 분류이면 혼재
    하는 부분의 분류는 분류번호를 하나 크게 한다.
  – 이 때, 1류에 대해서는 제1종과 제4종의 결함
    이 각각 단독으로 존재하는 경우, 또는 공존하
    는 경우의 허용 결함점수의 $\frac{1}{2}$ 및 제2종의 결
    함의 허용 결함 길이의 $\frac{1}{2}$ 을 각각 넘는 경우에
    만 2류로 한다.

5-1. KS B 0845에서 모재 두께 60mm인 강판촬영에 대한 결함분류를 할 때 제1종 결함이 1개인 경우 결함점수는 결함의 긴 지름 치수로 구한다. 그러나 긴지름이 모재 두께의 얼마 이하일 때 결함점수로 산정하지 않는다고 규정하고 있는가?

① 1.0%　　　　　　② 1.4%
③ 2.0%　　　　　　④ 2.8%

5-2. KS B 0845에 의한 상의 분류 시 결함의 종별-종류의 연결이 옳은 것은?

① 제1종 - 텅스텐 혼입
② 제2종 - 융합 불량
③ 제3종 - 용입 불량
④ 제4종 - 블로홀

5-3. KS B 0845에 따라 결함의 점수를 계산할 때 결함이 시험 시야의 경계선상에 위치할 경우 측정방법으로 옳은 것은?

① 시야 외의 부분도 포함하여 측정한다.
② 시야 외의 부분도 포함하지 않고 측정한다.
③ 시야 외의 부분이 걸칠 때는 1/2 이상 걸칠 때만 포함하여 측정한다.
④ 시야 외의 부분이 걸칠 때는 1/3 이상 걸칠 때만 포함하여 측정한다.

5-4. KS B 0845에 의한 결함의 분류방법에서 시험시야의 크기는 어떻게 구분하고 있는가?

① 10×10, 10×20, 10×30
② 10×10, 20×20, 30×30
③ 10×10, 10×20, 10×50
④ 10×10, 30×30, 50×50

5-5. KS B 0845에 따라 모재두께 10mm의 강판 맞대기용접 이음부를 방사선투과검사할 때 결함의 분류에서 일단 제외되는 것은?

① 슬래그 혼입
② 언더컷
③ 용입 불량
④ 융합 불량

5-1

KS B 0845 – 산정하지 않는 결함의 치수

단위 : mm

모재의 두께	결함의 치수
20 이하	0.5
20 초과 50 이하	0.7
50 초과	모재두께의 1.4%

5-2

KS B 0845 – 결함의 종별 분류

결함의 종별	결함의 종류
제1종	둥근 블로홀 및 이에 유사한 결함
제2종	가늘고 긴 슬래그 혼입, 파이프, 용입 불량, 융합 불량 및 이와 유사한 결함
제3종	갈라짐 및 이와 유사한 결함
제4종	텅스텐 혼입

5-3

결함이 시험시야의 경계선상에 위치할 경우 그 시야 외의 부분도 포함하여 측정하여야 한다.

5-4

KS B 0845 – 시험시야의 크기

단위 : mm

모재의 두께	25 이하	25 초과 100 이하	100 초과
시험시야의 크기	10×10	10×20	10×30

5-5

언더컷 및 오버랩은 표면결함으로 육안검사를 하므로 제외하도록 한다.

정답 5-1 ② 5-2 ② 5-3 ① 5-4 ① 5-5 ②

핵심이론 06 | KS D 0227

① 적용 범위 : 주강품의 X선 또는 γ선에 의한 흠의 검출을 목적으로 한, 공업용 X선 필름을 사용하여 직접 촬영법에 의한 방사선투과시험방법이다.

② 정 의

　㉠ 호칭두께(Nominal Thickness, t) : 시험의 대상이 되는 부분의 재료의 호칭두께. 제조상의 오차는 고려하지 않는다.

　㉡ 투과두께(Penetrated Thickness, w) : 시험부의 방사선속 방향에서의 재료의 두께. 호칭두께를 기초로 하여 계산하여도 좋다. 이중벽 촬영법에서의 두께는 호칭두께에서 계산한다.

　㉢ 필름시스템(Film System) : 필름과 필름 제조자 또는 처리약품 제조자가 권장하는 처리조건을 조합시킨 것이다.

③ 투과사진의 영상질 종류

　㉠ 투과사진의 영상질은 A급 및 B급으로 한다.

　㉡ A급은 제품의 모양이 복잡하며 시험부의 살두께 변화가 큰 것에 적용한다.

　㉢ B급은 시험부의 살두께 변화가 적고 평판시험체에 가까운 것에 적용한다.

④ 투과사진의 촬영방법

　㉠ 방사선의 조사방향 : 방사선속은 시험되는 부분의 중심을 향하여 시험체의 표면에 수직인 방향에서 방사선을 조사하여 촬영한다.

ⓛ 투과도계의 사용

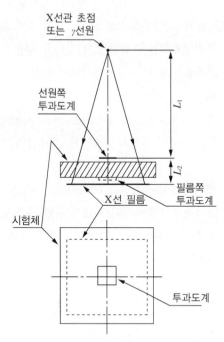

[그림 1 평판모양 시험체의 촬영배치]

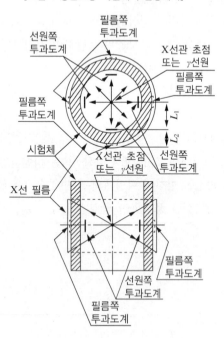

[그림 2 관모양 시험체의 촬영배치 a]

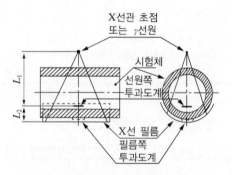

[그림 3 관모양 시험체의 촬영배치 b]

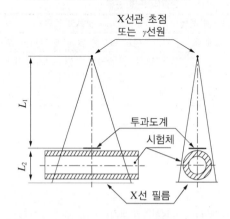

[그림 4 관모양 시험체의 촬영배치 c]
(이중벽 양면 촬영방법)

• 식별 최소선지름을 포함하는 투과도계를 위 그림과 같이 시험부의 선원쪽 표면 위에 놓고 시험부와 동시에 촬영한다. 다만, 투과도계를 시험부 선원쪽의 면 위에 놓기가 곤란한 경우 투과도계를 시험부의 필름쪽 면 위에 밀착시켜 놓을 수 있다. 이 경우 투과도계와 필름 사이의 거리는 표 3에 나타내는 투과도계의 식별 최소선지름의 10배 이상 떨어뜨려 촬영한다. 그리고 투과도계의 부분에 F의 기호를 붙이고 투과 사진 위에서 필름쪽에 놓은 것을 알 수 있도록 한다.

• 투과도계는 투과두께의 변화가 적은 경우에 그 투과 두께를 대표하는 곳에 1개 놓는다.

• 투과도계는 투과두께의 변화가 큰 경우에 두꺼운 부분을 대표하는 곳 및 얇은 부분을 대표하는 곳에 각각 1개씩 놓아야 한다.

- 관 모양의 시험체에서 **그림 2**와 같이 전체 둘레를 동시 촬영하는 경우에는 보통 원둘레를 거의 4등분하는 위치에 4개의 투과도계를 놓는다.

⑤ 투과사진의 필요조건
　㉠ 투과도계의 식별 : 최소선지름 촬영된 투과사진의 시험부에서 식별되는 투과도계의 최소선지름은 다음 표에 나타내는 값 이하이어야 한다.

[표 3. 투과두께와 식별되어야 하는 투과도계의 최소선지름]

투과두께		식별 최소 선지름
A급	B급	
5 미만	6.4 미만	0.10
5 이상 6.4 미만	6.4 이상 8 미만	0.125
6.4 이상 8 미만	8 이상 10 미만	0.16
8 이상 10 미만	10 이상 13 미만	0.20
10 이상 13 미만	13 이상 16 미만	0.25
13 이상 16 미만	16 이상 20 미만	0.32
16 이상 20 미만	20 이상 25 미만	0.40
20 이상 26 미만	25 이상 32 미만	0.50
26 이상 32 미만	32 이상 45 미만	0.63
32 이상 50 미만	45 이상 56 미만	0.80
50 이상 63 미만	56 이상 70 미만	1.00
63 이상 80 미만	70 이상 90 미만	1.25
80 이상 100 미만	90 이상 120 미만	1.60
100 이상 140 미만	120 이상 150 미만	2.00
140 이상 180 미만	150 이상 190 미만	2.50
180 이상 255 미만	190 이상 240 미만	3.20
255 이상 280 미만	240 이상 300 미만	4.00
280 이상 360 미만	300 이상 380 미만	5.00
360 이상	380 이상	6.30

㉡ 시험부위의 사진농도
- 시험부의 흠 이외 부분의 사진농도는 표 4에 나타내는 범위에 들어야 한다. 다만, 표 4에 나타내는 사진 농도범위를 만족하지 않는 경우라도 9.1의 투과도계의 식별 최소선지름의 규정을 만족하는 경우는 이에 따르지 않는다.
- 복합필름 촬영방법에 따라 촬영한 투과사진의 농도를 1장씩 관찰하는 경우는 표 4의 사진농도를 만족하여야 한다. 2장 포개서 관찰하는 경우,

각각 투과사진의 최저농도는 0.8 이상으로 하고 2장 포갠 경우의 최고농도는 4.0 이하이어야 한다.

[표 4. 사진 농도범위]

영상질의 종류	농도범위
A급	1.3 이상 4.0 이하
B급	1.8 이상 4.0 이하

⑥ 부속서 투과사진에 의한 흠의 영상 분류방법
　㉠ 분류 순서
- 대상으로 하는 흠의 종류는 블로홀, 모래 박힘 및 개재물, 슈링키지 및 갈라짐으로 한다.
- 흠의 영상 분류는 모두 호칭두께를 사용하여 실시한다.
- 흠의 영상 분류를 하려면 블로홀과 모래 박힘 및 개재물에 대해서는 3.1, 슈링키지에 대해서는 3.2에 따라 호칭두께에 맞는 시험시야를 설정한다. 여기에서 호칭두께란 호칭두께의 최솟값으로 한다.
- 흠의 치수측정 방법
  - 블로홀에 대해서는 3.1에 따라 흠점수를 구하여 4.1에 따라 종류를 결정한다.
  - 모래 박힘 및 개재물에 대해서는 3.1에 따라 흠점수를 구하여 4.2에 따라 종류를 결정한다.
  - 슈링키지는 그 모양에 따라 선 모양의 슈링키지 및 나뭇가지 모양의 슈링키지로 분류한다. 선 모양의 슈링키지에 대해서는 3.2에 따라 흠길이를 구하여 4.3에 따라 종류를 결정한다. 나뭇가지 모양의 슈링키지에 대해서는 3.2에 따라 흠면적을 구하여 4.3에 따라 종류를 결정한다.
  - 갈라짐이 존재하는 경우는 4.4에 따라 항상 6류로 한다.
- 블로홀, 모래 박힘 및 개재물과 슈링키지의 1류는 **부속서 표 1** 및 **부속서 표 3**의 세지 않은 흠의 최대 치수의 적용 구분 "1류"에 따라 흠의 영상을 분류한 결과가 1류인 경우에만 1류로 결정한다. 적용 구분

의 "1류"에 따라 분류한 결과가 2류 이하이며 적용 구분 "2류 이하"에 따라 분류한 결과가 1류가 되는 경우의 종류는 모두 2류로 한다. 2류 이하의 종류는 세지 않은 흠의 최대치수 "2류 이하"에 따라 분류한 결과를 기초로 하여 결정한다.

• 2종류 이상의 흠이 혼재하는 경우는 흠의 종류별로 각각 분류한다. 그것의 결과를 종합하여 종류를 결정할 필요가 있는 경우는 그 중에서 가장 하위의 종류를 종합류로 한다. 그리고 동일 시험시야 내에서 가장 하위의 종류가 두 개 이상 있는 경우는 그 종류보다 하나 하위의 종류를 종합류로 한다. 다만, 1류에 대해서는 흠점수, 흠길이 및 흠면적 허용한도의 1/2을 넘는 것이 2종류 이상 있는 경우에만 2류로 한다.

또한 부속서 표 7 및 부속서 표 9의 제한에 따라 2류가 된 것 또는 부속서 표 3 및 부속서 표 5의 세지 않은 흠의 최대치수의 적용 구분 "2류" 적용의 경우의 종류가 1류이고, "1류"의 적용에 따라 2류가 된 것에 대해서는 나머지 혼재하는 흠이 2류라도 3류로는 낮추지 않도록 한다.

ⓛ 흠점수, 흠길이, 흠면적
• 블로홀, 모래 박힘 및 개재물의 흠점수

[부속서 표 1. 호칭두께와 시험시야의 크기
(블로홀, 모래 박힘 및 개재물의 경우)]

단위 : mm

호칭두께	10 이하	10 초과 20 이하	20 초과 40 이하	40 초과 80 이하	80 초과 120 이하	120 초과
시험시야의 크기(지름)	20	30	50		70	

[부속서 표 2. 흠치수와 흠점수]

단위 : mm

흠치수	2.0 이하	2.0 초과 4.0 이하	4.0 초과 6.0 이하	6.0 초과 8.0 이하	8.0 초과 10.0 이하	10.0 초과 15.0 이하	15.0 초과 20.0 이하	20.0 초과 25.0 이하	25.0 초과 30.0 이하
흠점수	1	2	3	5	8	12	16	20	40

[부속서 표 3. 세지 않은 흠의 최대치수]

단위 : mm

적용 구분	호칭두께				
	10 이하	10 초과 20 이하	20 초과 40 이하	40 초과 80 이하	80 초과 120 이하	120 초과
1류	0.4	0.7	1.0		1.5	
2류 이하	0.7	1.0	1.5		2.0	

• 슈링키지의 흠길이 및 흠면적

[부속서 표 4. 호칭두께와 시험시야의 크기(슈링키지의 경우)]

단위 : mm

호칭두께	10 이하	10 초과 20 이하	20 초과 40 이하	40 초과 80 이하	80 초과 120 이하	120 초과
시험시야의 크기(지름)	50		70			

[부속서 표 5. 세지 않은 흠의 최대치수 및 최대면적]

단위 : mm

적용 구분		호칭두께					
		10 이하	10 초과 20 이하	20 초과 40 이하	40 초과 80 이하	80 초과 120 이하	120 초과 120 초과
1류	선 모양 mm	5.0					
	나뭇가지 모양 mm^2	1.0					
2류 이하	선 모양 mm	5.0		10		20	
	나뭇가지 모양 mm^2	30		50		90	

• 흠의 영상 분류

[부속서 표 6. 블로홀의 흠의 분류]

단위 : mm

분류	호칭두께					
	10 이하	10 초과 20 이하	20 초과 40 이하	40 초과 80 이하	80 초과 120 이하	120 초과
1류	3 이하	4 이하	6 이하	8 이하	10 이하	12 이하
2류	4 이하	6 이하	10 이하	16 이하	19 이하	22 이하
3류	6 이하	9 이하	15 이하	24 이하	28 이하	32 이하
4류	9 이하	14 이하	22 이하	32 이하	38 이하	42 이하
5류	14 이하	21 이하	32 이하	42 이하	49 이하	56 이하
6류	흠점수가 5류보다 많은 것. 호칭 두께의 1/2 또는 15mm를 넘는 치수의 흠이 있는 것					

[부속서 표 7. 1류에 허용되는 블로홀의 최대치수]

단위 : mm

호칭두께	10 이하	10 초과 20 이하	20 초과 40 이하	40 초과 80 이하	80 초과 120 이하	120 초과
블로홀의 최대치수	3.0	4.0	5.0	7.0	9.0

• 슈링키지 경우의 흠의 영상 분류

[부속서 표 8. 모래 박힘 및 개재물의 흠의 분류]

단위 : mm

분류	호칭두께					
	10 이하	10 초과 20 이하	20 초과 40 이하	40 초과 80 이하	80 초과 120 이하	120 초과
1류	5 이하	8 이하	12 이하	16 이하	20 이하	24 이하
2류	7 이하	11 이하	17 이하	22 이하	28 이하	34 이하
3류	10 이하	16 이하	23 이하	29 이하	36 이하	44 이하
4류	14 이하	23 이하	30 이하	38 이하	46 이하	54 이하
5류	21 이하	32 이하	40 이하	50 이하	60 이하	70 이하
6류	흠점수가 5류보다 많은 것. 호칭 두께 또는 30mm를 넘는 치수의 흠이 있는 것					

비고 1. 표 8 안의 분류의 규정값은 흠점수의 허용 한도를 나타낸다.
　　 2. 흠이 시험 시야의 경계선 위에 걸리는 경우는 시야 밖의 부분도 포함시켜 측정한다.

[부속서 표 9. 1류에 허용되는 모래 박힘 및 개재물의 최대치수]

단위 : mm

분류	호칭두께					
	10 이하	10 초과 20 이하	20 초과 40 이하	40 초과 80 이하	80 초과 120 이하	120 초과
모래박힘 및 개재물의 최대 치수	6.0	8.0	10.0	14.0	18.0

[부속서 표 10. 선 모양 슈링키지의 흠의 분류]

단위 : mm

분류	호칭두께				
	10 이하	10 초과 20 이하	20 초과 40 이하	40 초과 80 이하 80 초과 120 이하	120 초과
1류	12 이하	18 이하	30 이하	50 이하
2류	23 이하	36 이하	63 이하	110 이하
3류	45 이하	63 이하	110 이하	145 이하
4류	75 이하	100 이하	160 이하	180 이하
5류	120 이하	145 이하	230 이하	250 이하
6류	5류보다 긴 것			

비고 1. 표 10안의 분류의 규정값은 흠길이(mm)의 허용 한도를 나타낸다.
　　 2. 흠이 시험시야의 경계선 위에 걸리는 경우는 시야 밖의 부분도 포함시켜 측정한다.

[부속서 표 11. 나뭇가지 모양 슈링키지의 흠의 분류]

단위 : mm

분류	호칭두께				
	10 이하	10 초과 20 이하	20 초과 40 이하	40 초과 80 이하 80 초과 120 이하	120 초과
1류	250 이하	600 이하	800 이하	1,000 이하
2류	450 이하	900 이하	1,350 이하	2,000 이하
3류	800 이하	1,650 이하	2,700 이하	3,000 이하
4류	1,600 이하	2,700 이하	5,400 이하	8,000 이하
5류	3,600 이하	6,300 이하	9,000 이하	12,000 이하
6류	5류보다 긴 것			

비고 1. 표 11 안의 분류의 규정값은 흠면적(mm^2)의 허용한도를 나타낸다.
　　 2. 흠이 시험시야의 경계선 위에 걸리는 경우는 시야 밖의 부분도 포함시켜 측정한다.
　　 3. 갈라짐의 경우 흠의 영상 분류 투과사진 위의 흠이 갈라짐인 경우는 모두 6류로 한다.

10년간 자주 출제된 문제

6-1. KS D 0227에서 규정한 흠의 종류가 아닌 것은?

① 블로홀
② 슈링키지
③ 융합부족
④ 갈라짐

6-2. KS D 0227에서 투과도계를 시험부 선원 쪽면 위에 놓기가 곤란할 경우 시험부의 필름 쪽 면에 밀착시켜 촬영할 수 있다. 이 경우의 투과도계와 필름 사이의 거리 규정으로 옳은 것은?

① 투과도계 식별 최소선지름의 10배 이상
② 투과도계 식별 최소선지름의 5배 이상
③ 투과도계 식별 최소선지름의 2배 이상
④ 투과도계 식별 최소선지름의 1배 이상

6-3. KS D 0227에 의한 투과사진의 촬영방법에서 투과도계를 시험부의 선원 쪽면 위에 놓기가 곤란한 경우 필름면 위에 밀착하여 놓을 수 있는 경우에 대한 설명으로 옳은 것은?

① 투과도계 밑에 S의 기호를 붙인다.
② 투과도계의 부분에 F의 기호를 붙인다.
③ 투과도계와 필름 사이의 거리는 투과도계의 최소식별지름의 2배 이상으로 하고 촬영한다.
④ 투과도계와 필름 사이의 거리는 투과도계의 최소식별지름의 5배 이상으로 하고 촬영한다.

6-4. KS D 0227에 따른 촬영배치에 관한 설명으로 옳지 않은 것은?

① 계조계는 원칙적으로 투과사진마다 1개 이상으로 한다.
② 관 모양의 시험체는 원칙적으로 시험부의 선원쪽 표면 위에 투과도계를 놓는다.
③ 투과도계는 투과두께의 변화가 적은 경우에 그 투과두께를 대표하는 곳에 1개 놓는다.
④ 투과도계는 투과두께의 변화가 큰 경우에 두꺼운 부분을 대표하는 곳 및 얇은 부분을 대표하는 곳에 각각 1개씩 놓아야 한다.

6-5. KS D 0227에 의하면 두께 130mm 되는 주물에 방사선투과시험을 시행한 결과 16mm 직경의 블로홀이 1개 발견되었다면, 흠의 분류상 몇 류에 해당되는가?

① 1류   ② 2류
③ 5류   ④ 6류

6-6. KS D 0227에 관한 설명으로 옳지 않은 것은?

① 결함치수를 측정하는 경우 명확한 부위만 측정하고 주위의 흐림은 측정범위에 넣지 않는다.
② 투과사진을 관찰하여 명확히 결함이라고 판단되는 음영에만 주목하고 불명확한 음영은 대상에서 제외한다.
③ 2개 이상의 결함이 투과사진 위에서 겹쳐져 있다고 보여지는 음영에 대하여는 원칙적으로 개개로 분리하여 측정한다.
④ 시험부의 호칭두께에 따른 시험시야를 먼저 설정하며, 시험부의 호칭두께는 주조된 상태의 두께를 측정하여 결정한다.

6-7. KS D 0227에 의한 주강품의 방사선투과시험에 사용하는 바늘형 투과도계에 관한 설명으로 틀린 것은?

① 틀의 재질은 선보다 방사선의 흡수가 커야 한다.
② 04F의 선의 길이는 25mm 이상이다.
③ 32F의 선지름은 0.80~3.20mm로 7개로 배열되어 있다.
④ 선의 배열은 왼쪽부터 오른쪽으로 점차 굵은 것을 배열한다.

|해설|

6-1
KS D 0227 투과사진에 의한 흠의 영상 분류 순서
대상으로 하는 흠의 종류는 블로홀, 모래 박힘 및 개재물, 슈링키지 및 갈라짐으로 한다.

6-2
KS D 0227 투과도계를 시험부 선원 쪽의 면 위에 놓기가 곤란한 경우
• 투과도계를 시험부의 필름쪽 면 위에 밀착시켜 놓을 수 있다.
• 투과도계와 필름 사이의 거리는 투과도계의 식별 최소선지름의 10배 이상 떨어뜨려 촬영한다.
• 투과도계의 부분에 F의 기호를 붙이고 투과사진 위에서 필름 쪽에 놓은 것을 알 수 있도록 한다.

6-3
투과도계를 시험부 선원 쪽의 면 위에 놓기가 곤란한 경우 : 투과도계를 시험부의 필름쪽 면 위에 밀착시켜 놓을 수 있다. 이 경우, 투과도계의 부분에 F의 기호를 붙이고 투과사진 위에서 필름 쪽에 놓은 것을 알 수 있도록 한다.

6-4
투과도계를 시험부의 선원 쪽 표면 위에 놓고 시험부와 동시에 촬영하도록 한다.

6-5
KS D 0227 – 흠의 영상 분류

[부속서 표 6. 블로홀의 흠의 분류]

단위 : mm

분류	호칭두께					
	10 이하	10 초과 20 이하	20 초과 40 이하	40 초과 80 이하	80 초과 120 이하	120 초과
1류	3 이하	4 이하	6 이하	8 이하	10 이하	12 이하
2류	4 이하	6 이하	10 이하	16 이하	19 이하	22 이하
3류	6 이하	9 이하	15 이하	24 이하	28 이하	32 이하
4류	9 이하	14 이하	22 이하	32 이하	38 이하	42 이하
5류	14 이하	21 이하	32 이하	42 이하	49 이하	56 이하
6류	흠점수가 5류보다 많은 것. 호칭 두께의 1/2 또는 15mm를 넘는 치수의 흠이 있는 것					

6-6
시험부의 호칭두께에 따른 투과두께를 먼저 설정한다.

6-7
틀의 재질은 선보다 방사선 흡수가 작아야 한다.

정답 6-1 ③ 6-2 ① 6-3 ② 6-4 ① 6-5 ④ 6-6 ④ 6-7 ①

핵심이론 07 | KS D 0242

① 적용범위 : 알루미늄 및 알루미늄합금 모재두께 200mm 미만의 평판접합 용접부의 공업용 X선 필름을 이용한 직접 촬영 방법에 의한 방사선투과시험방법이다.

② 정의

ㄱ 모재의 두께 : 사용된 알루미늄 판의 두께이다. 모재의 두께가 이음새 양측에서 다른 경우는 얇은 쪽의 두께이다.

ㄴ 시험부 : 용접금속 및 열 영향부를 포함한 부분이다.

ㄷ 시험부의 유효길이 : 시험부의 선원측 표면상에 있어서의 용접선 방향의 길이로서, 투과사진상에서 투과도계, 농도 및 계조계(階調計)에 관한 필요 요건을 만족시키는 범위이다.

ㄹ 방사선원 : X선관의 초점 및 γ선원이다.

③ 투과사진의 촬영방법

ㄱ 방사선 조사방법
투과사진은 원칙적으로 시험부의 투과하는 두께가 최소가 되는 방향으로 방사선을 조사하여 촬영한다.

ㄴ 투과도계 사용
투과사진의 촬영 시에는 침금형 투과도계를 이용하여 시험부와 동시에 촬영한다.

ㄷ 계조계의 사용
• 모재의 두께가 80mm 미만의 시험부 촬영 시에는 계조계를 이용하여 시험부와 동시에 촬영한다.
• 계조계의 종류, 구조, 치수 및 적용
 - 계조계의 재질은 KS D 6701에 규정한 A1080P, A1070P, A1100P, A1200P, A5052P 또는 A5083P를 사용한다.
 - 치수의 허용차는 두께에 대해 ±5% 이하, 한 변의 길이에 대해서는 ±0.5mm로 한다.

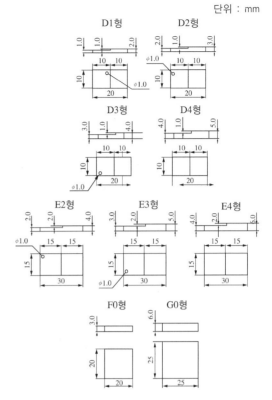

단위 : mm

– 덧살을 측정하지 않은 경우의 계조계 적용

모재의 두께 (mm) / 용접부 형상	10.0 미만	10.0 이상 20.0 미만	20.0 이상 40.0 미만	40.0 이상 80.0 미만
담은 높이 덧살 없음	D1형	E2형	F0형	G0형
한쪽면 덧살 있음	D2형	E2형	F0형	G0형
양쪽면 덧살 있음	D4형	E4형	F0형	G0형

– 덧살을 측정한 경우의 계조계에 적용한다.

모재의 두께 (mm) / 덧살의 합계	10.0 미만	10.0 이상 20.0 미만	20.0 이상 40.0 미만	40.0 이상 80.0 미만
2.0 미만	D1형	E2형	F0형	G0형
2.0 이상 3.0 미만	D2형	E2형	F0형	G0형
3.0 이상 4.0 미만	D3형	E3형	F0형	G0형
4.0 이상 5.0 미만	D4형	E4형	F0형	G0형

※ 덧살 높이의 합계가 5.0mm 이상인 경우는 1.0mm 정수배의 두께로 계조계와 같은 치수의 알루미늄 판을 D4, E4, F0 또는 G0형의 계조계의 아래에 더하여 사용

④ 촬영배치

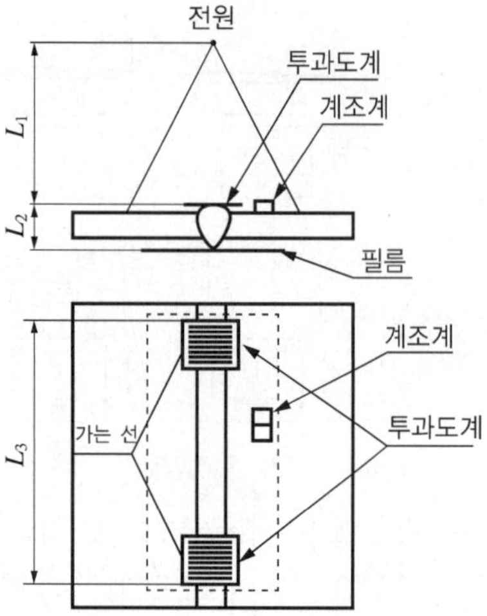

L_1 : 방사선원과 투과도계와의 거리

L_2 : 투과도계와 필름과의 거리

L_3 : 시험부의 유효길이

㉠ 투과도계는 시험부의 방사면 위에 있는 용접부를 넘어 서서 시험부의 유효길이 L_3의 양끝 부근에 투과도계의 가장 가는 선이 외측이 되도록 각 1개를 둔다.

㉡ 계조계는 시험부의 선원측의 모재부 위에, 시험부 유효길이의 중앙 부근의 용접선 근처에 둔다.

㉢ 방사선원과 필름 사이의 거리($L_1 + L_2$)는 투과도계와 필름간의 거리 L_2의 m배 이상으로 한다. m의 값은 상질 구분에 따라 다른 값으로 적용한다.

상질 구분	m의 값
A급	$\frac{2f}{d}$ 또는 6 중 큰 값
B급	$\frac{3f}{d}$ 또는 7 중 큰 값

㉣ 방사선원과 투과도계 간의 거리 L_1은 시험부의 유효 길이 L_3의 n배 이상으로 한다. n의 값은 상질 구분에 따라 A급 상질은 2배, B급 상질은 3배를 사용한다.

㉤ 촬영된 투과사진이 기록과 비교할 수 있도록 기호를 동시에 촬영한다.

㉥ 촬영 시에는 조사 부위를 필요 이상으로 크게 하지 않기 위하여 조리개를 이용한다.

⑤ 투과사진의 관찰 방법

투과사진은 원칙적으로 투과사진의 치수에 적합한 고정 마스크를 이용하여 암실에서 관찰한다.

⑥ 부속서 : 투과사진에 의한 흠집모양의 분류방법

㉠ 흠집의 수

- 시험시야 : 흠집의 수를 구하는 데는 시험시야 내의 흠집수의 총합이 가장 크게 되도록 시험시야를 계획한다.
  - 시험시야의 치수

모재의 두께	시험시야 치수
20.0 미만	10×10
20.0 이상 80.0 미만	10×20
40.0 이상	10×30

- 흠집점수 구하는 방식
  - 산정하지 않는 흠집모양의 치수

모재의 두께	모양의 치수
20.0 미만	0.4
20.0 이상 40.0 미만	0.6
40.0 이상	모재의 두께의 1.5%

  - 흠집점수

흠집크기(mm)	흠집개수
1.0 이하	1
1.0 초과 2.0 이하	2
2.0 초과 4.0 이하	4
4.0 초과 8.0 이하	8
8.0 초과 10.0 이하	16

- 텅스텐 혼입 : 텅스텐 혼입의 경우 흠집점수값에서의 1/2로 한다.
- 산화물 혼입
  - 산화물 혼입 크기가 2.0mm 이하인 경우 흠집점수를 사용
  - 산화물 혼입 크기가 2.0mm이하이며, 블로홀과 연결될 경우 블로홀을 포함하여 흠집점수를 사용

- 밀집모양 : 산정하지 않는 흠집모양의 치수 이하의 흠집모양이 밀집하여 다수 존재 시 그 범위를 하나의 모양으로 간주하여 흠집점수를 이용하여 계산한다.

ⓒ 흠집모양의 분류
- 흠집점수에 따른 분류

시험 시야 (mm)	10×10				10×20		10×30
모재두께 \ 분류	3.0 미만	3.0 이상 5.0 미만	5.0 이상 10.0 미만	10.0 이상 20.0 미만	20.0 이상 40.0 미만	40.0 이상 80.0 미만	80.0 이상
1종류	1	2	3	4	6	7	8
2종류	3	7	10	14	21	24	28
3종류	6	14	21	28	42	49	56
4종류	흠집점수가 3종류보다 많은 것						

※ 표 안의 숫자는 흠집점수의 최대점수를 나타냄

- 흠집길이에 따른 분류

모재두께 \ 분류	12 이하	12 초과 48 미만	48 이상
1종류	3 이하	모재두께의 1/4 이하	12 이하
2종류	4 이하	모재두께의 1/3 이하	16 이하
3종류	6 이하	모재두께의 1/2 이하	24 이하
4종류	흠집길이가 3종류보다 긴 것		

– 블로홀, 텅스텐 혼입 및 2.0mm 이하의 산화물 혼입분류는 흠집점수에 따른 분류를 이용한다. 다만, 흠집모양의 치수가 모재두께의 1/3을 넘을 때는 1종류로 하지 않는다. 또한 모재두께의 2/3 또는 10.0mm 중 작은 쪽을 넘는 흠집모양이 있는 경우에는 4종류로 한다.
– 3종류의 흠집수가 연속하여 시험시야의 3배를 넘어서 존재하는 경우는 4종류로 한다.
– 융합불량 및 2.0mm를 넘는 산화물 혼입분류는 흠집길이에 따른 분류를 이용한다.

7-1. KS D 0242에서 투과사진의 흠집모양의 분류 시 3종류의 흠집수가 연속하여 시험시야의 몇 배를 넘어서 존재하는 경우 4종류로 하는가?

① 2배
② 3배
③ 4배
④ 5배

7-2. KS D 0242에서 상질로 A급이 요구될 때 선원과 투과도계 사이의 거리는 시험부의 유효길이의 최소 몇 배 이상이어야 하는가?

① 2배
② 3배
③ 5배
④ 7배

7-3. KS D 0242에 규정된 D2형 알루미늄 계조계의 계단두께는?

① 1.0mm, 2.0mm
② 1.0mm, 3.0mm
③ 2.0mm, 3.0mm
④ 3.0mm, 4.0mm

7-4. KS D 0242에 의해 투과시험할 때 촬영배치에 관한 설명으로 옳은 것은?

① 1개의 투과도계를 촬영할 필름 밑에 놓는다.
② 계조계는 시험부 유효길이의 바깥에 놓는다.
③ 계조계는 시험부와 필름 사이에 각각 2개를 놓는다.
④ 2개의 투과도계를 시험부 방사면 위 용접부 양쪽에 각각 놓는다.

7-5. KS D 0242에서 1mm 길이 텅스텐의 혼입이 1개일 때 어떻게 등급 분류를 하게 되는가?

① 블로홀의 1/2 값을 계산한다.
② 블로홀로 계산한다.
③ 블로홀의 2배 값을 계산한다.
④ 결함점수로는 계산하지 않는다.

7-6. KS D 0242에서 모재두께가 40mm 이상인 경우 투과사진상에 결함점수로 산정하지 않는 흠집모양의 치수에 대한 것으로 옳은 것은?

① 모재두께의 1.5%
② 모재두께의 1.7%
③ 모재두께의 1.8%
④ 모재두께의 2.0%

7-1
흠집길이에 따른 분류
- 3종류의 흠집수가 연속하여 시험시야의 3배를 넘어서 존재하는 경우는 4종류로 한다.
- 융합불량 및 2.0mm를 넘는 산화물 혼입분류는 흠집길이에 따른 분류를 이용

7-2
방사선원과 투과도계 간의 거리 L_1은 시험부의 유효길이 L_3의 n배 이상으로 한다. n의 값은 상질 구분에 따라 A급 상질은 2배, B급 상질은 3배를 사용한다.

7-3
덧살을 측정한 경우의 계조계 적용

모재의 두께 (mm) 덧살의 합계	10.0 미만	10.0 이상 20.0 미만	20.0 이상 40.0 미만	40.0 이상 80.0 미만
2.0 미만	D1형	E2형	F0형	G0형
2.0 이상 3.0 미만	D2형	E2형	F0형	G0형
3.0 이상 4.0 미만	D3형	E3형	F0형	G0형
4.0 이상 5.0 미만	D4형	E4형	F0형	G0형

7-4
KS D 0242 - 촬영배치
- 투과도계는 시험부의 방사면 위에 있는 용접부를 넘어 서서 시험부의 유효길이 L_3의 양끝 부근에 투과도계의 가장 가는 선이 외측이 되도록 각 1개 둔다.
- 계조계는 시험부의 선원측의 모재부 위에, 시험부 유효길이의 중앙 부근의 용접선 근처에 둔다.

7-5
KS D 0242 - 흠집점수 구하는 방식
텅스텐 혼입 : 텅스텐 혼입의 경우 흠집점수값에서의 1/2로 한다.

7-6
산정하지 않는 흠집모양의 치수

모재의 두께	모양의 치수
20.0 미만	0.4
20.0 이상 40.0 미만	0.6
40.0 이상	모재두께의 1.5%

정답 7-1 ② 7-2 ① 7-3 ③ 7-4 ④ 7-5 ① 7-6 ①

핵심이론 08 | KS D 0241

① **적용범위** : 알루미늄주물의 X선 및 γ선의 투과사진에 의한 시험방법 및 투과사진의 등급 분류방법에 대하여 규정한다.

② **방사선투과사진의 촬영방법**
　㉠ 방사선의 조사배치
　　• 시험체의 촬영배치 : 시험체에 대한 X선 및 γ선의 조사방향은 시험체의 크기, 모양 및 촬영 배치에 관한 시험부의 상황에 따라 결정하고, 그림 1~그림 7에 나타내는 어느 한쪽의 배치에서 촬영한다. 다만, 그림 6 및 그림 7에 나타내는 이중벽 촬영법은 단벽 촬영을 기술적으로 할 수 없는 경우에만 적용한다.
　　• 방사선의 중심축 : 방사선의 중심축이 촬영영역 중앙부의 시험면에 직각으로 입사하도록 선원을 배치한다.

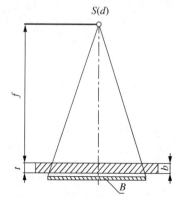

S : 유효초점치수 d를 가진 선원
B : 필름
f : 선원 - 시험체 간 거리
t : 재료두께
b : 선원쪽 시험체면 - 필름 간 거리

[그림 1 촬영배치 1 : 평판의 단벽 촬영방법]

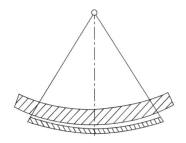

[그림 2 촬영배치 2 : 곡률을 가진 시험체의 촬영방법
(선원은 오목면 쪽, 필름은 볼록면 쪽)(^{1})]

주(^{1}) 이 촬영배치는 **그림 4**의 촬영배치 4보다 바람직하다.

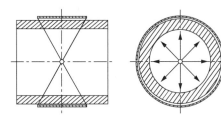

[그림 3 촬영배치 3 : 내부선원방법(^{2})]

주(^{2}) 이 촬영방법은 1회의 조사에서 전체 둘레를 촬영할 수 있다
는 이점이 있다. 또한, 이 촬영배치는 **그림 2**의 촬영배치
2보다 바람직하다.

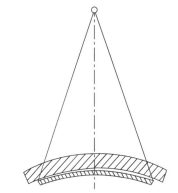

[그림 4 촬영배치 4 : 곡률을 가진 시험체의 단벽 촬영방법
(선원은 오목면 쪽, 필름은 볼록면 쪽)(^{1})]

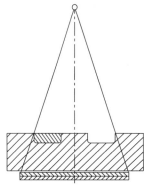

[그림 5 촬영배치 5 : 두께의 변화가 있는 시험체,
2종류 이상의 재질로 구성되는 단벽 · 복합필름 촬영방법]

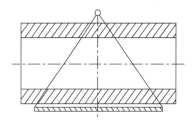

[그림 6 촬영배치 6 : 이중벽 한면 촬영방법(^{3})]

주(^{3}) 이 경우, 선원이 위쪽의 시험체에 근접하고 있으므로 위쪽의
시험체에 존재하는 결함에 대해서는 평가의 대상으로 하지
않는다.

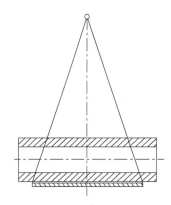

[그림 7 촬영배치 7 : 이중벽 양면 촬영방법(^{4})]

주(^{4}) 이 경우, 위쪽에 존재하는 결함도 평가의 대상으로 한다.
경우에 따라서는 방사선빔의 중심축이 필름면에 직각이 되
지 않는 수도 있다.

ⓛ 시험체의 표면상태 : 투과사진의 평가에 지장이
되는 시험체 표면의 요철은 촬영 전에 제거하는
것이 바람직하다.

ⓒ 시험체의 살두께 : 시험체의 살두께가 좁은 영역에서 급격하게 변화하는 경우에는 가능한 한 검사부의 넓은 범위가 유효한 필름 농도 범위에 들어가도록 일반적인 촬영과는 다른 방법으로 촬영하는 것이 바람직하다.

ⓔ 선원 : 방사선 에너지는 원칙적으로 조사시간에 적합한 가장 낮은 에너지를 사용한다.

ⓜ 필름 및 증감지
- 필름 : 사용하는 필름은 미립자 또는 초미립자에서 높은 대조(Contrast)를 얻을 수 있는 불연성 필름이어야 한다.
- 증감지
  - 감도 및 식별도를 증가시키기 위하여 납 또는 산화납 등의 금속 증감지 또는 필터를 사용하여도 좋다.
  - 사용하는 증감지의 두께는 0.02~0.25mm의 범위 내로 한다.
  - 증감지는 더러움이 없고 표면이 매끄러운 것으로 판정에 지장이 있는 흠이 없어야 한다.

ⓗ X선 초점-필름 간 거리 : X선 초점-제품 표면 간의 거리와 필름-제품표면 간의 거리의 비는 투과도계 구멍의 선명한 상이 생기는 것이어야 한다.

ⓢ 촬영 및 현상처리
- 필름농도 : 시험부 및 투과도계 위치에서의 필름 농도는 2.0~3.0 사이에 있도록 촬영 및 현상조건을 설정하는 것이 바람직하다.
- 필름의 흐림 : 확실한 흐림이 나타나는 필름은 정기적으로 제거하여야 한다. 흐림의 농도는 0.2 이하로 하는 것이 바람직하다.
- 방사선의 후방산란 방지와 확인 : 방사선의 후방산란을 흡수하기 위하여 필름 또는 필름의 뒷면에 적당한 두께의 납층을 붙이고 촬영하여야 한다.
- 기타 : 결함의 판정을 곤란하게 하는 투과사진의 흠, 얼룩이 없어야 한다.

ⓞ 제품의 식별
- 촬영하는 시험체에는 확인을 위하여 문자 또는 기호의 표시를 배치하여 촬영위치를 필름 위에서 확인할 수 있도록 한다.
- 다만, 시험체에 표시를 배치하기 곤란한 경우에는 스케치 등에 의해 촬영위치를 확인할 수 있도록 한다.

③ 투과도계의 사용
ⓐ 투과도계는 방사선 촬영 중, 제품의 지정 살두께 위에 설치한다. 제품 모양이 복잡한 경우는 필름에서 가장 멀리 떨어진 검사부의 위치에 놓는다.
ⓑ 투과도계는 가능한 한 방사선축에 수직이 되도록 놓는다.
ⓒ 동일한 제품을 모아서 촬영하는 경우에는 방사선추의 가장 바깥쪽에 위치하는 제품의 지정 살두께 위에 놓는다.
ⓓ 투과도계를 제품의 상부에 놓을 수 없는 경우는 방사선 흡수도 및 살두께가 거의 같은 재료의 블록 위에 놓는다.
ⓔ 이중벽 촬영의 경우는 상부 벽의 방사선원 쪽에 놓는다.
ⓕ 투과도계를 제품의 상부 벽에 놓기가 곤란한 경우에는 방사선 흡수도 및 살두께가 이중벽 두께와 거의 같은 재료의 블록 위에 놓는다. 이 경우, 투과도계의 위치는 발포스티롤 등으로 상부 벽의 높이와 맞춘다.

④ 등급분류
ⓐ 결함의 종류 및 등급 : 투과사진 위 결함의 종류 및 등급은 ASTM E 155의 기준사진과 대조·비교하여 판정한다. 그 단위 영역은 1변이 50mm인 정사각형으로 한다.
ⓑ 등급 및 품질등급의 판정방법 : 제품의 요구 품질특성에 따라 인수·인도 당사자 사이의 합의에 따라 여러 가지 결함을 판정하여 종합판정 A~D의 4가지 품질등급 중 어느 한쪽을 판정한다.

ⓒ 등급 A는 고응력 아래에서 사용되는 고품질 주물 품질 특성에 적합하고 등급 D는 일반주물 품질특성에 적합하다.

10년간 자주 출제된 문제

8-1. KS D 0241에서 촬영방법 중 촬영 및 현상처리 과정의 확실한 흐름이 나타나는 필름은 정기적으로 제거해야 한다고 규정하고 있다. 이때 흐림의 농도는 몇 이하로 하는 것이 바람직하다고 규정하고 있는가?

① 0.2
② 0.5
③ 2.0
④ 3.0

8-2. KS D 0241에 규정된 증감지의 두께 범위로 옳은 것은?

① 0.02~0.25mm
② 0.50~2.00mm
③ 0.02~0.25cm
④ 0.50~2.00cm

8-3. KS D 0241에서 투과시험에 사용되는 필름 및 증감지에 대한 설명으로 옳은 것은?

① 사용하는 증감지의 두께는 0.02~0.25mm의 범위 내로 한다.
② 증감지는 표면이 거칠어야 미끄러짐이 없고 판정에 도움을 준다.
③ 증감지를 사용하면 감도 및 식별도 모두 감소하므로 사용하지 않는 것이 좋다.
④ 사용하는 필름은 입자가 크고 높은 콘트라스트를 얻을 수 있는 가연성 필름이어야 한다.

8-4. KS D 0241에서 방사선투과사진 촬영 시 사용되는 선원은 원칙적으로 조사시간에 적합한 어떤 에너지를 사용하도록 규정하고 있는가?

① 중간값 에너지
② 가장 낮은 에너지
③ 산술평균 에너지
④ 가장 높은 에너지

|해설|

8-1

촬영 및 현상처리

• 필름농도 : 시험부 및 투과도계 위치에서의 필름 농도는 2.0~3.0 사이에 있도록 촬영 및 현상 조건을 설정하는 것이 바람직하다.
• 필름의 흐림 : 확실한 흐림이 나타나는 필름은 정기적으로 제거하여야 한다. 흐림의 농도는 0.2 이하로 하는 것이 바람직하다.

8-2, 8-3

증감지

• 감도 및 식별도를 증가시키기 위하여 납 또는 산화납 등의 금속증감지 또는 필터를 사용하여도 좋다.
• 사용하는 증감지의 두께는 0.02~0.25mm의 범위 내로 한다.
• 증감지는 더러움이 없고 표면이 매끄러운 것으로 판정에 지장이 있는 흠이 없어야 한다.

8-4

KS D 0241 - 선원 : 방사선 에너지는 원칙적으로 조사시간에 적합한 가장 낮은 에너지를 사용한다.

정답 8-1 ① 8-2 ① 8-3 ① 8-4 ②

① 적용 범위 : 알루미늄 및 그 합금의 T형 용접부의 X선 에 의한 투과시험방법에 대하여 규정

② 투과사진의 촬영방법

　ㄱ X선의 조사방향

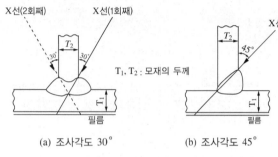

(a) 조사각도 30°　　(b) 조사각도 45°

[그림 1 X선의 조사방향]

　ㄴ 모재의 두께 : 모재의 두께 T_1 및 T_2는 그림 1에 표시하는 치수로 하고, 원칙적으로 호칭두께를 사용한다.

　ㄷ 투과도계 : 투과사진을 촬영할 때는 투과도계를 사용하여 시험부와 동시에 촬영한다. 투과도계의 구조 및 종류는 다음에 따른다.

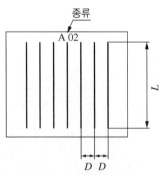

[그림 2 투과도계의 구조]

[표 1. 투과도계의 종류]

단위 : mm

종 류	선지름의 계열							선의 중심간 거리 (D)	선의 길이 (L)
A 02	0.10	0.125	0.16	0.20	0.25	0.32	0.40	3.0	40.0
A 04	0.20	0.25	0.32	0.40	0.50	0.64	0.80	4.0	40.0
A 08	0.40	0.50	0.64	0.80	1.00	1.25	1.60	6.0	60.0
A 16	0.80	1.00	1.25	1.60	2.00	2.50	3.20	10.0	60.0
치수 허용차	KS D 6763의 특수급에 정하여진 값 또는 ±5%의 어느 작은 쪽의 값							±15%	±1.0

비고 : 두께 보상용 쐐기를 사용하지 않을 경우에는 T_2를 0으로 간주

　ㄹ 계조계

　　• 계조계의 종류 및 적용구분

계조계의 종류	A형	B형	C형	D형
모재 두께의 합 ($T_1 + T_2$)	10.0 미만	10.0 이상 20.0 미만	20.0 이상 40.0 미만	40.0 이상

비고 : 두께보상용 쐐기를 사용하지 않을 경우에는 T_2를 0으로 간주

　　• 계조계에는 KS D 6701에 규정하는 A1080P, A1070P, A1050P, A1100P, A1200P, A5052P, A5083P의 재질을 사용한다.

　　• 치수허용차는 두께에 대하여 ±0.5mm 이하로 한다.

③ 두께보상용 쐐기의 사용

　ㄱ 두께보상용 쐐기의 사용 : 촬영할 때는 원칙적으로 그림 4와 같은 시험부에 적합한 두께보상용 쐐기를 사용한다.

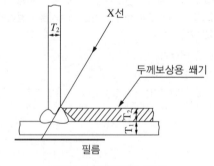

[그림 4 두께보상용 쐐기]

ⓛ 두께보상용 쐐기의 재질은 KS D 0245 규격서 내의 3.4 (2)에 규정하는 것으로 하고 두께는 T_2로 한다.

ⓒ 다만, 모재의 두께 T_2가 그림 1 (a)인 경우 모재두께 T_1의 $\frac{1}{3}$ 또는 8mm의 어느 작은 값 이하, 그림 1 (b)인 경우 모재두께가 T_1의 $\frac{1}{4}$ 또는 5mm의 어느 작은 값 이하일 때는 두께보상용 쐐기를 사용하지 않아도 좋다.

④ 촬영배치

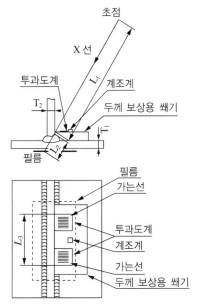

L_1 : 초점 – 투과도계 간 거리
L_2 : 투과도계 – 필름 간 거리
L_3 : 시험부의 유효길이

[그림 5 촬영배치]

KS D 0245에 따라 모재두께가 각각 10mm와 4mm인 T형 용접부를 투과검사할 때 요구되는 계조계의 종류는?

① A형　　　　　　　② B형
③ C형　　　　　　　④ D형

|해설|

계조계의 종류 및 적용구분

계조계의 종류	A형	B형	C형	D형
모재두께의 합 ($T_1 + T_2$)	10.0 미만	10.0 이상 20.0 미만	20.0 이상 40.0 미만	40.0 이상

따라서, 모재 두께 10mm와 4mm를 더하면 14mm가 되므로 B형을 사용한다.

정답 ②

핵심이론 01 금속재료의 기초

① 금속의 특성 : 고체상태에서 결정구조, 전기 및 열의 양도체, 전·연성우수, 금속 고유의 색이다.

② 경금속과 중금속 : 비중 4.5(5)를 기준으로 이하를 경금속(Al, Mg, Ti, Be), 이상을 중금속(Cu, Fe, Pb, Ni, Sn)이라고 한다.

③ 금속재료의 성질

　㉠ 기계적 성질 : 강도, 경도, 인성, 취성, 연성, 전성

　㉡ 물리적 성질 : 비중, 용융점, 전기전도율, 자성

　㉢ 화학적 성질 : 부식, 내식성

　㉣ 재료의 가공성 : 주조성, 소성가공성, 절삭성, 접합성

④ 결정구조

　㉠ 체심입방격자(Body Centered Cubic) : Ba, Cr, Fe, K, Li, Mo, Nb, V, Ta

　　• 배위수 : 8, 원자 충진율 : 68%, 단위격자 속 원자수 : 2

　㉡ 면심입방격자(Face Centered Cubic) : Ag, Al, Au, Ca, Ir, Ni, Pb, Ce

　　• 배위수 : 12, 원자 충진율 : 74%, 단위격자 속 원자수 : 4

　㉢ 조밀육방격자(Hexagonal Centered Cubic) : Be, Cd, Co, Mg, Zn, Ti

　　• 배위수 : 12, 원자 충진율 : 74%, 단위격자 속 원자수 : 2

⑤ 철-탄소 평형상태도(Fe-C Phase Diagram) : Fe-C 2원 합금조성(%)과 온도와의 관계를 나타낸 상태도로 변태점, 불변반응, 각 조직 및 성질을 알 수 있다.

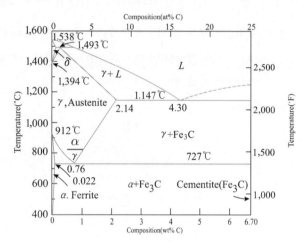

[그림 1 철-탄소 평형 상태도]

㉠ 변태점

　• A_0 변태 : 210℃ 시멘타이트 자기변태점

　• A_1 상태 : 723℃ 철의 공석온도

　• A_2 변태 : 768℃ 순철의 자기변태점

　• A_3 변태 : 910℃ 철의 동소변태

　• A_4 변태 : 1,400℃ 철의 동소변태

㉡ 불변반응

　• 공석점 : 723℃ $\gamma - Fe \Leftrightarrow \alpha - Fe + Fe_3C$

　• 공정점 : 1,130℃ $Liquid \Leftrightarrow \gamma - Fe + Fe_3C$

　• 포정점 : 1,490℃ $Liquid + \delta - Fe \Leftrightarrow \gamma - Fe$

㉢ 동소변태 : 고체상태에서 온도에 따라 결정구조의 변화가 오는 것이다.

㉣ 자기변태 : 원자배열의 변화 없이 전자의 스핀에 의해 자성의 변화가 오는 것이다.

1-1. Fe-C 평형상태도에서 자기변태만으로 짝지어진 것은?

① A_0변태, A_1변태
② A_1변태, A_2변태
③ A_0변태, A_2변태
④ A_3변태, A_4변태

1-2. Fe-C 상태도에서 순철의 자기변태점은?

① 210℃　　　　　　② 768℃
③ 910℃　　　　　　④ 1,410℃

1-3. 상온에서 면심입방격자(FCC)의 결정구조를 갖는 것끼리 짝지어진 것은?

① Ba, Cr　　　　　　② Ni, Ag
③ Mg, Cd　　　　　　④ Mo, Li

1-4. 금속의 결정 중 단위격자 중심에 원자 1개가 존재하고, 외곽에 원자가 1/8식 8개가 존재하는 그림과 같은 결정구조는?

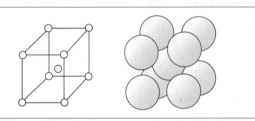

① 조밀육방격자
② 면심입방격자
③ 조밀육방격자
④ 체심입방격자

1-5. 금속의 결정구조에서 다른 결정보다 취약하고 전연성이 작으며 Mg, Zn 등이 갖는 결정격자는?

① 체심입방격자
② 면심입방격자
③ 조밀육방격자
④ 단순입방격자

1-6. 다음 중 중금속끼리 짝지어진 것은?

① Cu, Fe, Pb
② Sn, Mg, Fe
③ Ni, Al, Ca
④ Be, Au, Ag

| 해설 |

1-1, 1-2
Fe-C 상태도 내에서 자기변태는 A_0변태(시멘타이트 자기변태)와 A_2변태(철의 자기변태)가 있다.

1-3, 1-4, 1-5
결정구조
• 체심입방격자(Body Centered Cubic) : Ba, Cr, Fe, K, Li, Mo, Nb, V, Ta
　배위수 : 8, 원자충진율 : 68%, 단위격자 속 원자수 : 2
• 면심입방격자(Face Centered Cubic) : Ag, Al, Au, Ca, Ir, Ni, Pb, Ce
　배위수 : 12, 원자충진율 : 74%, 단위격자 속 원자수 : 4
• 조밀육방격자(Hexagonal Centered Cubic) : Be, Cd, Co, Mg, Zn, Ti
　배위수 : 12, 원자충진율 : 74%, 단위격자 속 원자수 : 2

1-6
비중 4.5(5)를 기준으로 4.5(5) 이하를 경금속(Al, Mg, Ti, Be), 4.5(5) 이상을 중금속(Cu, Fe, Pb, Ni, Sn)

정답 1-1 ③ 1-2 ② 1-3 ② 1-4 ④ 1-5 ③ 1-6 ①

① 탄성변형과 소성변형

　　㉠ 탄성 : 힘을 제거하면 전혀 변형이 되지 않고, 처음 상태로 돌아가는 성질이다.

　　㉡ 소성 : 힘을 제거한 다음 그대로 남게 되는 성질이다.

② 전위 : 정상적인 위치에 있던 원자들이 이동하여 비정상적인 위치에서 새로운 줄이 생기는 결함이다(칼날전위, 나선전위, 혼합전위).

③ 냉간가공 및 열간가공 : 금속의 재결정온도를 기준(Fe : 450℃)으로 낮은 온도에서의 가공을 냉간가공, 높은 온도에서의 가공을 열간가공이라고 한다.

④ 재결정 : 가공에 의해 변형된 결정입자가 새로운 결정입자로 바뀌는 과정이다.

⑤ 슬립 : 재료에 외력이 가해지면 격자면에서의 미끄러짐이 일어나는 현상이다.

　　㉠ 슬립면 : 원자 밀도가 가장 큰 면(BCC : [110], FCC : [110], [101], [011])

　　㉡ 슬립방향 : 원자 밀도가 최대인 방향(BCC : [111], FCC : [111])

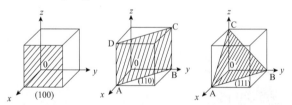

⑥ 쌍정 : 슬립이 일어나기 어려울 때 결정 일부분이 전단 변형을 일으켜 일정한 각도만큼 회전하여 생기는 변형이다.

⑦ 기계적 시험 : 인장, 경도, 충격, 연성, 비틀림, 충격, 마모, 압축시험 등이다.

　　㉠ 인장시험 : 재료의 인장강도, 연신율, 항복점, 단면 수축률 등의 정보를 알 수 있다.

　　　• 인장강도 : $\sigma_{\max} = \dfrac{P_{\max}}{A_0}$(kg/mm^2), 파단 시 최대인장하중을 평형부의 원단면적으로 나눈 값

　　　• 연신율 : $\varepsilon = \dfrac{(L_1 - L_0)}{L_0} \times 100(\%)$, 시험편이 파단되기 직전의 표점거리($L_1$)와 원표점거리 L_0와의 차의 변형량

　　　• 단면 수축률 : $a = \dfrac{(A_0 - A_1)}{A_0} \times 100(\%)$, 시험편이 파괴되기 직전의 최소단면적($A_1$)과 시험 전 원단면적($A_0$)과의 차

　　㉡ 연성을 알기 위한 시험 : 에릭슨시험(커핑시험)

　　㉢ 경도시험

　　　• 압입자를 이용한 방법 : 브리넬, 로크웰, 비커스, 미소경도계

　　　• 반발을 이용한 방법 : 쇼어경도

　　　• 기타 방법 : 초음파, 마텐스, 허버트진자경도 등

　　㉣ 충격치 및 충격 에너지를 알기 위한 시험 : 샤르피충격 시험, 아이조드충격시험

　　㉤ 열적 성질 : 적외선 서모그래픽검사, 열전 탐촉자법

　　㉥ 분석 화학적 성질 : 화학적 검사, X선 형광법, X선 회절법

⑧ 현미경 조직검사

금속은 빛을 투과하지 않으므로, 반사경 현미경을 사용하여 시험편을 투사, 반사하는 상을 이용하여 관찰하게 된다. 조직검사의 관찰 목적으로는 금속조직 구분 및 결정입도 측정, 열처리 및 변형 의한 조직변화, 비금속개재물 및 편석 유무, 균열의 성장과 형상 등이 있다.

　　㉠ 현미경 조직검사방법 : 시편 채취 → 거친 연마 → 중간 연마 → 미세 연마 → 부식 → 관찰

　　㉡ 부식액의 종류

재 료	부식액
철강 재료	질산 알코올(질산 + 알코올)
	피크린산 알코올(피크린산 + 알코올)
귀금속	왕수(질산 + 염산 + 물)
Al 합금	수산화나트륨(수산화나트륨 + 물)
	플루오르화수소산(플루오르화수소 + 물)
Cu 합금	염화제이철 용액(염화제이철 + 염산 + 물)
Ni, Sn, Pb 합금	질산용액
Zn 합금	염산용액

2-1. 다음 중 슬립(Slip)에 대한 설명으로 틀린 것은?

① 슬립이 계속 진행하면 변형이 어려워진다.
② 원자밀도가 최대인 방향으로 슬립이 잘 일어난다.
③ 원자밀도가 가장 큰 격자면에서 슬립이 잘 일어난다.
④ 슬립에 의한 변형은 쌍정에 의한 변형보다 매우 작다.

2-2. SM45C 시험편을 경도기로 경도값을 측정할 때 시험편에 눌린 흔적이 가장 크게 나타나는 경도시험은?

① 쇼어경도시험
② 비커스경도시험
③ 로크웰경도시험
④ 브리넬경도시험

2-3. 원표점거리가 50mm이고, 시험편이 파괴되기 직전의 표점거리가 60mm일 때 연신율은?

① 5%
② 10%
③ 15%
④ 20%

2-4. 단면적 1m²인 환봉을 10kgf의 하중으로 인장할 경우 인장응력은?

① 0.098Pa
② 9.8Pa
③ 98Pa
④ 980Pa

2-5. 다음 중 재료의 연성을 파악하기 위하여 실시하는 시험은?

① 피로시험
② 충격시험
③ 커핑시험
④ 크리프시험

|해설|

2-1
슬립이란 재료에 외력이 가해졌을 때 결정 내에서 인접한 격자면에서 미끄러짐이 나타나는 현상으로 이 변형은 쌍정에 의한 변형보다 매우 크다.

2-2
브리넬 경도시험의 강구 압입자는 10mm로 가장 크다.

2-3

$$연신율 = \frac{L_1 - L_0}{L_0} \times 100\% = \frac{60 - 50}{50} \times 100\% = 20\%$$

2-4

$$인장응력 = \frac{하중}{단면적} = \frac{10 \times 9.8}{1} = 98Pa$$

2-5
에릭슨시험(커핑시험) : 재료의 전·연성을 측정하는 시험으로 Cu판, Al판 및 연성판재를 가압성형하여 변형능력을 시험

정답 2-1 ④ 2-2 ④ 2-3 ④ 2-4 ③ 2-5 ③

| 핵심이론 03 | 열처리 일반

① **열처리** : 금속재료를 필요로 하는 온도로 가열, 유지, 냉각을 통해 조직을 변화시켜 필요한 기계적 성질을 개선하거나 얻는 작업이다.

② **열처리의 목적**
  ㉠ 담금질 후 높은 경도에 의한 취성을 막기 위한 뜨임 처리로 경도 또는 인장력을 증가
  ㉡ 풀림 혹은 구상화 처리로 조직의 연화 및 적당한 기계적 성질을 맞춤
  ㉢ 조직 미세화 및 편석을 제거
  ㉣ 냉간가공으로 인한 피로, 응력 등을 제거
  ㉤ 사용 중 파괴를 예방
  ㉥ 내식성 개선 및 표면 경화 목적

③ **가열방법 및 냉각방법**
  ㉠ 가열방법
    A_1점 변태 이하의 가열(뜨임) 및 A_3, A_2, A_1점 및 A_{cm}선 이상의 가열(불림, 풀림, 담금질) 등
  ㉡ 냉각방법
    • 계단냉각 : 냉각 시 속도를 바꾸어 필요한 온도 범위에서 열처리 실시
    • 연속냉각 : 필요온도까지 가열 후 지속적으로 냉각
    • 항온냉각 : 필요온도까지 급랭 후 특정온도에서 유지시킨 후 냉각

④ **냉각의 3단계**
  증기막 단계(표면의 증기막 형성) → 비등 단계(냉각 액이 비등하며 급랭) → 대류 단계(대류에 의해 서랭)

⑤ **불림(Normalizing)** : 조직의 표준화를 위해 하는 열처리이며, 결정립 미세화 및 기계적 성질을 향상시키는 열처리이다.
  ㉠ 불림의 목적
    • 주조 및 가열 후 조직의 미세화 및 균질화
    • 내부응력 제거
    • 기계적 성질의 표준화

  ㉡ 불림의 종류 : 일반 불림, 2단 노멀라이징, 항온 노멀라이징, 다중 노멀라이징 등

⑥ **풀림** : 금속의 연화 또는 응력 제거를 위한 열처리이며, 가공을 용이하게 하는 열처리이다.
  ㉠ 풀림의 목적
    • 기계적 성질의 개선
    • 내부응력 제거 및 편석제거
    • 강도 및 경도의 감소
    • 연율 및 단면수축률 증가
    • 치수 안정성 증가
  ㉡ 풀림의 종류 : 완전 풀림, 확산 풀림, 응력제거 풀림, 중간 풀림, 구상화 풀림 등

⑦ **뜨임** : 담금질에 의한 잔류 응력 제거 및 인성을 부여하기 위하여 재가열 후 서랭하는 열처리이다.
  ㉠ 뜨임의 목적
    • 담금질 강의 인성을 부여
    • 내부응력 제거 및 내마모성 향상
    • 강인성 부여
  ㉡ 뜨임의 종류 : 일반 뜨임, 선택적 뜨임, 다중 뜨임 등

⑧ **담금질** : 금속을 급랭하여 원자 배열 시간을 막아 강도, 경도를 높이는 열처리이다.
  ㉠ 담금질의 목적 : 마텐자이트 조직을 얻어 경도를 증가시키기 위한 열처리
  ㉡ 담금질의 종류 : 직접 담금질, 시간 담금질, 선택 담금질, 분사 담금질, 프레스 담금질 등

⑨ **탄소강 조직의 경도**
  시멘타이트 → 마텐자이트 → 투루스타이트 → 베이나이트 → 소르바이트 → 펄라이트 → 오스테나이트 → 페라이트

3-1. A₃ 또는 A_cm선보다 30~50℃ 높은 온도로 가열한 후 공기 중에 냉각하여 탄소강의 표준 조직을 검사하려면 어떤 열처리를 해야 하는가?

① 노멀라이징(불림)
② 어닐링(풀림)
③ 퀜칭(담금질)
④ 템퍼링(뜨임)

3-2. 풀림(Annealing) 열처리의 가장 큰 목적은?

① 경 화
② 연 화
③ 취성화
④ 표준화

3-3. 심랭처리의 목적이 아닌 것은?

① 시효변형을 방지한다.
② 치수의 변형을 방지한다.
③ 강의 연성을 증가시킨다.
④ 잔류 오스테나이트를 마텐자이트화 한다.

3-4. 강의 표면경화법에 해당되지 않는 것은?

① 침탄법
② 금속침투법
③ 마템퍼링법
④ 고주파경화법

3-5. 열처리 TTT곡선에서 TTT가 의미하는 것이 아닌 것은?

① 온 도
② 압 력
③ 시 간
④ 변 태

|해설|

3-1, 3-2
• 불림(Normalizing) : 결정조직의 물리적, 기계적 성질의 표준화 및 균질화 및 잔류응력 제거
• 풀림(Annealing) : 금속의 연화 혹은 응력제거를 위한 열처리
• 뜨임(Tempering) : 담금질에 의한 잔류응력제거 및 인성부여
• 담금질(Quenching) : 금속을 급랭함으로써, 원자배열의 시간을 막아 강도, 경도를 높임

3-3
심랭처리란 잔류 오스테나이트를 마텐자이트로 변화시키는 열처리 방법으로 담금질한 조직의 안정화, 게이지강의 자연시효, 공구강의 경도 증가, 끼워맞춤을 위하여 하게 된다.

3-4
표면경화법에는 침탄, 질화, 금속침투(세라다이징, 칼로라이징, 크로마이징 등), 고주파경화법, 화염경화법, 금속 용사법, 하드페이싱, 숏피닝 등이 있으며 마템퍼링은 금속 열처리에 해당된다.

3-5
Time(시간)-Temperature(온도)-Trasformation(변태) Diagram (곡선)

정답 3-1 ① 3-2 ② 3-3 ③ 3-4 ③ 3-5 ②

① 특수강 : 보통강에 하나 또는 2종의 원소를 첨가하여 특수한 성질을 부여한 강이다.

② 특수강의 분류

    ㉠ 구조용강 : 강인강, 침탄강, 질화강 등으로 인장강도, 항복점, 연신율이 높은 것이다.

    ㉡ 특수목적용강 : 공구강(절삭용강, 다이스강, 게이지강), 내식강, 내열강, 전기용강, 자석강 등으로 특수 목적용으로 만들어진 강이다.

③ 첨가 원소의 영향

    ㉠ Ni : 내식, 내산성 증가

    ㉡ Mn : S에 의한 메짐 방지

    ㉢ Cr : 적은 양에도 경도, 강도가 증가하며 내식, 내열성이 커짐

    ㉣ W : 고온강도, 경도가 높아지며 탄화물 생성

    ㉤ Mo : 뜨임메짐을 방지하며 크리프저항이 좋아짐

    ㉥ Si : 전자기적 성질을 개선

④ 첨가 원소의 변태점, 경화능에 미치는 영향

    ㉠ 변태온도를 내리고 속도가 늦어지는 원소 : Ni

    ㉡ 변태온도가 높아지고 속도가 늦어지는 원소 : Cr, W, Mo

    ㉢ 탄화물을 만드는 것 : Ti, Cr, W, V 등

    ㉣ 페라이트 고용 강화시키는 것 : Ni, Si 등

⑤ 특수강의 종류

    ㉠ 구조용 특수강 : Ni강, Ni-Cr강, Ni-Cr-Mo강, Mn강(듀콜강, 하드필드강)

    ㉡ 내열강 : 페라이트계 내열강, 오스테나이트계 내열강, 테르밋(탄화물, 붕화물, 산화물, 규화물, 질화물)

    ㉢ 스테인리스강 : 페라이트계, 마텐자이트계, 오스테나이트계

    ㉣ 공구강 : 고속도강(18% W-4% Cr-1% V)

    ㉤ 스텔라이트 : Co-Cr-W-C, 금형주조에 의해 제작

    ㉥ 소결탄화물 : 금속탄화물을 코발트를 결합제로 소결하는 합금, 비디아, 미디아, 카볼로이, 당갈로이

    ㉦ 전자기용 : Si강판, 샌더스트(5~15% Si-3~8% Al), 퍼멀로이(Fe-70~90% Ni) 등

    ㉧ 쾌삭강 : 황쾌삭강, 납쾌삭강, 흑연쾌삭강

    ㉨ 게이지강 : 내마모성, 담금질 변형 및 내식성 우수한 재료

    ㉩ 불변강 : 인바, 엘린바, 플래티나이트, 코엘린바로 탄성 계수가 적을 것

10년간 자주 출제된 문제

4-1. 불변강이 다른 강에 비해 가지는 가장 뛰어난 특성은?

① 대기 중에서 녹슬지 않는다.
② 마찰에 의한 마멸에 잘 견딘다.
③ 고속으로 절삭할 때에 절삭성이 우수하다.
④ 온도변화에 따른 열팽창계수나 탄성률의 성질 등이 거의 변하지 않는다.

4-2. 탄성계수가 아주 작아 줄자, 표준자 재료에 적합한 것은?

① 인 바   ② 센더스트
③ 초경합금   ④ 바이메탈

4-3. 강에 S, Pb 등의 특수원소를 첨가하여 절삭할 때, 칩을 잘게 하고 피삭성을 좋게 만든 강을 무엇이라 하는가?

① 베어링강   ② 쾌삭강
③ 스프링강   ④ 불변강

4-4. 공구용 합금강이 공구재료로서 구비해야 할 조건으로 틀린 것은?

① 강인성이 커야 한다.
② 내마멸성이 작아야 한다.
③ 열처리와 공작이 용이해야 한다.
④ 상온과 고온에서의 경도가 높아야 한다.

4-5. 특수강에서 함유량이 증가하면 자경성을 주는 원소로 가장 좋은 것은?

① Cr   ② Mn
③ Ni   ④ Si

4-1

불변강 : 인바(36% Ni 함유), 엘린바(36% Ni-12% Cr 함유), 플래티나이트(42~46% Ni 함유), 코엘린바(Cr-Co-Ni 함유)로 탄성계수가 작고, 공기나 물 속에서 부식되지 않는 특징이 있어, 정밀계기재료, 차, 스프링 등에 사용된다.

4-2

불변강은 탄성계수가 매우 낮은 금속으로 인바, 엘린바 등이 있으며, 엘린바의 경우 36% Ni+12% Cr 나머지 철로 된 합금이며, 인바의 경우 36% Ni+0.3% Co+0.4% Mn 나머지 철로 된 합금이다. 두 합금 모두 열팽창계수, 탄성계수가 매우 적고, 내식성이 우수하다.

4-3

황쾌삭강, 납쾌삭강, 흑연쾌삭강으로 Pb, S 등을 소량 첨가하여 절삭성을 향상시킨 강

4-4

공구용 재료는 강인성과 내마모성이 커야 하며, 경도, 강도가 높아야 한다.

4-5

Cr강 : Cr은 담금질 시 경화능을 좋게 하고 질량효과를 개선시키기 위해 사용한다. 따라서 담금질이 잘되면, 경도, 강도, 내마모성 등의 성질이 개선되며, 임계냉각속도를 느리게 하여 공기 중에서 냉각하여도 경화하는 자경성이 있다. 하지만 입계부식(Intergranular Corrosion)을 일으키는 단점도 있다.

정답 4-1 ④ 4-2 ① 4-3 ② 4-4 ② 4-5 ①

| **핵심이론 05** | **주 철** |

① 주철 : Fe-C 상태도상으로 봤을 때 2.0~6.67% C가 함유된 합금을 말하며, 2.0~4.3% C를 아공정주철, 4.3% C를 공정주철, 4.3~6.67% C를 과공정주철이라 한다. 주철은 경도가 높고, 취성이 크며, 주조성이 좋은 특성을 가진다.

② 주철의 조직도

ㄱ 마우러 조직도 : C, Si 양과 조직의 관계를 나타낸 조직도

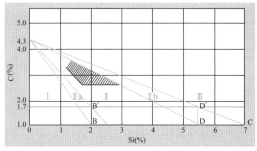

Ⅰ : 백주철(펄라이트 + Fe₃C)
Ⅱa : 반주철(펄라이트 + Fe₃C+흑연)
Ⅱ : 펄라이트주철(펄라이트 + 흑연)
Ⅱb : 회주철(펄라이트 + 페라이트)
Ⅲ : 페라이트 주철(페라이트 + 흑연)

[그림 3 마우러 조직도]

ㄴ 주철조직의 상관관계 : C, Si 양 및 냉각속도

③ 주철의 성질

Si와 C가 많을수록 비중과 용융 온도는 저하하며, Si, Ni의 양이 많아질수록 고유저항은 커지며, 흑연이 많을수록 비중이 작아진다.

ㄱ 주철의 성장 : 600℃ 이상의 온도에서 가열냉각을 반복하면 주철의 부피가 증가하여 균열이 발생하는 것이다.

ㄴ 주철의 성장 원인 : 시멘타이트의 흑연화, Si의 산화에 의한 팽창, 균열에 의한 팽창, A_1 변태에 의한 팽창 등이다.

ㄷ 주철의 성장 방지책 : Cr, V을 첨가하여 흑연화를 방지, 구상조직을 형성하고 탄소량 저하, Si 대신 Ni로 치환한다.

④ 주철의 분류

    ㉠ 파단면에 따른 분류 : 회주철, 반주철, 백주철

    ㉡ 탄소함량에 따른 분류 : 아공정주철, 공정주철, 과공정주철

    ㉢ 일반적인 분류 : 보통주철, 고급주철, 합금주철, 특수주철(가단주철, 칠드주철, 구상흑연주철)

⑤ 주철의 종류

    ㉠ 보통주철 : 편상 흑연 및 페라이트가 다수인 주철로 기계 구조용으로 쓰인다.

    ㉡ 고급주철 : 인장강도를 향상시켜 인장강도가 높고 미세한 흑연이 균일하게 분포된 주철로이다.

    ㉢ 가단주철 : 백심가단주철, 흑심가단주철, 펄라이트 가단주철이 있으며, 탈탄, 흑연화, 고강도를 목적으로 사용한다.

    ㉣ 칠드주철 : 금형의 표면부위는 급랭하고 내부는 서랭시켜 표면은 경하고 내부는 강인성을 갖는 주철로 내마멸성을 요하는 롤이나 바퀴에 많이 쓰인다.

    ㉤ 구상흑연주철 : 흑연을 구상화하여 균열을 억제시키고 강도 및 연성을 좋게 한 주철로 시멘타이트형, 펄라이트형, 페라이트형이 있으며, 구상화제로는 Mg, Ca, Ce, Ca-Si, Ni-Mg 등이 있다.

10년간 자주 출제된 문제

5-1. 보통주철(회주철) 성분에 0.7~1.5% Mo, 0.5~4.0% Ni을 첨가하고 별도로 Cu, Cr을 소량첨가한 것으로 강인하고 내마멸성이 우수하여 크랭크축, 캠축, 실린더 등의 재료로 쓰이는 것은?

① 듀리론
② 니-레지스트
③ 애시큘러주철
④ 미하나이트주철

5-2. 주철의 물리적 성질을 설명한 것 중 틀린 것은?

① 비중은 C, Si 등이 많을수록 커진다.
② 흑연편이 클수록 자기감응도가 나빠진다.
③ C, Si 등이 많을수록 용융점이 낮아진다.
④ 화합탄소를 적게 하고 유리탄소를 균일하게 분포시키면 투자율이 좋아진다.

5-3. 주철에서 어떤 물체에 진동을 주면 진동에너지가 그 물체에 흡수되어 점차 약화되면서 정지하게 되는 것과 같이 물체가 진동을 흡수하는 능력은?

① 감쇠능
② 유동성
③ 연신능
④ 용해능

5-4. 금형 또는 칠 메탈이 붙어 있는 모래형에 주입하여 표면은 단단하고 내부는 회주철로 강인한 성질을 가지는 주철은?

① 칠드주철
② 흑심가단 주철
③ 백심가단 주철
④ 구상흑연 주철

5-5. 주철명과 그에 따른 특징을 설명한 것으로 틀린 것은?

① 가단주철은 백주철을 열처리 노에 넣어 가열해서 탈탄 또는 흑연화 방법으로 제조한 주철이다.
② 미하나이트주철은 저급주철이라고 하며, 흑연이 조대하고, 활모양으로 구부려져 고르게 분포한 주철이다.
③ 합금주철은 합금강의 경우와 같이 주철에 특수원소를 첨가하여 내식성, 내마멸성, 내충격성 등을 우수하게 만든 주철이다.
④ 회주철은 보통주철이라고 하며, 펄라이트 바탕조직에 검고 연한 흑연이 주철의 파단면에서 회색으로 보이는 주철이다.

|해설|

5-1

애시큘러주철(Accicular Cast Iron)은 기지 조직이 베이나이트로 Ni, Cr, Mo 등이 첨가되어 내마멸성이 뛰어난 주철이다.

5-2

Si와 C가 많을수록 비중과 용융온도는 저하하며, Si, Ni의 양이 많아질수록 고유저항은 커지며, 흑연이 많을수록 비중이 작아짐

5-3

주철은 감쇠능이 우수한 재질이다.

5-4

칠드주철(Chilled Iron)은 주물의 일부 혹은 표면을 높은 경도를 가지게 하기 위하여 응고 급랭시켜 제조하는 주철주물로 표면은 단단하고 내부는 강인한 성질을 가진다.

5-5

- 고급주철 : 인장강도가 높고 미세한 흑연이 균일하게 분포된 주철로 란츠법(Lanz process), 에멜법(Emmel process)의 방법으로 제조되고, 미하나이트주철이 대표적인 고급주철에 속한다.
- 미하나이트주철 : 저탄소 저규소의 주철에 Ca-Si를 접종해 강도를 높인 주철이다.

정답 5-1 ③　5-2 ①　5-3 ①　5-4 ①　5-5 ②

핵심이론 06 │ 비철금속재료

① 구리 및 구리합금

　⊙ 성질 : 면심입방격자, 융점 1,083℃, 비중 8.9, 내식성 우수

　ⓛ 황동

　　• Cu-Zn의 합금, α상 면심입방격자, β상 체심입방격자

　　• 황동의 종류 : 7 : 3 황동(70% Cu-30% Zn), 6 : 4 황동(60% Cu-40% Zn)

　ⓒ 특수황동의 종류

　　• 쾌삭황동 : 황동에 1.5~3.0% 납을 첨가하여 절삭성이 좋은 황동이다.

　　• 델타메탈 : 6 : 4 황동에 Fe 1~2%를 첨가한 강으로 강도, 내산성이 우수하며 선박, 화학기계용에 사용한다.

　　• 주석황동 : 황동에 Sn 1%를 첨가한 강으로 탈아연부식을 방지한다.

　　• 애드미럴티 : 7 : 3 황동에 Sn 1%를 첨가한 강으로 전연성이 우수하며 판, 관, 증발기 등에 사용한다.

　　• 네이벌 : 6 : 4 황동에 Sn 1%를 첨가한 강으로 판, 봉, 파이프 등에 사용한다.

　　• 니켈황동 : Ni-Zn-Cu를 첨가한 강으로 양백이라고도 하며 전기 저항체에 주로 사용한다.

　ⓔ 청동 : Cu-Sn의 합금으로 α, β, γ, δ 등 고용체에 존재하며 해수에 내식성이 우수, 산, 알칼리에 약하다.

　ⓜ 청동합금의 종류

　　• 애드미럴티 포금 : 8~10% Sn-1~2% Zn을 첨가한 합금이다.

　　• 베어링청동 : 주석청동에 Pb 3% 정도를 첨가한 합금으로 윤활성이 우수하다.

　　• Al청동 : 8~12% Al을 첨가한 합금으로 화학공업, 선박, 항공기 등에 사용한다.

　　• Ni청동 : Cu-Ni-Si 합금으로 전선 및 스프링재에 사용한다.

② 알루미늄과 알루미늄합금

　비중 2.7, 용융점 660℃, 내식성 우수하고 산, 알칼리에 약하다.

　⊙ 주조용 알루미늄합금

　　• Al-Cu : 주물재료로 사용하며 고용체의 시효경화가 일어난다.

　　• Al-Si : 실루민, Na을 첨가하여 개량화처리를 실시한다.

　　• Al-Cu-Si : 라우탈, 주조성 및 절삭성이 좋다.

　ⓛ 가공용 알루미늄합금

　　• Al-Cu-Mn-Mg : 두랄루민, 시효경화성합금이다. 용도 : 항공기, 차체 부품

　　• Al-Mn : 알민

　　• Al-Mg-Si : 알드레이

　　• Al-Mg : 하이드로날륨, 내식성이 우수하다.

　ⓒ 내열용 알루미늄합금

　　• Al-Cu-Ni-Mg : Y합금, 석출 경화용 합금, 용도 : 실린더, 피스톤, 실린더 헤드 등

　　• Al-Ni-Mg-Si-Cu : 로-엑스, 내열성 및 고온강도가 크다.

③ 니켈합금

　⊙ 성질 : 면심입방격자에 상온에서 강자성을 띠며, 알칼리에 잘 견딘다.

　ⓛ 니켈합금의 종류

　　• Ni-Cu 합금

　　　- 양백(Ni-Zn-Cu) : 장식품, 계측기

　　　- 콘스탄탄(40% Ni) : 열전쌍

　　　- 모넬메탈(60% Ni) : 내식·내열용

　　• Ni-Cr합금

　　　- 니크롬(Ni-Cr-Fe) : 전열 저항선(1,100℃)

　　　- 인코넬(Ni-Cr-Fe-Mo) : 고온용 열전쌍, 전열기 부품

– 알루멜(Ni-Al), 크로멜(Ni-Cr) : 온도측정용
  (1,200℃)

10년간 자주 출제된 문제

6-1. 다음 중 청동과 황동에 대한 설명으로 틀린 것은?

① 청동은 구리와 주석의 합금이다.
② 황동은 구리와 아연의 합금이다.
③ 포금은 구리에 8~12% 주석을 함유한 청동으로 포신재료 등에 사용되었다.
④ 톰백은 구리에 5~20%의 아연을 함유한 황동으로, 강도는 높으나 전연성이 없다.

6-2. 동의 특성을 설명한 것 중 틀린 것은?

① Cu+Zn의 합금이다.
② β고용체는 조밀육방격자이다.
③ α고용체는 면심입방격자이다.
④ 황동은 Cu에 비하여 주조성, 가공성 등이 좋다.

6-3. 내식성 알루미늄합금 중 Al에 1~1.5%Mn을 함유하여 용접성이 우수하여 저장탱크, 기름탱크 등에 사용되는 것은?

① 알 민   ② 알드리
③ 알클래드   ④ 하이드로날륨

6-4. 황동에 납(Pb)을 첨가하여 절삭성을 좋게 한 황동으로 스크류, 시계용 기어 등의 정밀가공에 사용되는 합금은?

① 리드 브라스(Lead Brass)
② 문쯔메탈(Muntz Metal)
③ 틴 브라스(Tin Brass)
④ 실루민(Silumin)

6-5. 니켈 60~70% 함유한 모넬메탈은 내식성, 화학적 성질 및 기계적 성질이 매우 우수하다. 이 합금에 소량의 황(S)을 첨가하여 쾌삭성을 향상시킨 특수합금에 해당하는 것은?

① H-Monel   ② K-Monel
③ R-Monel   ④ KR-Monel

6-6. 동(Cu) 합금 중에서 가장 큰 강도와 경도를 나타내며 내식성, 도전성, 내피로성 등이 우수하여 베어링, 스프링, 전기접점 및 전극재료 등으로 사용되는 재료는?

① 인(P) 청동   ② 베릴륨(Be) 동
③ 니켈(Ni) 청동   ④ 규소(Si) 동

|해설|

6-1

청동의 경우 ㉢이 들어간 것으로 Sn(주석), ㉱을 연관시키고, 황동의 경우 ⓗ이 들어가 있으므로 Zn(아연), ⓞ을 연관시켜 암기하며, 톰백의 경우 모조금과 비슷한 색을 내는 것으로 구리에 5~20%이 아연을 함유하여 연성은 높은 재료이다.

6-2

황동은 Cu와 Zn의 합금으로 Zn의 함유량에 따라 α상 또는 $\alpha + \beta$상으로 구분되며 α상은 면심입방격자이며 β상은 체심입방격자를 가지고 있다. 황동의 종류로는 톰백(8~20% Zn), 7 : 3황동(30% Zn), 6 : 4황동(40% Zn) 등이 있으며 7 : 3황동은 전연성이 크고 강도가 좋으며, 6 : 4황동은 열간 가공이 가능하고 기계적 성질이 우수한 특징이 있다.

6-3

Al-Mn(알민) : 가공성, 용접성 우수, 저장탱크, 기름탱크에 사용

6-4

구리와 그 합금의 종류
• 톰백(5~20% Zn의 황동) : 모조금, 판 및 선 사용
• 7-3황동(카트리지황동) : 가공용 황동의 대표적
• 6-4황동(문쯔메탈) : 판, 로드, 기계부품
• 납황동(리드 브라스) : 납을 첨가하여 절삭성 향상
• 주석황동(Tin Brasss)
  – 애드미럴티황동 : 7-3황동에 Sn 1% 첨가, 전연성 좋음
  – 네이벌황동 : 6-4황동에 Sn 1% 첨가
  – 알루미늄황동 : 7-3황동에 2% Al 첨가

6-5

R-Monel(0.035% S 함유), KR모넬(0.28% C), H모넬(3% Si), S모넬(4% Si)

6-6

구리에 베릴륨을 0.2~2.5% 함유시킨 동합금으로 시효경화성이 있으며, 동합금 중 최고의 강도를 가진다.

정답 6-1 ④ 6-2 ② 6-3 ① 6-4 ① 6-5 ③ 6-6 ②

① 금속복합재료
　　㉠ 섬유강화 금속복합재료 : 섬유에 Al, Ti, Mg 등의 합금을 배열시켜 복합시킨 재료이다.
　　㉡ 분산강화 금속복합재료 : 금속에 $0.01 \sim 0.1 \mu$m 정도의 산화물을 분산시킨 재료이다.
　　㉢ 입자강화 금속복합재료 : 금속에 $1 \sim 5 \mu$m 비금속 입자를 분산시킨 재료이다.
② 클래드 재료 : 두 종류 이상의 금속 특성을 얻는 재료이다.
③ 다공질 재료 : 다공성이 큰 성질을 이용한 재료이다.
④ 형상기억합금 : 힘에 의해 변형되더라도 특정온도에 올라가면 본래의 모양으로 돌아오는 합금으로, Ti-Ni이 대표적이다.
⑤ 제진재료 : 진동과 소음을 줄여주는 재료이다.
⑥ 비정질합금 : 금속이 용해 후 고속 급랭시켜 원자가 규칙적으로 배열되지 못하고 액체상태로 응고되어 금속이 되는 것이다.
⑦ 자성재료
　　㉠ 경질자성재료 : 알니코, 페라이트, 희토류계, 네오디뮴, Fe-Cr-Co계 반경질 자석 등
　　㉡ 연질자성재료 : Si강판, 퍼멀로이, 센더스트, 알펌, 퍼멘듈, 수퍼멘듈 등

7-1. 다음 중 $1 \sim 5 \mu$m 정도의 비금속 입자가 금속이나 합금의 기지 중에 분산되어 있는 재료를 무엇이라 하는가?

① 합금공구강 재료
② 스테인리스 재료
③ 서멧(Cermet) 재료
④ 탄소공구강 재료

7-2. 다음 중 기능성 재료로서 실용하고 있는 가장 대표적인 형상기억합금으로 원자비가 1 : 1의 비율로 조성되어 있는 합금은?

① Ti-Ni　　　　② Au-Cd
③ Cu-Cd　　　　④ Cu-Sn

7-3. 금속에 열을 가하여 액체상태로 한 후 고속으로 급랭시켜 원자의 배열이 불규칙한 상태로 만든 합금은?

① 형상기억합금
② 수소저장합금
③ 제진합금
④ 비정질합금

|해설|

7-1
• 서멧(Cermet) : $1 \sim 5 \mu$m 정도의 비금속 입자가 금속이나 합금의 기지 중에 분산되어 있는 것
• 분산강화 금속복합재료 : $0.01 \sim 0.1 \mu$m 정도의 산화물 등 미세한 입자를 균일하게 분포되어 있는 것
• 클래드 재료 : 두 종류 이상의 금속 특성을 복합적으로 얻는 재료

7-2
형상기억합금은 힘에 의해 변형되더라도 특정 온도에 올라가면 본래의 모양으로 돌아오는 합금을 의미하며 Ti - Ni이 원자비 1 : 1로 가장 대표적인 합금이다.

7-3
비정질합금이란 금속이 용해 후 고속 급랭시켜 원자가 규칙적으로 배열되지 못하고 액체상태로 응고되어 금속이 되는 것이다. 제조법으로는 기체 급랭(진공증착, 스퍼터링, 화학증착, 이온도금), 액체급랭(단롤법, 쌍롤법, 원심법, 스프레이법, 분무법), 금속이온(전해코팅법, 무전해코팅법)이 있다.

정답 **7-1** ③　**7-2** ①　**7-3** ④

① 용접의 원리

접합하려는 부분을 용융 또는 반용융 상태를 만들어 직접 접합하거나 간접적으로 접합시키는 작업이다.

② 용접의 특징

㉠ 자재비의 절감 및 이음 효율의 증가

㉡ 작업의 자동화가 용이하며, 기밀, 수밀, 유밀성이 뛰어남

㉢ 성능 및 수명의 향상

㉣ 품질검사가 까다로움

㉤ 재질의 조직 변화가 심함

㉥ 작업자의 능력이 큰 영향을 미침

③ 용접자세 : 아래보기, 위보기, 수직, 수평

④ 아크용접

㉠ 아크용접 : 피복아크용접은 피복된 아크용접봉을 이용하여 용접하려는 모재 사이에 강한 전류를 흘려주면 아크가 발생하며, 이때 발생한 아크 열을 이용하여 용접을 하는 방법이다.

㉡ 극 성

• 직류 정극성 : 모재에 (+)극을, 용접봉에 (−)극을 결선하여 모재의 용입이 깊고, 비드의 폭이 좁은 특징이 있으며 용접봉의 소모가 느린 편이다.

• 직류 역극성 : 모재에 (−)극을, 용접봉에 (+)극을 결선하여 모재의 용입이 얕고, 비드의 폭이 넓은 특징이 있으며, 용접봉의 소모가 빠른 편이다.

㉢ 용융금속의 이행 형식 : 단락형, 스프레이형, 글로뷸러형

㉣ 아크 쏠림 및 방지책

• 아크 쏠림 : 용접 시 전류의 영향으로 주위에 자계가 발생해 아크가 한방향으로 흔들리며 불안정해지는 것으로, 슬래그 섞임이나 기공이 발생할 가능성이 있다.

• 방지책 : 교류 용접을 실시하거나, 접지점을 가능한 용접부에서 떨어지게 한다. 짧은 아크 길이를 유지한다.

㉤ 교류 아크용접기의 종류

• 가동철심형

 − 코일을 감은 가동철심을 이용하여 누설자속의 증감에 의해 전류를 조정한다.

 − 아크 쏠림이 적으나 소음이 심하다.

 − 미세한 전류조정이 가능하다.

• 가동코일형

 − 1차, 2차의 코일 간 거리를 변화시켜 누설자속을 변화시켜 전류를 조정한다.

 − 아크 안정도는 높으나 가격이 비싸다.

• 가포화리액터형

 − 가변저항에 의해 전류조정한다.

 − 원격조작이 가능하다.

• 탭전환형

 − 1차, 2차 코일의 감긴 수에 따라 전류를 조정한다.

 − 넓은 범위의 전류 조정이 불가하다.

 − 소형용접기에 많이 사용한다.

㉥ 직류 아크용접기

직류 아크용접기는 발전형과 정류기형으로 나눠지며, 발전형의 경우 완전한 직류를 얻으며 전원이 없는 장소에서도 용접이 가능하지만 정류기형의 경우 교류를 변환시킴으로 인해 완전한 직류는 얻지 못한다.

㉦ 용접기의 특성

• 수하특성 : 아크를 안정시키기 위한 특성으로 부하 전류의 증가 시 단자 전압은 강하하는 특성이 있다.

• 정전압 특성 : 자동아크용접에 필요한 특성으로 부하 전류가 변화하더라도 단자전압은 변하지 않는 특성이 있다.

• 사용률 : 용접기의 내구성과 관계있는 특성으로 용접기의 사용률을 초과하여 작동할 경우 내구성이 떨어지거나 보호회로가 작동된다.

$$사용률 = \frac{아크발생시간}{아크발생시간 + 정지시간} \times 100\%$$

• 허용사용률 : 정격 2차 전류 이하에서 용접 시 사용하는 사용률

$$허용사용률 = \frac{(정격\ 2차\ 전류)^2}{(실제의\ 용접\ 전류)^2} \times 정격사용률(\%)$$

• 역률과 효율 : 전원입력(무부하 전압 × 아크전류), 아크출력(아크전압 × 전류)

$$- 역률 = \frac{소비\ 전력(kW)}{전원입력(kVA)} \times 100\%$$

$$- 효율 = \frac{아크출력(kW)}{소비\ 전력(kVA)} \times 100\%$$

◎ 연강용 피복용접봉의 종류

• 피복제의 역할 : 피복제는 아크를 우선적으로 안정시키며, 산화, 질화에 의한 성분 변화를 최소화하며, 용착 효율을 높여준다. 그리고 슬래그를 형성시켜 급랭을 막아 조직이 잘 응고하게 도와주며, 전기절연작용을 한다.

• 피복용접봉의 종류
  - 내균열성이 뛰어난 순서 : 저수소계[E4316] → 일루미나이트계[E4301] → 타이타늄계[E4313]
  - E : 피복아크용접봉, 43 : 용착금속의 최소인장강도, 16 : 피복제 계통
  - 전자세 가능 용접봉(F, V, O, H) : 일루미나이트계[E4301], 라임타이타늄계[E4303], 고셀룰로스계[E4311], 고산화타이타늄계[E4313], 저수소계[E4316] 등
  - 아래보기 및 수평 가능 용접봉(F, H) : 철분산화타이타늄계[E4324], 철분저수소계[E4326], 철분산화철계[E4327]
  - F : 아래보기, V : 수직자세, O : 위보기, H : 수평 또는 수평필릿

⑤ 가스용접
  ㉠ 가스용접 : 산소-아세틸렌을 이용한 용접을 보통 가스용접이라 하며, 연료가스와 산소혼합물의 연소열로 용접하는 방법이다.
  ㉡ 가스 및 불꽃 : 산소 및 아세틸렌
    • 산소 : 다른 물질의 연소를 돕는 지연성 기체
    • 아세틸렌 : 공기와 혼합하여 연소하는 가스로 가연성 가스
  ㉢ 산소-아세틸렌 불꽃
    • 불꽃의 구성 : 백심, 속불꽃, 겉불꽃
    • 불꽃의 종류
      - 탄화불꽃 : 중성불꽃보다 아세틸렌가스의 양이 더 많을 경우 발생
      - 중성불꽃 : 산소와 아세틸렌 가스의 비가 1 : 1일 경우 발생
      - 산화불꽃 : 산소의 양이 더 많을 경우 발생
  ㉣ 가스용접의 장치
    산소 용기, 아세틸렌 발생기, 청정기, 아세틸렌 용기, 안전기, 압력조정기, 토치 등
  ㉤ 역류 및 역화
    • 역류 : 토치 내부가 막혀 고압산소가 배출되지 못하면서 아세틸렌가스가 호스쪽으로 흐르는 현상
    • 역화 : 용접 시 모재에 팁끝이 닿으면서 불꽃이 흡입되어 꺼졌다 켜졌다를 반복하는 현상
  ㉥ 가스용접봉과 모재와의 관계 : $D = \dfrac{T}{2} + 1$

    D : 용접봉지름, T : 판두께

⑥ 기타 용접법 및 절단
  ㉠ 서브머지드 아크용접
    • 대기 중 산소 등의 유해원소의 영향이 적음
    • 용접속도가 빠르며, 높은 전류밀도로 용접이 가능
    • 용제의 관리가 어렵고 설비비가 많이 듦
  ㉡ 불활성가스 텅스텐아크용접법(TIG)
    • 불활성 분위기 내에서 텅스텐 전극봉을 사용하여 아크를 발생시킨 후 용접봉을 녹여 용접

- 직류 역극성 사용 시 청정효과가 있으며 Al, Mg 등의 비철금속 용접에 좋음
- 교류 사용 시 전극의 정류작용이 발생하므로 고주파 정류를 사용해 아크를 안정시켜야 함

ⓒ 불활성 가스 금속 아크용접법(MIG)
- 불활성 분위기 내에서 전극 와이어를 용가재로 사용하며 지속적으로 투입해 주며 아크를 발생시키는 방법
- 자동 용접으로 3mm 이상의 용접에 적용 가능
- 직류 역극성을 사용 시 청정효과를 얻음

ⓔ 탄산가스 아크용접
- MIG 용접과 비슷하나 불활성 환경 대신 탄산가스를 사용하는 방법
- 연강용접에 유리
- 용접부의 슬래그 섞임이 없고 후처리가 간단
- 용입이 크고 전자세 용접이 가능

ⓜ 테르밋 용접
- Al 분말과 Fe_3O_4 분말을 1 : 3~4 정도의 중량비로 혼합된 테르밋제와 과산화바륨, 마그네슘, 알루미늄의 혼합 분말의 반응열에 의한 용접법
- 용융테르밋 방법과 가압테르밋 방법
- 전기가 필요하지 않고 설비비가 싼 편임
- 용접시간이 짧고 변형이 적다.

ⓗ 전자빔용접
- 전자 빔을 모아 고진공 속에서 접합부에 조사시켜 고에너지를 이용한 충격열로 용접
- 높은 순도의 용접이 가능
- 용입이 깊고 용접 변형이 적음
- 고융점의 재료도 용접 가능

ⓢ 고주파용접
- 표피효과와 근접효과를 이용하여 용접부를 가열하여 용접
- 고주파유도용접법 및 고주파저항용접법

ⓞ 마찰용접
- 접합물을 맞대어 상대운동을 시켜 마찰열을 이용한 접합
- 경제성이 높고 국부 가열로 용접하며 후처리가 간단
- 피압접물은 원형 모양이어야 함

ⓩ 초음파 용접법
- 용접물을 맞대어 놓고 용접팁 및 앤빌 사이에 놓고 압력을 가하면서 초음파로 횡진동을 주어 마찰열을 이용하여 접합
- 압연한 재료, 얇은 판 용접도 가능
- 이종 금속용접 가능

ⓒ 폭발압접 : 금속판 사이에 폭발을 시켜 순간의 큰 압력을 이용한 압접

ⓚ 냉간압접 : 상온에서 가압하여 금속 상호간의 확산을 통해 압접

ⓣ 절 단
- 가스절단 : 절단하려는 부분을 예열 불꽃으로 예열 후 연소 온도에 도달하였을 경우 고압 산소를 분출시켜 산소와 철의 화학반응을 이용하여 절단
- 아크절단 : 아크 열을 이용하여 모재를 용융한 후 절단하는 방법
- 가스절단 요소 : 팁의 크기와 형태, 산소의 압력, 절단 속도
- 드랙(Drag) : 가스 절단면의 시작점에서 출구점 사이의 수평거리

8-1. 연속 용접작업 중 아크발생시간 6분, 용접봉 교체와 슬래그 제거시간 2분, 스패터 제거시간이 2분으로 측정되었다. 이때 용접기 사용률은?

① 50%   ② 60%
③ 70%   ④ 80%

8-2. 가스용접에 사용되는 연료가스로서 갖추어야 할 성질 중 틀린 것은?

① 용융금속과 화학반응을 일으켜야 한다.
② 불꽃의 온도가 높아야 한다.
③ 연소속도가 빨라야 한다.
④ 발열량이 커야 한다.

8-3. 용접봉 지름이 6mm, 용착효율이 65%인 피복 아크용접봉 200kg을 사용하여 얻을 수 있는 용착금속의 중량은?

① 130kg
② 200kg
③ 184kg
④ 1,200kg

8-4. 용접봉에서 모재로 용융금속이 옮겨가는 용적이행형식이 아닌 것은?

① 단락형
② 블록형
③ 스프레이형
④ 글로뷸러형

8-5. 다음 중 점용접 조건의 3요소가 아닌 것은?

① 전류의 세기
② 통전시간
③ 너 겟
④ 가압력

8-6. 아크용접 시 몸을 보호하기 위해서 작용하는 보호구가 아닌 것은?

① 용접장갑
② 팔 덮개
③ 용접헬멧
④ 용접홀더

8-7. 납땜을 연납땜과 경납땜으로 구분할 때의 용접 온도는?

① 100℃
② 212℃
③ 450℃
④ 623℃

8-8. 셀룰로스(유기물)를 20~30% 정도 포함하고 있어 용접 중 가스를 가장 많이 발생하는 용접봉은?

① E4311
② E4316
③ E4324
④ E4327

8-9. 정격 2차 전류 200A이고 정격 사용률이 40%인 아크용접기로 150A의 전류를 사용할 경우 허용사용률은 약 얼마인가?

① 71%
② 75%
③ 81%
④ 85%

8-10. 다음 용접법 중 금속전극을 사용하는 보호아크용접법은?

① MIG 용접
② 테르밋 용접
③ 심 용접
④ 전자빔 용접

|해설|

8-1
용접기 사용률

$$\frac{\text{아크 발생 시간}}{\text{(아크 발생 시간 + 정지시간)}} \times 100\% = \frac{6\text{min}}{(6\text{min} + 4\text{min})} \times 100\%$$
$$= 60\%$$

8-2
용융금속과 화학반응을 일으키면 안 된다.

8-3
용착금속의 중량 : 용접봉 중량 × 효율 = 200 × 0.65 = 130kg

8-4
용융금속의 이행 형식으로는 단락형, 스프레이형, 글로뷸러형이 있다.

8-5
점용접의 3요소는 전류의 세기, 통전시간, 가압력이다.

8-6
용접홀더는 용접봉을 잘 고정시키기 위하여 있는 것이다.

8-7
연납땜과 경납땜의 구분 온도는 450℃이다.

8-8
피복용접봉의 종류
• 내균열성이 뛰어난 순서 : 저수소계[E4316] → 일루미나이트계 [E4301] → 타이타늄계[E4313]
• E : 피복아크용접봉, 43 : 용착금속의 최소인장강도, 16 : 피복제 계통
• 전자세 가능 용접봉(F, V, O, H) : 일루미나이트계[E4301], 라임타이타늄계[E4303], 고셀룰로스계[E4311], 고산화타이타 늄계[E4313], 저수소계[E4316] 등

8-9
허용사용률 = $\frac{(\text{정격 2차 전류})^2}{(\text{실제 사용 전류})^2} \times \text{정격사용률} = \frac{200^2}{150^2} \times 40\%$

= 71.1%이 된다.

8-10
불활성가스 용접(MIG, TIG)은 보호가스 분위기에서 전극을 보호할 수 있다.

정답 8-1 ② 8-2 ① 8-3 ① 8-4 ② 8-5 ③
8-6 ④ 8-7 ③ 8-8 ① 8-9 ① 8-10 ①

Win-Q

※ 핵심이론과 기출문제에 나오는 KS 규격의 표준번호는 변경되지 않았으나, 일부 표준명 및 용어가 변경된 부분이 있으므로 정확한 표준명 및 용어는 국가표준인증통합정보시스템(e-나라 표준인증, https://www.standard.go.kr) 에서 확인하시기 바랍니다.

2010~2016년	과년도 기출문제	✅ 회독 CHECK 1 2 3
2017~2023년	과년도 기출복원문제	✅ 회독 CHECK 1 2 3
2024년	최근 기출복원문제	✅ 회독 CHECK 1 2 3

PART

02

과년도+최근 기출복원문제

#기출유형 확인   #상세한 해설   #최종점검 테스트

01 각종 비파괴검사에 대한 설명 중 틀린 것은?

① 방사선투과시험은 반영구적으로 기록이 가능하다.
② 초음파탐상시험은 균열에 대하여 높은 감도를 갖는다.
③ 자분탐상시험은 강자성체에만 적용이 가능하다.
④ 침투탐상시험은 비금속 재료에만 적용이 가능하다.

해설
침투탐상시험은 거의 모든 재료에 적용 가능하다. 단, 다공성 물질에는 적용이 어렵다.

02 자분탐상시험법에 사용되는 시험 방법이 아닌 것은?

① 축통전법   ② 직각통전법
③ 프로드법   ④ 단층촬영법

해설
자분탐상시험에는 축통전법, 직각통전법, 프로드법, 전류관통법, 코일법, 극간법, 자속관통법이 있으며, 단층촬영법은 시험하고자 하는 한 단면만을 촬영하는 X-선 검사법에 속한다.

03 다른 비파괴검사법과 비교하여 와전류탐상시험의 장점이 아닌 것은?

① 시험은 자동화할 수 있다.
② 비접촉 방법으로 할 수 있다.
③ 시험체의 도금두께 측정이 가능하다.
④ 형상이 복잡한 것도 쉽게 검사할 수 있다.

해설
와전류 탐상의 장단점
• 장 점
  - 고속으로 자동화된 전수검사 가능
  - 가는 선, 구멍 내부, 고온 등 여러 환경에서 적용 가능
  - 결함, 재질변화, 품질관리 등 적용 범위가 광범위
  - 탐상 및 재질검사 등 탐상 결과를 보전 가능
• 단 점
  - 표피효과로 인해 표면 근처의 시험에만 적용 가능
  - 잡음 인자의 영향을 많이 받음
  - 결함 종류, 형상, 치수에 대한 정확한 측정은 불가
  - 형상이 간단한 시험체에만 적용 가능
  - 도체에만 적용 가능

04 초음파탐상시험법을 원리에 따라 분류할 때 포함되지 않는 것은?

① 투과법   ② 공진법
③ 표면파법   ④ 펄스반사법

해설
초음파탐상법의 원리 분류 중 송·수신 방식에 따라 반사법(펄스반사법), 투과법, 공진법이 있으며, 표면파법은 탐촉자의 진동 방식에 의한 분류이다.

05 침투탐상시험법의 특징이 아닌 것은?

① 비자성체 결함검출 가능
② 결함 길이를 알기 어려움
③ 표면이 막힌 내부결함 검출 가능
④ 결함검출에 별도에 방향성이 없음

해설
침투탐상은 표면의 열린 개구부(결함)를 탐상하는 시험이다.

06 비파괴검사의 목적에 대한 설명으로 가장 관계가 먼 것은?

① 제품의 신뢰성 향상
② 제조원가 절감에 기여
③ 생산할 제품의 공정시간 단축
④ 생산공정의 제조기술 향상에 기여

해설
비파괴검사의 목적
• 소재 혹은 기기, 구조물 등의 품질관리 및 평가
• 품질관리를 통한 제조원가 절감
• 소재 혹은 기기, 구조물 등의 신뢰성 향상
• 제조기술의 개량
• 조립 부품 등의 내부 구조 및 내용물 검사
• 표면처리 층의 두께 측정

07 시험체의 양면이 서로 평행해야만 최대의 효과를 얻을 수 있는 비파괴검사법은?

① 방사선투과시험의 형광투시법
② 자분탐상시험의 선형자화법
③ 초음파탐상시험의 공진법
④ 침투탐상시험의 수세성 형광침투법

해설
공진법 : 시험체의 고유 진동수와 초음파의 진동수를 일치할 때 생기는 공진현상을 이용하여 시험체의 두께 측정에 주로 적용하는 방법

08 다른 비파괴검사법과 비교하여 방사선투과시험의 장점으로 옳은 것은?

① 결함의 종류를 판별하기 용이하다.
② 결함의 깊이를 정확히 측정하기 쉽다.
③ 균열성 미세 선결함 검사에 유리하다.
④ 시험체의 두께에 관계없이 측정이 용이하다.

해설
방사선탐상의 장점
• 시험체를 한번에 검사 가능
• 시험체 내부의 결함탐상 가능
• 금속, 비금속, 플라스틱 등 모든 종류의 재료에 적용 가능
• 기록성 및 정확성 우수
• 투과 방향에 대해 두께 차가 나는 결함(개재물, 기공, 수축공) 탐상 수월

09 방사선투과시험의 X선 발생장치에서 관전류는 무엇에 의하여 조정되는가?

① 표적에 사용된 재질
② 양극과 음극 사이의 거리
③ 필라멘트를 통하는 전류
④ X선 관구에 가해진 전압과 파형

해설
관전류 조정기는 X선의 강도를 결정하는 조정기(mA)로 관전류 증가 시 필라멘트 온도가 증가되어 열전자의 방출량이 많아진다.

10 누설검사에 사용되는 단위인 1atm과 값이 틀린 것은?

① 760mmHg   ② 760torr
③ 980kg/cm^2 ④ 1,013mbar

해설
표준 대기압 : 표준이 되는 기압
대기압 = 1기압(atm) = 760mmHg = 1.0332kg/cm^2 = 30inHg
　　　　 = 14.7lb/in^2 = 1013.25mbar = 101.325kPa

11 방사선투과시험이 곤란한 납과 같이 비중이 높은 재료의 내부결함 검출에 가장 적합한 검사법은?

① 적외선시험(IRT)
② 음향방출시험(AET)
③ 와전류탐상시험(ET)
④ 중성자투과시험(NRT)

해설
내부탐상검사에는 초음파탐상, 방사선탐상, 중성자투과 등이 있으나 비중이 높은 재료에는 중성자투과시험이 사용된다.

12 시험체의 내부와 외부의 압력 차에 의해 유체가 결함을 통해 흘러 들어가거나 나오는 것을 감지하는 방법으로 압력 용기나 배관 등에 주로 적용되는 비파괴검사법은?

① 누설검사
② 침투탐상검사
③ 자분탐상검사
④ 초음파탐상검사

해설
누설검사란 내·외부의 압력차에 의해 기체나 액체와 같은 유체의 흐름을 감지해 누설 부위를 탐지하는 것이다.

13 자분탐상시험을 적용할 수 없는 것은?

① 강재질의 표면결함탐상
② 비금속 표면결함탐상
③ 강용접부 흠의 탐상
④ 강구조물 용접부의 표면터짐탐상

해설
자분탐상시험은 강자성체에만 탐상이 가능하다. 따라서 비금속은 자화가 되지 않아 탐상할 수 없다.

14 일반적인 침투탐상시험의 탐상 순서로 가장 적합한 것은?

① 침투 → 세정 → 건조 → 현상
② 현상 → 세정 → 침투 → 건조
③ 세정 → 현상 → 침투 → 건조
④ 건조 → 침투 → 세정 → 현상

해설
침투탐상시험의 일반적인 탐상 순서로는 전처리 → 침투 → 세척 → 건조 → 현상 → 관찰의 순으로 이루어진다.

15 자분탐상시험과 와전류탐상시험을 비교한 내용 중 틀린 것은?

① 검사속도는 일반적으로 자분탐상시험보다는 와전류탐상시험이 빠른 편이다.
② 일반적으로 자동화의 용이성 측면에서 자분탐상시험보다는 와전류탐상시험이 용이하다.
③ 검사할 수 있는 재질로 자분탐상시험은 강자성체, 와전류탐상시험은 전도체이어야 한다.
④ 원리상 자분탐상시험은 전자기유도의 법칙, 와전류탐상시험은 자력선 유도에 의한 법칙이 적용된다.

해설
자분탐상시험은 누설자장에 의하여 와전류탐상시험은 전자유도 현상에 의한 법칙이 적용된다.

11 ④ 12 ① 13 ② 14 ① 15 ④ **정답**

16 방사선투과검사를 할 때 산란방사선을 줄이는 방법으로 적절하지 않은 것은?

① 필터의 사용

② 마스크의 사용

③ 형광증감지의 사용

④ 콜리메이터, 다이어프램, 콘의 사용

해설
산란방사선 영향을 최소화하는 방법
• 후면 납판 사용 : 필름 뒤 납판을 사용함으로써 후방 산란방사선 방지
• 마스크 사용 : 제품 주위 납판을 둘러 불필요한 일차 방사선 방지
• 필터 사용 : X선에 적용가능하며, 방사선을 선별하여 산란방사선의 발생을 저지
• 콜리메이터, 다이어프램, 콘 사용 : 필요 부분에만 방사선을 보내어주는 방법
• 납증감지의 사용 : 카세트 내 필름 전후면에 납증감지를 부착해 산란 방사선 방지

17 방사선 투과사진 촬영 시 X선 발생장치를 사용할 때 노출조건을 정하기 위해 노출도표를 많이 이용하는데, 다음 중 노출도표와 가장 거리가 먼 인자는?

① 관전류

② 선원의 크기

③ 관전압

④ 시험체의 두께

해설
X선 사용 시 노출도표를 사용하며, 특정 관전압(kV)에 대해 시험체의 두께에 따른 노출량(관전류×노출시간 : mA×min)을 나타낸 도표

18 다음 중 방사선투과시험에서 동일한 결함임에도 불구하고 조사방향에 따라 식별하는데 가장 어려운 결함은?

① 균 열

② 원형기공

③ 개재물

④ 용입불량

해설
조사방향에 따라 식별하기 가장 어려운 결함은 균열이다.

19 방사선 투과사진의 인공결함 중 현상처리 전에 이미 발생되는 인공결함이 아닌 것은?

① 흐림(Fog)

② 반점(Spotting)

③ 압흔(Pressure Mark)

④ 필름 스크래치(Scratch)

해설
현상처리 전 인공결함으로는 필름 스크래치, 구겨짐 표시, 눌림 표시, 정전기 표시, 스크린 표시, 안개현상, 광선노출이 있다.

20 X선관에서 음극 필라멘트의 주된 역할은 무엇인가?

① X선을 방출한다.

② 양자를 흡수한다.

③ 전자를 방출한다.

④ 양자선을 방출한다.

해설
음극 필라멘트(Filament) : 열전자를 발생시키는 전자의 방출원

21 방사선투과시험에서 관전압이 200kV일 때 생성되는 X선의 최단파장은 얼마인가?

① 0.062Å

② 1.47Å

③ 0.662mm

④ 0.237cm

해설

X선의 최단파장은 관전압(kV)에 의해 결정되며, $\frac{12.4}{200} = 0.062\,Å$ 이 된다.

22 방사선 투과시험 시 연박증감지의 용도가 아닌 것은?

① 필름 보호

② 노출시간 단축

③ 산란선 흡수

④ 현상시간 단축

해설

연박증감지는 현상시간과 무관하다.

23 반가층에 관한 정의로 가장 적합한 것은?

① 방사선의 양이 반으로 되는데 걸리는 시간이다.

② 방사선의 에너지가 반으로 줄어드는 데 필요한 어떤 물질의 두께이다.

③ 어떤 물질에 방사선을 투과시켜 그 강도가 반으로 줄어들 때의 두께이다.

④ 방사선의 인체에 미치는 영향이 반으로 줄어드는 데 필요한 차폐체의 무게이다.

해설

반가층(HVL ; Half-Value Layer)
표면에서의 강도가 물질 뒷면에 투과된 방사선 강도의 1/2이 되는 것

24 다음 중 X선관의 허용부하를 제한하는 가장 큰 요인은 무엇인가?

① 초점의 재질

② X선관의 진공도

③ 양극의 내열한계

④ 필라멘트 전류의 대소

해설

X선관의 허용부하를 제한하는 원인은 양극의 내열한계를 초과하지 않게 하기 위함이다.

25 방사선투과사진 필름 현상 시 일반적으로 사용하는 정지액은?

① 빙초산 1% 수용액

② 빙초산 3% 수용액

③ 빙초산 7% 수용액

④ 빙초산 10% 수용액

해설

초산 혹은 빙초산 3% 수용액을 물에 혼합하여 사용한다.

21 ① 22 ④ 23 ③ 24 ③ 25 ② **정답**

26 원자력안전법에서 규정하고 있는 일반인에 대한 방사선의 연간 유효선량한도는 얼마인가?

① 0.5mSv   ② 1mSv

③ 5mSv   ④ 10mSv

해설

선량한도

구 분		방사선 작업 종사자	수시출입자 및 운반종사자	일반인
유효선량한도		연간 50mSv를 넘지 않는 범위에서 5년간 100mSv	연간 6mSv	연간 1mSv
등가 선량 한도	수정체	연간 150mSv	연간 15mSv	연간 15mSv
	손발 및 피부	연간 500mSv	연간 50mSv	연간 50mSv

27 방사선 피폭관리에 있어서 공중에서의 허용피폭선량을 작업인의 허용피폭선량보다 낮게 한정하는 이유로 적합하지 않는 것은?

① 피폭을 임의로 선택할 수 있으므로

② 유아, 미성년자를 포함하고 있으므로

③ 피폭에 의한 직접적인 이익이 없으므로

④ 측정 및 감시, 감독을 받고 있지 않으므로

해설

피폭은 임의로 선택할 수 있는 사항이 아니다.

28 주강품의 방사선투과시험방법(KS D 0227)에 의한 투과사진의 촬영방법에서 투과도계를 시험부의 선원쪽면 위에 놓기가 곤란한 경우 필름면 위에 밀착하여 놓을 수 있는 경우에 대한 설명으로 옳은 것은?

① 투과도계 밑에 S의 기호를 붙인다.

② 투과도계의 부분에 F의 기호를 붙인다.

③ 투과도계와 필름 사이의 거리는 투과도계의 최소 식별선지름의 2배 이상으로 하고 촬영한다.

④ 투과도계와 필름 사이의 거리는 투과도계의 최소 식별선지름의 5배 이상으로 하고 촬영한다.

해설

투과도계를 시험부 선원쪽의 면 위에 놓기가 곤란한 경우 : 투과도계를 시험부의 필름쪽 면 위에 밀착시켜놓을 수 있다. 이 경우, 투과도계의 부분에 F의 기호를 붙이고 투과사진 위에서 필름 쪽에 놓은 것을 알 수 있도록 한다.

29 LiF, CaSO₄ 및 CaF₂ 등의 소자를 이용한 열형광선량계(TLD)로 측정하는 방사선이 아닌 것은?

① α선   ② X선

③ γ선   ④ 중성자

해설

열형광선량계(TLD)

• 방사선에 노출된 소자를 가열하면 열형광이 나오며. 이 방출된 양을 측정하여 피폭 누적 선량을 측정하는 원리

• 사용되는 물질로는 LiF(Mg), CaSO₄(Dy)가 많이 사용됨

• X선, γ선, 중성자 측정 가능

• 감도가 좋으며, 측정범위가 넓음

30 다음 중 방사선의 종류에 대한 가중치가 옳지 않은 것은?

① 광자 : 1

② 전자 : 3

③ 알파입자 : 20

④ 10keV 미만의 중성자 : 5

해설

방사선 가중치 : 생물학적 효과를 동일한 선량값으로 보정해 주기 위해 도입한 가중치

[방사선 가중치(방사선방호 등에 관한 기준 별표 1)]

종류	에너지(E)	방사선 가중치 (W_R)
광자	전 에너지	1
전자 및 뮤온	전 에너지	1
중성자	$E < 10keV$	5
	$10 \sim 100keV$	10
	$100keV \sim 2MeV$	20
	$2 \sim 20MeV$	10
	$20MeV < E$	5
반조양자 이외의 양자	$E > 2MeV$	5
α입자, 핵분열 파편, 무거운 원자핵		20

31 알루미늄의 T형 용접부 방사선투과시험방법(KS D 0245)에 따라 모재두께가 10mm와 4mm인 T형 용접부를 투과검사할 때 요구되는 계조계의 종류는?

① A형

② B형

③ C형

④ D형

해설

계조계의 종류 및 적용 구분

계조계의 종류	모재두께의 합($T_1 + T_2$)
A형	10.0 미만
B형	10.0 이상 20.0 미만
C형	20.0 이상 40.0 미만
D형	40.0 이상

따라서, 모재두께 10mm와 4mm를 더하면 14mm가 되므로 B형을 사용한다.

32 강용접 이음부의 방사선투과시험방법(KS B 0845)에서 모재두께 60mm인 강판촬영에 대한 결함분류를 할 때 제1종 결함이 1개인 경우 결함점수는 결함의 긴지름 치수로 구한다. 그러나 긴지름이 모재두께의 얼마 이하일 때, 결함점수로 산정하지 않는다고 규정하고 있는가?

① 1.0%

② 1.4%

③ 2.0%

④ 2.8%

해설

KS B 0845 - 산정하지 않는 결함의 치수   단위 : mm

모재의 두께	결함의 치수
20 이하	0.5
20 초과 50 이하	0.7
50 초과	모재두께의 1.4%

33 Ir-192로 방사선투과검사 시 방사선이 노출되는 동안 방사선 피폭을 줄이기 위하여 두께 45mm의 철판을 놓았다. 동일 거리에서 방사선에 직접 노출되는 경우에 비해 철판을 놓은 경우 피폭되는 양은 어떻게 되는가?(단, 철의 반가층은 15mm이다)

① $\frac{1}{2}$로 감소

② $\frac{1}{4}$로 감소

③ $\frac{1}{8}$로 감소

④ $\frac{1}{16}$로 감소

해설

Ir-192의 철판에 대한 반가층은 약 15mm이므로, 45mm 철판은 3배 두꺼우므로 $\frac{1}{2^3} = \frac{1}{8}$이 된다.

34 강용접 이음부의 방사선투과시험방법(KS B 0845)에 따른 강 용접부의 투과시험에서 최고농도 3.7의 투과사진을 관찰하고자 할 때 관찰기의 휘도 요건으로 적절한 것은?

① 300cd/m² 이상 3,000cd/m² 미만

② 3,000cd/m² 이상 10,000cd/m² 미만

③ 10,000cd/m² 이상 30,000cd/m² 미만

④ 30,000cd/m² 이상

해설
관찰기 : 투과사진의 관찰기는 투과사진의 농도에 따라 다음에서 규정하는 휘도를 갖는 것을 사용한다.

관찰기의 사용 구분   단위 : mm

관찰기의 휘도 요건(cd/m²)	투과사진의 최고농도
300 이상 3,000 미만	1.5 이하
3,000 이상 10,000 미만	2.5 이하
10,000 이상 30,000 미만	3.5 이하
30,000 이상	4.0 이하

35 알루미늄평판접합 용접부의 방사선투과시험방법(KS D 0242)에서 상질로 A급이 요구될 때 선원과 투과도계 사이의 거리는 시험부의 유효길이의 최소 몇 배 이상이어야 하는가?

① 2배   ② 3배

③ 5배   ④ 7배

해설
방사선원과 투과도계 간의 거리 L_1은 시험부의 유효길이 L_3의 n배 이상으로 한다. n의 값은 상질 구분에 따라 A급 상질은 2배, B급 상질은 3배를 사용한다.

36 알루미늄평판접합 용접부의 방사선투과시험방법(KS D 0242)에 규정된 D2형 알루미늄 계조계의 계단 두께는?

① 1.0mm, 2.0mm   ② 1.0mm, 3.0mm

③ 2.0mm, 3.0mm   ④ 3.0mm, 4.0mm

해설
덧살을 측정한 경우의 계조계 적용

모재의 두께(mm) / 덧살의 합계	10.0 미만	10.0 이상 20.0 미만	20.0 이상 40.0 미만	40.0 이상 80.0 미만
2.0 미만	D1형	E2형	F0형	G0형
2.0 이상 3.0 미만	D2형	E2형	F0형	G0형
3.0 이상 4.0 미만	D3형	E3형	F0형	G0형
4.0 이상 5.0 미만	D4형	E4형	F0형	G0형

37 강용접 이음부의 방사선투과시험방법(KS B 0845)에 따른 투과사진에 의한 결함의 종별 분류가 틀린 것은?

① 둥근 블로홀은 제1종으로 분류한다.

② 용입 불량은 제2종으로 분류한다.

③ 가늘고 긴 슬래그 혼입은 제2종으로 분류한다.

④ 텅스텐 혼입은 제3종으로 분류한다.

해설
결함의 종별 분류

결함의 종별	결함의 종류
제1종	둥근 블로홀 및 이에 유사한 결함
제2종	가늘고 긴 슬래그 혼입, 파이프, 용입 불량, 융합 불량 및 이와 유사한 결함
제3종	갈라짐 및 이와 유사한 결함
제4종	텅스텐 혼입

38 Co-60을 1m 거리에서 측정한 선량률이 100mR/h 이라면, 2m 거리에서의 선량률은 얼마인가?

① 25mR/h ② 50mR/h
③ 100mR/h ④ 200mR/h

해설
방사선 강도는 거리의 제곱에 반비례($I=\dfrac{1}{d^2}$, d : 선원으로부터의 거리)

$100 \times \dfrac{1}{2^2} = 25\,mR/h$

39 강용접 이음부의 방사선투과시험방법(KS B 0845)에 따라 강관의 원둘레용접 이음부를 투과시험할 때 촬영방법의 투과사진 상질의 적용을 모두 바르게 나타낸 것은?

① 내부선원 촬영방법 : A급, P2급
② 내부필름 촬영방법 : B급, P2급
③ 2중벽 단일면 촬영방법 : B급, P1급
④ 2중벽 양면 촬영방법 : P1급, P2급

해설
투과사진의 상질의 종류
[부속서 2 표 1. 투과 사진의 상질의 적용 구분]

촬영 방법	상질의 종류		
내부선원 촬영방법	A급	B급*	P1급**
내부필름 촬영방법	A급	B급*	P1급**
2중벽 단일면 촬영방법	A급*	P1급	P2급**
2중벽 양면 촬영방법	P1급*	P2급	

40 타이타늄용접부의 방사선투과시험방법(KS D 0239)에서 증감지를 사용하는 경우 두께 0.03mm의 납박증감지를 사용하도록 하고 있다. 이때 납박증감지를 사용하지 않아도 되는 관전압의 기준으로 옳은 것은?

① 80kV 미만 ② 150kV 미만
③ 200kV 미만 ④ 1MeV 미만

해설
납박증감지를 사용하지 않아도 되는 관전압의 기준은 80kV 미만이다.

41~45 컴퓨터 문제 삭제

46 알루미늄 실용 합금으로서 Al에 10~13% Si이 함유된 것으로 유동성이 좋으며 모래형 주물에 이용되는 합금의 명칭은?

① 두랄루민 ② 실루민
③ Y합금 ④ 코비탈륨

해설
알루미늄합금의 종류(암기법)
Al-Cu-Si : 라우탈(알구시라)
Al-Ni-Mg-Si-Cu : 로엑스(알니마시구로)
Al-Cu-Mn-Mg : 두랄루민(알구망마두)
Al-Cu-Ni-Mg : Y-합금(알구니마와이)
Al-Si-Na : 실루민(알시나실)

47 다음 중 금속의 물리적 성질에 해당되지 않는 것은?

① 비 중
② 비 열
③ 열전도율
④ 피로한도

해설
금속의 물리적 성질에는 비중, 용융점, 전기전도율, 자성, 열전도율, 비열 등이 있으며, 피로한도는 기계적 성질에 해당한다.

48 구상흑연주철의 구상화를 위해 사용되는 접종제가 아닌 것은?

① S
② Ce
③ Mg
④ Ca

해설
구상흑연주철의 구상화는 마카세(Mg, Ca, Ce)로 암기하도록 한다.

49 Fe-C 평형상태도에서 나타나지 않는 반응은?

① 공석반응
② 공정반응
③ 포석반응
④ 포정반응

해설
Fe-C 상태도에는 공석, 공정, 포정반응이 일어나며, 포석반응은 포정반응에서 용융 대신 고용체가 생길 때의 반응을 말한다. 고용체 + 고상2 = 고상1이 되는 형식이다.

50 강의 표면경화법에 해당되지 않는 것은?

① 침탄법
② 금속침투법
③ 마템퍼링법
④ 고주파 경화법

해설
표면경화법에는 침탄, 질화, 금속침투(세라다이징, 칼로라이징, 크로마이징 등), 고주파 경화법 , 화염경화법, 금속용사법, 하드페이싱, 숏피닝 등이 있으며 마템퍼링은 금속 열처리에 해당된다.

51 다음 중 기능성 재료로서 실용하고 있는 가장 대표적인 형상기억합금으로 원자비가 1 : 1의 비율로 조성되어 있는 합금은?

① Ti-Ni
② Au-Cd
③ Cu-Cd
④ Cu-Sn

해설
형상기억합금은 힘에 의해 변형되더라도 특정 온도에 올라가면 본래의 모양으로 돌아오는 합금을 의미하며 Ti-Ni이 원자비 1 : 1로 가장 대표적인 합금이다.

52 시편의 표점간 거리 100mm, 직경 18mm이고 최대하중 5,900kgf에서 절단되었을 때 늘어난 길이가 20mm라 하면 이때의 연신율(%)은?

① 15
② 20
③ 25
④ 30

해설
연신율은 $\dfrac{L_1 - L_0}{L_0} \times 100\% = \dfrac{120 - 100}{100} \times 100\% = 20\%$가 된다.

53 다음 중 청동과 황동에 대한 설명으로 틀린 것은?

① 청동은 구리와 주석의 합금이다.

② 황동은 구리와 아연의 합금이다.

③ 포금은 구리에 8~12% 주석을 함유한 청동으로 포신재료 등에 사용되었다.

④ 톰백은 구리에 5~20%의 아연을 함유한 황동으로, 강도는 높으나 전연성이 없다.

해설

청동의 경우 ⓐ이 들어간 것으로 Sn(주석), ⓒ을 연관시키고, 황동의 경우 ⓑ이 들어가 있으므로 Zn(아연), ⓞ을 연관시켜 암기하며, 톰백의 경우 모조금과 비슷한 색을 내는 것으로 구리에 5~20%의 아연을 함유하여 연성은 높은 재료이다.

54 Fe-C 평형상태도에서 자기변태만으로 짝지어진 것은?

① A_0 변태, A_1 변태

② A_1 변태, A_2 변태

③ A_0 변태, A_2 변태

④ A_0 변태, A_4 변태

해설

Fe-C 평형상태도 내에서 자기변태는 A_0변태(시멘타이트 자기변태)와 A_2변태(철의 자기변태)가 있다.

55 탄소강에 함유된 원소들의 영향을 설명한 것 중 옳은 것은?

① Mn은 보통 강 중에서 0.2~0.8% 함유되며, 일부는 α-Fe 중에 고용되고, 나머지는 S와 결합하여 MnS로 된다.

② Cu는 매우 적은 양이 Fe 중에 고용되며, 부식에 대한 저항성을 감소시킨다.

③ P는 Fe와 결합하여 Fe_3P를 만들고, 결정입자의 미세화를 촉진시킨다.

④ Si는 α고용체 중에 고용되어 경도, 인장강도 등을 낮춘다.

해설

Cu는 부식에 대한 저항성을 높이며, P는 Fe와 결합하여 Fe_3P를 형성하고 결정입자를 조대화 시키게 된다. Si는 α고용체 중에 고용되어 경도, 인장강도 등을 높이게 된다.

56 금속의 응고에 대한 설명으로 틀린 것은?

① 과랭의 정도는 냉각속도가 낮을수록 커지며 결정립은 미세해진다.

② 액체 금속은 응고가 시작되면 응고 잠열을 방출한다.

③ 금속의 응고 시 응고점보다 낮은 온도가 되어서 응고가 시작되는 현상을 과랭이라고 한다.

④ 용융금속이 응고할 때 먼저 작은 결정을 만드는 핵이 생기고 이 핵을 중심으로 수지상정이 발달한다.

해설

액체 금속이 온도가 내려가 응고점에 도달해 응고가 시작하여 원자가 결정을 구성하는 위치에 배열되는 것을 의미하며, 응고 시 응고잠열을 방출하게 된다. 과랭은 응고점보다 낮은 온도가 되어 응고가 시작하는 것을 의미하며, 결정입자의 미세도는 결정핵 생성속도와 연관이 있다. 과랭의 정도는 냉각속도가 빠를수록 커지며, 결정립은 미세해진다.

57 냉간가공과 열간가공을 구분하는 기준은 무엇인가?

① 용융온도

② 재결정온도

③ 크리프온도

④ 탄성계수온도

냉간가공과 열간가공을 구분하는 기준은 재결정 온도이다. 니켈의 경우 600℃, 철 450℃, 구리 200℃, 알루미늄 150℃, 아연은 상온에서 이루어진다.

58 아크용접기 중 가변저항 변화를 이용하여 용접전류를 조정하고 원격제어가 가능한 용접기는?

① 가동철심형

② 가동코일형

③ 탭전환형

④ 가포화리액터형

• 가동철심형 : 누설자속을 가감하여 전류를 조정하는 용접기로 미세한 전류조정이 가능
• 가동코일형 : 1, 2차 코일의 이동으로 누설자속을 변화시켜 전류를 조정
• 탭전환형 : 코일의 감긴 수에 따라 전류를 조정하며 소형에 많이 사용
• 가포화리액터형 : 가변저항의 변화로 용접전류를 조정하며 원격제어가 가능

59 연속 용접작업 중 아크발생시간 6분, 용접봉 교체와 슬래그 제거시간 2분, 스패터 제거시간이 2분으로 측정되었다. 이때 용접기 사용률은?

① 50%

② 60%

③ 70%

④ 80%

$$용접기\ 사용률 = \frac{아크발생시간}{아크발생시간\ +\ 정지시간} \times 100\%$$
$$= \frac{6\text{min}}{(6\text{min} + 4\text{min})} \times 100\%$$
$$= 60\%$$

60 가스절단작업에서 예열 불꽃이 약할 때 생기는 현상으로 가장 거리가 먼 것은?

① 절단작업이 중단되기 쉽다.

② 절단속도가 늦어진다.

③ 드래그가 증가한다.

④ 모서리가 용융되어 둥글게 된다.

가스절단작업은 절단하려는 부분을 예열 불꽃으로 가열하여 모재가 연소온도에 도달했을 때 고압가스를 분출해 철과 산소의 화합반응을 이용하여 절단하는 방법으로 예열이 약할 시 절단속도가 느려지고 중단될 가능성이 있으며, 밑 부분에 노치가 생긴다.

01 와전류탐상시험의 기본 원리로 옳은 것은?

① 누설흐름의 원리
② 전자유도의 원리
③ 인장강도의 원리
④ 잔류자계의 원리

해설
자분탐상시험은 누설자장에 의하여 와전류탐상시험은 전자유도
현상에 의한 법칙이 적용된다.

02 모세관현상을 이용한 비파괴검사법은?

① 자분탐상시험
② 침투탐상시험
③ 방사선투과시험
④ 초음파탐상시험

해설
침투탐상시험은 모세관현상을 이용하는 검사법으로 온도가 낮을
시 분자의 움직임이 느려져 침투시간이 길어져야 하고, 온도가
높을 시 침투시간을 줄이는 등 일반적으로 15~50℃에서 탐상한다.

03 초음파탐상시험을 다른 비파괴검사와 비교했을 때
의 장점이 아닌 것은?

① 두꺼운 시험체 내부를 검사할 수 있다.
② 시험체 내의 작은 결함에 대한 검사가 가능하다.
③ 어떤 물체의 한쪽 면만으로도 검사가 가능하다.
④ 표면이 열려있는 미세결함검출에 매우 우수
하다.

해설
표면이 열려있는 미세결함검출은 침투 혹은 자기탐상이 더욱 우수
하다.

04 그림에서와 같이 시험체 속으로 초음파(에너지)가
전달될 때 초음파 선속은 어떻게 되는가?

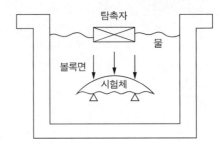

① 시험체 내에서 퍼지게 된다.
② 시험체 내에서 한 점에 집중된다.
③ 시험체 내에서 평행한 직선으로 전달된다.
④ 시험체 표면에서 모두 반사되어 들어가지 못
한다.

해설
초음파는 직진성을 가지나 경계면 혹은 다른 재질에서는 굴절,
반사, 회절을 일으키므로 시험체 내에서 퍼지게 된다.

05 방사선투과시험에서 재질의 두께, 관전압, 노출시
간 등의 관계를 도표로 나타낸 것은?

① 막대도표 　　　② 특성곡선
③ H와 D곡선 　　④ 노출선도(노출도표)

해설
노출도표
• 가로축은 시험체의 두께, 세로축은 노출량
　(관전류×노출시간 : mA×min)을 나타내는 도표
• 관전압별 직선으로 표시되어 원하는 사진농도를 얻을 수 있게
　노출조건을 설정 가능
• 시험체의 재질, 필름 종류, 스크린 특성, 선원-필름간 거리, 필터,
　사진처리 조건 및 사진농도가 제시되어 있는 도표

1 ② 　2 ② 　3 ④ 　4 ① 　5 ④ 　정답

06 방사선투과시험의 형광스크린에 대한 설명 중 옳은 것은?

① 주로 감마선을 이용할 때 사용한다.
② 주로 조사시간을 단축하기 위하여 사용한다.
③ 경금속을 검사할 때 필름 감광속도를 느리게 하기 위해 사용한다.
④ 조사시간을 길게 하여 납(Pb)스크린보다 값이 저렴해서 경제적이다.

형광증감지(Fluorescent Intensifying Screen)
• 칼슘텅스테이트(Ca-Ti)와 바륨리드설페이트(Ba-Pb-S)분말과 같은 형광물질을 도포한 증감지
• X선에서 나타나는 형광작용을 이용한 증감지로 조사시간을 단축하기 위해 사용
• 높은 증감률을 가지고 있지만, 선명도가 나빠 미세한 결함검출에는 부적합
• 노출시간을 10~60% 줄일 수 있음

07 누설검사의 1atm을 다른 단위로 환산한 것 중 틀린 것은?

① 14.7psi   ② 760torr
③ 980kg/cm^2 ④ 101.3kPa

표준 대기압 : 표준이 되는 기압
대기압 = 1기압(atm) = 760mmHg = 1.0332kg/cm^2 = 30inHg
= 14.7Lb/in^2 = 1013.25mbar = 101.325kPa = 760torr

08 비파괴검사에서 봉(Bar) 내의 비금속 개재물을 무엇이라 하는가?

① 겹침(Lap)
② 용락(Burn Through)
③ 언더컷(Under Cut)
④ 스트링거(Stringer)

봉(Bar) 내의 비금속 개재물을 스트링거(Stringer)라 한다.

09 자분탐상시험 후 탈자를 하지 않아도 지장이 없는 것은?

① 자분탐상시험 후 열처리를 해야 할 경우
② 자분탐상시험 후 페인트칠을 해야 할 경우
③ 자분탐상시험 후 전기 아크용접을 실시해야 할 경우
④ 잔류자계가 측정계기에 영향을 미칠 우려가 있을 경우

자분탐상시험 후 열처리해야 할 경우, 최종 열처리 후에 탈자를 하여야 한다.

10 와전류탐상시험에 대한 설명 중 틀린 것은?

① 시험코일의 임피던스변화를 측정하여 결함을 식별한다.
② 접속식 탐상법을 적용하므로서 표피효과가 발생하지 않는다.
③ 철, 비철 재료의 파이프, 와이어 등 표면 또는 표면 근처 결함을 검출한다.
④ 시험체 표층부의 결함에 의해 발생된 와전류의 변화를 측정하여 결함을 식별한다.

표피효과(Skin Effect) : 교류 전류가 흐르는 코일에 도체가 가까이 가면 전자유도현상에 의해 와전류가 유도되며, 이 와전류는 도체의 표면 근처에서 집중되어 유도되는 효과이다.

11 고속 자동탐상이 가능하고 표면결함의 검출능력이 우수하며 전도성 재료에 적용할 수 있는 비파괴검사법은?

① 자분탐상시험   ② 음향방출시험
③ 와전류탐상시험   ④ 초음파탐상시험

해설
와전류탐상의 장단점
• 장 점
 – 고속으로 자동화된 전수검사 가능
 – 가는 선, 구멍 내부, 고온 등 여러 환경에서 적용 가능
 – 결함, 재질변화, 품질관리 등 적용 범위가 광범위
 – 탐상 및 재질검사 등 탐상 결과를 보전 가능
• 단 점
 – 표피효과로 인해 표면 근처의 시험에만 적용 가능
 – 잡음 인자의 영향을 많이 받음
 – 결함 종류, 형상, 치수에 대한 정확한 측정은 불가
 – 형상이 간단한 시험체에만 적용 가능
 – 도체에만 적용 가능

12 비파괴검사의 적용에 대한 설명 중 옳은 것은?

① 담금질 경화층의 깊이나 막두께 측정에는 와전류 탐상시험을 이용한다.
② 알루미늄 합금의 재질이나 열처리 상태를 판별하기 위해서는 누설검사가 유용하다.
③ 구조상 분해할 수 없는 전기용품 내부의 배선 상황을 조사할 때는 침투탐상시험이 유용하다.
④ 구조재 재질의 적합 여부 및 규정된 내부결함의 가부를 판정하기 위해서는 주로 육안검사를 이용한다.

해설
와전류탐상은 결함, 재질변화, 품질관리 등에 적용 가능하다.

13 맞대기 용접부의 덧살(Reinforcement)을 그라인더로 제거해서 판형태로 만들었다. 덧살이 제거된 강용접부의 연마균열 검사에 적합한 비파괴검사만의 조합으로 옳은 것은?

① 자분탐상검사와 침투탐상검사
② 침투탐상검사와 음향방출검사
③ 방사선투과검사와 침투탐상검사
④ 초음파탐상검사와 자분탐상검사

해설
연마균열은 표면균열로 자분탐상검사 및 침투탐상검사로 탐상가능하다.

14 누설검사의 절대압력, 게이지압력, 대기압력 및 진공압력과의 상관 관계식으로 옳은 것은?

① 절대압력=진공압력－대기압력
② 절대압력=대기압력＋진공압력
③ 절대압력=대기압력－게이지압력
④ 절대압력=게이지압력＋대기압력

해설
절대압력은 게이지압력과 대기압력을 합한 값이다.

15 방사선 투과사진의 명료도에 영향을 미치는 기하학적 요인이 아닌 것은?

① 필름의 종류
② 선원의 크기
③ 선원과 필름 사이 거리
④ 증감지와 필름의 접촉상태

해설
방사선 투과사진 감도에 영향을 미치는 인자

투과사진 콘트라스트	시험물의 명암도	• 시험체의 두께 차 • 방사선의 선질 • 산란방사선
	필름의 명암도	• 필름의 종류 • 현상시간 • 온도 및 교반농도 • 현상액의 강도
선명도	기하학적 요인	• 초점크기 • 초점–필름 간 거리 • 시험체–필름 간 거리 • 시험체의 두께변화 • 스크린–필름접촉상태
	입상성	• 필름의 종류 • 스크린의 종류 • 방사선의 선질 • 현상시간 • 온 도

16 휴대식 X선 발생장치는 제어기와 X선 발생기로 나누어지며 그 사이는 저압케이블로 연결되어 있다. 다음 중 제어기 부위에 속해 있는 장치만으로 조합된 것은?

① 조정기, 개폐기
② 냉각팬, 고압변압기
③ 필라멘트, 트랜스
④ X선관, 온도 릴레이

해설
제어장치에는 조정기, 개폐기, 전류전압 조절장치, 계시기 등이 포함되어 X선 발생을 조절할 수 있다.

17 다음 중 가장 무거운 입자는?

① α입자
② β입자
③ 중성자
④ γ입자

해설
α입자가 가장 무겁다.

18 기하학적 불선명도와 관련하여 좋은 식별도를 얻기 위한 조건으로 옳지 않은 것은?

① 선원의 크기가 작은 X선 장치를 사용한다.
② 필름–시험체 사이의 거리를 가능한 한 멀리한다.
③ 선원–시험체 사이의 거리를 가능한 한 멀리한다.
④ 초점을 시험체의 수직 중심선상에 정확히 놓는다.

해설
필름–시험체 사이의 거리는 가능한 밀착시켜야 선명도가 좋아진다.

19 220kV에서의 철과 동의 방사선 흡수에 대한 등가인자가 1.0과 1.4일 때, 10mm 두께의 동판을 투과검사하려면 철판 몇 mm일 때의 노출시간과 같은가?

① 7.1mm   ② 10mm

③ 14mm   ④ 24mm

해설

노출시간 $= \dfrac{T_2}{10} = \dfrac{1.4}{1.0} = 14mm$

20 방사선 투과사진상 두 부위의 농도차를 무엇이라 하는가?

① 방사선 투과사진의 감도

② 방사선 투과사진의 흑화도

③ 방사선 투과사진의 선예도

④ 방사선 투과사진의 콘트라스트

해설

투과사진의 콘트라스트 : 방사선을 투과시키면 투과사진에는 결함부분과 건전부 사이에 강도차 ΔI가 생기고, 투과사진 상에서는 ΔI에 비례하여 사진의 농도차가 생기는 것으로 ΔD로 표시

21 X선 발생장치를 장시간 사용하지 않고 보관할 때의 조치 내용으로 옳은 것은?

① 방사창을 기름칠하여 둔다.

② 35℃ 이상인 창고에 보관한다.

③ 최소한 1개월에 1번 정도 예열한다.

④ 타깃을 분해, 방수처리하여 보관한다.

해설

X선 발생장치를 장시간 사용하지 않을 시 최소 1개월에 1번 정도 예열하여야 한다.

22 노출도표에 의한 X선 투과촬영에서 촬영 전에 알고 있어야 할 정보가 아닌 것은?

① 시험체의 재질

② 결함의 종류와 크기

③ 관전압 및 관전류

④ 필름 및 증감지의 종류

해설

노출도표는 시험체의 재질, 필름 종류, 스크린 특성, 선원-필름 간 거리, 필터, 사진처리 조건 및 사진농도가 제시되어 있는 도표이며, 결함의 종류와 크기는 탐상 후 알 수 있다.

23 X선관에 관한 설명으로 옳지 않은 것은?

① 음극은 필라멘트와 포커싱컵으로 되어 있다.

② 양극의 표적물질은 열전도성이 좋아야 한다.

③ 초점의 크기는 표적물질의 크기로 조절한다.

④ X선관의 유리관 모양은 튜브에 연결되는 전기회로에 좌우된다.

해설

초점(Focal Spot) : 전자가 표적에 충돌할 때 X선이 발생되는 면적
• 초점의 크기가 작을수록 투과사진의 선명도가 높아짐
• 0~30° 까지 경사가 가능하도록 설치
• 일반적으로 표적을 20° 정도 기울여 설계하며 이는 선원-필름 간 거리를 정하는데 영향을 미침
• 음극은 필라멘트와 포커싱컵으로 구성
• 양극의 표적물질은 열전도성이 좋아 냉각이 잘되어야 한다.

24 3Ci의 Ir-192선원은 1년 후 약 몇 mCi가 되겠는가?(단, Ir-192의 반감기는 75일이다)

① 52mCi
② 103mCi
③ 213mCi
④ 425mCi

해설
$3,000 \times \dfrac{1}{2^{\frac{365}{75}}} = 102.8\text{mCi}$가 된다. 약 103mCi이다.

25 방사선투과검사 시 필름의 현상처리 전에 나타난 인공결함으로 볼 수 없는 것은?

① 눌림 표시
② 구겨짐 표시
③ 정전기 표시
④ 언더컷 표시

해설
현상처리 전 인공결함으로는 필름 스크래치, 구겨짐 표시, 눌림 표시, 정전기 표시, 스크린 표시, 안개현상, 광선노출이 있다.

26 방사선 작업종사자 및 수시출입자에 대한 방사선의 장해를 방지하기 위한 조치에 관한 사항으로 옳지 않은 것은?

① 수시출입자의 피폭방사선량이 선량한도를 초과하지 않아야 한다.
② 방사선 작업종사자의 피폭방사선량이 선량한도를 초과하지 않아야 한다.
③ 방사선 작업종사자가 호흡하는 공기 중의 방사성 물질의 농도가 유도공기 중 농도(DAC)를 초과하지 않아야 한다.
④ 저장시설 및 보관시설에는 눈에 띄기 쉬운 곳에 취급상의 주의사항을 게시하여야 하나, 사용시설에는 필요한 경우 생략할 수 있다.

해설
사용시설에도 반드시 취급상 주의사항을 게시하여야 한다.

27 다음 중 γ선에 대한 감수성이 가장 큰 인체 부위는?

① 근 육
② 생식선
③ 피 부
④ 조혈장기

해설
백혈구>미완성 적혈구>위장>재생기관>표피>혈관>피부, 관절, 근육신경세포

28 알루미늄평판 접합 용접부의 방사선투과시험방법(KS D 0242)에서 실제로 덧살을 측정하지 않는 경우 용접부의 형상이 한쪽면 덧살 있음이고, 모재의 두께가 10mm 미만일 때 사용되는 계조계의 종류로 옳은 것은?

① D1형
② D2형
③ E2형
④ E3형

해설
덧살을 측정하지 않은 경우의 계조계 적용

모재의 두께(mm) 용접부 형상	10.0 미만	10.0 이상 20.0 미만	20.0 이상 40.0 미만	40.0 이상 80.0 미만
담은 높이 덧살 없음	D1형	E2형	F0형	G0형
한쪽면 덧살 있음	D2형	E2형	F0형	G0형
양쪽면 덧살 있음	D4형	E4형	F0형	G0형

29 방사선을 측정할 때 사용되는 감마상수(γ-factor)에 관한 설명으로 옳은 것은?

① 반감기의 다른 표현이다.

② 방사능 측정 시의 보정인자를 나타낸다.

③ 방사성 물질의 단위를 나타내는 것이다.

④ 방사성 물질 1Ci의 점선원에서 1m 거리에, 1시간에 조사되는 조사선량을 나타낸다.

해설
감마상수(γ-factor) : 방사성 물질 1Ci의 점선원에서 1m 거리에, 1시간에 조사되는 조사선량을 나타낸 것

30 배관 용접부의 비파괴시험방법(KS B 0888)에서 상용압력 0.98MPa 이상의 배관으로, 바깥지름 100mm 이상 2,000mm 미만, 살두께 6mm 이상 40mm 이하의 원둘레맞대기 용접부의 비파괴검사법에 대하여 규정하고 있다. 이 규격에 규정되어 있는 촬영방법에 따라 관의 살두께가 9mm인 용접부를 A급 상질로 촬영하였을 때 투과도계의 식별 최소선지름은 얼마인가?

① 0.16mm   ② 0.20mm

③ 0.25mm   ④ 0.32mm

해설
KS B 0888 - 투과도계의 식별
최소선지름 9mm에서는 A급 상질 0.2mm를 사용한다.

31 서베이미터로 측정된 값이 0.5R/h이면 100mrem의 피폭선량을 받기까지는 얼마동안 그 자리에 있어야 하는가?

① 12분   ② 14분

③ 18분   ④ 20분

해설
1시간에 0.5rem이므로 0.1rem(100mrem)은 60/5=12분 동안 그 자리에 있어야 한다.

32 외부 방사선 피폭의 방어 원칙을 바르게 설명한 것은?

① 두껍게 차폐하고, 선원으로부터의 거리는 멀리하며, 촬영시간을 짧게 한다.

② 두껍게 차폐하고, 선원으로부터의 거리는 멀리하며, 촬영시간을 길게 한다.

③ 두껍게 차폐하고, 선원으로부터의 거리는 가깝게 하며, 촬영시간을 짧게 한다.

④ 두껍게 차폐하고, 선원으로부터의 거리는 가깝게 하며, 촬영시간을 길게 한다.

해설
외부 방사선 피폭의 방어 원칙으로는 두껍게 차폐하고, 선원으로부터의 거리는 멀리하며, 촬영시간을 짧게 한다.

33 강용접 이음부의 방사선투과시험방법(KS B 0845)에 따라 강판의 맞대기이음 용접부를 투과검사할 경우 상질의 종류가 A급일 때 요구되는 규정된 투과사진의 농도범위로 옳은 것은?

① 1.0 이상 2.5 이하

② 1.3 이상 4.0 이하

③ 2.0 이상 3.5 이하

④ 1.8 이상 4.0 이하

해설
KS B 0845 - 투과사진의 농도범위

상질의 종류	농도범위
A급	1.3 이상 4.0 이하
B급	1.8 이상 4.0 이하

29 ④ 30 ② 31 ① 32 ① 33 ② **정답**

34 1Ci의 Ir-192 선원이 30cm 떨어진 곳에서의 선량률이 59R/h이었다. 동일한 거리에서 10Ci의 Ir-192선원이었다면 이때 선량률은 얼마인가?

① 5.9R/h

② 34.8R/h

③ 59R/h

④ 590R/h

해설
30cm의 동일한 거리에서 1Ci의 선량률이 59R/h였으므로 10Ci는 10배로 590R/h가 된다.

35 주강품의 방사선투과시험방법(KS D 0227)에 따른 촬영배치에 관한 설명으로 옳지 않은 것은?

① 계조계는 원칙적으로 투과사진마다 1개 이상으로 한다.

② 관 모양의 시험체는 원칙적으로 시험부의 선원쪽 표면위에 투과도계를 놓는다.

③ 투과도계는 투과두께의 변화가 적은 경우에 그 투과두께를 대표하는 곳에 1개 놓는다.

④ 투과도계는 투과두께의 변화가 큰 경우에 두꺼운 부분을 대표하는 곳 및 얇은 부분을 대표하는 곳에 각각 1개씩 놓아야 한다.

해설
투과도계를 시험부의 선원쪽 표면 위에 놓고 시험부와 동시에 촬영하도록 한다. 계조계는 바늘형 투과도계 사용 시 방사선 에너지가 적당한지 확인하기 위한 것으로 투과 사진의 상질을 확인하는 데 사용한다. KS D 0227에 따라 계조계는 사용하지 않는다.

36 다음 중 원자력안전법 시행령에서 규정하고 있는 "방사선"에 해당되지 않는 것은?

① 중성자선

② 감마선 및 엑스선

③ 1만전자볼트 이상의 에너지를 가진 전자선

④ 알파선, 중양자선, 양자선, 베타선 기타 중하전 입자선

해설
방사선(원자력안전법 시행령 제6조)
• α선 · 중양자선 · 양자선 · β선 및 그 밖의 중하전입자선
• 중성자선
• γ선 및 X선
• 5만 전자볼트 이상의 에너지를 가진 전자선

37 외부피폭선량 측정에 사용하는 필름배지에 관한 설명으로 옳지 않은 것은?

① 필름의 흑화농도를 측정하여 피폭선량을 측정한다.

② TLD와는 달리 잠상퇴행에 의한 감도의 감소가 없다.

③ 금속필터를 사용하여 입사 방사선의 에너지를 결정한다.

④ 기계적 압력, 온도 상승 또는 빛에 노출되었을 때 흐림 현상(Fogging)이 발생한다.

해설
필름배지
• 필름에 방사선이 노출되면 사진작용에 의해 필름의 흑화도를 읽어 피폭된 방사선량을 측정
• 감도가 수십 mR 정도로 양호하고, 소형으로 가지고 다니기 수월
• 필름이 저렴하여 많이 사용
• 결과의 보전성이 있음
• 장기간의 피폭선량 측정 가능
• 열과 습기에 약하고, 방향 의존성이 있음
• 잠상퇴행, 현상조건 등의 측정에 영향을 미쳐 오차가 비교적 큼

38 주강품의 방사선투과시험(KS D 0227)에 의하면 두께 130mm 되는 주물에 방사선투과시험을 시행한 결과 16mm 직경의 블로홀이 1개 발견된다면, 흠의 분류상 몇 류에 해당되는가?

① 1류　　　　　② 2류
③ 5류　　　　　④ 6류

KS D 0227 - 흠의 영상 분류

[부속서 표 6. 블로홀 흠의 분류]

단위 : mm

분류	호칭두께					
	10 이하	10 초과 20 이하	20 초과 40 이하	40 초과 80 이하	80 초과 120 이하	120 초과
1류	3 이하	4 이하	6 이하	8 이하	10 이하	12 이하
2류	4 이하	6 이하	10 이하	16 이하	19 이하	22 이하
3류	6 이하	9 이하	15 이하	24 이하	28 이하	32 이하
4류	9 이하	14 이하	22 이하	32 이하	38 이하	42 이하
5류	14 이하	21 이하	32 이하	42 이하	49 이하	56 이하
6류	흠점수가 5류보다 많은 것. 호칭두께의 1/2 또는 15mm를 넘는 치수의 흠이 있는 것					

따라서, 16mm 직경의 블로홀은 15mm를 넘기 때문에 6류로 한다.

39 강용접 이음부의 방사선투과시험방법(KS B 0845)에 따라 강판맞대기용접 이음부에 대한 검사를 수행할 때 촬영배치에서 선원과 시험부에 대한 검사를 수행할 때 촬영배치에서 선원과 시험부의 선원측 표면간 거리(L_1)는 시험부의 유효길이(L_3)의 n배 이상으로 해야 한다고 규정하고 있다. A급 상질을 적용할 경우 계수 n의 값은 얼마인가?

① 1　　　　　② 2
③ 3　　　　　④ 4

방사선원과 투과도계 간의 거리 L_1은 시험부의 유효길이 L_3의 n배 이상으로 한다. n의 값은 상질 구분에 따라 A급 상질은 2배, B급 상질은 3배를 사용한다.

40 강용접 이음부의 방사선투과시험방법(KS B 0845)에서 사용되는 계조계 15형의 모재두께 한계는 얼마인가?

① 20mm 이하　　② 30mm 이하
③ 40mm 이하　　④ 50mm 이하

계조계의 적용 구분

모재의 두께(mm)	계조계의 종류
20.0 이하	15형
20.0 초과 40.0 이하	20형
40.0 초과 50.0 이하	25형

41~45 컴퓨터 문제 삭제

46 저용융점 합금의 용융온도는 약 몇 ℃ 이하인가?

① 250℃ 이하
② 350℃ 이하
③ 450℃ 이하
④ 550℃ 이하

저용융점 합금의 용융온도는 250℃ 이하이다.

47 알루미늄(Al)에 내식성을 증가시키기 위해서 Mg, Si, Mn 등을 첨가한 가공용 알루미늄합금 중 내식성 알루미늄합금이 아닌 것은?

① 알 민
② 로-엑스
③ 알드리
④ 하이드로날륨

내열용 알루미늄합금
- Al-Cu-Ni-Mg : Y합금, 석출 경화용 합금, 실린더, 피스톤, 실린더 헤드 등의 용도로 사용
- Al-Ni-Mg-Si-Cu : 로-엑스, 내열성 및 고온 강도가 큼
- Y합금·Ti-Cu : 코비탈륨, Y합금에 Ti, Cu를 0.2% 정도씩 첨가한 것으로 피스톤에 사용

48 샤르피 충격시험에 대한 설명 중 틀린 것은?

① 인성 및 취성의 정도를 알아보는 시험이다.
② 시편에 미리 노치를 가공하여 노치인성을 나타낸다.
③ 여러 온도에서 시험하여 연성-취성 전이온도를 알 수 있다.
④ 연성파단면은 입상의 반짝거리는 벽개파단의 특징을 나타낸다.

취성파단면이 입상의 반짝거리는 벽개파단 특징을 나타낸다.

49 Fe-C 상태도에서 순철의 자기변태점은?

① 210℃
② 768℃
③ 910℃
④ 1,419℃

Fe-C 상태도 내에서 자기변태는 A_0 변태(시멘타이트 자기변태, 210℃)와 A_2 변태(순철의 자기변태, 768℃)가 있다.

50 다음 금속 중 용융상태에서 응고할 때 팽창하는 것은?

① Sn
② Zn
③ Mo
④ Bi

Bi(비스무트)는 원자번호 83번으로 무겁고 깨지기 쉬운 적색을 띤 금속으로 푸른 불꽃을 내고, 질산, 황산에 잘 녹는다. 수은 다음으로 열전도성이 작고 화장품, 안료에 사용된다.

51 열처리 TTT곡선에서 TTT가 의미하는 것이 아닌 것은?

① 온 도
② 압 력
③ 시 간
④ 변 태

Time(시간) – Temperature(온도) – Trasformation(변태) Diagram (곡선)

52 금속표면에 스텔라이트, 초경합금 등의 금속을 용착시켜 표면경화층으로 만드는 방법은?

① 쇼트피닝
② 금속용사법
③ 금속침투법
④ 하드페이싱

해설

표면경화법에는 침탄, 질화, 금속침투(세라다이징, 칼로라이징, 크로마이징 등), 고주파경화법, 화염경화법, 금속용사법, 하드페이싱, 쇼트피닝 등이 있으며 스텔라이트, 초경합금 등의 금속을 용착시켜 경화하는 것은 하드페이싱이다.

53 동(Cu)합금 중에서 가장 큰 강도와 경도를 나타내며 내식성, 도전성, 내피로성 등이 우수하여 베어링, 스프링, 전기접점 및 전극재료 등으로 사용되는 재료는?

① 인(P) 청동
② 베릴륨(Be) 동
③ 니켈(Ni) 청동
④ 규소(Si) 동

해설

구리에 베릴륨을 0.2~2.5% 함유시킨 동합금으로 시효경화성이 있으며, 동합금 중 최고의 강도를 가진다.

54 A$_3$ 또는 A$_{cm}$선보다 30~50℃ 높은 온도로 가열한 후 공기 중에 냉각하여 탄소강의 표준조직을 검사하려면 어떤 열처리를 해야 하는가?

① 노멀라이징(불림)
② 어닐링(풀림)
③ 퀜칭(담금질)
④ 템퍼링(뜨임)

해설

• 불림(Normalizing) : 결정조직의 물리적, 기계적 성질의 표준화 및 균질화 및 잔류응력 제거
• 풀림(Annealing) : 금속의 연화 혹은 응력 제거를 위한 열처리
• 뜨임(Tempering) : 담금질에 의한 잔류응력 제거 및 인성 부여
• 담금질(Quenching) : 금속을 급랭함으로써, 원자 배열의 시간을 막아 강도, 경도를 높임

55 켈밋(Kelmet)의 주성분으로 옳은 것은?

① Cu + Pb
② Fe + Zn
③ Sn + Al
④ Si + Co

해설

Cu계 베어링합금 : 포금, 인청동, 납청동계의 켈밋 및 Al계 청동이 있으며 켈밋은 Cu에 Pb을 첨가한 것으로 주로 항공기, 자동차용 고속 베어링으로 적합하다.

56 탄소함유량으로 철강재료를 분류한 것 중 틀린 것은?

① 순철은 약 0.025% 이하의 탄소함유량을 갖는다.
② 강은 약 0.2% 이하의 탄소함유량을 갖는다.
③ 공석강은 약 0.8% 정도의 탄소함유량을 갖는다.
④ 공정주철은 약 4.3% 정도의 탄소함유량을 갖는다.

해설

탄소강의 조직에 의한 분류
• 순철 : 0.025% C 이하
• 아공석강 : 0.025~0.8% C 이하
• 공석강 : 0.8% C
• 과공석강 : 0.8~2.0% C
• 아공정주철 : 2.0~4.3% C
• 공정주철 : 4.3% C
• 과공정주철 : 4.3~6.67% C

57 두 가지 이상의 금속원소가 간단 원자비로 결합되어 성분금속과는 다른 성질을 갖는 물질을 무엇이라 하는가?

① 공정 2원 합금
② 금속 간 화합물
③ 침입형 고용체
④ 전율가용 고용체

해설
금속 간 화합물
• 각 성분이 서로 간단한 원자비로 결합되어 있는 화합물
• 원래의 특징이 없어지고, 성분 금속보다 단단하고 용융점이 높아짐
• 일반 화합물에 비해 결합력이 약하고, 고온에서 불안정

58 피복배합제 중 아크안정제에 속하지 않는 것은?

① 석회석
② 알루미늄
③ 산화타이타늄
④ 규산나트륨

해설
아크안정제란 아크가 끊어지지 않고 부드러운 느낌을 주게 하는 것으로 규산칼리, 규산소다, 탄산바륨, 석회석, 루틸, 규산나트륨, 규산칼리, 일미나이트 등이 있다.

59 가스용접에 사용되는 연료가스로서 갖추어야 할 성질 중 틀린 것은?

① 용융금속과 화학반응을 일으켜야 한다.
② 불꽃의 온도가 높아야 한다.
③ 연소속도가 빨라야 한다.
④ 발열량이 커야 한다.

해설
용융금속과 화학반응을 일으키면 안 된다.

60 용접봉지름이 6mm, 용착효율이 65%인 피복 아크 용접봉 200kg을 사용하여 얻을 수 있는 용착금속의 중량은?

① 130kg
② 200kg
③ 184kg
④ 1,200kg

해설
용착중량 = 용접봉중량 × 효율 = 200 × 0.65 = 130kg

01 기포누설시험에 사용되는 발포액이 지녀야 하는 성질이 아닌 것은?

① 점도가 높을 것
② 적심성이 좋을 것
③ 표면장력이 작을 것
④ 시험품에 영향이 없을 것

해설
기포누설시험은 시험체를 가압 후 표면에 발포액을 적용하여 기포 발생 여부를 확인하여 검출하는 방법으로 점도가 낮아 적심성이 좋고 표면장력이 작아 발포액이 쉽게 기포를 형성하여야 한다.

02 다음 중 자극에 관련된 설명으로 옳지 않은 것은?

① 물질 내 자구는 자극을 갖고 있다.
② 같은 극끼리 반발하는 힘을 척력이라고 한다.
③ 다른 극끼리 잡아당기는 힘을 중력이라고 한다.
④ 자력선은 자석의 내부에서 S극에서 N극으로 이동한다.

해설
다른 극끼리 잡아당기는 힘은 인력이다.

03 누설검사에 이용되는 가압기체가 아닌 것은?

① 공 기   ② 황산가스
③ 헬륨가스   ④ 암모니아가스

해설
누설검사에 이용되는 가스는 인체에 크게 해롭지 않아야 하는데 황산가스는 매우 위독한 물질이다.

04 결함검출 확률에 영향을 미치는 요인이 아닌 것은?

① 결함의 방향성
② 균질성이 있는 재료 특성
③ 검사시스템의 성능
④ 시험체의 기하학적 특징

해설
균질성이란 성분이나 특성이 전체적으로 같은 성질로 결함검출 확률에는 미치지 않는다.

05 보어스코프(Bore-scope)나 파이버스코프(Fiber-scope)를 이용하여 검사하는 비파괴검사법은?

① 적외선검사(TT)
② 중성자투과검사(NRT)
③ 육안검사(VT)
④ 와전류탐상검사(ECT)

해설
비파괴검사의 가장 기본검사는 육안검사이며, 보어스코프란 내시경 카메라를 의미한다.

06 방사선투과시험에 대한 설명으로 틀린 것은?

① 체적결함에 대한 검출감도가 높다.

② 결함의 깊이를 정확히 측정할 수 있다.

③ 결함의 형상 또는 결함 길이의 정보가 양호하다.

④ 건전부와 결함부에 대한 투과선량의 차이에 따라 필름 상의 농도차를 이용하는 시험방법이다.

해설
방사선은 투과되어 사진의 명암도로 결함을 찾는 것으로 결함의 깊이는 측정 불가하다.

07 침투탐상검사에서 침투액의 종류를 구분하는 방법은?

① 모세관현상에 의한 침투능력과 깊이

② 침투액의 확산속도에 따른 침투시간

③ 잉여침투액의 제거방법

④ 사용하는 현상제와의 조합방법

해설
잉여침투액 제거방법에 따른 분류

구 분	방 법	기 호
방법 A	수세에 의한 방법 (물로 직접 수세 가능하도록 유화제가 포함되어 있으며, 물에 잘 씻기므로 얕은 결함 검출에는 부적합함)	A
방법 B	기름 베이스 유화제 사용하는 후유화법 (침투처리 후 유화제를 적용해야 물 수세가 가능하며, 과세척을 막아 폭이 넓고 얕은 결함에 쓰임)	B
방법 C	용제 제거법 (용제로만 세척하며 천이나 휴지로 세척가능하며, 야외 혹은 국부검사에 사용됨)	C
방법 D	물 베이스 유화제 사용하는 후유화법	D

08 형광침투액을 사용한 침투탐상시험의 경우 자외선 등 아래에서 결함지시가 나타내는 일반적인 색은?

① 적 색   ② 자주색

③ 황록색   ④ 검정색

해설
형광침투액의 색은 황록색이다.

09 내마모성이 요구되는 부품의 표면 경화층 깊이나 피막두께를 측정하는 데 쓰이는 비파괴검사법은?

① 초음파탐상검사(UT)

② 방사선투과검사(RT)

③ 와전류탐상검사(ECT)

④ 음향방출검사(AE)

해설
와전류탐상검사의 특징
• 고속으로 자동화된 전수검사 가능
• 가는 선, 구멍 내부, 고온 등 여러 환경에서 적용 가능
• 결함, 재질변화, 품질관리 등 적용 범위가 광범위
• 탐상 및 재질검사 등 탐상 결과를 보전 가능

10 초음파탐상시험에서 기본공진주파수를 결정하는 공식은?(단, F : 기본공진주파수, V : 속도, T : 두께이다)

① $F = \dfrac{V}{T}$ ② $F = \dfrac{V}{2T}$

③ $F = \dfrac{T}{V}$ ④ $F = V \times T$

해설
기본공진주파수 결정공식 : $F = \dfrac{V}{2T}$

11 길이 0.4m, 직경 0.08m인 시험체를 코일법으로 자분탐상검사할 때 필요한 암페어-턴(Ampere-turn)값은?

① 3,000
② 5,000
③ 7,000
④ 9,000

해설

$$AT = \frac{35,000}{2+\dfrac{L}{D}} = \frac{35,000}{2+\dfrac{0.4}{0.08}} = 5,000$$

12 방사선의 종류와 성질을 설명한 내용으로 틀린 것은?

① X선과 α선은 전자파이다.
② α선과 β선은 입자의 흐름이다.
③ X선과 γ선은 물질을 투과하는 성질이 있다.
④ 방사선투과시험에는 α선과 β선이 주로 이용된다.

해설
방사선투과시험에는 X선과 γ선이 주로 이용된다.

13 강자성체 재료부, 주강품, 단강품의 표면 및 표면 직하의 결함을 검출하는 시험방법은?

① 초음파탐상검사(UT)
② 누설검사(LT)
③ 자분탐상검사(MT)
④ 중성자투과검사(NRT)

해설
표면 및 표면 직하의 결함을 검출하는 방법으로는 자분탐상 및 와전류탐상이 있다.

14 다른 비파괴검사법과 비교했을 때 와전류탐상검사의 장점에 속하지 않는 것은?

① 검사결과의 기록이 용이하다.
② 표면 아래 깊숙한 위치의 결함검출이 용이하다.
③ 비접촉법으로 검사속도가 빠르고 자동화에 적합하다.
④ 결함크기 변화, 재질변화 등의 동시검사가 가능하다.

해설
와전류탐상은 표면 및 표면 직하의 결함검출에 용이하다.

15 다음 중 반감기가 가장 짧은 방사성 동위원소는?

① Co-60
② Cs-137
③ Ir-192
④ Tm-170

해설
감마선 선원의 종류별 특성

특성 / 종류	Tm-170	Ir-192	Cs-137	Co-60
반감기	127일	74.4일	30.1년	5.27년

16 필름에 입사한 방사선의 강도가 10R이고, 필름을 투과한 방사선의 강도가 5R이었다. 이 방사선 투과 사진의 농도는 얼마인가?

① 0.3   ② 0.5

③ 1.0   ④ 2.0

해설

투과사진의 흑화도(농도) : $\log\left(\dfrac{10}{5}\right) = 0.301$

$D = \log\dfrac{L_0}{L}$

L_0 : 빛을 입사시킨 강도, L : 투과된 빛의 강도

17 다음 중 방사선투과시험에서 동일한 결함임에도 불구하고 조사방향에 따라 식별하는데 가장 어려운 결함은?

① 균 열

② 원형기공

③ 개재물

④ 용입불량

해설

조사방향에 따라 식별하기 가장 어려운 결함은 균열이다.

18 선원송출방식의 감마선조사기에서 감마선원이 들어 있는 곳은?

① 안내튜브   ② 제어튜브

③ 선원홀더   ④ 송출와이어

해설

감마선조사기에서 감마선원은 선원홀더에 저장되어 있다.

19 중성자수는 동일하나 원자번호, 질량수가 다른 핵종을 무엇이라 하는가?

① 동중체

② 핵이성체

③ 동위원소

④ 동중성자핵

해설

동중성자핵 : 중성자수는 동일하나 원자번호, 질량수가 다른 핵종

20 형광스크린을 사용함으로써 얻을 수 있는 효과에 관한 설명으로 옳은 것은?

① 노출시간을 크게 감소시킨다.

② 사진 명료도가 크게 향상된다.

③ 스크린 반점을 만들지 않는다.

④ 감마선과 더불어 사용할 경우 높은 강화인자를 나타낸다.

해설

형광증감지(Fluorescent Intensifying Screen)
• 칼슘텅스테이트(Ca-Ti)와 바륨리드설페이트(Ba-Pb-S)분말과 같은 형광물질을 도포한 증감지
• X선에서 나타나는 형광작용을 이용한 증감지로 조사시간을 단축하기 위해 사용
• 높은 증감률을 가지고 있지만, 선명도가 나빠 미세한 결함검출에는 부적합
• 노출시간을 10~60% 줄일 수 있음

21 반가층에 관한 정의로 가장 적합한 것은?

① 방사선의 양이 반으로 되는 데 걸리는 시간이다.
② 방사선의 에너지가 반으로 줄어드는 데 필요한 어떤 물질의 두께이다.
③ 어떤 물질에 방사선을 투과시켜 그 강도가 반으로 줄어들 때의 두께이다.
④ 방사선의 인체에 미치는 영향이 반으로 줄어드는 데 필요한 차폐체의 무게이다.

해설
반가층 : 어떤 물질에 방사선을 투과시켜 그 강도가 반으로 줄어들 때의 두께이다.

22 방사선 투과사진의 선명도를 좋게 하기 위한 방법이 아닌 것은?

① 선원의 크기를 작게 한다.
② 산란방사선을 적절히 제어한다.
③ 기하학적 불선명도를 크게 한다.
④ 선원은 가능한 한 시험체의 수직으로 입사되도록 한다.

해설
선명도에 영향을 주는 요인으로는 고유 불선명도, 산란방사선, 기하학적 불선명도, 필름의 입도 등이 있으며 기하학적 불선명도를 최소화해야 한다.

23 다음 중 방사선 투과사진의 필름 콘트라스트와 가장 관계가 깊은 것은?

① 물질의 두께
② 방사선 선원의 크기
③ 노출의 범위
④ 필름특성곡선의 기울기

해설
필름특성곡선(Characteristic Curve)
• 특정한 필름에 대한 노출량과 흑화도와의 관계를 곡선으로 나타낸 것
• H&D곡선, Sensitometric 곡선이라고도 함
• 가로축 : 상대노출량에 Log를 취한 값, 세로축 : 흑화도
• 필름특성곡선의 임의 지점에서의 기울기는 필름 명암도를 나타냄

24 그림은 표적금속으로 몰리브덴을 사용한 X선관에 35kV의 관전압을 주었을 때의 X선 스펙트럼을 나타낸 것이다. 이 경우 백색 X선의 최단파장은 약 얼마인가?

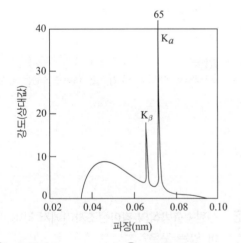

① 0.035nm
② 0.065nm
③ 0.075nm
④ 0.095nm

해설
최단파장 : 일정 파장보다 짧은 파장의 X선이 존재하지 않는 지점의 파장

25 다음 중 X선으로부터 직접 또는 2차적으로 생성되는 전자가 아닌 것은?

① 오제 전자
② 쌍생성 전자
③ 컴프턴 전자
④ 내부전환 전자

해설
X선으로부터 직접 또는 2차적 생성 전자로는 오제 전자, 쌍생성 전자, 컴프턴 전자 등이 있다.

26 흡수선량에 대한 SI단위로 그레이(Gy)를 사용한다. 10rad를 그레이(Gy)로 환산하면 얼마인가?

① 0.01Gy
② 0.1Gy
③ 1Gy
④ 10Gy

해설
라드(Roentgen Absorbed Dose : rad)
• 방사선의 흡수선량을 나타내는 단위
• 흡수선량 : 방사선이 어떤 물질에 조사되었을 때, 물질의 단위질량당 흡수된 평균에너지
• 1rad는 방사선의 물질과의 상호작용에 의해 그 물질 1g에 100erg (Electrostatic Unit, 정전단위)의 에너지가 흡수된 양(1rad= 100erg/g=0.01J/kg)
• Si단위로는 Gy(Gray)를 사용하며 1Gy=1J/kg=100rad

27 주강품의 방사선투과시험방법(KS D 0227)에 의해 투과사진을 등급분류할 때 흠이 선모양의 슈링키지인 경우 시험시야의 크기(지름)가 50mm, 호칭두께가 10mm 이하일 때 2류의 허용한계길이는?

① 12mm
② 17mm
③ 23mm
④ 45mm

해설
KS D 0227 – 부속서 표 10 선모양 슈링키지의 흠의 분류

단위 : mm

분류	호칭두께				
	10 이하	10 초과 20 이하	20 초과 40 이하	40 초과 80 이하	80 초과 120 이하	120 초과
1류	12 이하	18 이하	30 이하		50 이하
2류	23 이하	36 이하	63 이하		110 이하
3류	45 이하	63 이하	110 이하		145 이하
4류	75 이하	100 이하	160 이하		180 이하
5류	120 이하	145 이하	230 이하		250 이하
6류	5류보다 긴 것				

28 알루미늄 주물의 방사선 투과시험방법 및 투과사진의 등급분류방법(KS D 0241)에서 방사선 투과사진 촬영 시 사용되는 선원은 원칙적으로 조사시간에 적합한 어떤 에너지를 사용하도록 규정하고 있는가?

① 중간값 에너지
② 가장 낮은 에너지
③ 산술평균 에너지
④ 가장 높은 에너지

해설
KS D 0241 – 선원 : 방사선에너지는 원칙적으로 조사시간에 적합한 가장 낮은 에너지를 사용한다.

29 강용접 이음부의 방사선투과시험방법(KS B 0845) 에서 강판의 원둘레용접 이음부의 내부필름 촬영 방법일 때 시험부의 유효길이를 어떻게 규정하고 있는가?

① 관의 원둘레 길이의 1/3 이하
② 관의 원둘레 길이의 1/6 이하
③ 관의 원둘레 길이의 1/9 이하
④ 관의 원둘레 길이의 1/12 이하

해설

KS B 0845 – 시험부의 유효길이 규정

[부속서 2 표 6. 시험부의 유효길이 L_3]

촬영방법	시험부의 유효길이
내부선원 촬영방법 (분할 촬영)	선원과 시험부의 선원측 표면 간 거리 L_1의 $\frac{1}{2}$ 이하
내부필름 촬영방법	관의 원둘레길이의 $\frac{1}{12}$ 이하
2중벽 단일면 촬영방법	관의 원둘레길이의 $\frac{1}{6}$ 이하

30 다음 중 방사선 방호량으로 방사선량에 확률적 영향이 포함된 선량단위는?

① Sv　　　　② Gy
③ Bq　　　　④ C/kg

해설

렘(Roentgen Equivalent Man : rem)
• 방사선의 선량당량(Dose Equivalent)을 나타내는 단위
• 방사선 피폭에 의한 위험의 객관적인 평가 척도
• 등가선량 : 흡수선량에 대해 방사선의 방사선 가중치를 곱한 양
• 동일 흡수선량이라도 같은 에너지가 흡수될 때 방사선의 종류에 따라 생물학적 영향이 다르게 나타나는 것
• SI단위로는 Sv(Sievert)를 사용하며 1Sv=1J/kg=100rem

31 원자력안전법령에 의한 원자력이용시설의 방사선 작업종사자에 대하여 실시하는 건강진단 시 반드시 검사하여야 할 필수 내용인 것은?

① 체중검사
② 전신건강검사
③ 소변검사
④ 백혈구수, 적혈구수

해설

건강진단(원자력안전법 시행규칙 제121조)
건강진단에서는 다음 사항을 검사해야 한다.
• 직업력 및 노출력
• 방사선 취급과 관련된 병력
• 임상검사 및 진찰
　– 임상검사 : 말초혈액 중의 백혈구 수, 혈소판 수 및 혈색소의 양
　– 진찰 : 눈, 피부, 신경계 및 조혈계(혈구형성계통) 등의 증상
• 말초혈액도말검사와 세극등현미경검사(앞선 규정에 따른 검사 결과, 건강수준의 평가가 곤란하거나 질병이 의심되는 경우에만 해당)
※ 법 개정으로 인해 정답 없음

32 타이타늄용접부의 방사선투과시험방법(KS D 0239) 에 따른 재료두께 20mm인 용접 부위 투과시험 시에 시험부의 흠집 이외 부분의 투과사진을 농도범위로 옳은 것은?

① 1.3 이상 3.5 이하
② 1.5 이상 3.5 이하
③ 1.8 이상 4.0 이하
④ 2.0 이상 4.0 이하

해설

흠집 이외 부분의 투과사진의 농도범위에서 두께 20mm인 경우에는 1.5 이상 3.5 이하를 사용한다.

33 다음 중 그림과 같은 원리를 이용하는 방사선 계측기는?

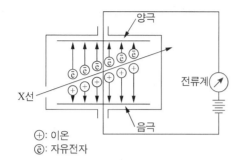

⊕ : 이온
ⓔ : 자유전자

① 필름배지   ② 체렌코프계수관
③ 비례계수관   ④ 신틸레이션검출기

해설
기체 전리작용을 이용한 검출기
• 검출기 내에 기체를 넣고 방사선이 조사될 때 기체가 이온화되는 원리를 이용
• 검출기에 걸어준 전압에 따라 펄스의 크기가 달라져 검출특성이 다음과 같이 분류됨
  – 전리함식(Ion Chamber) : 30~250V
  – 비례계수관(Proportional Counter) : 250~850V
  – G–M 계수관(Geiger–Mueller Counter) : 1,050~1,400V

34 강용접 이음부의 방사선투과시험방법(KS B 0845)에서 모재두께 60mm인 강판촬영에 대한 결함분류를 할 때 제종 결함이 1개인 경우 결함점수는 결함의 긴지름 치수로 구한다. 그러나 긴지름이 모재두께의 얼마 이하일 때 결함점수로 산정하지 않는다고 규정하고 있는가?

① 1.0%   ② 1.4%
③ 2.0%   ④ 2.8%

해설
KS B 0845 – 산정하지 않는 결함의 치수   단위 : mm

모재의 두께	결함의 치수
20 이하	0.5
20 초과 50 이하	0.7
50 초과	모재두께의 1.4%

35 연간섭취한도(ALI)를 넘을 경우 다음 중 어떤 기준을 위반할 수 있는가?

① 선량한도   ② 취업기간
③ 작업시간   ④ 휴식시간

해설
선량한도 : 원자력안전법에 허용된 범위 내에서 방사선 피폭을 합리적으로 최소화하기 위한 한도

36 방사선에 의한 만성장해 및 급성장해에 관한 설명으로 옳은 것은?

① 유전적 영향은 급성장해이다.
② 방사선 피폭에 의한 암은 급성장해이다.
③ 홍반, 구토 등이 발생하면 급성장해라고 할 수 있다.
④ 손의 과피폭 시 화상이 발생하면 만성장해라고 할 수 있다.

해설
급성장해와 지발성장해
• 급성장해 : 단시간에 많은 피폭을 받았을 때 나타나는 피폭
• 지발성장해 : 피폭 후 장시간 경과한 후 나타나는 장해로 피폭을 받지 않아도 발생되는 증세(백혈병, 악성종양, 재생 불량성 빈혈, 백내장 등)가 많아 분류하기 어려움

37 다음 중 Co-60에 대한 반가층이 큰 것부터 작은 순서로 나열한 것으로 옳은 것은?

① 납판 > 철판 > 알루미늄 > 흙
② 흙 > 알루미늄 > 철판 > 납판
③ 알루미늄 > 납판 > 흙 > 철판
④ 철판 > 흙 > 납판 > 알루미늄

해설
반가층이 큰 것부터 작은 순서는 흙 > 알루미늄 > 철판 > 납판이 된다.

38 강용접 이음부의 방사선투과시험방법(KS B 0845)에 의한 상의 분류 시 결함의 종별–종류의 연결이 옳은 것은?

① 제1종 – 텅스텐 혼입
② 제2종 – 융합 불량
③ 제3종 – 용입 불량
④ 제4장 – 블로홀

해설

KS B 0845 – 결함의 종별 분류

결함의 종별	결함의 종류
제1종	둥근 블로홀 및 이에 유사한 결함
제2종	가늘고 긴 슬래그 혼입, 파이프, 용입 불량, 융합 불량 및 이와 유사한 결함
제3종	갈라짐 및 이와 유사한 결함
제4종	텅스텐 혼입

39 비파괴검사용 화질지시계 – 원리 및 판정(KS A 4054)에서 규정하고 있는 바늘형 투과도계에 관한 설명으로 옳은 것은?

① 띠형은 7개의 선으로 구성된다.
② 일반형은 9개의 선으로 구성된다.
③ 띠형은 동일 지름의 선으로 구성된다.
④ 일반형은 동일 지름의 선으로 구성된다.

해설

띠형은 동일 지름의 선으로 구성된다.

40 강용접 이음부의 방사선투과시험방법(KS B 0845)에 따라 결함의 점수를 계산할 때 결함이 시험시야의 경계선상에 위치할 경우 측정방법으로 옳은 것은?

① 시야 외의 부분도 포함하여 측정한다.
② 시야 외의 부분도 포함하지 않고 측정한다.
③ 시야 외의 부분이 걸칠 때는 1/2 이상 걸칠 때만 포함하여 측정한다.
④ 시야 외의 부분이 걸칠 때는 1/3 이상 걸칠 때만 포함하여 측정한다.

해설

결함이 시험시야의 경계선상에 위치할 경우 그 시야 외의 부분도 포함하여 측정하여야 한다.

41~45 컴퓨터 문제 삭제

46 금속에 열을 가하여 액체상태로 한 후 고속으로 급랭시켜 원자의 배열이 불규칙한 상태로 만든 합금은?

① 형상기억합금
② 수소저장합금
③ 제진합금
④ 비정질합금

해설

비정질합금

금속이 용해 후 고속급랭시켜 원자가 규칙적으로 배열되지 못하고 액체상태로 응고되어 금속이 되는 것이다. 제조법으로는 기체급랭(진공증착, 스퍼터링, 화학증착, 이온 도금), 액체급랭(단롤법, 쌍롤법, 원심법, 스프레이법, 분무법), 금속이온(전해 코팅법, 무전해 코팅법)이 있다.

47 시멘타이트의 자기변태점 온도는?

① 210℃　　　　② 410℃

③ 723℃　　　　④ 768℃

Fe–C 상태도 내에서 자기변태는 A_0변태(시멘타이트 자기변태 210℃)와 A_2변태(순철의 자기변태 768℃)가 있다.

48 주철에서 어떤 물체에 진동을 주면 진동에너지는 그 물체에 흡수되어 점차 약화되면서 정지하게 되는 것과 같이 물체가 진동을 흡수하는 능력은?

① 감쇠능　　　　② 유동성

③ 연신능　　　　④ 용해능

주철은 감쇠능이 우수한 재질이다.

49 풀림(Annealing) 열처리의 가장 큰 목적은?

① 경 화　　　　② 연 화

③ 취성화　　　　④ 표준화

• 불림(Normalizing) : 결정조직의 물리적, 기계적 성질의 표준화 및 균질화 및 잔류응력제거
• 풀림(Annealing) : 금속의 연화 혹은 응력제거를 위한 열처리
• 뜨임(Tempering) : 담금질에 의한 잔류 응력제거 및 인성 부여
• 담금질(Quenching) : 금속을 급랭함으로써, 원자배열의 시간을 막아 강도, 경도를 높임

50 탄소강에 함유된 원소 중 적열(고온)메짐의 원인이 되는 것은?

① P　　　　　　② S

③ Si　　　　　④ Mn

적열메짐은 황이 많이 함유되어 있는 강이 고온(950℃ 부근)에서 메짐(강도는 증가, 연신율은 감소)이 나타나는 현상으로 Mn을 첨가 시 MnS를 형성하여 적열메짐을 방지할 수 있다.

51 진공 또는 CO의 환원성 분위기에서 용해 주조하여 만들며 O_2나 탈산제를 품지 않는 구리는?

① 전기구리

② 전해인성구리

③ 탈산구리

④ 무산소구리

무산소구리 : 구리 속에 함유되는 산소의 양을 극히 낮게 한 구리

52 SM45C 시험편을 경도기로 경도값을 측정할 때 시험편에 눌린 흔적이 가장 크게 나타나는 경도시험은?

① 쇼어경도시험
② 비커스경도시험
③ 로크웰경도시험
④ 브리넬경도시험

해설
브리넬경도시험의 강구 압입자는 10mm로 가장 크다.

53 상온에서 면심입방격자(FCC)의 결정 구조를 갖는 것끼리 짝지어진 것은?

① Ba, Cr
② Ni, Ag
③ Mg, Cd
④ Mo, Li

해설
결정구조
• 체심입방격자(Body Centered Cubic) : Ba, Cr, Fe, K, Li, Mo, Nb, V, Ta
  배위수 : 8, 원자 충진율 : 68%, 단위격자 속 원자수 : 2
• 면심입방격자(Face Centered Cubic) : Ag, Al, Au, Ca, Ir, Ni, Pb, Ce
  배위수 : 12, 원자 충진율 : 74%, 단위격자 속 원자수 : 4
• 조밀육방격자(Hexagonal Centered Cubic) : Be, Cd, Co, Mg, Zn, Ti
  배위수 : 12, 원자 충진율 : 74%, 단위격자 속 원자수 : 2

54 Al의 표면적을 적당한 전해액 중에서 양극 산화처리하면 표면에 방식성이 우수한 산화피막층이 만들어진다. 알루미늄의 방식 방법에 많이 이용되는 것은?

① 규산법
② 수산법
③ 탄화법
④ 질화법

해설
알루미늄의 방식법으로 산화물피막을 형성시키기 위해 수산법, 황산법, 크롬산법을 이용한다.

55 양백(Nickel Silver)의 주성분에 해당되지 않는 것은?

① Cu
② Ni
③ Zn
④ Sn

해설
Ni-Cu합금
• 양백(Ni-Zn-Cu) : 장식품, 계측기
• 콘스탄탄(40% Ni-55~60% Cu) : 열전쌍
• 모넬메탈(60% Ni) : 내식 · 내열용

56 심랭처리의 목적이 아닌 것은?

① 시효변형을 방지한다.
② 치수의 변형을 방지한다.
③ 강의 연성을 증가시킨다.
④ 잔류오스테나이트를 마텐자이트화 한다.

해설
심랭처리란 잔류오스테나이트를 마텐자이트로 변화시키는 열처리 방법으로 담금질한 조직의 안정화, 게이지강의 자연시효, 공구강의 경도 증가, 끼워맞춤을 위하여 하게 된다.

57 황동의 특성을 설명한 것 중 틀린 것은?

① Cu+Zn의 합금이다.
② β고용체는 조밀육방격자이다.
③ α고용체는 면심입방격자이다.
④ 황동은 Cu에 비하여 주조성, 가공성 등이 좋다.

해설
황동은 Cu와 Zn의 합금으로 Zn의 함유량에 따라 α상 또는 α + β상으로 구분되며 α상은 면심입방격자이며 β상은 체심입방격자를 가지고 있다. 황동의 종류로는 톰백(8~20% Zn), 7 : 3황동(30% Zn), 6 : 4황동(40% Zn) 등이 있으며 7 : 3황동은 전연성이 크고 강도가 좋으며, 6 : 4황동은 열간 가공이 가능하고 기계적 성질이 우수한 특징이 있다.

58 피복아크용접 시 모재 가운데 유황 함유량이 과대하거나 강재에 부착되어 있는 기름, 페인트, 녹 등의 원인으로 발생하는 결함으로 가장 적당한 것은?

① 기 공   ② 언더컷
③ 오버랩   ④ 선상조직

해설
피복아크용접 시 모재 가운데 이물질이 존재할 시 기공이 발생하기 쉽다.

59 용접봉에서 모재로 용융금속이 옮겨가는 용적이행 형식이 아닌 것은?

① 단락형
② 블록형
③ 스프레이형
④ 글로뷸러형

해설
용융금속의 이행 형식으로는 단락형, 스프레이형, 글로뷸러형이 있다.

60 내용적 40L의 산소용기에 130기압의 산소가 들어 있다. 1시간에 400L를 사용하는 토치를 써서 혼합비 1 : 1의 표준 불꽃으로 작업을 한다면 몇 시간이나 사용할 수 있겠는가?

① 13   ② 18
③ 26   ④ 42

해설
$40L \times 130 = 5,200$이고, 1시간에 $400L$의 사용량을 보이므로 $5,200/400 = 13$이 된다.

01 압력이 걸리지 않은 대형 연료탱크 용접부의 누설 가능 여부를 확인코자 할 때 적합한 비파괴시험법은?

① 자분탐상검사 ② 방사선투과검사
③ 와전류탐상검사 ④ 침투탐상검사

해설
침투탐상의 모세관현상을 이용하여 누설 가능 여부를 확인할 수 있다.

02 두꺼운 금속용기 내부에 존재하는 경수소화합물을 검출할 수 있고, 특히 핵연료봉과 같이 높은 방사성 물질의 결함검사에 적용할 수 있는 비파괴검사법은?

① 감마선투과검사 ② 음향방출검사
③ 중성자투과검사 ④ 초음파탐상검사

해설
중성자투과검사란 중성자가 물질을 투과할 때 생기는 감쇠현상을 이용한 검사법으로 수소화합물 검출에 주로 사용된다.

03 시험체에 대한 와전류의 침투깊이에 영향을 미치지 않는 것은?

① 전도율 ② 투자율
③ 시험주파수 ④ 자속밀도

해설
표피효과(Skin Effect)란 교류전류가 흐르는 코일에 도체가 가까이 가면 전자유도현상에 의해 와전류가 유도되며, 이 와전류는 도체의 표면 근처에서 집중되어 유도되는 효과로 침투깊이는 $\delta = \dfrac{1}{\sqrt{\pi \rho f \mu}}$ 로 나타내며, ρ : 전도율, μ : 투자율, f : 주파수로 전도율, 투자율, 주파수에 반비례하고, 표피효과가 작아질수록 침투깊이는 깊어지는 것을 알 수 있다.

04 다음 중 자분탐상검사, 침투탐상검사, 와전류탐상 검사의 공통점은?

① 비금속 재료의 검사에 적용 가능하다.
② 비자성체 재료의 검사에 적용 가능하다.
③ 표면 직하의 결함에 대한 검출 감도가 높다.
④ 개구된 결함의 검출 감도가 우수하다.

해설
자분탐상 및 와전류탐상의 경우 표면 및 표면 직하의 결함검출을 할 수 있으며, 침투탐상의 경우 표면(개구부) 결함탐상을 할 수 있으므로 공통점은 표면의 열린 개구부 검출이 된다.

05 와전류탐상검사에서 신호 대 잡음비(S/N비)를 변화시키는 것이 아닌 것은?

① 주파수의 변화
② 필터(Filter) 회로 부가
③ 모서리효과(Edge Effect)
④ 충전율 또는 리프트오프(Lift-off)의 개선

해설
신호 대 잡음비
신호 대 잡음의 상대적인 크기를 재는 것으로 주파수를 변화하거나 필터를 거쳐 잡음을 잡는 것 혹은 충전율 또는 리프트 오프의 개선을 통해 변화시킬 수 있다. 또한 고수준 시스템에서는 수신회로의 온도를 절대온도로 낮추어 내부 잡음을 최소화하기도 한다.
※ 모서리 효과(Edge Effect) : 코일이 시험체의 모서리 또는 끝부분에 다다르면 와전류가 휘어지는 효과로 모서리에서 3mm 정도는 검사가 불확실하다.

1 ④ 2 ③ 3 ④ 4 ④ 5 ③ **정답**

06 침투탐상검사에서 현상제를 구분하는 방식이 아닌 것은?

① 건 식
② 습 식
③ 속건식
④ 후유화식

후유화성은 침투액을 구분하는 방식이다.

08 다음 비파괴시험 중 표면결함 또는 표층부에 관한 정보를 얻기 위한 시험으로 맞게 조합된 것은?

① 육안시험, 자분탐상시험
② 침투탐상시험, 방사선투과시험
③ 자분탐상시험, 초음파탐상시험
④ 와류탐상시험, 초음파탐상시험

표면결함검출에는 육안시험, 자분탐상, 침투탐상, 와전류 등이 있다. 내부결함검출에는 초음파, 방사선이 대표적이다.

09 암모니아 누설검사의 기본 원리는?

① 암모니아 추적자와 검지제와의 화학적 작용과 변색
② 암모니아 추적자를 포집기로 포집하여 분석
③ 물에 흡수된 암모니아 추적자의 성분 분석
④ 암모니아 추적자의 독특한 냄새에 의한 분석

누설검사는 공기, 암모니아, 질소, 할로겐 등의 가스를 사용하여 내·외부의 유체의 흐름 혹은 화학적 작용과 변색을 감지하는 시험으로 독성과 폭발에 주의해야 한다.

07 지름 20cm, 두께 1cm, 길이 1m인 관에 열처리로 인한 축방향의 균열이 많이 발생하고 있다. 이러한 시험체에 자분탐상검사를 실시하고자 할 때 가장 적합한 방법은?

① 프로드(Prod)에 의한 자화
② 요크(Yoke)에 의한 자화
③ 전류관통법(Central Conductor)에 의한 자화
④ 케이블(Cable)에 의한 자화

축방향의 균열이 발생하므로 전류통전법을 사용하는 것이 가장 적합하다.
자화방법
• 시험체에 자속을 발생시키는 방법
• 선형자화 : 시험체의 축 방향을 따라 선형으로 발생하는 자속(코일법, 극간법)
• 원형자화 : 환봉, 철선 등 전도체에 전류를 흘려 주위에 발생하는 자력선이 원형으로 형성하는 자속(축통전법, 프로드법, 중앙전도체법, 직각통전법, 전류통전법)

10 X선 발생장치와 비교하여 γ선 조사장치에 의한 투과사진을 얻을 때의 장점으로 틀린 것은?

① 에너지량을 손쉽게 조절할 수 있다.
② 조사를 360° 또는 일정 방향으로의 조절이 쉽다.
③ 야외작업 시 이동이 용이하여 전원이 필요하지 않다.
④ 동일한 크기의 에너지를 사용하는 경우 X선 발생 장치보다 검사 비용이 저렴하다.

γ선 조사장치는 일정한 방사능 강도를 내며, 에너지량은 조절할 수 없다.

11 와전류탐상시험에 대한 설명 중 틀린 것은?

① 시험코일의 임피던스 변화를 측정하여 결함을 식별한다.

② 접촉식 탐상법을 적용함으로써 표피효과가 발생하지 않는다.

③ 철, 비철재료의 파이프, 와이어 등 표면 또는 표면 근처 결함을 검출한다.

④ 시험체 표층부의 결함에 의해 발생된 와전류의 변화를 측정하여 결함을 식별한다.

해설

와전류탐상은 표피효과로 인해 표면 근처의 시험에만 적용 가능하다.

12 초음파탐상시험법을 원리에 따라 분류할 때 포함되지 않는 것은?

① 투과법　　　　② 공진법

③ 표면파법　　　④ 펄스반사법

해설

초음파탐상법의 원리 분류 중 송·수신 방식에 따라 반사법(펄스반사법), 투과법, 공진법이 있으며, 표면파법은 탐촉자의 진동 방식에 의한 분류이다.

13 초음파탐상시험에서 한국산업표준(KS)의 표준시험편 중 수직탐상의 감도조정용으로만 사용되는 것은?

① RB-4　　　　② STB-A1

③ STB-A2　　　④ STB-G

해설

수직탐상의 탐상감도조정용으로 STB-G형과 STB-N형이 사용되며, 대비 시험편의 경우 RB-4, RB-D가 사용된다.

14 침투탐상검사에서 현상제의 종류를 구분하는 방법은?

① 침투액을 흡출하는 원리와 방법

② 침투액의 색상변화와 유도방법

③ 현상제의 지시형성 방법

④ 현상제를 매체에 현탁시키는 방법

해설

현상제를 매체에 현탁시키는 방법으로 구분하며, 침투제와의 현탁성에 의해 지시 모양을 상으로 볼 수 있다.

15 다음 방사선 투과사진의 인공결함 중 현상처리 전에 기인된 결함이라 볼 수 없는 것은?

① 반점(Spotting)

② 필름 스크래치(Film Scratch)

③ 눌림 표시(Pressure Mark)

④ 광선노출(Light Exposure)

해설

현상처리 전 인공결함으로는 필름 스크래치, 구겨짐 표시, 눌림 표시, 정전기 표시, 스크린 표시, 안개현상, 광선노출이 있다.

138 ■ PART 02 과년도 + 최근 기출복원문제　　　　　11 ② 12 ③ 13 ④ 14 ④ 15 ① **정답**

16 다음 중 X-선 발생장치에 관한 설명으로 옳지 않은 것은?

① 관전압을 증가시키면 고에너지의 X-선이 발생된다.

② 관전류를 증가시키면 필라멘트의 온도가 감소하게 된다.

③ 관전압을 증가시키면 발생된 열전자의 속도가 빨라지게 된다.

④ 관전류를 증가시키면 발생되는 방사선의 양이 많아지게 된다.

해설
관전류를 증가시키면 필라멘트 온도는 증가하며, 방사선 양이 많아진다.

17 다음 중 γ선의 에너지를 나타내는 단위는?

① Ci

② MeV

③ RBE

④ Roentgen

해설
γ선의 에너지를 나타내는 단위는 MeV이다.

18 다른 조건은 같고 비방사능만 커졌을 경우 방사선 투과사진의 선명도에 대한 설명으로 가장 적절한 것은?

① 선명도가 좋아진다.

② 선명도가 나빠진다.

③ 선명도에는 변화가 없다.

④ 상이 모두 백색계열의 상태로 나타난다.

해설
비방사능
동위원소의 단위질량당 방사능의 세기로 비방사능이 커지면 상대강도가 선원보다 크기가 작게 되어 선명도가 향상되며, 선원이 작게 되면서 자기흡수 역시 적게 된다.

19 반가층이 1.2cm인 납판으로 γ선을 차폐한 결과 강도가 1/8로 감소되었을 때 이 납판의 두께는?

① 1.2cm

② 2.4cm

③ 3.6cm

④ 4.8cm

해설
반가층이 12mm이고, 선양률을 처음의 1/8로 줄이기 위해 반가층은 $2^3 = 8$로 3회가 되므로, $12 \times 3 = 36mm = 3.6cm$가 된다.

20 다음 중 방사선투과검사 시 필름건조기 내부의 온도로 가장 적절한 것은?

① 약 20℃   ② 약 40℃

③ 약 80℃   ④ 약 100℃

해설
건조처리
• 자연건조와 필름건조기를 사용
• 대부분 필름건조기를 사용하며, 50℃ 이하의 온도에서 30~45분 정도 처리

21 시험체의 형상이 게이지나 캘리퍼스로 두께측정이 곤란한 경우 방사선을 이용한 두께측정이 가능할 수 있다. 방사선투과시험에서 두께측정을 위해 사용되는 것은?

① 브롬화은(AgBr)

② 투과도계(Penetrameter)

③ 산화납스크린(Lead Oxide Screen)

④ 동일 재질의 스텝웨지(Step Wedge)

해설

두께측정은 스텝웨지로 한다.

22 가속된 전자가 빠른 속도로 어떤 물질에 부딪혀 생성되는 매우 짧은 파장을 갖는 전자파 방사선을 무엇이라 하는가?

① α선

② X선

③ γ선

④ 중성자선

해설

X선 : 가속된 전자가 빠른 속도로 어떤 물질에 부딪혀 생성되는 매우 짧은 파장을 갖는 전자파 방사선

23 다음 중 방사선투과검사의 적용 특성에 관한 설명으로 가장 거리가 먼 것은?

① 라미네이션과 같은 면상결함의 경우 결함의 방향에 따라 검출하지 못할 수도 있다.

② 다른 비파괴검사법에 비해 방사선투과검사법은 비용과 시간이 많이 드는 방법이다.

③ 방사선투과검사를 수행하면 시험체 내부에 존재하는 결함의 깊이를 정확히 측정할 수 있다.

④ 블로홀이나 개재물과 같은 체적결함의 경우 그 크기가 단면두께에 비해 현저히 작지 않는 한 검출이 가능하다.

해설

방사선은 내부결함을 탐상하는 것으로는 깊이를 정확히 측정할 수 없다.

24 다음 중의 방사선투과검사에 사용되지 않는 방사성 동위원소는?

① Co-60

② Cs-137

③ I-130

④ Ir-192

해설

• γ선 : 방사성 동위원소의 원자핵이 붕괴할 때 방사되는 전자파

• 방사선 동위원소(RI)로는 Co-60, Ir-192, Cs-137, Tm-170, Ra-226 등이 있음

25 방사선투과검사에서 H&D 커브라고도 하며 노출량을 조절하여 투과사진의 농도를 변경하고자 할 때 필요한 것은?

① 노출도표

② 초점의 크기

③ 필름의 특성곡선

④ 동위원소의 붕괴곡선

해설

필름특성곡선(Characteristic Curve)

• 특정한 필름에 대한 노출량과 흑화도와의 관계를 곡선으로 나타낸 것이다.

• H&D곡선, Sensitometric 곡선이라고도 한다.

• 이 필름특성곡선을 이용하여 노출조건을 변경하면 임의의 투과사진 농도를 얻을 수 있다.

26 방사선투과검사 후 필름을 현상하였더니 결함이 아닌 검은색의 초승달 무늬가 나타났다면 이에 대한 원인으로 보기에 가장 적절한 것은?

① 정전기에 의한 정전기 마크이다.
② 현상액의 온도가 높아서 생긴 것이다.
③ 필름을 조사한 후 구겨져서 생긴 것이다.
④ 필름을 조사하기 전 구겨져서 생긴 것이다.

해설
필름을 조사한 후 구겨져서 생긴 것으로 주변보다 낮은 농도의 초승달 모양이 생긴다.

27 X-선 물질의 상호작용은 원자 내의 어떤 구성요소와 주로 이루어지는가?

① 중성자
② 양성자
③ 원자핵
④ 궤도전자

해설
X-선은 원자의 궤도전자가 이탈하면서 발생하는 방사선이다.

28 주강품의 방사선투과시험방법(KS D 0227)에 관한 설명으로 옳지 않은 것은?

① 결함치수를 측정하는 경우 명확한 부위만 측정하고 주위의 흐림은 측정범위에 넣지 않는다.
② 투과사진을 관찰하여 명확히 결함이라고 판단되는 음영에만 주목하고 불명확한 음영은 대상에서 제외한다.
③ 2개 이상의 결함이 투과사진 위에서 겹쳐 있다고 보여지는 음영에 대하여는 원칙적으로 개개로 분리하여 측정한다.
④ 시험부의 호칭두께에 따른 시험시야를 먼저 설정하며, 시험부의 호칭두께는 주조된 상태의 두께를 측정하여 결정한다.

해설
시험부의 호칭두께에 따른 투과두께를 먼저 설정한다.

29 방사선 측정기 중 여기작용에 의하여 발생되는 형광의 방출을 이용한 것은?

① GM 계수기(GM Counter)
② 이온 진리함(Ionization Chamber)
③ 비례 계수기(Proportional Counter)
④ 신틸레이션 계수기(Scintillation Counter)

해설
여기작용을 이용한 검출기
• 신틸레이션 계수기(Scintillation Counter)가 대표적인 검출기
• 하전입자가 어떤 물질에 부딪히면 발광하는 현상(신틸레이션)을 이용하는 신틸레이터(Scintillator)와 광전자증배관(Photo Multiplier Tube)를 결합하여 사용
• 방사선별 사용 검출기 종류
  - X선, γ선 검출 : NaI(Tl), CsI(Tl)
  - α선 검출 : ZnS(Ag)

30 1dps(Disintegration Per Second)와 같은 크기인 것은?

① 1μCi
② 1Bq
③ 1Gy
④ 1Sv

해설
초당 붕괴수(Disintegration Per Second : dps)
• 매초당 붕괴수를 말하며, 매분당 붕괴수(dpm)도 많이 쓰임
• SI단위로는 Bq(Becquerel)을 사용(1Bq=1dps)

31 방사성 동위원소 취급 시 반감기란 중요한 특성이다. 6반감기가 경화한 후 에너지의 강도는 초기 강도의 약 몇 % 정도되는가?

① 2%

② 4%

③ 8%

④ 13%

해설

$100 \times \frac{1}{2^6} = 1.56$이므로 약 2% 정도된다.

32 강용접 이음부의 방사선 투과시험방법(KS B 0845)에서는 용접 이음부의 모양마다 투과사진의 상질 종류에 따라 적용 구분을 다르게 나타낸다. 다음 중 용접 이음부의 모양과 상질의 종류가 서로 일치하지 않는 것은?

① A급 : 강판의 맞대기용접 이음부

② B급 : 강관의 원둘레용접 이음부

③ P1급 : 강관의 Y용접 이음부

④ F급 : 강판의 T용접 이음부

해설

투과사진의 상질의 적용 구분

용접 이음부의 모양	상질의 종류
강판의 맞대기용접 이음부 및 촬영시의 기하학적 조건이 이와 동등하다고 보는 용접 이음부	A급, B급
강관의 원둘레용접 이음부	A급, B급, P1급, P2급
강판의 T용접 이음부	F급

33 방사선 방어용 측정기 중 패용자의 자기감시가 가능한 것은?

① 필름 배지

② 포켓 선량계

③ 열형광 선량계

④ 초자 선량계

해설

포켓 도시미터(Pocket Dosimeter)
• 피폭된 선량을 즉시 측정할 수 있는 개인 피폭 관리용 선량계
• 가스를 채워 넣은 전리함으로 기체의 전리작용에 의한 전하의 방전을 이용한 측정계
• 감도가 양호하며, 크기가 작아 휴대가 용이
• 선질 특성이 좋고 시간 및 장소에 구애받지 않음
• 온도에 영향을 많이 받으며, 측정오차가 큼

34 인체 내에 피폭될 때 가장 큰 위험을 일으키는 방사선은?

① α선

② β선

③ γ선

④ X-선

해설

α선은 투과력이 약해 내부 피폭은 잘 일어나지 않지만, 내부 피폭이 일어난다면 외부로 나오기 어려워 내부 장기와 조직에 심각한 영향을 미친다.

35 다음 중 γ선 조사기에 사용되는 차폐용기로 가장 효율적인 것은?

① 철

② 고령토

③ 콘크리트

④ 고갈우라늄

해설

차폐 : 선원과 작업자 사이에는 차폐물을 사용할 것
• 방사선을 흡수하는 납, 철판, 콘크리트, 우라늄 등을 이용
• 차폐제의 재질은 일반적으로 원자번호 및 밀도가 클수록 차폐효과가 큼
• 차폐체는 선원에 가까이 할수록 차폐제의 크기를 줄일 수 있어 경제적

36 방사선 안전관리 등의 기술기준에 관한 규칙에 따라 방사성 동위원소를 이동 사용하는 경우에 관한 설명으로 옳지 않은 것은?

① 사용시설 또는 방사선관리구역 안에서 사용하여야 한다.
② 전용 작업장을 설치하거나, 차폐벽 등으로 방사선을 차폐하여야 한다.
③ 감마선 조사장치를 사용하는 경우에는 콜리미터를 반드시 사용할 필요는 없다.
④ 정상적인 사용상태에서는 밀봉선원이 개봉 또는 파괴될 우려가 없도록 해야 한다.

해설
감마선 조사장치를 사용하는 경우 피폭량 측정을 위해 콜리미터(콜리메이터)를 반드시 사용해야 한다.

37 알루미늄평판접합 용접부의 방사선투과시험방법 (KS D 0242)에 의해 투과시험할 때 촬영배치에 관한 설명으로 옳은 것은?

① 1개의 투과도계를 촬영할 필름 밑에 놓는다.
② 계조계는 시험부 유효길이의 바깥에 놓는다.
③ 계조계는 시험부와 필름 사이에 각각 2개를 놓는다.
④ 2개의 투과도계를 시험부 방사면 위 용접부 양쪽에 각각 놓는다.

해설
KS D 0242 - 촬영배치
• 투과도계는 시험부의 방사면 위에 있는 용접부를 넘어 서서 시험부의 유효길이 L_3의 양끝 부근에 투과도계의 가장 가는 선이 외측이 되도록 각 1개를 둔다.
• 계조계는 시험부의 선원측의 모재부 위에, 시험부 유효길이의 중앙 부근의 용접선 근처에 둔다.

38 서베이미터의 배율 조정이 ×1, ×10, ×100으로 되어 있는데, 지시눈금의 위치가 3mR/h이고, 배율 조정 손잡이가 ×100에 있다면 이때 방사선량률은 얼마인가?

① 3mR/h
② 30mR/h
③ 300mR/h
④ 3,000mR/h

해설
지시눈금이 3mR/h이며, 배율이 ×100이었다면 3×100 = 300 mR/h가 된다.

39 강용접 이음부의 방사선투과시험방법(KS B 0845)에 따라 두께 25mm 강판맞대기 용접 이음부의 촬영 시 투과도계를 중앙에 1개만 놓아도 되는 경우는?

① 시험부 유효길이가 투과도계 너비의 3배 이하인 때
② 시험부 유효길이가 투과도계 너비의 4배 이하인 때
③ 시험부 유효길이가 시험편 두께의 4배(100mm) 이하인 때
④ 시험부 유효길이가 시험편 두께의 6배(150mm) 이하인 때

해설
시험부의 유효길이가 투과도계의 너비의 3배 이하인 경우, 투과도계는 중앙에 1개만 둘 수 있다.

40 주강품의 방사선투과시험방법(KS D 0227)에서 갈라짐이 존재하는 경우 흠의 영상 분류로 옳은 것은?

① 1류
② 2류
③ 4류
④ 6류

해설
KS B 0845 - 흠의 치수측정방법
갈라짐이 존재하는 경우는 항상 6류로 한다.

41 ASEM Sec. V에 의거하여 투과도계 감도를 나타내는 기호 2-2T에서 "2"와 "2T"에 관한 설명으로 옳은 것은?

① 2 : 투과도계 두께(시험체 두께의 2%)

  2T : 꼭 나타나야 할 투과도계 Hole 직경

② 2 : 투과도계 등가감도

  2T : 꼭 나타나야 할 투과도계 Hole 직경

③ 2 : 투과도계 Hole 직경

  2T : 투과도계 두께(시험체 두께의 2%)

④ 2 : 투과도계 등가감도

  2T : 투과도계 두께(시험체 두께의 2%)

2-2T : 투과도계 두께가 2, 투과도계 홀 직경이 2를 나타낸다.

42 강용접 이음부의 방사선투과시험방법(KS B 0845)에서 규정하고 있는 A급 상질의 투과사진 농도 범위는?

① 1.0 이상 3.5 이하

② 1.0 이상 3.0 이하

③ 1.3 이상 4.0 이하

④ 1.8 이상 4.0 이하

KS B 0845 – 사진농도범위

영상질의 종류	농도범위
A급	1.3 이상 4.0 이하
B급	1.8 이상 4.0 이하

43 다음 중 중금속끼리 짝지어진 것은?

① Cu, Fe, Pb

② Sn, Mg, Fe

③ Ni, Al, Cu

④ Be, Au, Ag

비중 4.5(5)를 기준으로 4.5(5) 이하를 경금속(Al, Mg, Ti, Be), 4.5(5) 이상을 중금속(Cu, Fe, Pb, Ni, Sn)

44 인장시험 중 응력이 작을 때 늘어난 재료에 하중을 제거하면 원위치로 되돌아가는 현상을 무엇이라 하는가?

① 탄성변형

② 상부 항복점

③ 하부 항복점

④ 최대 하중점

탄성변형 : 외부로부터 힘을 받은 물체의 모양이나 체적의 변화가 힘을 제거했을 때 원래로 돌아가는 성질(스펀지, 고무줄, 고무공, 강철 자 등)

45 주철 조직관계를 대표적으로 나타낸 마우러 조직도에서 X, Y축에 해당되는 것은?

① 냉각속도, 온도

② 온도, 탄소(C)의 영향

③ 인(P) 함량, 황(S) 함량

④ 규소(Si) 함량, 탄소(C) 함량

마우러 조직도 : C, Si양과 조직의 관계를 나타낸 조직도

46 금속의 결정 중 단위격자 중심에 원자 1개가 존재하고, 외곽에 원자가 1/8식 8개가 존재하는 그림과 같은 결정 구조는?

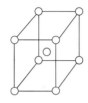

① 조밀육방격자

② 면심입방격자

③ 단순격자

④ 체심입방격자

체심입방격자(Body Centered Cubic)

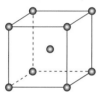

- Ba, Cr, Fe, K, Li, Mo, Nb, V, Ta
- 배위수 : 8
- 원자충진율 : 68%
- 단위격자 속 원자수 : 2
- 성질 : 강도가 크고 융점이 높다, 전연성이 작다.

47 전도성이 좋고 가공성도 우수하며 수소메짐성이 없어서 주로 전자기기 등에 사용되는 O_2나 탈산제를 품지 않은 구리는?

① 전기구리

② 탈산구리

③ 전해인성구리

④ 무산소구리

무산소구리는 구리 속에 함유되는 산소의 양을 극히 낮게 한 구리이다.

48 전극을 제조하기 위해 전극재료를 선택하고자 할 때의 조건으로 틀린 것은?

① 비저항이 클 것

② SiO_2와 밀착성이 우수할 것

③ 산화 분위기에서 내식성이 클 것

④ 금속규화물의 용융점이 웨이퍼 처리온도보다 높을 것

전극재료는 비저항이 작아야 한다.

49 Al-Si계 합금의 설명으로 틀린 것은?

① 10~13%의 Si가 함유된 합금을 실루민이라 한다.

② Si의 함유량이 증가할수록 팽창계수와 비중이 높아진다.

③ 다이캐스팅 시 용탕이 급랭되므로 개량처리하지 않아도 조직이 미세화된다.

④ Al-Si계 합금용탕에 금속나트륨이나 수산화나트륨 등을 넣고 10~50분 후에 주입하면 조직이 미세화된다.

Al-Si(실루민)
- 10~14% Si를 첨가
- Na을 첨가하여 개량화 처리를 실시
- 용융점이 낮고 유동성이 좋아 넓고 복잡한 모래형 주물에 이용
- 개량화 처리 시 용탕과 모래형 수분과의 반응으로 수소를 흡수하여 기포 발생
- 다이캐스팅에는 급랭으로 인한 조직 미세화
- 열간 메짐이 없음
- Si 함유량이 많아질수록 팽창계수와 비중은 낮아지며 주조성, 가공성이 나빠짐

50 주석청동의 용해 및 주조에서 1.5~1.7%의 아연을 첨가할 때의 효과로 옳은 것은?

① 수축률이 감소된다.
② 침탄이 촉진된다.
③ 취성이 향상된다.
④ 가스가 혼입된다.

해설
주석청동에 1.5~1.7%의 아연을 첨가하면 성형성이 좋고 강인하며 수축률이 감소된다.

51 공석강을 A_1 변태점 이상으로 가열했을 때 얻을 수 있는 조직으로서 비자성이며 전기저항이 크고, 경도가 100~200HV이며, 18-8 스테인리스강의 상온에서도 관찰할 수 있는 조직은?

① 페라이트
② 펄라이트
③ 오스테나이트
④ 시멘타이트

52 강의 표면경화법 중 화학적 방법이 아닌 것은?

① 침탄법
② 질화법
③ 침탄질화법
④ 화염경화법

해설
화염경화법은 물리적 방법에 속한다.

53 내식성 알루미늄 합금 중 Al에 1~1.5% Mn을 함유하여 용접성이 우수하여 저장탱크, 기름탱크 등에 사용되는 것은?

① 알 민
② 알드리
③ 알클래드
④ 하이드로날륨

해설
Al−Mn(알민) : 가공성과 용접성 우수, 저장탱크나 기름탱크에 사용

54 냉간가공 후 재료의 기계적 성질을 설명한 것 중 틀린 것은?

① 항복강도가 증가한다.
② 연신율이 증가한다.
③ 경도가 증가한다.
④ 인장강도가 증가한다.

해설
냉간가공 후 연신율은 감소한다.

55 0.80% C의 공석조성에서 합금이 완전히 펄라이트로 변태할 때, 펄라이트 내의 페라이트의 분율은 약 몇 %인가?(단, α의 탄소고용량은 0.2%이다)

① 11%　　　　② 22%
③ 75%　　　　④ 88%

해설
공석강에서의 페라이트의 분율(wt%)
$$\frac{6.67 - 0.8}{6.67 - 0.02} \times 100\% = 88\%$$

56 특수금속재료 중 리드 프레임(Lead Frame) 재료에 요구되는 특성으로 틀린 것은?

① 열전도율 및 전기전도율이 클 것
② 충분한 기계적 강도를 가질 것
③ 반복 굽힘 강도가 우수할 것
④ 금 도금성 및 납땜성이 없을 것

해설
리드 프레임(Lead Frame)은 반도체 칩을 올려 부착하는 금속기판으로 전기전도를 좋게 하기 위해 금 도금이 잘되어야 하며, 납땜성이 좋아야 한다.

57 강에 S, Pb 등의 특수원소를 첨가하여 절삭할 때, 칩을 잘게 하고 피삭성을 좋게 만든 강을 무엇이라 하는가?

① 베어링강
② 쾌삭강
③ 스프링강
④ 불변강

해설
황쾌삭강, 납쾌삭강, 흑연쾌삭강 등을 말하며, Pb, S 등을 소량 첨가하여 절삭성을 향상시킨 강

58 용접기의 종류 및 규격에 AW-200이란 표시가 있을 경우 AW는 무엇을 뜻하는가?

① 교류아크용접기
② 정격 사용률
③ 2차 최대 전류
④ 정격 2차 전류

해설
AW는 교류아크용접기를 의미한다.

59 다음 중 점용접 조건의 3요소가 아닌 것은?

① 전류의 세기
② 통전시간
③ 너 겟
④ 가압력

해설
점용접의 3요소는 전류의 세기, 통전시간, 가압력이다.

60 아크용접 시 몸을 보호하기 위해서 착용하는 보호구가 아닌 것은?

① 용접장갑
② 팔 덮개
③ 용접헬멧
④ 용접홀더

해설
용접홀더는 용접봉을 잘 고정시키기 위하여 있는 것이다.

01 자분탐상시험 중 시험체를 먼저 자화시킨 다음 자분을 뿌려 검사하는 방법을 무엇이라 하는가?

① 연속법
② 잔류법
③ 습식법
④ 건식법

해설
• 잔류법은 시험체에 외부로부터 자계를 소거한 후 자분을 적용하는 방법이며, 잔류자속밀도가 결함누설자속에 영향을 미친다.
• 연속법은 시험체에 외부로부터 자계를 준 상태에서 자분을 적용하는 방법이며, 잔류법보다 강한 자계에서 탐상하여 미세 균열의 검출 감도가 높다.

02 와전류탐상검사에서 사용하는 시험코일이 아닌 것은?

① 내삽형 코일
② 표면형 코일
③ 침투형 코일
④ 관통형 코일

해설
와전류탐상시험에서의 시험코일은 관통코일, 내삽코일, 표면코일이 있다.
• 관통코일 : 시험체를 시험코일 내부에 넣고 시험하는 코일
• 내삽코일 : 시험체 구멍 내부에 코일을 삽입하여 구멍의 축과 코일 축을 맞추어 시험하는 코일
• 표면코일 : 코일 축이 시험체 면에 수직인 경우 시험하는 코일

03 결함검출 확률에 영향을 미치는 요인이 아닌 것은?

① 결함의 이방성
② 균질성이 있는 재료 특성
③ 검사시스템의 성능
④ 시험체의 기하학적 특징

해설
균질성이란 성분이나 특성이 전체적으로 같은 성질로 결함검출 확률에는 미치지 않는다.

04 가동 중인 열교환기 튜브의 전체 벽두께를 측정할 수 있는 초음파탐상검사법은?

① EMAT
② IRIS
③ PAUT
④ TOFD

해설
• 내부초음파검사시스템(Internal Rotary Inspection System) : 초음파 빔을 튜브벽의 내부와 외부의 튜브벽 두께에 투과시켜 두께의 손실을 검출하는 시스템
• 비행회절법(Time of Flight Diffraction Technique) : 결함 끝부분의 회절초음파를 이용하여 결함의 높이를 측정하는 것

05 X선 필름에 영향을 주는 후방산란을 방지하기 위한 가장 적당한 조작은?

① X선관 가까이 필터를 끼운다.
② 필름의 표면과 피사체 사이를 막는다.
③ 두꺼운 마분지로 필름 카세트를 가린다.
④ 두꺼운 납판으로 필름 카세트 후면을 가린다.

해설
방사선의 후방 산란 방지와 확인 : 방사선의 후방산란을 흡수하기 위하여 필름 또는 필름의 뒷면에 적당한 두께의 납층을 붙이고 촬영하여야 한다.

06 초음파의 발생에서 음속(C), 주파수(f), 파장(λ)과의 관계를 옳게 표현한 것은?

① $C = \dfrac{\lambda}{f}$ ② $C = \dfrac{f}{\lambda}$

③ $C = f\lambda$ ④ $C = \dfrac{1}{f\lambda}$

해설

주파수와 음속의 관계 : $C = \dfrac{\lambda}{T} = f \times \lambda$

07 시험체에 있는 도체에 전류가 흐르도록 한 후 형성된 시험체 중의 전위분포를 계측해서 표면부의 결함을 측정하는 시험법은?

① 광탄성시험법
② 전위차시험법
③ 응력 스트레인 측정법
④ 적외선 서모그래픽 시험법

해설

전자기의 원리를 사용하는 검사방법은 자분탐상, 와전류탐상, 전위차법 등이 있으며, 전위분포를 계측해서 결함을 측정하는 시험은 전위차시험법이다.

08 표면 또는 표면직하 결함검출을 위한 비파괴검사법과 거리가 먼 것은?

① 중성자투과검사
② 자분탐상검사
③ 침투탐상검사
④ 와전류탐상검사

해설

중성자투과검사란 중성자가 물질을 투과할 때 생기는 감쇠현상을 이용한 검사법으로 내부결함탐상에 사용된다.

09 누설비파괴검사법 중 헬륨질량분석시험의 종류가 아닌 것은?

① 검출기프로브법
② 침지법
③ 진공후드법
④ 압력변화법

해설

압력변화법은 방치법에 의한 누설검사방법이다.

10 시험체의 양면이 서로 평행해야만 최대의 효과를 얻을 수 있는 비파괴검사법은?

① 방사선투과시험의 형광투시법
② 자분탐상시험의 선형자화법
③ 초음파탐상시험의 공진법
④ 침투탐상시험의 수세성 형광침투법

해설

공진법 : 시험체의 고유 진동수와 초음파의 진동수를 일치할 때 생기는 공진현상을 이용하여 시험체의 두께측정에 주로 적용하는 방법

정답 6 ③ 7 ② 8 ① 9 ④ 10 ③   2013년 제1회 과년도 기출문제 ■ 149

11 다음 중 와전류탐상시험으로 측정할 수 있는 것은?

① 절연체인 고무막 두께
② 액체인 보일러의 수면 높이
③ 전도체인 파이프의 표면결함
④ 전도체인 용접부의 내부결함

해설
와전류탐상은 전자유도에 의한 법칙이 적용되며, 표면 및 표면 직하까지 검출 가능하다.

12 침투탐상시험을 위한 침투액의 조건이 아닌 것은?

① 침투성이 좋을 것
② 형광휘도나 색도가 뚜렷할 것
③ 점도가 높을 것
④ 부식성이 없을 것

해설
점도가 높을 경우 침투액이 잘 스며들지 않을 수 있다.

13 용제제거성 형광침투탐상검사의 장점이 아닌 것은?

① 수도시설이 필요 없다.
② 구조물의 부분적인 탐상이 가능하다.
③ 표면이 거친 시험체에 적용할 수 없다.
④ 형광침투탐상검사방법 중에서 휴대성이 가장 좋다.

해설
용제제거성 침투제는 오직 용제로만 세척되는 침투제로 물이 필요하지 않고 검사 장비가 단순하다. 야외검사 시 많이 사용되고 국부적 검사에 많이 적용된다. 다만, 표면이 거친 시험체에는 적용하기 어렵다.

14 누설검사시험 중 누설량의 값을 쉽게 알 수 있는 방법은?

① 발포법
② 헬륨법
③ 방치법
④ 암모니아법

해설
미세한 누설에는 헬륨누설검사법이 주로 사용되며, 누설량의 값을 쉽게 알 수 있다.

15 다음 중 방사선투과시험 시 노출도표에 반드시 명기하지 않아도 되는 것은?

① 현상조건
② 증감지의 종류
③ 장비의 제조 연, 월, 일
④ 선원과 필름 사이의 거리

해설
노출도표
• 가로축은 시험체의 두께, 세로축은 노출량(관전류×노출시간 : mA×min)을 나타내는 도표
• 관전압별 직선으로 표시되어 원하는 사진농도를 얻을 수 있게 노출조건을 설정 가능
• 시험체의 재질, 필름 종류, 스크린 특성, 선원-필름 간 거리, 필터, 사진처리 조건 및 사진농도가 제시되어 있는 도표

16 Co-60 선원에서 4 반감기가 지난 후의 방사선원의 강도는 최초의 방사선 강도의 몇 %인가?

① 6.25% ② 12.5%

③ 25% ④ 50%

해설

$$100\% \times \frac{1}{2^4} = 100 \times \frac{1}{16} = 6.25\%$$

17 다음 중 선흡수계수에 관한 설명으로 틀린 것은?

① 선흡수계수는 방사선의 에너지가 클수록 크다.
② 선흡수계수는 물체의 원자번호가 클수록 크게 된다.
③ 선흡수계수는 물체의 밀도가 클수록 크게 된다.
④ 선흡수계수가 클수록 방사선 감쇠의 정도가 커진다.

해설

흡수체에 의한 감쇠

흡수체를 통과함에 따라 물질과의 상호작용을 거쳐 방사선의 세기는 지수함수적으로 줄어든다.

$I = I_0 e^{-\mu t}$

I_0 : 방사선의 초기 강도, e : 자연대수, μ : 선형흡수계수, t : 시험체 두께

따라서, 방사선의 에너지가 높을 때 낮아진다.

18 산란방사선의 영향을 줄이기 위한 방법이 아닌 것은?

① 연질방사선을 사용한다.
② 증감지를 사용한다.
③ 마스크를 사용한다.
④ 다이어프램을 설치한다.

해설

산란방사선 영향을 최소화하는 방법

• 후면납판 사용 : 필름 뒤 납판을 사용함으로써 후방산란방사선 방지
• 마스크 사용 : 제품 주위 납판을 둘러 불필요한 일차 방사선 방지
• 필터 사용 : X선에 적용가능하며, 방사선을 선별하여 산란방사선의 발생을 저지
• 콜리메이터, 다이어프램, 콘 사용 : 필요 부분에만 방사선을 보내주는 방법
• 납증감지의 사용 : 카세트 내 필름 전후면에 납증감지를 부착해 산란 방사선 방지

19 다음 그림은 필름 X를 사용하여 10mA-min으로 노출했을 때 관심 부위의 농도가 0.7이었다. 관심 부위의 농도를 2.0으로 하고자 할 때 필요한 노출은?

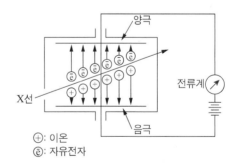

① 50mA-min ② 29mA-min

③ 17mA-min ④ 13mA-min

해설

농도 0.7일 때 로그상대노출 $\log_{10} x = 1$이므로 $x = 10$이 되며, 농도 2.0일 때 로그상대노출 $\log_{10} x = 1.7$이므로 $x = 50.11$이 된다.

따라서, $t_2 = t_1 \times \frac{E_2}{E_1} = 10\text{mA} \times \frac{50.11}{10} = 50\text{mA}$ 가 된다.

20 X−선관의 음극 필라멘트로 주로 많이 사용되는 물질은?

① 텅스텐　　　② 철
③ 구 리　　　④ 알루미늄

해설
음극(Cathode)
• 필라멘트(Filament) : 열전자를 발생시키는 전자의 방출원
• 일반적으로 텅스텐을 사용하며, 전류가 흐르면 전자가 발생할 수 있는 온도로 가열되어 열전자가 방출
• 필라멘트 전류는 1~10mA의 범위에서 조정되며, X선의 강도를 나타냄
• X선의 양은 관전류로 조정

21 방사선 투과사진 상에 나뭇가지 모양의 방사형 검은 마크가 가끔 생기는 경우는?

① 오물이 묻었을 때
② 연박 스크린이 긁혔을 때
③ 필름을 넣을 때 필름이 꺾였을 때
④ 필름취급 부주의로 인한 정전기가 발생하였을 때

해설
정전기 표시
• 필름취급 시 정전기가 발생하였을 경우
• 간지를 급격히 제거할 경우
• 나뭇가지 모양 및 여러 형태로 나타날 수 있음

22 방사선투과검사 시 필름에 직접 납스크린을 접촉하여 사용하는 이유로 타당하지 않은 것은?

① 납스크린에 의해 방출된 전자에 의한 필름의 사진작용 증대
② 1차 방사선에 비해 파장이 긴 산란방사선을 흡수
③ 스크린에 의해 방출되는 빛의 효과에 의해 사진작용 강화
④ 1차 방사선의 강화

해설
연박증감지(Lead Screen)
• 0.01~0.015mm 정도의 아주 얇은 납판을 도포한 것
• 150~400kV의 관전압을 사용하는 투과사진 상질에 적당
• 필름의 사진작용을 증대
• 일차 방사선에 비해 파장이 긴 산란방사선 흡수
• 산란방사선보다 일차 방사선을 증가시킴

23 시험체 내에 두께가 $\triangle T$인 미소결함이 존재한다고 할 때, 미소결함의 두께 $\triangle T$에 대응하는 투과사진의 콘트라스트 $\triangle D$를 구하는 식은?(단, γ는 필름 콘트라스트, μ는 선흡수계수, n은 산란비를 나타낸 것이다)

① $\triangle D = -0.434 \dfrac{1+n}{\gamma\mu} \triangle T$

② $\triangle D = 0.434 \dfrac{1+n}{\gamma\mu} \triangle T$

③ $\triangle D = -0.434 \dfrac{\gamma n}{1+n} \triangle T$

④ $\triangle D = 0.434 \dfrac{\gamma n}{1+n} \triangle T$

해설
시험체 내 ΔT인 결함이 존재할 때 투과사진 콘트라스트 ΔD는 다음 식과 같다.
$$\Delta D = -0.434 \frac{\gamma\mu\sigma\Delta T}{(1+n)}$$
γ : 필름 콘트라스트, μ : 선흡수계수, σ : 기하학적 보정계수, n : 산란비

20 ① 21 ④ 22 ③ 23 ③ **정답**

24 X-선과 감마선은 전자기 방사선으로써, 물질과의 상호작용은 세 가지 메커니즘으로 나타난다. 다음 중 틀린 것은?

① 전자쌍생성(Pair Production)
② 콤프턴산란(Compton Scattering)
③ 음의 분산(Beam Spread)
④ 광전효과(Photoelectric Effect)

해설
물질과의 상호작용으로는 광전효과, 전자쌍생성, 콤프턴산란, 톰슨산란이 있다.

25 필름의 주요 특성 중 하나인 필름 콘트라스트(Film Contrast)에 영향을 주는 인자가 아닌 것은?

① 필름의 종류
② 현상도 및 농도
③ 사용된 스크린의 종류
④ 사용된 방사선의 파장

해설
방사선 투과사진 감도에 영향을 미치는 인자

투과사진 콘트라스트	시험물의 명암도	• 시험체의 두께 차 • 방사선의 선질 • 산란방사선
	필름의 명암도	• 필름의 종류 • 현상시간 • 온도 및 교반농도 • 현상액의 강도
선명도	기하학적 요인	• 초점크기 • 초점-필름 간 거리 • 시험체-필름 간 거리 • 시험체의 두께변화 • 스크린-필름접촉상태
	입상성	• 필름의 종류 • 스크린의 종류 • 방사선의 선질 • 현상시간 • 온 도

26 산란성을 제거하기 위해 X-선관에 부착되는 것이 아닌 것은?

① 여과판(Filter)
② 조리개(Diaphragm)
③ 콘(Cone)
④ 마스크(Mask)

해설
마스크 사용 : 제품 주위에 납판을 둘러 불필요한 일차 방사선 방지

27 기하학적 불선명도와 관련하여 좋은 식별도를 얻기 위한 조건으로 옳지 않은 것은?

① 선원의 크기가 작은 X-선 장치를 사용한다.
② 필름-시험체 사이의 거리를 가능한 멀리한다.
③ 선원-시험체 사이의 거리를 가능한 멀리한다.
④ 초점을 시험체의 수직 중심선상에 정확히 놓는다.

해설
필름-시험체 사이 거리를 가능한 밀착시켜야 한다.

28 다음 중 원자력안전법 시행령에서 규정하고 있는 "방사선"에 해당되지 않는 것은?

① 중성자선
② 감마선 및 엑스선
③ 1만전자볼트 이상의 에너지를 가진 전자선
④ 알파선, 중성자선, 양자선, 베타선 기타 중하전입자선

해설
방사선(원자력안전법 시행령 제6조)
• α선 · 중양자선 · 양자선 · β선 및 그 밖의 중하전입자선
• 중성자선
• γ선 및 X선
• 5만 전자볼트 이상의 에너지를 가진 전자선

29 강용접 이음부의 방사선투과시험방법(KS B 0845)에 의한 결함의 분류방법에서 시험시야의 크기는 어떻게 구분하고 있는가?

① 10×10, 10×20, 10×30
② 10×10, 20×20, 30×30
③ 10×10, 10×20, 10×50
④ 10×10, 30×30, 50×50

해설

시험 시야의 크기(KS B 0845)   단위 : mm

모재의 두께	25 이하	25 초과 100 이하	100 초과
시험 시야의 크기	10×10	10×20	10×30

30 다음 중 γ선에 대한 감수성이 가장 큰 인체 부위는?

① 근 육   ② 생식선
③ 피 부   ④ 조혈장기

해설

백혈구>미완성 적혈구>위장>재생기관>표피>혈관>피부, 관절, 근육신경세포

31 알루미늄평판접합 용접부의 방사선투과시험방법(KS D 0242)에서 알루미늄 계조계의 형 종류로 맞는 것은?

① A, B, C   ② D, E, F, G
③ A, B, D   ④ A1, A2, B1, B2

해설

계조계의 종류 : D1, D2, D3, D4, E2, E3, E4, F0, G0형이 있다.

32 주강품의 방사선투과시험방법(KS D 0227)에 의한 주강품의 방사선투과시험에 사용하는 바늘형 투과도계에 관한 설명으로 틀린 것은?

① 틀의 재질은 선보다 방사선의 흡수가 커야 한다.
② 04F의 선의 길이는 25mm 이상이다.
③ 32F의 선지름은 0.80~3.20mm로 7개로 배열되어 있다.
④ 선의 배열은 왼쪽부터 오른쪽으로 점차 굵은 것을 배열한다.

해설

틀의 재질은 선보다 방사선 흡수가 작아야 한다.

33 알루미늄평판접합 용접부의 방사선투과시험방법(KS D 0242)에서 1mm 길이 텅스텐의 혼입이 1개일 때 어떻게 등급 분류하게 되는가?

① 블로홀의 1/2 값을 계산한다.
② 블로홀로 계산한다.
③ 블로홀의 2배 값을 계산한다.
④ 결함점수로는 계산하지 않는다.

해설

KS D 0242 – 흠집점수 구하는 방식
텅스텐 혼입 : 텅스텐 혼입의 경우 흠집점수 값에서의 1/2로 한다.

34 다음 중 방사선 흡수선량의 단위로 옳은 것은?

① R/h ② Gy

③ Sv ④ Ci

36 임의의 선원으로부터 5m 거리에서의 선량률이 50 mR/h이라고 한다면 동일 조건에서 거리가 10m인 지점에서의 이 선원의 선량률은?

① 25mR/h ② 20mR/h

③ 12.5mR/h ④ 6.25mR/h

35 주강품의 방사선투과시험방법(KS D 0227)에 규정한 주강품의 방사선투과시험에서 사진의 등급을 분류할 때 시험부에 있는 결함으로 옳은 분류는?

① 융합불량, 블로홀, 모래 박힘 및 개재물, 갈라짐
② 블로홀, 용입불량, 슈링키지, 갈라짐
③ 모래 박힘 및 개재물, 슈링키지관, 언더컷, 균열
④ 블로홀, 모래 박힘 및 개재물, 슈링키지, 갈라짐

37 강용접 이음부의 방사선투과시험방법(KS B 0845)에서 계조계 사용에 관한 설명으로 옳은 것은?

① 모재두께 50mm 이하인 강판맞대기용접 이음부에 사용한다.
② 모재두께 10mm씩 증가할 때마다 각기 다른 5종류가 있다.
③ 모재두께 100mm 이하인 강판의 원둘레용접 이음부에 사용한다.
④ 모재두께가 15mm씩 증가할 때마다 각각 다른 3종류가 있다.

38 강용접 이음부의 방사선투과시험방법(KS B 0845)의 맞대기용접 이음부 촬영배치에 대한 설명으로서 선원과 필름 사이의 거리는 시험부의 선원측 표면과 필름 사이 거리의 m배 이상으로 한다고 규정하고 있다. 여기서 상질이 B급일 경우 m에 대한 설명으로 옳은 것은?

① $\dfrac{3 \times 선원치수}{투과도계의 \ 식별 \ 최소선지름}$ 또는 6의 큰쪽 값

② $\dfrac{4 \times 선원치수}{투과도계의 \ 식별 \ 최대선지름}$ 또는 6의 큰쪽 값

③ $\dfrac{3 \times 선원치수}{투과도계의 \ 식별 \ 최소선지름}$ 또는 7의 큰쪽 값

④ $\dfrac{4 \times 선원치수}{투과도계의 \ 식별 \ 최대선지름}$ 또는 7의 큰쪽 값

해설

KS B 0845 촬영배치
선원과 필름 간의 거리($L_1 + L_2$)는 시험부의 선원측 표면과 필름 간의 거리 L_2의 m배 이상으로 한다. m의 값은 상질의 종류에 따라서 부속서 1 표 2로 한다.

[부속서 1 표 2. 계수 m의 값]

상질의 종류	계수 m
A급	$\dfrac{2f}{d}$ 또는 6의 큰쪽의 값
B급	$\dfrac{3f}{d}$ 또는 7의 큰쪽의 값

39 강용접 이음부의 방사선투과시험방법(KS B 0845)에 따라 강판의 T용접 이음부의 촬영방법에 대한 설명으로 틀린 것은?

① 시험부의 유효길이의 양 끝 부분에 투과도계를 각 1개 놓는다.
② 계조계는 살두께 보상용 쐐기 위에 용접부에 인접한 중앙에 놓는다.
③ 선원과 시험부의 선원쪽 표면 사이의 거리 L_1은 시험부의 유효길이 L_3의 2배 이상으로 한다.
④ 시험부의 유효길이 L_3을 나타내는 기호는 선원쪽에 둔다.

해설

T용접 이음부 촬영에서 계조계는 사용하지 않는다.

40 방사선을 측정할 때 사용되는 감마상수(γ-factor)에 관한 설명으로 옳은 것은?

① 반감기의 다른 표현이다.
② 방사능 측정 시의 보정인자를 나타낸다.
③ 방사성 물질의 단위를 나타내는 것이다.
④ 방사성 물질 1Ci의 점선원에서 1m 거리에 1시간에 조사되는 조사선량을 나타낸다.

해설

감마상수(γ-factor) : 방사성 물질 1Ci의 점선원에서 1m 거리에 1시간에 조사되는 조사선량을 나타낸 것

41 강용접 이음부의 방사선투과시험방법(KS B 0845)에 의해 14인치 유효길이를 갖는 X선 필름으로, 상질의 종류 B급으로 투과사진을 촬영할 때 강판의 맞대기용접부 두께가 1인치인 경우 선원과 시험부의 선원측 표면간 거리는 최소한 얼마 이상 떨어져야 하는가?

① 14인치　　　　② 28인치
③ 36인치　　　　④ 42인치

해설
선원과 필름 간의 거리($L_1 + L_2$)는 시험부의 선원측 표면과 필름 간의 거리 L_2의 m배 이상으로 한다. m의 값은 상질의 종류에 따라서 부속서 1 표 2로 한다.

[부속서 1 표 2. 계수 m의 값]

상질의 종류	계수 m
A급	$\frac{2f}{d}$ 또는 6의 큰 쪽의 값
B급	$\frac{3f}{d}$ 또는 7의 큰 쪽의 값

B급으로 촬영하므로 $\frac{3f}{d}$를 활용하여 $\frac{3 \times 14}{1} = 42$가 된다.

42 개인 피폭선량 측정기에 관한 설명으로 틀린 것은?

① 필름배지는 방사선에 의한 사진 유제의 흑화작용을 응용한 것으로서 소형이며 반영구적인 기록보존에 적당하다.
② 형광유리선량계는 소형의 특수유리가 방사선의 조사를 받으면 바로 형광이 발하므로 그 형광량의 대소를 측정해서 방사선량을 구한다.
③ 열형광선량계(TLD)는 방사선에 조사된 특수한 결정물질을 가열하면 피폭선량에 비례하는 형광을 발하는 현상을 이용한 것이다.
④ 알림미터는 피폭선량이 미리 설정되어 있는 값에 도달되면 경보음을 내도록 한 것이다.

해설
형광유리선량계는 특수유리가 있어 방사선 조사를 받을 시 가시광선이 발생하여 이 가시광선의 강도를 측정해 방사선량을 구하는 것이다.

43 탄성계수가 아주 작아 줄자, 표준자 재료에 적합한 것은?

① 인 바　　　　② 센더스트
③ 초경합금　　　④ 바이메탈

해설
불변강은 탄성계수가 매우 낮은 금속으로 인바, 엘린바 등이 있으며, 엘린바의 경우 36% Ni+12% Cr 나머지 철로 된 합금이며, 인바의 경우 36% Ni+0.3% Co+0.4% Mn 나머지 철로 된 합금이다. 두 합금 모두 열팽창계수, 탄성계수가 매우 작고 내식성이 우수하다.

44 실용되고 있는 주철의 탄소함유량(%)으로 가장 적합한 것은?

① 0.5~1.0%　　　② 1.0~1.5%
③ 1.5~2.0%　　　④ 3.2~3.8%

해설
• 2.0~4.3% C : 아공정주철
• 4.3% C : 공정주철
• 4.3~6.67% C : 과공정주철

45 특수강에서 함유량이 증가하면 자경성을 주는 원소로 가장 좋은 것은?

① Cr　　　　② Mn
③ Ni　　　　④ Si

해설
Cr강 : Cr은 담금질 시 경화능을 좋게 하고 질량효과를 개선시키기 위해 사용한다. 따라서 담금질이 잘되면, 경도, 강도, 내마모성 등의 성질이 개선되며, 임계냉각속도를 느리게 하여 공기 중에서 냉각하여도 경화하는 자경성이 있다. 하지만 입계 부식을 일으키는 단점도 있다.

46 처음에 주어진 특정한 모양의 것을 인장하거나 소성 변형한 것이 가열에 의해 원래의 상태로 돌아가는 현상은?

① 석출경화효과

② 시효경화효과

③ 형상기억효과

④ 자기변태효과

해설
형상기억합금 : 힘에 의해 변형되더라도 특정온도에 올라가면 본래의 모양으로 돌아오는 합금이다. Ti-Ni이 대표적으로 마텐자이트 상변태를 일으킨다.

47 Fe-C 평형상태도에서 α(고용체)+L(융체)$\rightleftarrows\gamma$(고용체)로 되는 반응은?

① 공정점　　　② 포정점

③ 공석점　　　④ 편정점

해설
포정반응 : 일정한 온도에서 한 고용체와 용액의 혼합체가 전혀 다른 고체가 형성되는 반응($\alpha+L \rightarrow \beta$)

48 탄소강 중에 포함되어 있는 망간(Mn)의 영향이 아닌 것은?

① 고온에서 결정립 성장을 억제시킨다.

② 주조성을 좋게 하고 황(S)의 해를 감소시킨다.

③ 강의 담금질 효과를 증대시켜 경화능을 크게 한다.

④ 강의 연신율은 그다지 감소시키지 않으나 강도, 경도, 인성을 감소시킨다.

해설
망간(Mn) : 적열 취성의 원인이 되는 황(S)을 MnS의 형태로 결합하여 Slag를 형성하여 제거되어, 황의 함유량을 조절하며 절삭성을 개선시킨다. 또한 강인성, 내식성, 내산성을 증가시킨다.

49 Al-Si계 합금에 금속나트륨, 수산화나트륨, 플루오르화 알칼리, 알칼리염류 등을 첨가하면 조직이 미세화되고 공정점이 내려간다. 이러한 처리방법은?

① 시효처리

② 개량처리

③ 실루민처리

④ 용체화처리

해설
개량처리 : 금속나트륨, 수산화나트륨, 플루오르화 알칼리, 알칼리염류 등을 용탕에 장입하면 조직이 미세화되는 처리

50 금속의 성질 중 전성에 대한 설명으로 옳은 것은?

① 광택이 촉진되는 성질

② 소재를 용해하여 접합하는 성질

③ 얇은 박으로 가공할 수 있는 성질

④ 원소를 첨가하여 단단하게 하는 성질

해설
전성 : 재료를 가압하면 얇게 펴지는 성질

46 ③ 47 ② 48 ④ 49 ② 50 ③ **정답**

51 다음 중 진정강(Killed Steel)이란?

① 탄소(C)가 없는 강

② 완전 탈산한 강

③ 캡을 씌워 만든 강

④ 탈산제를 첨가하지 않은 강

해설
킬드강 : 용강 중 Fe-Si, Al분말 등 강탈산제를 첨가하여 산소가
거의 없는 완전 탈산된 강으로 기포가 없고 편석이 적은 장점이
있고, 기계적 성질이 양호하다.

52 라우탈(Lautal) 합금의 특징을 설명한 것 중 틀린
것은?

① 시효경화성이 있는 합금이다.

② 규소를 첨가하여 주조성을 개선한 합금이다.

③ 주조 균열이 크므로 사형 주물에 적합하다.

④ 구리를 첨가하여 피삭성을 좋게 한 합금이다.

해설
Al-Cu-Si(라우탈) : 주조성 및 절삭성이 좋음

53 오스테나이트계의 스테인리스강의 대표적인 18-8
스테인리스강의 합금원소와 그 함유량이 옳은 것은?

① Ni(18%)-Mn(8%)

② Mn(18%)-Ni(8%)

③ Ni(18%)-Cr(8%)

④ Cr(18%)-Ni(8%)

해설
스테인리스강은 18Cr-8Ni이 가장 많이 쓰인다.

54 황동에 납(Pb)을 첨가하여 절삭성을 좋게 한 황동으
로 스크류, 시계용 기어 등의 정밀가공에 사용되는 합
금은?

① 리드 브라스(Lead Brass)

② 문쯔메탈(Muntz Metal)

③ 틴 브라스(Tin Brass)

④ 실루민(Silumin)

해설
구리와 그 합금의 종류
• 톰백(5~20% Zn의 황동) : 모조금, 판 및 선 사용
• 7-3황동(카트리지황동) : 가공용 황동의 대표적
• 6-4황동(문쯔메탈) : 판, 로드, 기계부품
• 납황동(리드 브라스) : 납을 첨가하여 절삭성 향상
• 주석황동(틴 브라스)
  – 애드미럴티황동 : 7-3황동에 Sn 1% 첨가, 전연성 좋음
  – 네이벌황동 : 6-4황동에 Sn 1% 첨가
  – 알루미늄황동 : 7-3황동에 Al 2% 첨가

55 강 대금(Steel Back)에 접착하여 바이메탈 베어링
으로 사용하는 구리(Cu)-납(Pb)계 베어링 합금은?

① 켈밋(Kelmet)

② 백동(Cupronickel)

③ 배빗메탈(Babbit Metal)

④ 화이트메탈(White Metal)

해설
Cu계 베어링 합금 : 포금, 인청동, 납청동계의 켈밋 및 Al계 청동이
있으며 켈밋은 주로 항공기, 자동차용 고속 베어링으로 적합

56 Fe-C계 평형상태도에서 냉각 시에 A$_{cm}$선이란?

① δ고용체에서 γ고용체가 석출하는 온도선

② γ고용체에서 시멘타이트가 석출하는 온도선

③ α고용체에서 펄라이트가 석출하는 온도선

④ γ고용체에서 α고용체가 석출하는 온도선

해설
A$_{cm}$선이란 γ고용체에서 시멘타이트가 석출하는 온도선이다.

57 동(Cu) 합금 중에서 가장 큰 강도와 경도를 나타내며 내식성, 도전성, 내피로성 등이 우수하여 베어링, 스프링, 전기접점 및 전극재료 등으로 사용되는 재료는?

① 인(P) 청동

② 베릴륨(Be) 동

③ 니켈(Ni) 청동

④ 규소(Si) 동

해설
구리에 베릴륨을 0.2~2.5% 함유시킨 동합금으로 시효경화성이 있으며, 동합금 중 최고의 강도를 가진다.

58 정격 2차 전류가 200A, 정격사용률이 50%인 아크 용접기로 120A의 용접전류를 사용하여 용접하였을 때 허용사용률은 약 얼마인가?

① 83%

② 100%

③ 139%

④ 167%

해설
$$허용사용률(\%) = \frac{(정격\ 2차\ 전류)^2}{(실제\ 용접\ 전류)^2} \times 정격사용률$$
$$= \frac{(200)^2}{(120)^2} \times 50$$
$$= 139\%$$

59 가스용접봉의 성분 중 강의 강도를 증가시키나, 연신율, 굽힘성 등이 감소되는 성분은?

① C

② Si

③ P

④ S

해설
탄소는 강도는 증가시키나 연신율, 굽힘성 등을 감소시킨다.

60 납땜을 연납땜과 경납땜으로 구분할 때의 용점온도는?

① 100℃

② 212℃

③ 450℃

④ 623℃

해설
연납땜과 경납땜의 구분온도는 450℃이다.

01 기포누설시험에 사용되는 발포액의 특성으로 옳지 않은 것은?

① 점도가 높을 것
② 적심성이 좋을 것
③ 표면 장력이 작을 것
④ 시험품에 영향이 없을 것

해설
기포누설시험은 시험체를 가압 후 표면에 발포액을 적용하여 기포 발생 여부를 확인하여 검출하는 방법으로 점도가 낮아 적심성이 좋고 표면장력이 작아 발포액이 쉽게 기포를 형성하여야 한다.

02 내마모성이 요구되는 부품의 표면 경화층 깊이나 피막 두께를 측정하는데 쓰이는 비파괴시험법은?

① 적외선분석검사(IRT)
② 방사선투과검사(RT)
③ 와전류탐상검사(ECT)
④ 음향방출검사(AE)

해설
와전류탐상검사는 맴돌이 전류(와전류 분포의 변화)로 거리·형상의 변화, 합금성분, 재질의 선별, 균열, 불균질 부분, 도금층 두께 측정, 치수 변화, 열처리 상태 등을 확인 가능하다.

03 자분탐상시험의 특징에 대한 설명으로 틀린 것은?

① 핀홀과 같은 점 모양의 결함은 검출이 어렵다.
② 자속방향이 불연속 위치와 수직하면 결함검출이 어렵다.
③ 시험체 두께 방향의 결함깊이에 관한 정보는 얻기가 어렵다.
④ 표면으로부터 깊은 곳에 있는 결함의 모양과 종류를 알기는 어렵다.

해설
자분탐상시험에서 자속방향이 불연속 위치와 수직하면 결함검출 감도가 뛰어나다.

04 비파괴검사법 중 일반적으로 결함의 깊이를 가장 정확히 측정할 수 있는 시험법은?

① 자분탐상시험
② 침투탐상시험
③ 방사선투과시험
④ 초음파탐상시험

해설
결함깊이를 가장 정확히 측정할 수 있는 시험법은 초음파탐상시험이다.

05 표면코일을 사용하는 와전류탐상시험에서 시험코일과 시험체 사이의 상대거리의 변화에 의해 지시가 변화하는 것을 무엇이라 하는가?

① 오실로스코프효과
② 표피효과
③ 리프트오프효과
④ 카이저효과

해설
• 리프트오프효과(Lift-off-Effect) : 탐촉자-코일 간 공간효과로 작은 상대거리의 변화에도 지시가 크게 변하는 효과이다.
• 표피효과(Skin Effect) : 교류 전류가 흐르는 코일에 도체가 가까이 가면 전자유도현상에 의해 와전류가 유도되며, 이 와전류는 도체의 표면 근처에서 집중되어 유도되는 효과이다.
• 모서리효과(Edge Effect) : 코일이 시험체의 모서리 또는 끝 부분에 다다르면 와전류가 휘어지는 효과로 모서리에서 3mm 정도는 검사가 불확실하다.

06 형광침투액을 사용한 침투탐상시험의 경우 자외선 등 아래에서 결함지시가 나타내는 일반적인 색은?

① 갈 색   ② 자주색
③ 황록색   ④ 청 색

해설
형광침투액은 자외선등 아래에서 황록색을 낸다.

07 다른 비파괴검사법과 비교했을 때 방사선투과시험의 특징에 대한 설명으로 틀린 것은?

① 표면균열만을 검출할 수 있다.
② 반영구적인 기록이 가능하다.
③ 내부결함의 검출이 가능하다.
④ 방사선 안전관리가 요구된다.

해설
방사선투과시험은 내부균열을 검출하는 시험법이다.

08 시험체를 가압 또는 감압하여 일정한 시간이 지난 후 압력변화를 계측하여 누설검사하는 방법을 무엇이라 하는가?

① 헬륨 누설검사
② 암모니아 누설검사
③ 압력변화 누설검사
④ 전위차에 의한 누설검사

해설
압력변화를 계측하여 누설검사 하는 방법을 압력변화 누설검사라 한다.

09 비파괴검사의 신뢰도를 향상시킬 수 있는 내용을 설명한 것으로 틀린 것은?

① 비파괴검사를 수행하는 기술자의 기량을 향상시켜 검사의 신뢰도를 높일 수 있다.
② 제품 또는 부품에 적합한 비파괴검사법의 선정을 통해 검사의 신뢰도를 향상시킬 수 있다.
③ 제품 또는 부품에 적합한 평가기준의 선정 및 적용으로 검사의 신뢰도를 향상시킬 수 있다.
④ 검출 가능한 모든 지시 및 불연속을 제거함으로써 검사의 신뢰도를 향상시킬 수 있다.

해설
검출 가능한 모든 지시 및 불연속을 제거하는 것은 신뢰도 향상과 무관하다.

10 방사선투과시험 시 농도가 짙은 사진이 나오는 일반적인 이유 2가지가 모두 옳은 것은?

① 초과 노출과 과현상
② 불충분한 세척과 과현상
③ 초과 노출과 오염된 정착액
④ 오염된 정착액과 불충분한 세척

해설
노출시간이 과하거나, 현상시간이 오래될 경우 빛의 흡수량이 많아져 농도가 짙어진다.

162 ■ PART 02 과년도 + 최근 기출복원문제   6 ③ 7 ① 8 ③ 9 ④ 10 ① **정답**

11 단면적 1m²인 환봉을 10kgf의 하중으로 인장할 경우 인장응력은?

① 0.098Pa   ② 9.8Pa

③ 98Pa   ④ 980Pa

해설

$$인장응력 = \frac{하중}{단면적} = \frac{10 \times 9.8}{1} = 98Pa$$

12 직선도체에 500A의 전류를 통했을 때 도선의 중심에서 50cm 떨어진 위치에서의 자계의 세기는 얼마인가?

① 약 1.6A/m

② 약 3.2A/m

③ 약 160A/m

④ 약 320A/m

해설

$$자기량 \ H = \frac{F}{m} = \frac{500}{2 \times 3.14 \times 0.5} = 159.23A/m$$

13 자분탐상시험에서 자력선 성질이 아닌 것은?

① N극에서 나와서 S극으로 들어간다.

② 자력선의 밀도가 큰 곳은 자계가 세다.

③ 자력선의 밀도는 그 점에서 자계의 세기를 나타낸다.

④ 자력선은 도중에서 길라지거나 서로 교차한다.

해설

자력선은 도중에 갈라지거나 서로 교차하지 않는다.

14 초음파 진동자에서 초음파의 발생효과는 무엇인가?

① 진동효과   ② 압전효과

③ 충돌효과   ④ 회절효과

해설

압전효과

기계적인 에너지를 가하면 전압이 발생하고, 전압을 가하면 기계적인 변형이 발생하는 현상으로, 어떤 소재에 힘을 가하였을 경우 표면에 전압이 발생하고, 반대로 전압을 걸어주면 소자가 이동하거나 힘이 발생하는 현상을 말한다.

15 방사선투과시험 시 투과도계를 사용하는 목적의 설명으로 가장 적합한 것은?

① 결함 크기를 측정하는 것이다.

② 노출선도를 작성하는 기준이다.

③ 결함 식별력을 판단하는 기준이다.

④ 결함의 형태를 측정하기 위함이다.

해설

투과도계

• 투과도계(=상질 지시기) : 검사방법의 적정성을 알기 위해 사용하는 시험편

• 투과도계의 재질은 시험체와 동일하거나 유사한 재질을 사용

• 시험체와 함께 촬영하여 투과사진 상과 투과도계 상을 비교하여 상질 적정성 여부 판단

16 방사선투과시험의 현상처리에서 수동현상법과 비교한 자동현상법에 관한 설명으로 틀린 것은?

① 투과사진의 균질성이 더 높다.

② 현상액의 온도조절이 비교적 쉽다.

③ 현상액의 공기 산화가 크다.

④ 수동현상법보다 실패율이 작다.

> **해설**
> 사진처리에는 자동현상처리와 수동현상처리가 있으며, 자동현상기는 사진처리액의 농도, 현상시간 및 온도를 자동으로 조절해 처리해 주며, 필름 현상에 필요한 전 공정을 필름을 운반하는 롤러를 이용하여 진행속도 및 현상조건 등이 모두 정확하게 조절된다. 이에 현상속도가 빠르고 투과사진의 상질이 균일하다. 또한 장소가 좁은 공간에 적합하며, 자동 이송이 되므로 공기 산화가 적다.

17 Ir-192에 대한 설명으로 틀린 것은?

① 강 제품의 촬영범위는 대략 3~75mm이다.

② 반감기는 약 75일이다.

③ 에너지는 대략 0.1~0.3MeV이다.

④ 알루미늄에 대한 반가층은 약 0.15cm이다.

> **해설**
> 알루미늄에 대한 반가층은 4.8cm 정도이다.

18 방사선투과검사의 필름 현상처리 순서로 옳은 것은?

① 수세 → 건조 → 현상 → 정지 → 정착

② 현상 → 정지 → 정착 → 수세 → 건조

③ 건조 → 현상 → 정지 → 정착 → 수세

④ 정착 → 수세 → 건조 → 현상 → 정지

> **해설**
> 주요 사진처리 절차
>
> | 절 차 | 온 도 | 시 간 |
> |---|---|---|
> | 1. 현상 | 20℃ | 5분 |
> | 2. 정지 | 20℃ | 30~60초 이내 |
> | 3. 정착 | 20℃ | 15분 이내 |
> | 4. 수세 | 16~21℃ | 20~30분 |
> | 5. 건조 | 50℃ 이하 | 30~45분 |

19 모재의 두께가 5.0mm인 강판의 맞대기 이음부를 방사선투과검사하여 상질이 A급인 투과사진을 얻고자 할 때 다음의 바늘형 투과도계의 호칭번호 중 맞는 것은?(단, 시험부에서의 식별 최소선 지름은 0.16mm이다)

① 04F   ② 08F

③ 04A   ④ 08A

> **해설**
> 투과도계
> • 형의 종류로는 일반적으로 적용재질 및 적용두께를 의미하며, F02, F04, F08, F16, F32 등이 있다.
> • F는 재질기호를 나타내며, F(철), S(스테인리스강), A(알루미늄), T(타이타늄), C(구리)가 있다.
> • 숫자는 선지름을 의미한다.
> • 강판을 사용했으므로 F의 투과도계를 사용하여야 하며, 다음 표와 같이 F02를 사용해야 하나, 보기에 없으므로 다음으로 적당한 F04를 산정한다.
>
> | 형의 종류 | 사용재료 두께범위 | | 선경의 배열 | 선의 중심간 거리(D) | 선의 길이(L) |
> |---|---|---|---|---|---|
> | | 보통급 | 특 급 | | | |
> | F02 | 20 이하 | 30 이하 | 0.10 0.125 0.16 0.20
0.25 0.32 0.40 | 3 | 40 |
> | F04 | 10–40 | 15–60 | 0.20 0.25 0.32 0.40
0.50 0.64 0.80 | 4 | 40 |
> | F08 | 20–80 | 30 –130 | 0.40 0.50 0.64 0.80
1.00 1.25 1.60 | 6 | 60 |
> | F16 | 40–160 | 60 –190 | 0.80 1.00 1.25 1.60
2.00 2.50 3.20 | 10 | 60 |
> | F32 | 80 –320 | 130 –500 | 1.60 2.00 2.50 3.20
4.00 5.00 6.00 | 15 | 60 |

20 방사성 물질의 원자수가 붕괴되어 반으로 줄어드는데 소요되는 시간을 무엇이라 하는가?

① 쿨 롱   ② 큐 리

③ 반감기   ④ 반가층

> **해설**
> 반감기 : 방사성 원소의 에너지가 반으로 줄어드는 데 소요되는 시간

21 필름 용액에 의한 물자국(줄무늬)과 같은 인공결함이 생기는 주된 원인은?

① 현상액의 온도가 너무 높을 때 생긴다.
② 현상할 때 교반을 시키지 않을 때 생긴다.
③ 정지액을 사용하지 않을 때 생긴다.
④ 정착액의 능력이 저하되었을 때 생긴다.

해설
줄무늬와 같은 인공결함은 정지액을 사용하지 않고 직접 수세용물에 세척하였을 때 발생한다.

23 용접부에서 발생하는 결함 가운데 그림의 화살표와 같은 용접부 결함은?

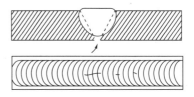

① 용 락 　　　　② 기 공
③ 루트부 언더컷 　④ 루트부 오목상

해설
용락이란 국부적으로 용접금속이 떨어져 나간 것을 의미한다.

24 X선 발생장치에서 관전압(kV), 조사시간 외에 조절이 가능한 인자는?

① 온 도
② 필라멘트와 초점과의 거리
③ 초점의 크기
④ 관전류

해설
X선 발생장치는 관전압, 관전류, 조사시간을 조절하여 X선을 조절할 수 있다.

22 방사선 투과사진에서 작은 결함을 검출할 수 있는 능력을 나타내는 용어는?

① 투과사진의 농도
② 투과사진의 명료도
③ 투과사진의 감도
④ 투과사진의 대조도

해설
• 사진감도 : 투과사진으로 찾을 수 있는 가장 작은 흠집의 크기
• 시험물의 명암도 : 같은 시험물의 두께지만, 밀도의 차에 의해 방사선 강도의 변화가 생겨 명암도 차이가 생기는 것
• 필름의 명암도 : 필름의 종류, 필름 특성에 의해 생기는 명암도

25 방사선 발생장치에서 필라멘트와 포커싱 컵(Focusing Cup)은 다음 중 어떤 것의 필수 부품인가?

① 음 극 　　　　② 양 극
③ 정류기 　　　　④ X-선 트랜스

해설
• 음극(Cathode)

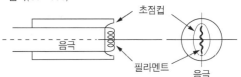

• 초점컵(Focusing Cup) : 필라멘트 바깥쪽에 위치해 필라멘트에서 발생된 열전자가 이탈되는 것을 제거하는 것

26 X선과 γ선의 차이를 설명한 것으로 틀린 것은?

① X선과 γ선은 발생하는 원리는 다르다.
② 사용하지 않는 경우에 γ선원은 차폐를 해야한다.
③ X선은 전원이 필요하나 γ선은 필요치 않다.
④ X선은 에너지의 조절이 어려우나 γ선의 에너지는 임의 조절이 가능하다.

해설
X선은 에너지를 발생장치를 통하여 조절 가능하나, γ선은 에너지 조절이 어렵다.

27 방사선투과시험에 사용하고 있는 Ir-192 동위원소의 양성자수는?

① 76
② 77
③ 86
④ 87

해설
Ir : 원자번호 77, 표준 원자량 192g/mol, 녹는점 2,446℃

28 방사선 측정기의 사용 목적이 틀린 것은?

① 단창형 GM계수관 – 방사능 측정
② 전리함식 계수관 – 방사선량률 측정
③ 섬광계수장치 – γ선의 에너지 스펙트럼 측정
④ BF3 계수관 – β방사선량 측정

해설
β선은 GM계수관식으로 측정 가능하다.

29 원자력안전법 시행령에서 규정하는 수시출입자의 피폭에 대한 연간 유효선량한도로 올바른 것은?

① 1.2mSv
② 12mSv
③ 150mSv
④ 1.5Sv

해설
선량한도

구 분		방사선 작업종사자	수시출입자 및 운반종사자	일반인
유효선량한도		연간 50mSv를 넘지 않는 범위에서 5년간 100mSv	연간 6mSv	연간 1mSv
등가선량한도	수정체	연간 150mSv	연간 15mSv	연간 15mSv
	손발 및 피부	연간 500mSv	연간 50mSv	연간 50mSv

※ 법 개정으로 인해 수시출입자의 유효선량한도가 6mSv로 변경됨. 따라서 정답 없음

30 배관용접부의 비파괴시험방법(KS B 0888)에서 규정하고 있는 촬영방법에 따라 관의 두께가 9mm인 용접부를 A급 상질로 촬영하였을 때 투과도계의 식별 최소 선지름은 얼마인가?

① 0.16mm
② 0.20mm
③ 0.25mm
④ 0.32mm

해설
KS B 0888 : 벽두께 8mm 초과 10mm 이하의 경우 투과도계의 식별 최소 선지름은 A급 상질에서는 0.2mm, P1급 상질에서는 0.32mm를 사용한다.

31 어떤 감마선원에서 2m 거리에 조사되는 방사선량률이 360mR/h이다. 6HVL의 물질로 차폐했을 때의 선량률은?(단, HVL은 반가층을 나타낸다)

① 5.625mR/h

② 7.635mR/h

③ 8.265mR/h

④ 21.66mR/h

$I = I_0 \times \left(\frac{1}{2}\right)^n$ 을 이용하여 $I = 360 \times \left(\frac{1}{2}\right)^6 = 5.625mR/h$ 가 나온다.

32 주강품의 방사선투과시험방법(KS D 0227)에 따른 주강품의 투과시험 시 흠의 영상분류에 대한 설명으로 틀린 것은?

① 블로홀은 호칭두께 1/2을 초과하는 경우 6류로 한다.

② 모래 박힘이 30mm를 초과하는 경우 4류로 한다.

③ 갈라짐의 경우 모두 6류로 한다.

④ 나뭇가지 모양 슈링키지인 경우 호칭두께 10mm 이하, 시야 50mm일 때 흠면적이 3,500mm^{2}이면 5류로 한다.

KS D 0227 - 부속서 표 8. 모래 박힘 및 개재물의 흠의 분류

단위 : mm

분류	호칭두께					
	10 이하	10 초과 20 이하	20 초과 40 이하	40 초과 80 이하	80 초과 120 이하	120 초과
1류	5 이하	8 이하	12 이하	16 이하	20 이하	24 이하
2류	7 이하	11 이하	17 이하	22 이하	28 이하	34 이하
3류	10 이하	16 이하	23 이하	29 이하	36 이하	44 이하
4류	14 이하	23 이하	30 이하	38 이하	46 이하	54 이하
5류	21 이하	32 이하	40 이하	50 이하	60 이하	70 이하
6류	흠점수가 5류보다 많은 것. 호칭두께 또는 30mm를 넘는 치수의 흠이 있는 것					

33 강용접 이음부의 방사선투과시험방법(KS B 0845)에 따라 모재두께 10mm의 강판 맞대기용접 이음부를 방사선투과검사할 때 결함의 분류에서 일단 제외되는 것은?

① 슬래그 혼입

② 언더컷

③ 용입 불량

④ 융합 불량

언더컷 및 오버랩은 표면결함으로 육안검사를 하므로 제외한다.

34 등가선량을 구할 때 사용되는 방사선 가중치 중 광자, 전자에 대한 계수로 옳은 것은?

① 0.1

② 1

③ 10

④ 20

방사선 가중치 : 생물학적 효과를 동일한 선량값으로 보정해 주기 위해 도입한 가중치

[방사선 가중치(방사선방호 등에 관한 기준 별표 1)]

종류	에너지(E)	방사선 가중치 (W_R)
광자	전 에너지	1
전자 및 뮤온	전 에너지	1
중성자	$E < 10keV$	5
	$10 \sim 100keV$	10
	$100keV \sim 2MeV$	20
	$2 \sim 20MeV$	10
	$20MeV < E$	5
반조양자 이외의 양자	$E > 2MeV$	5
α입자, 핵분열 파편, 무거운 원자핵		20

35 1rem에 대한 국제단위인 시버트(Sv)로 환산한 값은?

① 1Sv

② 0.1Sv

③ 0.01Sv

④ 1mSv

렘(Roentgen Equivalent Man : rem)
- 방사선의 선량당량(Dose Equivalent)을 나타내는 단위
- 방사선 피폭에 의한 위험의 객관적인 평가 척도
- Si단위로는 Sv(Sievert)를 사용하며 1Sv = 1J/kg = 100rem

36 주강품의 방사선투과시험방법(KS D 0227)에 따라 방사선투과검사 시 시험부의 호칭두께 변화가 적고 평판 시험체에 가까운 것에 적용하는 투과사진의 상질은?

① A급   ② B급

③ 1급   ④ 2급

해설
투과사진의 영상질 종류
• 투과사진의 영상질은 A급 및 B급으로 한다.
• A급은 제품의 모양이 복잡하며 시험부의 살두께 변화가 큰 것에 적용한다.
• B급은 시험부의 살두께 변화가 적고 평판 시험체에 가까운 것에 적용한다.

37 비단시간 내에 전신에 받는 방사선 피폭선량과 이때 발생하는 급성장해의 영향에 대한 설명으로 틀린 것은?

① 피폭선량이 0~0.25Sv인 경우, 임상적 증상은 거의 없다.

② 피폭선량이 0.25~0.5Sv인 경우, 임파구(백혈구)의 수는 일시적으로 감소한다.

③ 피폭선량이 1~25Sv인 경우, 구역질 등 방사선 숙취현상이 나타난다.

④ 피폭선량이 2~4Sv인 경우, 피폭자는 100% 사망한다.

해설
피폭선량이 2~4Sv로 피폭자가 100% 사망하지는 않는다.

38 알루미늄의 T형 용접부 방사선투과시험방법(KS D 0245)에 따라 모재두께가 각각 10mm와 4mm인 T형 용접부를 투과검사할 때 요구되는 계조계의 종류는?

① A형   ② B형

③ C형   ④ D형

해설
KS D 0245 – 계조계의 종류 및 적용 구분

계조계의 종류	모재두께의 합($T_1 + T_2$)
A형	10.0 미만
B형	10.0 이상 20.0 미만
C형	20.0 이상 40.0 미만
D형	40.0 이상

39 강용접 이음부의 방사선투과시험방법(KS B 0845)의 계조계의 구조에 대한 설명으로 옳은 것은?

① 형의 종류에는 15형, 20형, 25형 등이 있다.

② 15형은 두께가 1.0mm이고 정사각형이며 한 변의 길이는 10mm로 한다.

③ 25형은 두께가 4.0mm이고 정사각형이며 한 변의 길이는 15mm로 한다.

④ 계조계의 치수허용차는 한 변의 길이에 대하여 ±5%로 한다.

해설
계조계의 적용 구분

모재의 두께	계조계의 종류
20.0 이하	15형
20.0 초과 40.0 이하	20형
40.0 초과 50.0 이하	25형

40 주강품의 방사선투과시험방법(KS D 0227)에 따라 흠의 분류 시 1류에 대하여 블로홀의 세지 않는 흠의 최대 치수를 나타낸 것으로 틀린 것은?

① 시험부의 호칭두께 10mm 이하일 때 0.4mm
② 시험부의 호칭두께 10mm 초과 20mm 이하일 때 0.7mm
③ 시험부의 호칭두께 20mm 초과 40mm 이하일 때 1.0mm
④ 시험부의 호칭두께 40mm 초과 80mm 이하일 때 1.5mm

해설
KS D 0227 – 부속서 표 3. 세지 않은 흠의 최대치수

단위 : mm

분류	호칭두께				
	10 이하	10 초과 20 이하	20 초과 40 이하	40 초과 80 이하	80 초과 120 이하	120 초과
1류	0.4	0.7	1.0		1.5	
2류 이하	0.7	1.0	1.5		2.0	

41 방사성 동위원소를 이동 사용하여 방사선 작업을 하는 경우에 대한 설명으로 틀린 것은?

① 반드시 2인 이상을 1조로 편성하여야 한다.
② 방사성 동위원소 취급자 일반면허 또는 감독자면허 취득자가 반드시 조장이 되어야 한다.
③ 법에 의해 비파괴검사종사자 자격 교육을 이수한 자는 조장이 될 수 있다.
④ 휴식 중에는 조사장치의 도난, 분실을 방지하기 위하여 감시인을 배치하여야 한다.

해설
반드시 조장이 되어야 할 필요는 없다.

42 스테인리스강 용접부의 방사선투과시험방법 및 투과사진의 등급분류방법(KS D 0237)에 의한 재료두께와 투과도계 식별도의 관계가 옳은 것은?

① 상질이 보통급일 때 모든 두께에 대하여 투과도계 식별도는 2.0 이하이어야 한다.
② 상질이 특급일 때 재료두께가 100mm 이하인 경우 투과도계 식별도는 2.0 이하이어야 한다.
③ 상질이 특급일 때 재료두께가 100mm 이하인 경우 투과도계 식별도는 1.5 이상이어야 한다.
④ 상질이 보통급일 때 재료두께가 50mm 이하인 경우 투과도계 식별도는 2.5 이하이어야 한다.

해설
KS D 0237 – 재료두께와 투과도계 식별도에서 보통급 상질의 모든 두께는 2.0% 이하로 한다.

43 다음 중 볼트, 너트, 전동기축 등에 사용되는 것으로 탄소함량이 약 0.2~0.3% 정도인 기계구조용 강재는?

① SM25C
② STC4
③ SKH2
④ SPS8

해설
기계구조용 탄소강 : 각종 기계류의 부품에 쓰이며 SM과 C 사이에 평균탄소량을 표시한다(예 SM45C : 기계구조용 탄소강 0.45% 탄소 함유).

44 보통주철(회주철) 성분에 0.7~1.5% Mo, 0.5~4.0% Ni을 첨가하고 별도로 Cu, Cr을 소량 첨가한 것으로 강인하고 내마멸성이 우수하여 크랭크축, 캠축, 실린더 등의 재료로 쓰이는 것은?

① 듀리론
② 니-레지스트
③ 애시큘러 주철
④ 미하나이트 주철

해설
애시큘러 주철은 기지 조직이 베이나이트로 Ni, Cr, Mo 등이 첨가되어 내마멸성이 뛰어난 주철이다.

45 다음 합금 중에서 알루미늄합금에 해당되지 않는 것은?

① Y합금 ② 콘스탄탄
③ 라우탈 ④ 실루민

해설
• Y합금 : Al – Cu – Ni – Mg
• 라우탈 : Al – Cu – Si
• 실루민 : Al – Si – Na

46 체심입방격자(BCC)의 근접원자 간 거리는?(단, 격자상수는 a이다)

① a ② $\frac{1}{2}a$

③ $\frac{1}{\sqrt{2}}a$ ④ $\frac{\sqrt{3}}{2}a$

해설
체심입방격자의 근접원자 간 거리는 $\frac{\sqrt{3}}{2}a$이다.

47 탄소강에 포함된 구리(Cu)의 영향으로 옳은 것은?

① 내식성을 저하시킨다.
② Ar_1의 변태점을 저하시킨다.
③ 탄성한도를 감소시킨다.
④ 강도, 경도를 감소시킨다.

해설
구리는 인장강도, 경도, 탄성한도를 증가시키며 내산, 내식성을 향상시킨다. 그리고 Ar_1의 변태점을 감소시키고 강재 압연 시 균열의 원인이 된다.

48 주철의 물리적 성질을 설명한 것 중 틀린 것은?

① 비중은 C, Si 등이 많을수록 커진다.
② 흑연편이 클수록 자기 감응도가 나빠진다.
③ C, Si 등이 많을수록 용융점이 낮아진다.
④ 화합탄소를 적게 하고 유리탄소를 균일하게 분포시키면 투자율이 좋아진다.

해설
Si와 C가 많을수록 비중과 용융온도는 저하하며, Si, Ni의 양이 많아질수록 고유저항은 커지고, 흑연이 많을수록 비중이 작아진다.

49 6 : 4 황동에 철을 1% 내외 첨가한 것으로 주조재, 가공재로 사용되는 합금은?

① 인 바 ② 라우탈
③ 델타메탈 ④ 하이드로날륨

해설
델타메탈 : 6 : 4황동에 Fe 1~2% 첨가한 강. 강도, 내산성 우수, 선박, 화학기계용에 사용한다.

50 다음 중 슬립(Slip)에 대한 설명으로 틀린 것은?

① 슬립이 계속 진행하면 변형이 어려워진다.
② 원자밀도가 최대인 방향으로 슬립이 잘 일어난다.
③ 원자밀도가 가장 큰 격자면에서 슬립이 잘 일어난다.
④ 슬립에 의한 변형은 쌍정에 의한 변형보다 매우 작다.

해설
슬립이란 재료에 외력이 가해졌을 때 결정 내에서 인접한 격자면에서 미끄러짐이 나타나는 현상으로 이 변형은 쌍정에 의한 변형보다 매우 크다.

45 ② 46 ④ 47 ② 48 ① 49 ③ 50 ④ **정답**

51 다음 중 형상기억합금으로 가장 대표적인 것은?

① Fe-Ni   ② Ni-Ti

③ Cr-Mo   ④ Fe-Co

해설

형상기억합금은 힘에 의해 변형되더라도 특정온도에 올라가면 본래의 모양으로 돌아오는 합금을 의미하며 Ti-Ni이 원자비 1:1 로 가장 대표적인 합금이다.

52 다음 중 소성가공에 해당되지 않는 가공법은?

① 단 조   ② 인 발

③ 압 출   ④ 표면처리

해설

표면처리는 화학적 처리이다.

53 주철에서 어떤 물체에 진동을 주면 진동에너지가 그 물체에 흡수되어 점차 약화되면서 정지하게 되는 것과 같이 물체가 진동을 흡수하는 능력은?

① 감쇠능   ② 유동성

③ 연신능   ④ 용해능

해설

주철은 감쇠능이 우수한 재질이다.

54 비중 1.74, 용융점 약 419℃이며 다이캐스팅용으로 많이 이용되는 조밀육방격자 금속은?

① Cr   ② Cu

③ Zn   ④ Pb

해설

아연과 그 합금 : 비중 7.14, 용융점 419℃, 조밀육방격자, 쌍정을 가짐, 베어링용 합금, 금형용 합금 등이 있다.

55 Fe-C 평형상태도에서 자기변태만으로 짝지어진 것은?

① A_0 변태, A_1 변태

② A_1 변태, A_2 변태

③ A_0 변태, A_2 변태

④ A_3 변태, A_4 변태

해설

Fe-C 평형상태도 내에서 자기변태는 A_0 변태(시멘타이트 자기변태)와 A_2 변태(철의 자기변태)가 있다.

56 분말상 Cu에 약 10% Sn 분말과 2% 흑연 분말을 혼합하고, 윤활제 또는 휘발성 물질을 가한 후 가압 성형하여 소결한 베어링 합금은?

① 켈밋 메탈
② 배빗 메탈
③ 앤티프릭션
④ 오일리스 베어링

해설
사용 중 주유가 필요 없는 베어링을 오일리스 베어링이라 한다.

57 다음 중 시효경화성이 있는 합금은?

① 실루민
② 알팍스
③ 문쯔메탈
④ 두랄루민

해설
시효경화란 A금속과 B금속을 고용시킨 후 급랭시켜 과포화 상태를 만든 후 일정한 온도에 어느 정도의 시간을 가지면 경도가 커지는 현상을 말하며 두랄루민이 대표적인 시효경화성 합금이다.

58 진유납이라고도 말하며 구리와 아연의 합금으로 그 융점이 820~935℃ 정도인 것은?

① 은 납
② 황동납
③ 인동납
④ 양은납

해설
황동납은 진유납이라고도 하며, 아연 60% 이하로 은납과 비교할 때 가격이 저렴해 많이 사용된다.

59 셀룰로스(유기물)를 20~30% 정도 포함하고 있어 용접 중 가스를 가장 많이 발생하는 용접봉은?

① E4311
② E4316
③ E4324
④ E4327

해설
피복용접봉의 종류
• 내균열성이 뛰어난 순서 : 저수소계[E4316] → 일루미나이트계 [E4301] → 타이타늄계[E4313]
• E : 피복아크 용접봉, 43 : 용착금속의 최소 인장강도, 16 : 피복제 계통
• 전자세 가능 용접봉(F, V, O, H) : 일루미나이트계[E4301], 라임 타이타늄계[E4303], 고셀룰로스계[E4311], 고산화타이타늄계 [E4313], 저수소계[E4316] 등

60 산소─아세틸렌 가스용접기로 두께가 2mm인 연강판의 용접에 적합한 가스용접봉의 이론적인 지름(mm)은?

① 1
② 2
③ 3
④ 4

해설
가스용접봉의 이론적인 지름은 판 두께의 $\frac{1}{2}$에 1을 더한 것이다.
즉, $\left(\frac{1}{2}\times2\right)+1=2$가 된다.

01 금속 내부 불연속을 검출하는데 적합한 비파괴검사법의 조합으로 옳은 것은?

① 와전류탐상시험, 누설시험
② 누설시험, 자분탐상시험
③ 초음파탐상시험, 침투탐상시험
④ 방사선투과시험, 초음파탐상시험

해설
표면결함검출에는 침투탐상, 자기탐상, 육안검사 등이 있으며 초음파, 방사선, 중성자의 경우 내부결함검출에 사용된다.

02 수세성 형광침투액과 건식현상제를 사용하여 검사하는 방법을 표현한 것은?

① FA-D
② FB-D
③ FA-S
④ FB-S

해설
F : 형광침투액, A : 수세에 의한 세척, D : 건식현상제 사용

03 수세성 염색침투탐상검사에서 습식현상제를 사용할 때의 시험 순서로 옳은 것은?

① 전처리 → 침투처리 → 제거처리 → 건조처리
 → 현상처리 → 관찰
② 전처리 → 침투처리 → 세척처리 → 현상처리
 → 건조처리 → 관찰
③ 전처리 → 침투처리 → 세척처리 → 유화처리
 → 제거처리 → 현상처리 → 건조처리 → 관찰
④ 전처리 → 세척처리 → 침투처리 → 현상처리
 → 건조처리 → 관찰

해설
수세성 형광침투액 – 습식형광법(수현탁성) : FA-W
전처리 → 침투 → 세척 → 현상 → 건조 → 관찰 → 후처리

04 기포누설검사의 특징에 대한 설명으로 옳은 것은?

① 누설 위치의 판별이 빠르다.
② 경제적이나 안전성에 문제가 많다.
③ 기술의 숙련이나 경험을 크게 필요로 한다.
④ 프로브(탐침)나 스니퍼(탐지기)가 반드시 필요하다.

해설
기포누설검사에는 침지법, 가압 발포액법, 진공상자 발포액법 등이 있으며 시험 후 누설 위치 판별이 빠른 장점이 있다.

05 코일법으로 자분탐상시험을 할 때 요구되는 전류는 몇 A인가?(단, $\frac{L}{D}$은 3, 코일의 감은 수는 10회, 여기서 L은 봉의 길이이며, D는 봉의 외경이다)

① 40
② 700
③ 1,167
④ 1,500

해설
코일법으로 자화시킬 때 자화전류의 양은 $IN = \frac{45,000}{L/D}$ 이며,
I : 자화전류, N : 코일의 감은수[turns], L : 시험체의 길이,
D : 시험체의 외경이다.
$$I \times 10 = \frac{45,000}{3}$$
$$\therefore I = 1,500\text{A}$$

06 방사선투과시험(RT)과 초음파탐상시험(UT)을 비교 설명한 내용 중 틀린 것은?

① 결함형상 판별에는 UT가 더 유리하다.
② 체적결함 검출에는 RT가 더 유리하다.
③ 결함위치 판정에는 UT가 더 유리하다.
④ 결함길이 판정에는 RT가 더 유리하다.

해설
결함형상 판별은 방사선투과시험이 더 유리하다.

07 누설을 통한 기체의 흐름에 영향을 미치는 인자가 아닌 것은?

① 기체의 분자량
② 기체의 점도
③ 압력의 차이
④ 기체의 색

해설
기체의 흐름에서 기체의 색은 영향을 미치지 않는다.

08 초음파탐상검사에 대한 설명으로 틀린 것은?

① 펄스반사법이 많이 이용된다.
② 내부조직에 따른 영향이 적다.
③ 불감대가 존재한다.
④ 미세균열에 대한 감도가 높다.

해설
초음파 탐상은 주로 펄스 반사법이 사용되며, 근거리 음장대에서 불감대가 존재한다. 미세한 내부 균열 검출이 용이하며, 내부 조직에 따른 영향이 있으나 다른 보기들이 더욱 정확하므로 ②번이 답이 된다.

09 전자기 원리를 이용한 비파괴시험법은?

① 와전류탐상시험
② 침투탐상시험
③ 방사선투과시험
④ 초음파탐상시험

해설
자분탐상시험은 누설자장에 의하여 와전류탐상시험은 전자유도 현상에 의한 법칙이 적용된다.

10 초음파탐상시험법의 분류 중 송·수신 방식의 분류가 아닌 것은?

① 반사법   ② 투과법
③ 경사각법   ④ 공진법

해설
초음파의 탐상 시 송·수신 방식으로는 송신과 수신을 함께하는 반사법, 송·수신 탐촉자가 따로 있어 투과 후 수신되는 투과법, 재료의 공진현상을 이용하는 공진법이 있다.

11 자분탐상시험의 일반적 특징이 아닌 것은?

① 시험체는 강자성체가 아니면 적용할 수 없다.

② 자속은 가능한 한 결함 면에 수직이 되도록 한다.

③ 일반적으로 깊은 결함검출이 곤란하다.

④ 시험체 두께방향의 결함높이와 형상에 관한 정보를 얻을 수 있다.

해설
자분탐상의 특징
• 강자성체의 표면 및 표면 직하의 미세하고 얕은 결함검출 중 감도가 가장 높다.
• 시험체의 크기, 형태, 모양에 큰 영향을 받지 않고 육안 관찰이 가능하다.
• 시험면에 비자성 물질(페인트 등)이 얇게 도포되어도 검사가 가능하다.
• 검사방법이 간단하며 저렴하다.
• 강자성체에만 적용 가능하다.
• 직각방향으로 최소 2회 이상 검사해야 한다.
• 전처리 및 후처리가 필요하며 탈자가 필요한 경우도 있다.
• 전기 접촉으로 인한 국부적 가열이나 손상이 발생 가능하다.

12 방사선투과시험 시 관용도(Latitude)가 큰 필름을 사용했을 때 나타나는 현상은?

① 관전압이 올라간다.

② 관전압이 내려간다.

③ 콘트라스트가 높아진다.

④ 콘트라스트가 낮아진다.

해설
관용도(=노출 허용도)
• 주어진 흑화도 범위 내에서 1장의 투과사진에 나타날 수 있는 시험체의 두께 범위
• 70kV, 150kV를 촬영한 스텝웨지 시험편의 명암도 차이로, 투과사진의 명암도가 높으면 관용도가 낮아지고, 명암도가 낮으면 관용도가 높아진다.

13 와전류탐상시험의 탐상코일 중 외삽코일과 같은 의미에 속하는 것은?

① 내삽코일(Inner Coil)

② 표면코일(Surface Coil)

③ 프로브코일(Probe Coil)

④ 관통코일(Encircling Coil)

해설
관통코일 : 시험체를 시험코일 내부에 넣고 시험하는 코일(고속 전수검사, 선 및 봉, 관의 자동검사에 이용)

14 원자핵의 분류 중 $_1^1\text{H}$와 $_1^2\text{H}$는 무엇으로 분류되는가?

① 동중핵

② 동위원소

③ 동중성자핵

④ 핵이성체

해설
원자번호는 같으나 질량수가 다른 원소를 동위원소라고 한다.

15 용접부의 방사선투과검사를 하였을 때 촬영된 투과사진이 규정하는 상질을 가지고 있는지의 여부를 확인해야 하는데 이때 확인하여야 할 항목으로 가장 거리가 먼 것은?

① 계조계의 값

② 시험부의 사진 농도

③ 시험부의 유효길이

④ 투과도계의 식별 최소선경

해설
투과사진의 필요조건으로 투과도계의 식별 최소 선지름, 투과사진의 농도범위, 계조계의 값이 있으며, 시험부의 유효길이는 위 세가지의 규정을 만족하는 범위로만 하면 된다.

16 두께 20mm 용접품의 중심부에 기공이 있는 것을 확인하고자 할 때 비파괴검사방법으로 옳은 것은?

① 액체침투탐상(PT)

② 자기탐상(MT)

③ 누설탐상(LT)

④ 방사선투과검사(RT)

해설
내부결함 중 기공의 검사에는 방사선투과검사가 적절하다.

17 방사선 투과사진에서 결함의 분류 도중 용입불량의 결함이 확인되어 결함의 길이를 측정하여 결함을 분류하였다. 다음 중 잘못된 분류는 어느 것인가?

① 제2종 1류   ② 제2종 2류

③ 제2종 3류   ④ 제2종 4류

해설
KS B 0845 투과사진의 결함분류 방법에 의거 1류로 분류된 경우에도 용입불량 또는 융합불량이 있으면 2류로 한다.

18 방사선 투과사진의 명료도(또는 선명도)에 영향을 주는 인자가 아닌 것은?

① 필름의 종류

② 초점-필름간 거리

③ 방사선 선질

④ 침투시간 및 노출시간

해설
④ 방사선에서 침투시간과는 관계가 없다.
명암도에 영향을 주는 요인
시험체 명암도, 필름 명암도에 의해 가지는 특성으로 흑화도의 차이가 클수록 명암도가 높다고 구분이 가능하다.

19 방사선 투과시험 시 필름을 수동현상할 때 최대효과를 얻기 위한 용액의 온도범위는?

① 12~15℃   ② 18~22℃

③ 24~28℃   ④ 30~40℃

해설
20℃에서 5분이 기준으로 하며 이 온도 이하에서는 화학반응이 늦어지며, 25℃ 이상의 온도에서는 안개현상(Fogging)이 발생해 상질을 떨어뜨린다.

20 반감기가 75일인 10Ci의 Ir-192를 사용하여 2분간 노출하여 양질의 방사선 투과사진을 얻었다. 75일 후에 같은 조건에서 동등한 사진을 얻고자 할 때 노출시간은 약 얼마이어야 하는가?

① 1.5분   ② 4분

③ 6분   ④ 15분

해설
1반감기가 지난 Ir-192를 2분간 노출시켰을 때와 동등한 사진을 얻기 위해서는 노출시간을 2배로 늘려준다.

21 Ir-192 선원의 방사선 강도가 1m 떨어진 곳에서 2R/h일 때 방사선 강도가 2mR/h 되는 곳은 선원으로부터 얼마 떨어진 곳인가?

① 약 100m   ② 약 62m

③ 약 32m   ④ 약 16m

해설
역제곱의 법칙으로 $\dfrac{I}{I_0} = \left(\dfrac{d_0}{d}\right)^2$ 이 되므로

$d_0 = \sqrt{\dfrac{I \cdot d^2}{I_0}} = \sqrt{\dfrac{2,000 \times 1}{2}} = \sqrt{1,000} = 31.6$이 된다.

22 X-선 발생장치에서 핀홀법으로 초점상을 촬영하는 이유는?

① 초점의 위치 결정

② 초점의 크기 결정

③ 조사면의 선량 분포

④ X-선의 에너지 분포

핀홀의 크기에 따라 초점의 크기를 결정할 수 있기 때문이다.

23 감마선 투과시험 장비에 사용하는 동위원소의 특성을 바르게 설명한 것은?

① 137Cs의 γ선 에너지는 1.33MeV이다.

② 60Co선원 1Ci는 1m 거리에서 0.37R/h이다.

③ 192Ir에서 방출되는 γ선 중 존재비가 가장 큰 것은 0.31MeV의 γ선이다.

④ 170Tm은 β선 방출체로서 투과시험에는 이용할 수 없다.

감마선 선원의 종류별 특성

특성 \ 종류	Tm-170	Ir-192	Cs-137	Co-60
반감기	127일	74.4일	30.1년	5.27년
에너지	0.084MeV 0.052MeV	0.31, 0.47 0.60MeV	0.66MeV	1.33MeV 1.17MeV
R. H. M.	0.003	0.55	0.34	1.35
비방사능 (Ci/g)	6,300	10,000	25	1,200
투과력(Fe)	13mm	74mm	90mm	125mm

24 방사선 투과사진의 명료도에 영향을 미치는 기하학적 요인이 아닌 것은?

① 필름의 종류

② 선원의 크기

③ 선원과 필름 사이 거리

④ 증감지와 필름의 접촉상태

방사선 투과사진 감도에 영향을 미치는 인자

투과사진 콘트라스트	시험물의 명암도	• 시험체의 두께 차 • 방사선의 선질 • 산란 방사선
	필름의 명암도	• 필름의 종류 • 현상시간 • 온도 및 교반농도 • 현상액의 강도
선명도	기하학적 요인	• 초점크기 • 초점-필름 간 거리 • 시험체-필름 간 거리 • 시험체의 두께 변화 • 스크린-필름접촉상태
	입상성	• 필름의 종류 • 스크린의 종류 • 방사선의 선질 • 현상시간 • 온 도

25 방사선투과검사에 사용하는 연박증감지의 효과에 관한 설명으로 옳지 않은 것은?

① 필름의 사진작용을 증대한다.

② 노출시간을 10배 이상 단축시킨다.

③ 1차 방사선에 비해 파장이 긴 산란방사선을 흡수한다.

④ 1차 방사선을 강화한다.

연박증감지(Lead Screen)
• 0.01~0.015mm 정도의 아주 얇은 납판을 도포한 것이다.
• 150~400kV의 관전압을 사용하는 투과사진 상질에 적당하다.
• 필름의 사진작용을 증대한다.
• 일차 방사선에 비해 파장이 긴 산란방사선 흡수한다.
• 산란방사선보다 일차 방사선을 증가시킨다.

26 X-선 발생장치의 관을 고진공 상태로 설계, 제작하는 이유로 가장 거리가 먼 것은?

① 고속전자의 에너지 손실을 막기 위하여
② 필라멘트의 산화 및 연소를 방지하기 위하여
③ 전극 간의 전기적 절연을 방지하기 위하여
④ 열 발생을 방지하기 위하여

해설

고진공은 열전자 에너지 손실 및 산화, 연소를 방지하고 전기적 절연을 방지하기 위하여 있으며, 열 발생과는 무관하다.

27 용접금속이 국부적으로 뒤쪽에서 떨어져 나간 것으로 그림에서 나타내고 있는 용접부의 결함은 무엇인가?

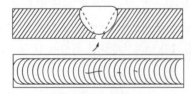

① 파이프(Pipe)
② 용락(Burn Through)
③ 융합불량(Lack of Fusion)
④ 용입부족(Incomplete Penetration)

해설

용락이란 국부적으로 용접금속이 떨어져 나간 것을 의미한다.

28 다음 중 측정기기에 대한 설명이 잘못된 것은?

① TLD(티엘디)는 개인 피폭선량 측정용이다.
② 서베이미터는 교정하지 않아도 된다.
③ 동위원소 회수 시 서베이미터로 관찰해야 한다.
④ 포켓도시미터로 선량률을 측정해서는 안 된다.

해설

피폭관리 측정기기는 최소 6개월에 한번은 검사 및 교정을 받아야 한다.

29 방사선 측정 중 속중성자의 측정에 가장 적합한 기기는?

① NaI 신틸레이터(NaI Scintillator)
② 가스 전리계수기(Gas Flow Counter)
③ GM 계수기(GM Counter)
④ 플라스틱 신틸레이터(Plastic Scintillator)

해설

속중성자란 중성자 중 사이클로트론 등 대형입자가속장치에서 방출되는 고에너지의 중성자를 말하며, 플라스틱 신틸레이터로 측정 가능하다.

30 선량률을 감소시키기 위해 차폐체를 사용할 때, Ir-192에 대한 강의 반가층이 13mm이면 선량률을 처음의 1/8로 감소시키려면 강의 두께는 몇 mm이어야 하는가?

① 13   ② 26
③ 39   ④ 52

해설

반가층이 13mm이고, 선량률을 처음의 $\frac{1}{8}$ 로 줄이기 위해 반가층은 $2^3 = 8$, 3회가 되므로, $13 \times 3 = 39mm$ 가 된다.

31 강용접 이음부의 방사선투과시험방법(KS B 0845)에 의한 투과사진에서의 결함분류 중 결함길이를 결정하는 방법이 옳은 것은?

① 결함이 일정 면적 안에 존재할 때 면적 안의 가로 길이를 결함길이로 한다.

② 결함길이는 제2종의 결함길이를 측정하여 결함길이로 한다.

③ 둥근 블로홀은 동일 시험시야에 공존하는 점수의 총합을 결함길이로 환산한다.

④ 텅스텐 혼입은 결함의 긴지름 치수를 결함길이로 한다.

KS B 0845 - 결함의 길이
• 결함길이는 제2종 결함길이를 측정하여 결함길이로 한다.
• 다만, 결함이 일직선상에 존재하고, 결함과 결함의 간격이 큰 쪽의 길이 이하의 경우는 결함과 결함 간격을 포함하여 측정한 치수를 그 결함군의 결함길이로 한다.

32 강용접 이음부의 방사선투과시험방법(KS B 0845)에 의한 시험성적서 기록에 시험조건 관련 사용장치 및 재료항목에 포함되지 않는 내용은 무엇인가?

① 방사선 투과장치명 및 실효 초점치수

② 필름 및 증감지의 종류

③ 투과도계의 종류

④ 시험체의 재질 및 두께

시험체의 재질 및 두께는 시험부 관련에 기록한다.

33 강용접 이음부의 방사선투과시험방법(KS B 0845)으로 강판의 맞대기용접 이음부 촬영 시 투과도계와 필름 간 거리가 식별 최소선지름의 몇 배 이상이면 투과도계를 필름 쪽에 둘 수 있는가?(단, 이때 투과도계의 부분에 F라는 기호를 붙인다)

① 5배　　　　② 10배
③ 15배　　　　④ 20배

투과도계와 필름 간의 거리를 식별 최소선지름의 10배 이상 떨어지면 투과도계를 필름에 둘 수 있다.

34 방사선 안전관리 등의 기술기준에 관한 규칙에서 그림과 같은 내용물을 차량에 부착할 때 방사선 표지의 색상은?

① 글자는 백색 바탕에 노란색

② 글자는 백색 바탕에 검정색

③ 글자는 노란색 바탕에 흰색

④ 글자는 노란색 바탕에 검정색

차량용 방사선 표지의 색상은 백색 바탕에 검정색을 사용한다.

35 주강품의 방사선투과시험방법(KS D 0227)에 따라 호칭두께가 15mm인 제품을 검사하여 투과사진을 등급분류하려 한다. 이때 사진에 블로홀이 있는 것으로 판단되었을 때 시험시야의 크기는 얼마로 하여야 하는가?

① φ10mm   ② φ15mm
③ φ20mm   ④ φ30mm

해설
블로홀, 모래 박힘 및 개재물의 흠점수

단위 : mm

호칭두께	10 이하	10 초과 20 이하	20 초과 80 이하	80 초과
시험시야의 크기(지름)	20	30	50	70

36 강용접 이음부의 방사선투과시험방법(KS B 0845)에서 투과사진 결함의 종별과 종류가 틀린 것은?

① 제1종 – 둥근 블로홀 및 이에 유사한 결함
② 제2종 – 가늘고 긴 슬래그 혼입, 파이프, 용입 불량, 융합불량 및 이와 유사한 결함
③ 제3종 – 갈라짐 및 이와 유사한 결함
④ 제4종 – 수축공 및 이와 유사한 결함

해설
KS B 0845 – 결함의 종별 분류

결함의 종별	결함의 종류
제1종	둥근 블로홀 및 이에 유사한 결함
제2종	가늘고 긴 슬래그 혼입, 파이프, 용입 불량, 융합 불량 및 이와 유사한 결함
제3종	갈라짐 및 이와 유사한 결함
제4종	텅스텐 혼입

37 원자력안전법에서 정한 연간 유효선량한도로 옳은 것은?

① 일반인 – 5mSv
② 수시출입자 – 12mSv
③ 운반종사자 – 30mSv
④ 방사선 작업 종사자 – 연간 100mSv를 넘지 않는 범위에서 5년간 300mSv

해설
선량한도

구 분		방사선 작업 종사자	수시출입자 및 운반종사자	일반인
유효선량한도		연간 50mSv를 넘지 않는 범위에서 5년간 100mSv	연간 6mSv	연간 1mSv
등가 선량 한도	수정체	연간 150mSv	연간 15mSv	연간 15mSv
	손발 및 피부	연간 500mSv	연간 50mSv	연간 50mSv

※ 법 개정으로 인해 수시출입자 및 운반종사자의 유효선량한도가 6mSv로 변경됨. 따라서 정답 없음

38 타이타늄용접부의 방사선투과시험방법(KS D 0239)에 의한 투과사진의 흠집의 상분류방법 중 모재의 두께 15mm인 용접부에서 산정하지 않는 흠의 치수 규정은?

① 0.3mm 이하   ② 0.4mm 이하
③ 0.5mm 이하   ④ 0.7mm 이하

해설
KS D 0239에서 산정하지 않는 흠의 치수는 모재의 두께 10mm 이하는 0.3mm, 10mm 초과 20mm 이하는 0.4, 20mm 초과 25mm 이하는 0.7mm이다.

39 방사선에 대한 단위 환산이 틀린 것은?

① 1Sv=100rem

② 1Gy=100rad

③ 1rad=10^{-4}J/kg 물질

④ 1R=2.58×10^{-4}C/kg 공기

해설

1rad는 방사선의 물질과의 상호작용에 의해 그 물질 1g에 100erg(Electrostatic Unit, 정전단위)의 에너지가 흡수된 양 (1rad = 100erg/g = 0.01J/kg)이다.

40 알루미늄 주물의 방사선투과시험방법 및 투과사진의 등급분류방법(KS D 0241)에서 촬영방법 중 촬영 및 현상처리 과정의 확실한 흐림이 나타나는 필름은 정기적으로 제거해야 한다고 규정하고 있다. 이때 흐림의 농도는 몇 이하로 하는 것이 바람직하다고 규정하고 있는가?

① 0.2

② 0.5

③ 2.0

④ 3.0

해설

촬영 및 현상처리

• 필름농도 : 시험부 및 투과도계 위치에서의 필름농도는 2.0~3.0 사이에 있도록 촬영 및 현상조건을 설정하는 것이 바람직하다.

• 필름의 흐림 : 확실한 흐림이 나타나는 필름은 정기적으로 제거하여야 한다. 흐림의 농도는 0.2 이하로 하는 것이 바람직하다.

41 강용접 이음부의 방사선투과시험방법(KS B 0845)에 따라 두께 30mm 강판의 맞대기용접 이음을 촬영하려고 할 때 어떤 계조계를 사용하여야 하는가?

① 15형

② 20형

③ 25형

④ 30형

해설

KS B 0845 – 계조계의 적용 구분

모재의 두께	계조계의 종류
20.0 이하	15형
20.0 초과 40.0 이하	20형
40.0 초과 50.0 이하	25형

42 강용접 이음부의 방사선투과시험방법(KS B 0845)에 따라 내부필름 촬영방법으로 두께 20mm, 원둘레 길이 180cm인 강관의 원둘레 이음을 촬영하고자 한다. 시험부에서 가로 갈라짐의 검출을 특히 필요로 하는 경우, 이때 시험부의 유효길이는 얼마가 효율적인가?

① 90mm

② 150mm

③ 250mm

④ 300mm

해설

KS B 0845 – 시험부의 유효길이 규정

[부속서 2 표 6. 시험부의 유효길이 L_3]

촬영방법	시험부의 유효길이
내부선원 촬영방법 (분할 촬영)	선원과 시험부의 선원측 표면 간 거리 L_1의 $\frac{1}{2}$ 이하
내부필름 촬영방법	관의 원둘레길이의 $\frac{1}{12}$ 이하
2중벽 단일면 촬영방법	관의 원둘레길이의 $\frac{1}{6}$ 이하

따라서, 1,800mm ÷ 12 = 150mm 가 된다.

43 비정질 합금의 제조법 중 기체 급랭법에 해당되는 것은?

① 단롤법   ② 원심법
③ 스퍼터링법   ④ 스프레이법

해설
기체 급랭법의 일종으로 금속을 기체상태로 한 후에 급랭하는 방법으로 제조되는 합금으로서 대표적인 방법은 진공증착법이나 스퍼터링법 등이 있다.

44 압력이 일정한 Fe-C 평형상태도에서 공정점의 자유도는?

① 0   ② 1
③ 2   ④ 3

해설
자유도 $F = 2 + C - P$로 C는 구성물질의 성분 수($Fe_3C = 1$개), P는 어떤 상태에서 존재하는 상의 수($L \Leftrightarrow \alpha + Fe_3C$)로 3이 된다. 즉, $F = 2 + 1 - 3 = 0$으로 자유도는 0이다.

45 두 가지 이상의 금속 또는 원소가 간단한 원자비로 결합되어 성분금속과는 다른 성질을 갖는 물질을 무엇이라 하는가?

① 공공 2원 합금
② 금속 간 화합물
③ 침입형 고용체
④ 전율가용 고용체

해설
금속 간 화합물이란 두 가지 이상의 금속 또는 원소가 일정한 정수 비로 결합되어 있으며, 성분 금속보다 경도가 높고 용융점이 높아지는 경향을 보인다. 하지만 일반 화합물에 비해 결합력이 약하고 고온에서 불안정한 단점을 가지고 있다.

46 원자의 배열이 불규칙한 상태를 하고 있으며, 결정 입계, 전위, 편석 등 결정의 결함이 없고 표면 전체가 균일하고 내식성이 우수한 합금은?

① 형상기억합금
② 초소성합금
③ 초탄성합금
④ 비정질합금

해설
비정질합금 : 금속이 용해 후 고속 급랭시켜 원자가 규칙적으로 배열되지 못하고 액체상태로 응고되어 금속이 되는 것

47 7-3 황동에 주석을 1% 첨가한 것으로 전연성이 좋아 관 또는 판을 만들어 증발기, 열교환기 등의 재료로 사용되는 것은?

① 양 은
② 델타메탈
③ 네이벌황동
④ 애드미럴티황동

해설
주석황동(Tin Brasss)
• 애드미럴티 황동 : 7-3황동에 Sn 1% 첨가, 전연성 좋음
• 네이벌 황동 : 6-4황동에 Sn 1% 첨가
• 알루미늄황동 : 7-3황동에 2% Al 첨가

43 ③   44 ①   45 ②   46 ④   47 ④   정답

48 금속조직학상으로 철강재료를 분류할 때 탄소함유량이 0.8~2.0%인 것은?

① 아공석강　　　② 아공정주철
③ 과공석강　　　④ 과공정주철

- 0.02~0.8% C : 아공석강
- 0.8% C : 공석강
- 0.8~2.0% C : 과공석강
- 2.0~4.3% C : 아공정주철
- 4.3% C : 공정주철
- 4.3~6.67% C : 과공정주철

49 금형 또는 칠 메탈이 붙어 있는 모래형에 주입하여 표면은 단단하고 내부는 회주철로 강인한 성질을 가지는 주철은?

① 칠드주철
② 흑심가단주철
③ 백심가단주철
④ 구상흑연주철

해설
칠드주철(Chilled Iron)은 주물의 일부 혹은 표면을 높은 경도를 가지게 하기 위하여 응고 급랭시켜 제조하는 주철 주물로 표면은 단단하고 내부는 강인한 성질을 가진다.

50 다음의 재료 중 불순한 물질 또는 부식성 물질이 녹아 있는 수용액의 작용에 의해 표면 또는 내부에서 탈아연 되는 것은?

① 황 동　　　② 엘린바
③ 퍼멀로이　　　④ 코슨합금

해설
탈아연 부식(Dezincification)
황동의 표면 또는 내부까지 불순한 물질이 녹아있는 수용액의 작용으로 탈아연되는 현상으로 6-4황동에 많이 사용된다. 방지법으로는 Zn이 30% 이하인 α황동을 쓰거나, As, Sb, Sn 등을 첨가한 황동을 사용한다.

51 탄성률이 좋아 스프링 등 고탄성을 요하는 재료로 통신기기, 계기 등에 사용되는 것은?

① 인청동
② 망간청동
③ 니켈청동
④ 알루미늄청동

해설
인청동은 2~10% Sn, 0.6% P 이하의 합금이 사용된 것으로 탄성률이 높은 청동이다.

52 다음 중 대표적인 시효경화성 합금은?

① 주 강　　　② 두랄루민
③ 화이트메탈　　　④ 흑심가단주철

해설
두랄루민은 Al-Cu-Mn-Mg의 합금이며, 용체화처리 후 시효처리를 하는 합금이다.

53 기지조직이 거의 페라이트(Ferrite)로 된 것은?

① 스프링강
② 고망간강
③ 공구강
④ 순 철

해설
순철은 페라이트 조직이 대부분이다.

54 고용융점 금속이 아닌 것은?

① W
② Ta
③ Zn
④ Mo

해설
금속의 용융점

Ti	1,670℃	Co	1,480℃	Mg	651℃
Sn	231℃	In	155℃	Mn	1,260℃
Pb	327℃	Al	660℃	W	3,410℃
Cr	1,615℃	Ca	810℃	Ta	3,017℃
Zn	420℃	Mo	2,610℃	Fe	1,538℃
Ni	1,455℃	Cu	1,083℃	Au	1,063℃

55 금속에 냉간가공도가 커질수록 기계적 성질의 변화로 틀린 것은?

① 경도가 커진다.
② 연신율이 커진다.
③ 인장강도가 커진다.
④ 단면수축률이 감소한다.

해설
냉간가공도가 커질수록 연신율은 작아진다.

56 피아노 선재, 레일 등을 제조할 때 사용되는 최경강인 이 재료의 탄소함량으로 옳은 것은?

① 0.13~0.20% C

② 0.30~0.40% C

③ 0.50~0.70% C

④ 1.50~2.0% C

해설
• 최경강 : 탄소 함유량이 0.5~0.7%이며, 인장강도 650MPa 이상으로 축, 기어, 레일 등에 사용한다.
• 경강 : 탄소 함유량이 0.45~0.5%이며, 인장강도 580~700MPa 정도로 실린더, 레일에 사용한다.
• 반연강 : 탄소 함유량이 0.2~0.3%이며, 인장강도 440~550 MPa 정도로 교량, 보일러용 판에 사용한다.

57 조성은 30~32% Ni, 4~6% Co 및 나머지 Fe를 함유한 합금으로 20℃에서 팽창계수가 0(Zero)에 가까운 합금은?

① 알민(Almin)

② 알드리(Aldrey)

③ 알클래드(Alclad)

④ 슈퍼인바(Super Invar)

해설
불변강은 탄성계수가 매우 낮은 금속으로 인바, 엘린바 등이 있으며, 엘린바의 경우 36% Ni+12% Cr 나머지 철로 된 합금이며, 인바의 경우 36% Ni+0.3% Co+0.4% Mn 나머지 철로 된 합금이다. 슈퍼인바는 팽창계수가 0에 가까운 합금이다.

58 알루미늄 분말과 산화철 분말의 화학반응열을 이용하여 철도레일의 맞대기용접에 적합한 용접법은?

① 테르밋용접
② TIG용접
③ 탄산가스아크용접
④ 일렉트로슬래그용접

해설
테르밋용접
미세한 알루미늄 분말과 용융 산화철 분말을 약 1 : 3~4의 중량비로 혼합한 테르밋제에 과산화바륨과 마그네슘의 혼합분말로 테르밋반응의 화학반응에 의하여 발열을 이용하는 용접법

59 정격 2차 전류 200A이고 정격사용률이 40%인 아크 용접기로 150A의 전류를 사용할 경우 허용사용률은 약 얼마인가?

① 71%
② 75%
③ 81%
④ 85%

해설

$$\text{허용사용률(\%)} = \frac{(\text{정격 2차 전류})^2}{(\text{실제 용접 전류})^2} \times \text{정격사용률}$$

$$= \frac{200^2}{150^2} \times 40\%$$

$$= 71.1\%$$

60 아크용접법 중 용극식에 해당되지 않는 것은?

① 피복아크용접법
② 서브머지드 아크용접법
③ 불활성가스 텅스텐아크용접법
④ 이산화탄소 실드아크용접법

해설
불활성가스 텅스텐아크용접법은 비용극식의 용접법이다.

01 시험체 내부결함이나 구조적인 이상 유무를 판별하는데 이용되는 방사선의 특성은?

① 회절 특성　　　　② 분광 특성
③ 진동 특성　　　　④ 투과 특성

해설
방사선의 성질
• 빛의 속도로 직진성을 가지고 있으며, 물질에 부딪혔을 때 반사한다.
• 비가시적이고, 인간의 오감에 의해 검출이 불가능하다.
• 물질을 전리시킨다.
• 파장이 짧아 물질을 투과한다.

02 볼트류 등 소형이며 다량의 제품을 검사하기 좋은 침투탐상검사방법은 무엇인가?

① 용제제거성 침투탐상
② 수세성 침투탐상
③ 후유화성 침투탐상
④ 이원성 침투탐상

해설
수세성 침투탐상법에 침투액 적용방법은 침적법을 사용하여 다량의 제품을 검사하기 쉽다.

03 와전류탐상시험에서 표준침투깊이를 구할 수 있는 인자와의 비례 관계를 옳게 설명한 것은?

① 표준침투깊이는 파장이 클수록 작아진다.
② 표준침투깊이는 주파수가 클수록 작아진다.
③ 표준침투깊이는 투자율이 작을수록 작아진다.
④ 표준침투깊이는 전도율이 작을수록 작아진다.

해설
와전류의 표준침투깊이(Standard Depth of Penetration)는 와전류가 도체표면의 약 37% 감소하는 깊이를 의미하며, 침투깊이는 $\delta = \dfrac{1}{\sqrt{\pi \rho f \mu}}$ 로 나타내며, ρ : 전도율, μ : 투자율, f : 주파수로 주파수가 클수록 반비례하는 관계를 가진다.

04 침투탐상시험에서 접촉각과 적심성 사이의 관계를 옳게 설명한 것은?

① 접촉각이 클수록 적심성이 좋다.
② 접촉각이 작을수록 적심성이 좋다.
③ 접촉각과 적심성과는 관련이 없다.
④ 접촉각이 90° 이상일 경우 적심성이 좋다고 한다.

해설
적심성이란 액체가 고체 등의 면에 젖는 정도를 말하며, 접촉각이 90°보다 작은 경우의 액체의 적심성(Wetting Ability)은 양호한 상태이며, 90° 이상인 경우에는 적심성이 상대적으로 불량한 상태를 나타낸다.

05 굴삭기의 몸체에 칠해진 페인트 막의 품질을 비파괴시험하기 위하여 막 두께를 측정하고자 할 때 가장 적합한 검사법은?

① 자분탐상시험

② 침투탐상시험

③ 방사선투과시험

④ 와전류탐상시험

해설

와전류탐상시험
• 고속으로 자동화된 전수검사 가능
• 가는 선, 구멍 내부, 고온 등 여러 환경에서 적용 가능
• 결함, 재질변화, 품질관리 등 적용 범위가 광범위
• 탐상 및 재질검사 등 탐상 결과를 보전 가능

06 초음파탐상시험에 의해 결함높이를 측정할 때 결함의 길이를 측정하는 방법은?

① 표면파로 변환하여 측정한다.

② 최대결함 에코의 높이로부터 최대에코 높이까지 측정한다.

③ 횡파, 종파의 모드를 변환하여 측정한다.

④ 6dB Drop법에 따라 측정한다.

해설

6dB Drop법을 이용하여 결함 에코가 최대가 되는 지점에서 50% 떨어지는 지점(-6dB지점)까지 측정한다.

07 누설검사에서 추적자로 사용되지 않는 기체는?

① 수 소　　　　② 헬 륨

③ 암모니아　　　④ 할로겐가스

해설

누설검사에서 시험체 내·외부에 압력 차이를 이용한 시험법으로는 추적가스 이용법(암모니아누설, CO_2추적가스), 기포 누설시험, 할로겐 누설시험, 헬륨 누설시험, 방치법에 의한 누설시험이 있으며, 추적자로 수소는 사용하지 않는다.

08 누설탐상검사를 할 때 여러 이상 기체 방정식을 알아야 한다. 이 중 물질의 양에 따른 부피의 변화를 나타낸 법칙(원리)은?

① 보일의 법칙

② 샤를의 법칙

③ 아보가드로의 원리

④ 돌턴의 분압법칙

해설

아보가드로의 법칙 : 물질의 양에 따른 부피의 변화

09 비파괴검사에서 허용할 수 있는 결함과 허용할 수 없는 결함을 분류하는 기준 또는 근거에 해당되지 않는 것은?

① 설계개념에 근거한 파괴역학

② 사용된 검사 시스템의 성능

③ 요소의 위험도

④ 높은 검출한계의 설정

해설

허용결함의 기준으로 높은 검출한계의 설정으로는 기준이 될 수 없다.

10 방사성 동위원소의 비강도에 대한 설명 중 옳은 것은?

① 비강도가 클수록 촬영시간을 단축할 수 있다.

② 비강도가 커야 불선명도가 감소된다.

③ 비강도의 단위는 Ci/m^2이다.

④ 비강도가 클수록 피폭우려가 적다.

11 물질 중 반자성체를 자화시키면 자화곡선(B-H 곡선)은 어떤 형태로 나타나는가?

① 곡 선

② 파 형

③ 직 선

④ 나타나지 않는다.

해설
반자성체 : 자화 시 외부 자기장과 반대 방향으로 자화되는 물질 (Hg, Au, Ag, Cu)로 자화곡선은 직선 형태로 나타난다.

12 각종 비파괴시험의 특징을 설명한 것으로 옳은 것은?

① 용접부의 언더컷검출에는 음향방출시험이 적합하다.

② 강재의 내부균열검출에는 침투탐상시험이 적합하다.

③ 강재의 표면결함검출에는 초음파탐상시험이 적합하다.

④ 파이프 등의 표면결함 고속검출에는 와전류탐상시험이 적합하다.

해설
표면결함검출에는 침투탐상, 자기탐상, 육안검사 등이 있으며 초음파, 방사선, 중성자의 경우 내부결함검출에 사용된다.

13 비파괴검사법 중 강자성체에만 적용되는 것은?

① 자분탐상시험법

② 침투탐상시험법

③ 초음파탐상시험법

④ 방사선투과시험법

해설
자분탐상시험은 강자성체에만 탐상이 가능하다.

14 초음파탐상검사의 단점이 아닌 것은?

① 표면의 결함을 검출하기 쉽다.

② 접촉매질을 써야 탐상이 쉽다.

③ 검사자의 다양한 경험이 필요하다.

④ 검사자의 폭넓은 지식이 필요하다.

해설
초음파검사의 단점
• 시험체의 형상이 복잡하거나, 곡면, 표면거칠기에 영향을 많이 받는다.
• 시험체의 내부구조(입자, 기공, 불연속 다수 분포)에 따라 영향을 많이 받는다.
• 불연속 검출의 한계가 있다.
• 시험체에 적용되는 접촉 및 주사방법에 따른 영향이 있다.
• 불감대가 존재한다(근거리 음장에 대한 분해능이 떨어짐).

15 방사선 투과사진의 시험체 콘트라스트에 영향을 주는 인자가 아닌 것은?

① 필름의 종류　　② 산란방사선
③ 시험체의 두께차　④ 방사선의 선질

방사선 투과사진 감도에 영향을 미치는 인자

투과사진 콘트라스트	시험물의 명암도	• 시험체의 두께 차 • 방사선의 선질 • 산란 방사선
	필름의 명암도	• 필름의 종류 • 현상시간 • 온도 및 교반농도 • 현상액의 강도
선명도	기하학적 요인	• 초점크기 • 초점-필름 간 거리 • 시험체-필름 간 거리 • 시험체의 두께 변화 • 스크린-필름접촉상태
	입상성	• 필름의 종류 • 스크린의 종류 • 방사선의 선질 • 현상시간 • 온 도

16 방사선투과시험에서 기하학적 불선명도에 영향을 주는 주요 원인이 아닌 것은?

① 필름과 선원과의 거리
② 초점 또는 선원의 크기
③ 필름의 입상성
④ 필름과 시험체와의 거리

기하학적 불선명도에 영향을 주는 요인
• 초점 또는 선원의 크기 : 선원의 크기는 작을수록, 점선원(Point Source)에 가까워질수록 선명도는 좋아진다.
• 선원-필름과의 거리 : 선원-필름 간 거리는 멀수록 선명도는 좋아지며, 거리가 짧아질수록 음영의 형성이 커져 선명도는 낮아진다.
• 시험체-필름과의 거리 : 가능한 밀착시켜야 선명도가 좋아진다.
• 선원-시험물-필름의 배치관계 : 방사선은 가능한 필름과 수직을 이루도록 한다.
• 시험체의 두께 변화 : 두께 변화가 심한 경우 시험체의 일부가 필름과 각도를 이루어 음영이 형성되어 선명도가 낮아진다.
• 증감지-필름의 접촉상태 : 증감지와 필름은 밀착한다.

17 방사선투과시험 시 필름 현상처리액 중 강알칼리성인 것은?

① 현상액　　　② 정지액
③ 정착액　　　④ 수세액

현상액은 강알칼리성 용액을 사용하며, 정지 처리에는 빙초산 3% 수용액을, 정착액은 산성 용액을 사용한다.

18 형광증감지의 특징을 바르게 설명한 것은?

① 연박증감지보다 증감률이 낮다.
② 연박증감지보다 노출시간이 짧아진다.
③ 연박증감지보다 산란선 저감효과가 나쁘다.
④ 연박증감지보다 콘트라스트가 높다.

형광증감지(Fluorescent Intensifying Screen)
• 칼슘텅스테이트(Ca-Ti)와 바륨리드설페이트(Ba-Pb-S)분말과 같은 형광물질을 도포한 증감지이다.
• X선에서 나타나는 형광작용을 이용한 증감지로 조사시간을 단축하기 위해 사용한다.
• 높은 증감률을 가지고 있지만, 선명도가 나빠 미세한 결함 검출에는 부적합하다.
• 노출시간을 10~60% 줄일 수 있다.

19 방사선 투과사진의 명료도 중 입상성에 영향을 미치는 요인이 아닌 것은?

① 방사선질
② 산란방사선
③ 현상 조건
④ 증감지의 종류

해설
입상성에 영향을 주는 요인 : 필름의 종류, 스크린의 종류, 방사선의 선질, 현상 조건

20 다음 중 두께 10cm 이상의 강용접부를 방사선투과검사할 때 가장 적합한 방사선원은?

① Ir-192　　　② Cs-137
③ Co-60　　　④ Tm-170

해설
50mm 이상의 강용접부에는 Co-60을 사용한다.

21 방사성 동위원소에 대한 설명 중 틀린 것은?

① Ir-192는 반감기가 74.3일이다.
② Co-60 선원 1Ci는 1m 거리에서 1.35R/h이다.
③ Cs-137의 γ선의 에너지는 1.17MeV이다.
④ Tm-170의 β선의 에너지는 1.0MeV이다.

해설
Cs-137의 γ선 에너지는 0.66MeV이다.

22 다음 중 γ선의 성질에 관한 설명으로 옳은 것은?

① 선원의 크기에 따라 결정된다.
② 동위원소의 종류에 따라 결정된다.
③ 작업자의 필요에 따라 조절할 수 있다.
④ 선원으로부터 시험체의 거리에 따라 변한다.

해설
γ선은 동위원소의 종류에 따라 결정된다.

23 다음 중 에너지가 가장 높은 감마선 선원은?

① Cs-137
② Gd-153
③ Tm-170
④ Yb-169

해설
에너지가 가장 높은 γ선 선원은 Cs-137로 0.66MeV이다.

24 2개의 투과도계를 양쪽에 놓고 촬영한 결과 어느 한 쪽의 투과도계가 규격값을 만족하지 못했을 때 그 사진의 판정으로 가장 적절한 것은?

① 불합격으로 판정한다.
② 규격값을 만족한 쪽으로 판정한다.
③ 사진의 농도가 진한 것으로 판정한다.
④ 결함의 정도가 많은 것으로 판정한다.

해설
2개의 투과도계 모두 만족하여야만 합격 판정을 한다.

25 방사선투과시험에 이용되는 방사성 동위원소의 조건 중 틀린 것은?

① 획득이 용이해야 한다.
② 비방사능이 낮아야 한다.
③ 화학적 특성이 작아야 한다.
④ 이용 목적에 맞는 방사성을 방출해야 한다.

해설
방사선 동위원소는 비방사능이 높아야 고강도의 방사능을 조사시킬 수 있다.

26 방사선 투과사진 필름현상 시 현상용액에 보충액을 보충하는 이유로 가장 옳은 것은?

① 현상액의 산화를 촉진시키기 위함이다.
② 현상능력을 일정하게 유지하기 위함이다.
③ 현상액의 형광성능을 강화하기 위함이다.
④ 현상능력을 촉진시켜 현상시간을 줄이기 위함이다.

해설
현상액의 농도
현상액을 사용할수록 반응물질에 의해 능력이 감소되므로 탱크안 현상액의 2~3% 정도 보충시켜 사용한다.

27 다음 중 방사선 투과사진이 구비할 조건의 확인사항에 해당되지 않는 것은?

① 계조계의 농도차
② 투과도계의 농도
③ 시험부의 사진농도
④ 투과도계 식별 최소 선경

해설
투과도계의 농도는 확인사항에 해당되지 않는다.

28 강용접 이음부의 방사선투과시험방법(KS B 0845)에 의한 결함상의 분류방법을 설명한 것으로 틀린 것은?

① 투과사진에 의하여 검출된 결함이 제3종의 결함인 경우의 분류는 4류로 한다.
② 결함의 종별이 2종류 이상의 경우는 그 중의 분류번호가 큰 쪽을 총합 분류로 한다.
③ 제1종 결함 및 제4종의 결함의 시험시야에 분류의 대상으로 한 제2종의 결함이 혼재하는 경우에, 결함점수에 의한 분류와 결함의 길이에 의한 분류가 모두 같은 분류이면 혼재하는 부분의 분류는 분류번호를 하나 크게 한다.
④ 혼재한 결함의 총합 분류에서 1류에 대해서는 제1종과 제4종의 결함이 각각 단독으로 존재하는 경우, 또는 공존하는 경우 허용결함점수의 $\frac{1}{3}$ 및 제2종의 결함의 허용결함길이 $\frac{1}{3}$ 을 각각 넘는 경우에만 2류로 한다.

해설
1류에 대해서는 제1종과 제4종의 결함이 각각 단독으로 존재하는 경우, 또는 공존하는 경우의 허용결함점수의 $\frac{1}{2}$ 및 제2종의 결함의 허용결함길이의 $\frac{1}{2}$ 을 각각 넘는 경우에만 2류로 한다.

29 강용접 이음부의 방사선투과시험방법(KS B 0845)의 규정에 따르면 결함의 분류 시 가늘고 긴 슬래그 혼입 및 이와 유사한 결함은?

① 제1종　　　　② 제2종
③ 제3종　　　　④ 제4종

해설

KS B 0845 - 결함의 종별 분류

결함의 종별	결함의 종류
제1종	둥근 블로홀 및 이에 유사한 결함
제2종	가늘고 긴 슬래그 혼입, 파이프, 용입 불량, 융합 불량 및 이와 유사한 결함
제3종	갈라짐 및 이와 유사한 결함
제4종	텅스텐 혼입

30 방사선 작업자에 대하여 일정기간 동안의 피폭선량이 최대허용선량을 초과하지 않았으나 초과될 염려가 있다고 판단하였을 때, 작업책임자가 취할 수 있는 조치로 적절하지 않은 것은?

① 작업방법을 개선한다.
② 차폐 및 안전설비를 강화한다.
③ 작업자를 다른 곳으로 배치한다.
④ 방사성 물질을 태워서 폐기한다.

해설

방사성 물질을 태울 경우 방사능은 사라지지 않고 대기 중에 유출되어 피폭될 우려가 있으므로 적절하지 않다.

31 밀봉된 동위원소 선원을 차량으로 운반 시 원자력관계법령에서 규정하는 점검사항이 아닌 것은?

① Pigtail 유격 점검　② 차량선량측정
③ 운반표지판 부착　　④ 위험물 혼재 여부

해설

차량 운반 시 차량선량측정, 운반표지판 부착, 위험물 혼재 여부 등을 확인하나, Pigtail은 선원 연결선으로 차량 운반과는 무관하다.

32 타이타늄용접부의 방사선투과시험방법(KS D 0239)에 의한 투과사진의 흠집의 분류방법 중 틀린 것은?

① 시험시야의 치수는 10×15mm로 한다.
② 1류(급)라 하더라도 시험시야 내에 산정하지 않는 치수 이하의 흠이 10개 이상인 경우 2류로 한다.
③ 투과사진에 의한 흠의 상 분류 시 언더컷 등의 표면 흠집도 분류대상으로 삼는다.
④ 터짐, 융합불량의 경우는 4류(급)로 한다.

해설

KS D 0239에서 언더컷 등의 표면 흠집은 분류대상에 속하지 않는다.

33 주강품의 방사선투과시험방법(KS D 0227)에서 만족하는 시험부 흠 외 부분의 사진농도는 복합필름을 2장 포개 관찰할 경우 각각의 투과사진은 최저농도와 2장 포갠 경우의 최고농도 규정으로 옳은 것은?

① 최저농도 : 0.3, 최고농도 : 3.5
② 최저농도 : 0.5, 최고농도 : 3.5
③ 최저농도 : 0.8, 최고농도 : 4.0
④ 최저농도 : 1.0, 최고농도 : 4.0

해설

• 복합필름 촬영방법에 따라 촬영한 투과사진의 농도를 1장씩 관찰하는 경우 A급은 1.0 이상 4.0 이하이며, B급은 1.5 이상 4.0 이하의 농도범위를 사용한다.
• 2장 포개서 관찰하는 경우, 각각 투과사진의 최저농도는 0.8 이상으로 하고 2장 포갠 경우의 최고농도는 4.0 이하이어야 한다.

29 ② 30 ④ 31 ① 32 ③ 33 ③ **정답**

34 원자력안전법 시행령에서 방사선 작업종사자가 방사선 장해를 받았거나 받은 것으로 보이는 경우, 원자력 관계사업자가 취할 내용에 해당되지 않는 것은?

① 보건상의 조치
② 방사선 피폭이 적은 업무로 전환
③ 개인 안전장구 추가 지급
④ 방사선 관리구역에의 출입시간 단축

해설
방사선 장해를 받은 사람 등에 대한 조치(원자력안전법 시행령 제135조)
원자력 관계사업자가 하여야 할 조치는 다음과 같다.
• 방사선 작업종사자 또는 수시출입자가 방사선 장해를 받았거나 받은 것으로 보이는 경우에는 지체 없이 의사의 진단 등 필요한 보건상의 조치를 하고, 그 방사선 장해의 정도에 따라 방사선 관리구역 출입시간의 단축, 출입금지 또는 방사선 피폭 우려가 적은 업무로의 전환 등 필요한 조치를 하여야 한다.
• 방사선 관리구역에 일시적으로 출입하는 사람이 방사선 장해를 받았거나 받은 것으로 보이는 경우에는 지체 없이 의사의 진단 등 필요한 보건상의 조치를 하여야 한다.

35 다음 중 방사선의 '선량한도'의 정의로 옳은 것은?

① 내부에 피폭되는 방사선량 값
② 외부에 피폭되는 방사선량 값
③ 외부에 피폭되는 방사선량과 내부에 피폭되는 방사선량을 합한 피폭 방사선량의 상한 값
④ 외부에 피폭되는 방사선량과 내부에 피폭되는 방사선량을 합한 피폭 방사선량의 하한 값

해설
선량한도 : 외부에 피폭되는 방사선량과 내부에 피폭 방사선량을 합한 방사선량의 상한 값

36 Ir-192 30Ci의 방사선 동위원소를 사용하여 10cm 두께의 강판 용접부를 차폐체를 사용하지 않고 촬영하려고 할 때 다음 계산식과 조건을 이용하여 방사선 관리구역을 설정하면?(단, 경계의 선량률은 0.75mR/h, γ(감마상수)는 0.48RHM/Ci, r : 거리, μ : 흡수계수, x : 흡수체 두께)

┤조건├
$$선량률(RHM) = \frac{\gamma \times S(\text{Ci})}{r^2 e^{-\mu x}}$$

① 약 138cm
② 약 1,380cm
③ 약 192cm
④ 약 1,920cm

해설
$RHM = \dfrac{\gamma \times S}{r^2 e^{-\mu x}}$ 로 계산가능하며,

$r^2 e^{-\mu x} = \dfrac{\gamma \times S}{RHM} = \dfrac{0.48 \times 30}{0.75} = 19.2$가 된다.

여기서,

$r^2 = \dfrac{19.2}{e^{-\mu x}} = \dfrac{19.2}{e^{-0.69 \times 10}} = 19.2 \times e^{0.69 \times 10}$ 으로 계산되며,

$r = \sqrt{19.2 \times e^{6.9}} = 138$cm가 된다.

37 차폐물이 없는 공터에서 작업 시 10m 거리에서의 선량률이 100mR/h였다면, 20m 떨어진 곳에서의 선량률은?

① 500mR/h
② 200mR/h
③ 5mR/h
④ 25mR/h

해설
역제곱의 법칙 : 방사선은 직진성을 가지고 있으며, 거리가 멀어질수록 강도는 거리의 제곱에 반비례하여 약해지는 법칙

$$I = I_0 \times \left(\frac{d_0}{d}\right)^2$$

$$\therefore I = 100 \times \frac{10^2}{20^2} = 100 \times \frac{100}{400} = 25\text{mR/h}$$

38 주강품의 방사선투과시험방법(KS D 0227)에서 규정한 블로홀에 대한 흠의 영상 분류 시 호칭두께가 109mm 이하일 때 시험시야의 지름 크기(mm)는?

① 70 ② 50

③ 30 ④ 20

해설

블로홀, 모래 박힘 및 개재물의 흠점수 단위 : mm

호칭두께	10 이하	10 초과 20 이하	20 초과 80 이하	80 초과
시험시야의 크기(지름)	20	30	50	70

39 강용접 이음부의 방사선투과시험방법(KS B 0845)에 따라 두께 30mm 강판의 맞대기용접 이음을 촬영하려고 할 때 어떤 계조계를 사용하여야 하는가?

① 15형 ② 20형

③ 25형 ④ 30형

해설

KS B 0845 – 계조계의 적용 구분

모재의 두께	계조계의 종류
20.0 이하	15형
20.0 초과 40.0 이하	20형
40.0 초과 50.0 이하	25형

40 알루미늄 주물의 방사선투과시험방법 및 투과사진의 등급분류방법(KS D 0241)에 규정된 증감지의 두께범위로 옳은 것은?

① 0.02~0.25mm

② 0.50~2.00mm

③ 0.02~0.25cm

④ 0.50~2.00cm

해설

증감지
- 감도 및 식별도를 증가시키기 위하여 납 또는 산화납 등의 금속 증감지 또는 필터를 사용하여도 좋다.
- 사용하는 증감지의 두께는 0.02~0.25mm의 범위 내로 한다.
- 증감지는 더러움이 없고 표면이 매끄러운 것으로 판정에 지장이 있는 흠이 없어야 한다.

41 강용접 이음부의 방사선투과시험방법(KS B 0845)에 의한 투과사진 중 용접이음의 모양에 따라 투과사진 상질을 적용하는데, 상질 종류에 해당하지 않는 것은?

① A급 ② P1급

③ E급 ④ F급

해설

투과사진의 상질의 적용 구분

용접 이음부의 모양	상질의 종류
강판의 맞대기용접 이음부 및 촬영시의 기하학적 조건이 이와 동등하다고 보는 용접 이음부	A급, B급
강관의 원둘레용접 이음부	A급, B급, P1급, P2급
강판의 T용접 이음부	F급

42 다음 중 1Gy와 동일한 값을 나타내는 것은?

① 100C/kg　　② 100rem

③ 100rad　　④ 100Bq

43 산화성, 염류, 알칼리, 함황가스 등에 우수한 내식성을 가진 Ni-Cr 합금은?

① 엘린바　　② 인코넬

③ 콘스탄탄　　④ 모넬메탈

44 Al-Cu-Si계 합금으로 Si를 넣어 주조성을 좋게 하고 Cu를 넣어 절삭성을 좋게 한 합금의 명칭은?

① 라우탈　　② 알민 합금

③ 로엑스 합금　　④ 하이드로날륨

45 Y-합금의 조성으로 옳은 것은?

① Al-Cu-Mg-Si

② Al-Si-Mg-Ni

③ Al-Cu-Ni-Mg

④ Al-Mg-Cu-Mn

46 베어링용합금에 해당되지 않는 것은?

① 루기메탈　　② 배빗메탈

③ 화이트메탈　　④ 일렉트론메탈

47 금속에 열을 가하여 액체상태로 한 후 고속으로 급랭시켜 원자의 배열이 불규칙한 상태로 만든 합금은?

① 제진합금　　② 수소저장합금

③ 형상기억합금　　④ 비정질합금

48 Fe-Fe₃C 상태도에서 포정점 상에서의 자유도는? (단, 압력은 일정하다)

① 0   ② 1

③ 2   ④ 3

해설

자유도 $F = 2 + C - P$로 C는 구성물질의 성분 수($Fe_3C = 1$개), P는 어떤 상태에서 존재하는 상의 수($\alpha + L \rightarrow \beta$)로 3이 된다. 즉, $F = 2 + 1 - 3 = 0$으로 자유도는 0이다.

49 금속의 응고에 대한 설명으로 옳은 것은?

① 결정입계는 가장 먼저 응고한다.

② 용융금속이 응고할 때 결정을 만드는 핵이 만들어진다.

③ 금속이 응고점보다 낮은 온도에서 응고하는 것을 응고잠열이라 한다.

④ 결정입계에 불순물이 있는 경우 응고점이 높아져 입계에는 모이지 않는다.

해설

액체 금속이 온도가 내려감에 따라 응고점에 이르러 응고가 시작되면 원자는 결정을 구성하는 위치에 배열되며, 원자의 운동 에너지는 열의 형태로 변화한다.

50 다음의 금속 중 재결정 온도가 가장 높은 것은?

① Mo   ② W

③ Ni   ④ Pt

해설

재결정 온도 : 소성 가공으로 변형된 결정입자가 변형이 없는 새로운 결정이 생기는 온도

금속의 재결정 온도

금 속	재결정 온도	금 속	재결정 온도
W	1,200℃	Fe, Pt	450℃
Ni	600℃	Zn	실 온
Au, Ag, Cu	200℃	Pb, Sn	실온 이하
Al, Mg	150℃		

51 7-3황동에 대한 설명으로 옳은 것은?

① 구리 70%에 주석을 30% 합금한 것이다.

② 구리 70%에 아연을 30% 합금한 것이다.

③ 구리 100%에 아연을 70% 합금한 것이다.

④ 구리 100%에 아연을 30% 합금한 것이다.

해설

황동의 종류

• 7 : 3황동(70% Cu-30% Zn)
• 6 : 4황동(60% Cu-40% Zn)
• 톰백(5~20% Zn함유, 모조금)

52 금속의 일반적인 특성이 아닌 것은?

① 전성 및 연성이 나쁘다.

② 전기 및 열의 양도체이다.

③ 금속 고유의 광택을 가진다.

④ 수은을 제외한 고체상태에서 결정구조를 가진다.

해설

금속의 특성

• 고체상태에서 결정구조를 가진다.
• 전기 및 열의 양도체이다.
• 전·연성이 우수하다.
• 금속 고유의 색을 가진다.
• 소성 변형이 가능하다.

53 공업적으로 생산되는 순도가 높은 순철 중에서 탄소 함유량이 가장 적은 것은?

① 전해철
② 해면철
③ 암코철
④ 카보닐철

• 순철의 정의 : 탄소 함유량이 0.025% C 이하인 철
• 해면철(0.03% C)＞연철(0.02% C)＞카보닐철(0.02% C)＞암코철(0.015% C)＞전해철(0.008% C)

54 다음 중 재료의 연성을 파악하기 위하여 실시하는 시험은?

① 피로시험
② 충격시험
③ 커핑시험
④ 크리프시험

에릭슨시험(커핑시험) : 재료의 전·연성을 측정하는 시험으로 Cu판, Al판 및 연성판재를 가압 성형하여 변형 능력을 시험한다.

55 주철명과 그에 따른 특징을 설명한 것으로 틀린 것은?

① 가단주철은 백주철을 열처리로에 넣어 가열해서 탈탄 또는 흑연화 방법으로 제조한 주철이다.
② 미하나이트주철은 저급주철이라고 하며, 흑연이 조대하고, 활 모양으로 구부러져 고르게 분포한 주철이다.
③ 합금주철은 합금강의 경우와 같이 주철에 특수원소를 첨가하여 내식성, 내마멸성, 내충격성 등을 우수하게 만든 주철이다.
④ 회주철은 보통주철이라고 하며, 펄라이트 바탕 조직에 검고 연한 흑연이 주철의 파단면에서 회색으로 보이는 주철이다.

• 고급주철 : 인장강도가 높고 미세한 흑연이 균일하게 분포된 주철로 란츠법, 에벨법의 방법으로 제조되고, 미하나이트주철이 대표적인 고급주철에 속한다.
• 미하나이트주철 : 저탄소, 저규소의 주철에 Ca-Si를 접종해 강도를 높인 주철이다.

56 Cu-Pb계 베어링합금으로 고속, 고하중 베어링으로 적합하여 자동차, 항공기 등에 쓰이는 것은?

① 켈밋(Kelmet)
② 백동(Cupronickel)
③ 배빗메탈(Babbit Metal)
④ 화이트메탈(White Metal)

배빗메탈(Sn-Sb-Cu)은 고속, 고하중 베어링으로 적합한 강이다.

57 구상흑연주철이 주조상태에서 나타나는 조직의 형태가 아닌 것은?

① 페라이트형
② 펄라이트형
③ 시멘타이트형
④ 헤마타이트형

> **해설**
> **구상흑연주철** : 흑연을 구상화하여 균열을 억제시키고 강도 및 연성을 좋게 한 주철로 시멘타이트형, 펄라이트형, 페라이트형이 있으며, 구상화제로는 Mg, Ca, Ce, Ca-Si, Ni-Mg 등이 있다.

58 판두께 10mm의 연강판 아래보기맞대기 용접이음 10m와 판 두께 20mm의 연강판 수평맞대기 용접이음 20m를 용접하려 할 때 환산용접길이는?(단, 현장용접으로 환산계수는 판 두께 10mm인 경우 1.32, 판 두께 20mm인 경우 5.04이다)

① 약 30.0m
② 약 39.6m
③ 약 114m
④ 약 213m

> **해설**
> 환산용접길이$= L_1 \times \rho_1 + L_2 \times \rho_2$
> $\qquad\qquad = 10 \times 1.32 + 20 \times 5.04$
> $\qquad\qquad = 114\text{m}$

59 용접기가 설치되어서는 안 되는 장소는?

① 먼지가 매우 적은 곳
② 옥외의 비바람이 없는 곳
③ 수증기 또는 습도가 낮은 곳
④ 주위온도가 −10(℃) 이하인 곳

> **해설**
> 용접기는 실온에 설치하여야 한다.

60 다음 용접법 중 금속전극을 사용하는 보호아크용접법은?

① MIG용접
② 테르밋용접
③ 심용접
④ 전자빔용접

> **해설**
> 불활성가스용접(MIG, TIG)은 보호가스 분위기에서 전극을 보호할 수 있다.

01 방사선투과시험과 초음파탐상시험을 비교하였을 때 초음파탐상시험의 장점은?

① 블로홀 검출
② 라미네이션 검출
③ 불감대가 존재
④ 검사자의 능숙한 경험

해설
초음파탐상법 중 수직탐상법을 사용하면 라미네이션 검출에 효과적이다.

02 시험면을 사이에 두고 한 쪽의 공간을 가압하거나 진공이 되게 하여 양쪽 공간에 압력차를 만들어 시험하는 비파괴검사법은?

① 육안시험
② 누설시험
③ 음향방출시험
④ 중성자투과시험

해설
누설검사에서 시험체 내·외부에 압력 차이를 이용한 시험법으로는 추적가스이용법(암모니아 누설, CO_2추적가스), 기포 누설시험, 할로겐 누설시험, 헬륨 누설시험, 방치법에 의한 누설시험이 있다.

03 위상배열을 이용한 초음파탐상검사법은?

① EMAT
② IRIS
③ PAUT
④ TOFD

해설
③ PAUT : 여러 진폭을 갖는 초음파를 투과하여 2차원 영상을 실시간으로 확인하는 위상배열 초음파 방법이다.
① EMAT : 전자적 금속 표면에 발생된 와전류와 자계의 사이에서 작용하는 상호작용으로 초음파를 송·수신하는 방법이다.
② IRIS : 초음파 빔을 튜브벽의 내부와 외부의 튜브벽 두께에 투과시켜 두께의 손실을 검출하는 시스템이다.
④ TOFD : 결함 끝부분에서의 회절 초음파를 이용해 결함의 높이를 측정하는 방법이다.

04 다음 중 침투탐상 원리와 가장 관계가 깊은 것은?

① 틴틸현상
② 대류현상
③ 용융현상
④ 모세관현상

해설
침투탐상은 모세관현상을 이용하여 표면의 열린 개구부(결함)를 탐상하는 시험이다.

05 다른 침투탐상시험과 비교하여 수세성 형광침투탐상시험의 장점은?

① 밝은 곳에서 작업이 가능하다.
② 대형 단조품 검사에 적합하다.
③ 소형 대량부품 검사에 적합하다.
④ 장비가 간편하고 장소의 제약을 받지 않는다.

해설
수세성 침투탐상법에 침투액 적용방법은 침적법을 사용하여 소형, 다량의 제품을 검사하기 쉽다.

06 비파괴검사법 중 반드시 시험 대상물의 앞면과 뒷면 모두 접근 가능하여야 적용할 수 있는 것은?

① 방사선투과시험   ② 초음파탐상시험

③ 자분탐상시험   ④ 침투탐상시험

해설

방사선투과시험이란 X선, γ선 등 투과성을 가진 전자파로 대상물에 투과시킨 후 결함의 존재 유무를 시험체 뒷면의 필름 등의 이미지(필름의 명암도의 차)로 판단하는 비파괴검사방법이다.

07 자분탐상시험에 대한 설명 중 틀린 것은?

① 표면결함검사에 적합하다.

② 반자성체에 적용할 수 있다.

③ 시험체의 크기에는 크게 영향을 받지 않는다.

④ 침투탐상시험만큼 엄격한 전처리가 요구되지는 않는다.

해설

자분탐상시험은 강자성체의 시험체 결함에서 생기는 누설자장을 이용하는 것으로 반자성체는 적용할 수 없다.

08 두께방향 결함(수직 크랙)의 경우 결함검출 확률과 크기의 정량화에 관한 시험으로 가장 우수한 검사법은?

① 초음파탐상검사(UT)

② 방사선투과검사(RT)

③ 스트레인 측정검사(ST)

④ 와전류탐상검사(ECT)

해설

초음파탐상법은 초음파의 진행방향에 대해 수직한 결함의 결함검출 감도가 좋다.

09 관의 보수검사를 위해 와전류탐상검사를 수행할 때 관의 내경을 d, 시험코일의 평균직경을 D라고 하면 내삽코일의 충전율을 구하는 식은?

① $\left(\dfrac{D}{d}\right)^2 \times 100\%$

② $\left(\dfrac{D}{d}\right) \times 100\%$

③ $\left(\dfrac{D}{d+D}\right) \times 100\%$

④ $\left(\dfrac{d+D}{D}\right) \times 100\%$

해설

$$충전율 = \left(\frac{D}{d}\right)^2 \times 100$$
$$= \left(\frac{내삽코일의\ 평균직경}{시험체의\ 내경 - 시험체의\ 두께}\right)^2 \times 100\%$$

10 비파괴검사의 목적이라 볼 수 없는 것은?

① 안전관리

② 사용기간의 연장

③ 출하가격의 인하

④ 제품의 신뢰성 향상

해설

비파괴검사를 실시함으로써 출하가격은 높아질 가능성이 있으며, 비파괴검사의 목적에 해당되지 않는다.

11 시험체에 가압 또는 감압을 유지한 후 발포용액에 의해 기포를 형성하는 기포누설시험검사방법의 장점으로 틀린 것은?

① 지시관찰이 용이하다.

② 감도가 높다.

③ 실제지시의 구별이 쉽다.

④ 가격이 저렴하다.

> **해설**
> **기포누설시험** : 검사비용이 저렴하고, 지시의 관찰이 쉽고 빠르나 감도는 낮은편이다.
> • 침지법 : 액체용액에 가압된 시험품을 침적해서 기포 발생 여부를 확인하여 검출한다.
> • 가압발포액법 : 시험체를 가압 후 표면에 발포액을 적용하여 기포 발생 여부를 확인하여 검출한다.
> • 진공상자발포액법 : 진공상자를 시험체에 위치시킨 후 외부 대기압과 내부 진공의 압력차를 이용하여 검출한다.

12 자분탐상검사에 관련된 용어로 틀린 것은?

① 투자율

② 자속밀도

③ 접촉각

④ 반자장

> **해설**
> 접촉각은 침투탐상에서 침투제의 적심성과 관계된다.

13 시험체의 도금두께 측정에 가장 적합한 비파괴검사법은?

① 침투탐상시험법 　　② 음향방출시험법

③ 자분탐상시험법 　　④ 와전류탐상시험법

> **해설**
> 와전류탐상의 장점으로는 다음과 같으며, 검사의 숙련도가 필요하다.
> • 고속으로 자동화된 전수검사 가능
> • 가는 선, 구멍 내부, 고온 등 여러 환경에서 적용 가능
> • 결함, 재질변화, 품질관리 등 적용 범위가 광범위
> • 탐상 및 재질검사 등 탐상 결과를 보전 가능

14 자분탐상시험으로 크랭크 샤프트를 검사할 때 가장 적합한 자화방법은?

① 축통전법과 코일법

② 극간법과 프로드법

③ 전류관통법과 자속관통법

④ 직각통전법과 극간법

> **해설**
> 크랭크 샤프트는 축방향의 재질을 검사할 시 자화방법별 특성 중 축통전법과 코일법이 적당하다.

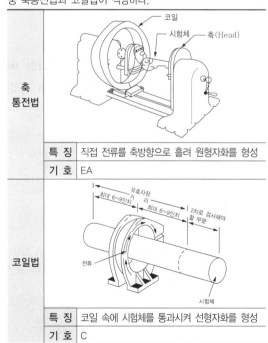

축 통전법		
	특 징	직접 전류를 축방향으로 흘려 원형자화를 형성
	기 호	EA
코일법		
	특 징	코일 속에 시험체를 통과시켜 선형자화를 형성
	기 호	C

15 방사선투과시험 시 투과도계의 역할은?

① 필름의 밀도 측정

② 필름 콘트라스트의 양 측정

③ 방사선 투과사진의 상질 측정

④ 결합 부위의 불연속부 크기 측정

해설
투과도계
- 투과도계(=상질 지시기) : 검사방법의 적정성을 알기 위해 사용하는 시험편이다.
- 투과도계의 재질은 시험체와 동일하거나 유사한 재질을 사용한다.
- 시험체와 함께 촬영하여 투과사진 상과 투과도계 상을 비교하여 상질 적정성 여부를 판단한다.
- 주로 선형과 유공형 투과도계를 사용한다.

16 이리듐-192 선원에서 2cm 거리에서의 선량률이 5,500mR/h일 때 이 선원에서 50cm 거리에서의 선량률은 얼마인가?

① 3.3mR/h

② 5.5mR/h

③ 8.8mR/h

④ 9.9mR/h

해설
역제곱의 법칙 : 방사선은 직진성을 가지고 있으며, 거리가 멀어질수록 강도는 거리의 제곱에 반비례하여 약해지는 법칙이다.

$$I = I_0 \times \left(\frac{d_0}{d}\right)^2$$

$$\therefore \ I = 5,500 \times \frac{2^2}{50^2} = 5,500 \times \frac{4}{2,500} = 8.8\text{mR/h}$$

17 방사선투과검사 시 고려해야 하는 기하학적 원리에 관한 사항으로 옳지 않은 것은?

① 초점은 다른 고려사항이 허용하는 한 작아야 한다.

② 초점과 시험할 재질과의 거리는 가능한 가깝게 해야 한다.

③ 필름은 가능한 한 방사선 투과검사될 시험체와 밀착해야 한다.

④ 시편의 형상이 허용하는 한 관심 부위와 필름면은 평행이 되도록 해야 한다.

해설
기하학적 불선명도에 영향을 주는 요인
- 초점 또는 선원의 크기 : 선원의 크기는 작을수록, 점선원(Point Source)에 가까워질수록 선명도는 좋아진다.
- 선원-필름과의 거리 : 선원-필름 간 거리는 멀수록 선명도는 좋아지며, 거리가 짧아질수록 음영의 형성이 커져 선명도는 낮아진다.
- 시험체-필름과의 거리 : 가능한 밀착시켜야 선명도가 좋아진다.
- 선원-시험물-필름의 배치관계 : 방사선은 가능한 필름과 수직을 이루도록 한다.
- 시험체의 두께변화 : 두께변화가 심한 경우 시험체의 일부가 필름과 각도를 이루어 음영이 형성되어 선명도가 낮아진다.
- 증감지-필름의 접촉상태 : 증감지와 필름은 밀착한다.

18 X선에 관한 다음 설명 중 적절하지 않은 것은?

① X선은 방사선 동위원소의 원자핵 붕괴 또는 원자핵 반응에 의해 발생한다.

② X선은 전자기파의 일종이며 가시광선에 비해 파장이 매우 짧다.

③ X선의 파장과 에너지는 상호 환산이 가능하며 파장이 짧을수록 에너지가 크다.

④ X선은 물질을 투과하는 성질이 있으며 물질의 원자번호와 밀도가 클수록 흡수가 크게 되어 투과하기 어렵게 된다.

해설
방사선 동위원소의 원자핵 붕괴 또는 원자핵 반응에 의해 발생하는 원소로는 α선, β선, γ선이며, X선은 파장에 비례하는 에너지를 갖는 전자파이다.

19 X선 발생장치의 주요 구성 3요소로 올바른 것은?

① X선관, 필라멘트, 정류기
② X선관, 고전압발생기, 제어기
③ 표적(타깃), 제어기, 라디에이터
④ 표적(타깃), 전류제어기, 조리개

해설
X선 발생장치의 주요 구성 요소는 X선관, 고전압발생기, 제어기가
있다.

20 다음 중 맞대기 용접부의 내부 기공을 검출하는데
가장 적합한 비파괴검사법은?

① 침투탐상시험(PT)
② 와전류탐상시험(ET)
③ 누설검사(LT)
④ 방사선투과시험(RT)

해설
• 내부결함검사 : 방사선, 초음파
• 표면결함검사 : 침투, 자기, 육안, 와전류
• 관통결함검사 : 누설

21 다음의 투과사진의 상질의 종류 중 계조계를 사용
하여야 하는 상질은 어느 것인가?

① A급　　　　　② P1급
③ P2급　　　　　④ F급

해설
계조계는 상질의 종류가 A급과 B급인 것에 사용한다.

22 방사선투과검사에서 H&D 커브라고도 하며 노출량
을 조절하여 투과사진의 농도를 변경하고자 할 때
필요한 것은?

① 노출도표
② 초점의 크기
③ 필름의 특성곡선
④ 동위원소의 붕괴곡선

해설
필름특성곡선 : 특정한 필름에 대한 노출량과 흑화도와의 관계를
곡선으로 나타낸 것
• H & D곡선, Sensitometric 곡선이라고도 한다.
• 가로축 : 상대노출량에 Log를 취한 값, 세로축 : 흑화도

23 투과도계에 관한 설명으로 옳지 않은 것은?

① 유공형과 선형으로 나눌 수 있다.
② 일반적으로 선원쪽 시험면 위에 배치한다.
③ 촬영유효범위의 양 끝에 투과도계의 가는 선이
바깥쪽이 되도록 한다.
④ 재질의 종류로는 유공형 투과도계가 선형에 비하
여 더 많은 제한을 받는다.

해설
투과도계의 재질은 유공형과 선형이 있으며, 재질의 종류와 무관
하게 재질과 동일하거나 방사선적으로 유사한 것을 사용한다.

24 방사선투과검사 시 노출필름의 수동 현상처리에 관한 설명으로 옳지 않은 것은?

① X-선 필름을 현상용액에 담그면 조사된 할로겐 화은 입자는 금속은으로 바뀐다.

② 정착액은 현상안된 할로겐화은 입자를 제거하고 감광유제층을 부풀고 연화시킨다.

③ 수세과정을 통해 잔류 정착액을 씻어내고 나쁜 영향을 미치는 반응물을 제거한다.

④ 건조과정에서 감광유제를 더욱 경화하고 수축시 킨다.

해설

정착처리
- 필름의 감광유제에 현상되지 않은 은입자를 제거하고, 현상된 은입자를 영구적 상으로 남게 하는 처리이다.
- 정착처리 시간은 15분을 초과하지 않도록 한다.
- 사용함에 따라 정착 능력이 낮아지므로, 보충하여 사용해야 한다.

25 다음 중 방사선투과검사에서 발생한 인공결함(Artifacts)을 확인하는 가장 효과적인 촬영방법은?

① 형광 스크린 촬영기법

② 이중 필름기법

③ 다초점 노출기법

④ 이중상 노출기법

해설

이중 필름기법 : 복수 필름을 동시에 노출시켜 필름이 서로 강화 스크린으로 작용하여 인공결함 확인에 효과적인 촬영방법이다.

26 다음 그림은 방사선투과검사에 사용되는 감마선조 사장치의 단면구조도이다. 그림 중 S-tube를 둘러 싸고 있는 차폐물의 재질은?

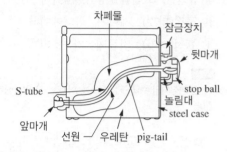

① 천연우라늄　　　② 농축우라늄

③ 감손우라늄　　　④ 섬우라늄

해설

감손우라늄 : U-235의 함유량이 자연상태보다 낮은 우라늄으로 열화우라늄이라고도 한다. 일반 납보다 단위질량당 차폐효과가 우수하다.

27 선원에서 시험체 표면까지의 거리가 300mm, 시험체의 선원측 표면에서 필름까지의 거리가 20mm, 선원의 크기가 3mm일 때 기하학적 불선명도(U_g) 값으로 옳은 것은?

① 0.2mm　　　② 0.4mm

③ 0.6mm　　　④ 0.8mm

해설

기하학적 불선명도

$$U_g = F \cdot \frac{t}{d_0} = \frac{3 \times 20}{300} = 0.2mm$$

(U_g : 기하학적 불선명도, F : 방사선원의 크기, t : 시험체와 필름의 거리, d_0 : 선원－시험체의 거리)

28 강용접 이음부의 방사선투과시험방법(KS B 0845)에 따라 강판맞대기 용접이음부에 대한 검사를 수행할 때 촬영배치에서 선원과 시험부의 선원측 표면간 거리(L_1)는 시험부의 유효길이(L_3)의 n배 이상으로 해야 한다고 규정하고 있다. A급 상질을 적용할 경우 계수 n의 값은 얼마인가?

① 1 　　　　　 ② 2
③ 3 　　　　　 ④ 4

해설
방사선원과 투과도계 간의 거리 L_1은 시험부의 유효길이 L_3의 n배 이상으로 한다. n의 값은 상질 구분에 따라 A급 상질은 2배, B급 상질은 3배를 사용한다.

29 강용접 이음부의 방사선투과시험방법(KS B 0845)에서 투과사진의 최고농도가 2.5의 투과사진을 관찰하고자 할 때 관찰기의 종류로 옳은 것은?

① $300cd/m^2$ 이상 $3,000cd/m^2$ 미만
② $3,000cd/m^2$ 이상 $10,000cd/m^2$ 미만
③ $10,000cd/m^2$ 이상 $30,000cd/m^2$ 미만
④ $3,000cd/m^2$ 이상

해설
관찰기 : 투과사진의 관찰는 투과사진의 농도에 따라 표 4에서 규정하는 휘도를 갖는 것을 사용한다.

[표 4 관찰기의 사용 구분]　　　　　 단위 : mm

관찰기의 휘도요건(cd/m^2)	투과사진의 최고농도
300 이상 3,000 미만	1.5 이하
3,000 이상 10,000 미만	2.5 이하
10,000 이상 30,000 미만	3.5 이하
30,000 이상	4.0 이하

30 주강품의 방사선투과시험방법(KS D 0227)에 따라 흠이 블로홀, 모래 박힘 및 개재물의 경우 흠점수 산정 시 호칭두께가 15mm일 때 시험시야의 크기로 옳은 것은?

① 지름 20mm 　　　 ② 지름 30mm
③ 지름 50mm 　　　 ④ 지름 70mm

해설
KS D 0227 블로홀, 모래 박힘 및 개재물의 흠점수

[부속서 표 1. 호칭 두께와 시험시야의 크기(블로홀, 모래 박힘 및 개재물의 경우)]

단위 : mm

호칭두께	10 이하	10 초과 20 이하	20 초과 80 이하	80 초과
시험시야의 크기(지름)	20	30	50	70

31 원자력안전법에서 정한 방사선 피폭의 상한값을 나타내는 용어는?

① 선량한도 　　　 ② 피폭선량
③ 축적선량 　　　 ④ 보조한도

해설
선량한도란 외부에 피폭하는 방사선량과 내부 피폭하는 방사선량을 합한 피폭방사선량의 상한값을 의미한다.

32 주강품의 방사선투과시험방법(KS D 0227)에서 규정한 흠의 영상 분류 대상이 아닌 것은?

① 슈링키지 　　　 ② 모래 박힘
③ 용입 불량 　　　 ④ 갈라짐

해설
KS D 0227 투과사진에 의한 흠의 분류 대상
대상으로 하는 흠의 종류는 블로홀, 모래 박힘 및 개재물, 슈링키지 및 갈라짐으로 한다.

33 스테인리스강 용접부의 방사선투과시험방법 및 투과사진의 등급분류방법(KS D 0237)에 따른 투과사진에 대한 결함등급의 분류방법으로 옳지 않은 것은?

① 결함의 종류를 4종류로 분류하고 있다.

② 균열 및 이와 유사한 결함은 모두 4급으로 등급 분류한다.

③ 표면에 발생한 언더컷(Undercut)은 스테인리스강에서 중요한 내용이므로 등급분류를 정확히 하여야 한다.

④ 금속조직 등에 기인하는 선상 또는 반점상의 음영은 강도의 저하에 미치는 영향이 거의 없으므로 등급분류에 포함하지 않는다.

해설
KS D 0237에서 언더컷 등의 표면결함의 판정은 이 등급분류에 포함하지 않고 있다.

34 강용접 이음부의 방사선투과시험방법(KS B 0845)에 의해 방사선투과검사 필름을 판정할 때 흠(결함) 구분으로 틀린 것은?

① 둥근 블로홀은 제1종 결함에 속한다.

② 파이프는 제2종 결함에 속한다.

③ 갈라짐은 제3종 결함에 속한다.

④ 용입 불량은 제4종 결함에 속한다.

해설
KS B 0845 - 결함의 종별 분류

결함의 종별	결함의 종류
제1종	둥근 블로홀 및 이에 유사한 결함
제2종	가늘고 긴 슬래그 혼입, 파이프, 용입 불량, 융합 불량 및 이와 유사한 결함
제3종	갈라짐 및 이와 유사한 결함
제4종	텅스텐 혼입

35 강용접 이음부의 방사선투과시험방법(KS B 0845)에서 두께 4mm 강판맞대기 용접부의 투과사진에서 상질의 종류가 B급일 때 식별되어야 할 투과도계의 식별 최소선지름은 얼마인가?

① 0.08mm

② 0.10mm

③ 0.32mm

④ 0.80mm

해설
투과도계의 식별 최소선지름

모재의 두께	상질의 종류	
	A급	B급
4.0 이하	0.125	0.10
4.0 초과 5.0 이하	0.16	
5.0 초과 6.3 이하		0.125

36 강용접 이음부의 방사선투과시험방법(KS B 0845)에 의한 계조계의 종류, 구조, 치수 및 재질에 대한 설명으로 틀린 것은?

① 계조계의 종류로는 15형, 25형, 35형이 있다.

② 계조계의 두께에 대한 치수 허용차는 ±5%이다.

③ 계조계의 한 변의 길이에 대한 치수 허용차는 ±0.5mm이다.

④ 계조계의 재질은 KS D 3503에 규정하는 강재로 한다.

해설
KS B 0845 - 계조계의 적용 구분

모재의 두께	계조계의 종류
20.0 이하	15형
20.0 초과 40.0 이하	20형
40.0 초과 50.0 이하	25형

37 방사선 외부피폭의 방어 3대 원칙은?

① 시간, 차폐, 강도
② 차폐, 시간, 거리
③ 강도, 차폐, 시간
④ 거리, 강도, 차폐

해설
외부피폭 방어의 원칙 : 시간, 거리, 차폐

38 원자력안전법에서 방사선 작업종사자의 원자력발전소 근무 중 건강진단 기록시기 및 보존기간으로 옳은 것은?

① 입사 시, 10년
② 입사 시, 사용을 폐지할 때까지
③ 건강진단을 할 때마다, 10년
④ 건강진단을 할 때마다, 원자로를 해체할 때까지

해설
건강진단 기록은 건강진단을 할 때마다 하며, 보존은 원자로를 해체할 때까지 한다(원자력안전법 시행규칙 별표 7).

39 방사선 투과시험에 사용하는 선량률 측정용 서베이미터에 관한 설명으로 옳지 않은 것은?

① GM형 계수관은 영구적이다.
② GM형은 γ선 측정에 사용된다.
③ 가스 충전식은 전리함과 GM형이 있다.
④ 일반적으로 서베이미터는 가스를 채운 원통형 튜브를 사용한다.

해설
GM형 계수관은 수명이 제한적이라 교환을 자주 해야 한다.

40 1일 평균 8시간 작업에 0.8Gy 흡수선량으로 γ선에 피폭되었다면 시간당 등가선량은 얼마인가?

① 0.08Sv
② 0.1Sv
③ 0.64Sv
④ 0.8Sv

해설
등가선량 : 흡수선량에 대해 방사선의 방사선 가중치를 곱한 양으로 시간당 흡수선량은 0.1Gy이므로 등가선량은 0.1Sv가 된다.

41 강용접 이음부의 방사선투과시험방법(KS B 0845)에 규정된 결함의 분류방법 중 모재의 두께가 12mm 초과 48mm 미만인 경우 제2종 결함분류로 틀린 것은?

① 1류 : 모재 두께의 $\frac{1}{4}$ 이하
② 2류 : 모재 두께의 $\frac{1}{3}$ 이하
③ 3류 : 모재 두께의 $\frac{3}{4}$ 이하
④ 4류 : 결함길이가 3류보다 긴 것

해설
제2종의 결함분류 기준
단위 : mm

분 류	시험시야		
	12 이하	12 초과 48 미만	48 이상
1류	3 이하	모재두께의 $\frac{1}{4}$ 이하	12 이하
2류	4 이하	모재두께의 $\frac{1}{3}$ 이하	16 이하
3류	6 이하	모재두께의 $\frac{1}{2}$ 이하	24 이하
4류	결함길이가 3류보다 긴 것		

42 Ir-192 감마선 조사기를 사용하는 종사자가 방사선량률이 100mR/h인 곳에서 작업하려면 1일 작업시간을 얼마로 제한하여야 하는가?(단, 1일 허용선량은 20mR이다)

① 6분   ② 12분
③ 1시간   ④ 12시간

해설

$$\frac{1일\ 허용선양}{방사선량률} \times 60min = \frac{20mR}{100mR/h} \times 60min = 12min$$

43 구조용 합금강 중 강인강에서 Fe₃C 중에 용해하여 경도 및 내마멸성을 증가시키며 입계냉각속도를 느리게 하여 공기 중에 냉각하여도 경화하는 자경성이 있는 원소는?

① Ni   ② Mo
③ Cr   ④ Si

해설

Cr강 : Cr은 담금질 시 경화능을 좋게 하고 질량효과를 개선시키기 위해 사용한다. 따라서 담금질이 잘되면, 경도, 강도, 내마모성 등의 성질이 개선되며, 입계냉각속도를 느리게 하여 공기 중에서 냉각하여도 경화하는 자경성이 있다. 하지만 입계 부식을 일으키는 단점도 있다.

44 물의 상태도에서 고상과 액상의 경계선 상에서의 자유도는?

① 0   ② 1
③ 2   ④ 3

해설

자유도 F = 2 + C − P로 C는 구성물질의 성분 수(물 = 1개), P는 어떤 상태에서 존재하는 상의 수(고체, 액체)로 2가 된다. 즉, F = 2 + 1 − 2 = 1로 자유도는 1이다.

45 전극재료를 제조하기 위해 전극재료를 선택하고자 할 때의 조건으로 틀린 것은?

① 비저항이 클 것
② SiO₂와 밀착성이 우수할 것
③ 산화 분위기에서 내식성이 클 것
④ 금속규화물의 용융점이 웨이퍼 처리 온도보다 높을 것

해설

전극재료는 비저항이 작아야 한다.

46 열간가공한 재료 중 Fe, Ni과 같은 금속은 S와 같은 불순물이 모여 가공 중에 균열이 생겨 열간가공을 어렵게 하는 것은 무엇 때문인가?

① S에 의한 수소 메짐성 때문이다.
② S에 의한 청열 메짐성 때문이다.
③ S에 의한 적열 메짐성 때문이다.
④ S에 의한 냉간 메짐성 때문이다.

해설

황(S) : FeS로 결합되게 되면, 융점이 낮아지며 고온에서 취약하고 가공 시 파괴의 원인이 된다. 또한 적열 취성의 원인이 된다.

42 ②   43 ③   44 ②   45 ①   46 ③   **정답**

47 금속의 일반적 특성에 관한 설명으로 틀린 것은?

① 수은을 제외하고 상온에서 고체이며 결정체이다.
② 일반적으로 강도와 경도는 낮으나 비중이 크다.
③ 금속 특유의 광택을 갖는다.
④ 열과 전기의 전도체이다.

해설
금속의 특성
• 고체상태에서 결정구조를 가진다.
• 전기 및 열의 양도체이다.
• 전·연성이 우수하다.
• 금속 고유의 색을 가진다.
• 소성 변형이 가능하다.

48 불변강이 다른 강에 비해 가지는 가장 뛰어난 특성은?

① 대기 중에서 녹슬지 않는다.
② 마찰에 의한 마멸에 잘 견딘다.
③ 고속으로 절삭할 때에 절삭성이 우수하다.
④ 온도 변화에 따른 열팽창 계수나 탄성률의 성질
   등이 거의 변하지 않는다.

해설
불변강 : 인바(36% Ni 함유), 엘린바(36% Ni-12% Cr 함유), 플래티
나이트(42~46% Ni 함유), 코엘린바(Cr-Co-Ni 함유)로 탄성계수
가 작고, 공기나 물속에서 부식되지 않는 특징이 있어 정밀기계재
료, 차, 스프링 등에 사용된다.

49 니켈 60~70% 함유한 모넬메탈은 내식성, 화학적 성
질 및 기계적 성질이 매우 우수하다. 이 합금에 소량
의 황(S)을 첨가하여 쾌삭성을 향상시킨 특수합금에
해당하는 것은?

① H-Monel   ② K-Monel
③ R-Monel   ④ KR-Monel

해설
R-Monel(0.035% S 함유), KR-Monel(0.28% C), H-Monel(3%
Si), S-Monel(4% Si)

50 주철의 일반적인 성질을 설명한 것 중 옳은 것은?

① 비중은 C와 Si 등이 많을수록 커진다.
② 흑연편이 클수록 자기 감응도가 좋아진다.
③ 보통주철에서는 압축강도가 인장강도보다 낮다.
④ 시멘타이트의 흑연화에 의한 팽창은 주철의 성장
   원인이다.

해설
• 주철의 성장 : 600℃ 이상의 온도에서 가열 냉각을 반복하면
  주철의 부피가 증가하여 균열이 발생하는 것이다.
• 주철의 성장원인 : 시멘타이트의 흑연화, Si의 산화에 의한 팽창,
  균열에 의한 팽창, A_1 변태에 의한 팽창 등

51 공구용 합금강이 공구재료로서 구비해야 할 조건
으로 틀린 것은?

① 강인성이 커야 한다.
② 내마멸성이 작아야 한다.
③ 열처리와 공작이 용이해야 한다.
④ 상온과 고온에서의 경도가 높아야 한다.

해설
공구용 재료는 강인성과 내마모성이 커야 하며, 경도, 강도가 높아
야 한다.

52 다음 중 Sn을 함유하지 않은 청동은?

① 납 청동

② 인 청동

③ 니켈 청동

④ 알루미늄 청동

해설
Al 청동 : 8~12% Al 첨가한 합금(Al-Ni-Fe-Mn), 화학공업, 선박, 항공기 등에 사용

53 Al의 실용합금으로 알려진 실루민(Silumin)의 적당한 Si 함유량은?

① 0.5~2%

② 3~5%

③ 6~9%

④ 10~13%

해설
Al-Si(실루민) : 10~14% Si를 첨가하고 Na을 첨가하여 개량화 처리를 한다. 용융점이 낮고 유동성이 좋아 넓고 복잡한 모래형 주물에 이용한다. 개량화 처리 시 용탕과 모래형 수분과의 반응으로 수소를 흡수하여 기포가 발생한다. 다이캐스팅에는 급랭으로 인한 조직이 미세화된다. 열간 메짐이 없고 Si 함유량이 많아질수록 팽창계수와 비중은 낮아지며 주조성, 가공성이 나빠진다.

54 Ti 및 Ti합금에 대한 설명으로 틀린 것은?

① Ti의 비중은 약 4.54 정도이다.

② 용융점이 높고 열전도율이 낮다.

③ Ti은 화학적으로 매우 반응성이 강하나 내식성은 우수하다.

④ Ti의 재료 중에 O_2와 N_2가 증가함에 따라 경도는 감소하나 전연성은 좋아진다.

해설
타이타늄과 그 합금 : 비중 4.54, 용융점 1,670℃, 내식성 우수, 조밀육방격자, 고온 성질 우수

55 비정질 합금의 제조는 금속을 기체, 액체, 금속이온 등에 의하여 고속급랭하여 제조한다. 기체급랭법에 해당하는 것은?

① 원심법

② 화학증착법

③ 쌍롤(Double Roll)법

④ 단롤(Single Roll)법

해설
비정질 합금이란 금속이 용해 후 고속급랭시켜 원자가 규칙적으로 배열되지 못하고 액체상태로 응고되어 금속이 되는 것이다. 제조법으로는 기체급랭(진공증착, 스패터링, 화학증착, 이온도금), 액체급랭(단롤법, 쌍롤법, 원심법, 스프레이법, 분무법), 금속이온(전해 코팅법, 무전해 코팅법)이 있다.

56 귀금속에 속하는 금은 전연성이 가장 우수하며 황금색을 띤다. 순도 100%를 나타내는 것은?

① 24캐럿(Carat, K)

② 48캐럿(Carat, K)

③ 50캐럿(Carat, K)

④ 100캐럿(Carat, K)

해설
귀금속의 순도 단위로는 캐럿으로 나타내며, 24진법을 사용하여 24K는 순금속, 18K의 경우 $\frac{18}{24} \times 100 = 75\%$가 포함된 것을 알 수 있다.

57 Ni과 Cu의 2성분계 합금은 용액상태에서나 고체 상태에서나 완전히 융합되어 1상이 된 것은?

① 전율 고용체
② 공정형 합금
③ 부분 고용체
④ 금속 간 화합물

해설
전율 고용체 : 어떤 비율로 혼합하더라도 단상 고용체를 만드는 합금으로 금과 은, 백금과 금, 코발트와 니켈, 구리와 니켈 등이 있다.

58 불활성가스 금속아크용접법의 특징 설명으로 틀린 것은?

① 수동 피복아크용접에 비해 용착효율이 높아 능률적이다.
② 박판의 용접에 가장 적합하다.
③ 바람의 영향으로 방풍대책이 필요하다.
④ CO_2 용접에 비해 스패터 발생이 적다.

해설
불활성가스 금속아크용접법(MIG 용접)은 전극와이어를 계속적으로 보내 아크를 발생시키는 방법으로 주로 전자동 혹은 반자동으로 작업이 가능하며, 3mm 이상의 모재 용접에 사용하며, 자기 제어 특성을 가지고 있다. 그리고 용접기는 정전압 특성 또는 상승 특성의 직류 용접기를 사용한다.

59 아세틸렌가스의 양이 계산되는 공식에 따른 설명 중 옳지 않은 것은?

공식

$$C = 905(A - B)l$$

① C : 15℃ 1기압하에서의 C_2H_2 가스의 용적
② B : 사용 전 아세틸렌이 충전된 병 무게
③ A : 병 전체의 무게(빈 병 무게 + C_2H_2의 무게) (kgf)
④ l : 아세틸렌가스의 용적단위

해설
B는 충전되기 전 빈 병 무게를 나타낸다.

60 피복 금속아크용접봉의 취급 시 주의할 사항에 대한 설명으로 틀린 것은?

① 용접봉은 건조하고 진동이 없는 장소에 보관한다.
② 용접봉은 피복제가 떨어지는 일이 없도록 통에 담아 넣어서 사용한다.
③ 저수소계 용접봉은 300~350℃에서 1~2시간 정도 건조 후 사용한다.
④ 용접봉은 사용하기 전에 편심상태를 확인한 후 사용하여야 하며, 이때의 편심률은 20% 이내이어야 한다.

해설
용접봉 편심률은 3% 이내이어야 한다.

01 시험체를 시험코일 내부에 넣고 시험을 하는 코일로서, 선 및 직경이 작은 봉이나 관의 자동검사에 널리 이용되는 것은?

① 표면코일　　　　② 프로브코일
③ 관통코일　　　　④ 내삽코일

해설
와전류탐상에서의 시험코일의 분류로는 관통형, 내삽형, 표면형 코일이 있으며, 시험코일 내부에 넣고 시험하는 코일은 관통코일이다.

02 고체가 소성 변형하며 발생하는 탄성파를 검출하여 결함의 발생, 성장 등 재료 내부의 동적 거동을 평가하는 비파괴검사법은?

① 누설검사　　　　② 음향방출시험
③ 초음파탐상시험　④ 와전류탐상시험

해설
음향방출시험이란 재료의 결함에 응력이 가해졌을 때 음향을 발생시키고 불연속 펄스를 방출하게 되는데 이러한 미소 음향 방출 신호들을 검출 분석하는 시험으로 내부 동적 거동을 평가하는 시험이다.

03 금속 내부 불연속을 검출하는데 적합한 비파괴검사법의 조합으로 옳은 것은?

① 와전류탐상시험, 누설시험
② 누설시험, 자분탐상시험
③ 초음파탐상시험, 침투탐상시험
④ 방사선투과시험, 초음파탐상시험

해설
내부균열탐상의 종류에는 방사선탐상과 초음파탐상이 있으며, 방사선탐상의 경우 투과에 한계가 있어 너무 두꺼운 시험체는 검사가 불가하므로 초음파탐상시험이 가장 적합하다.

04 시험체의 내부와 외부 즉, 계와 주위의 압력차가 생길 때 주위의 압력은 대기압으로 두고, 계에 압력을 가압하거나 감압하여 결함을 탐상하는 비파괴검사법은?

① 누설시험
② 침투탐상시험
③ 초음파탐상시험
④ 와전류탐상시험

해설
방치법에 의한 누설시험방법은 시험체를 가압 또는 감압하여 일정 시간 후 압력의 변화 유무에 따른 누설 여부를 검출하는 것이다.

05 높은 원자번호를 갖는 두꺼운 재료나 핵 연료봉과 같은 물질의 결함검사에 적용되는 비파괴검사법은?

① 적외선검사(TT)
② 음향방출검사(AET)
③ 중성자투과검사(NRT)
④ 초음파탐상검사(UT)

해설
중성자투과검사란 중성자가 물질을 투과할 때 생기는 감쇠현상을 이용한 검사법으로 수소화합물 검출에 주로 사용된다.

정답 1 ③　2 ②　3 ④　4 ①　5 ③

06 철강 제품의 방사선투과검사 필름 상에 나타나는 결함 중 건전부보다 결함의 농도가 밝게 나타나는 것은?

① 슬래그 혼입　　　② 융합불량

③ 텅스텐 혼입　　　④ 용입부족

해설
텅스텐 혼입은 필름 상에 흰 점으로 나타난다.

07 탐촉자의 이동 없이 고정된 지점으로부터 대형 설비 전체를 한번에 탐상할 수 있는 초음파탐상검사법은?

① 유도초음파법

② 전자기초음파법

③ 레이저초음파법

④ 초음파음향공명법

해설
유도초음파법은 고정된 지점에서 대형 설비 전체를 한번에 검사할 수 있는 검사법이다.

08 초음파탐상검사에서 보통 10mm 이상의 초음파빔 폭보다 큰 결함크기 측정에 가장 적합한 기법은?

① DGS선도법　　　② 6dB Drop법

③ 20dB Drop법　　　④ PA법

해설
6dB Drop법을 이용하여 결함 에코가 최대가 되는 지점에서 50% 떨어지는 지점(−6dB지점)까지 측정한다.

09 침투탐상시험의 특성에 대한 설명 중 틀린 것은?

① 큰 시험체의 부분 검사에 편리하다.

② 다공성인 표면의 불연속 검출에 탁월하다.

③ 표면의 균열이나 불연속 측정에 유리하다.

④ 서로 다른 탐상액을 혼합하여 사용하면 감도에 변화가 생긴다.

해설
침투탐상시험은 거의 모든 재료에 적용 가능하다. 단, 다공성 물질에는 적용이 어렵다.

10 누설검사에 사용되는 단위인 1atm과 값이 다른 것은?

① 760mmHg

② 760torr

③ 10.33kg/cm^2

④ 1,013mbar

해설
표준 대기압 : 표준이 되는 기압
대기압 = 1기압(atm) = 760mmHg = 1.0332kg/cm^2 = 30inHg
　　　= 14.7Lb/in^2 = 1013.25mbar = 101.325kPa = 760torr

11 자분탐상검사방법 중 선형자계를 형성하는 검사법은?

① 축통전법, 자속관통법
② 코일법, 극간법
③ 전류관통법, 축통전법
④ 코일법, 전류관통법

해설
자화방법 : 시험체에 자속을 발생시키는 방법
• 선형자화 : 시험체의 축 방향을 따라 선형으로 발생하는 자속으로 코일법, 극간법이 있다.
• 원형자화 : 환봉, 철선 등 전도체에 전류를 흘려 주위에 발생하는 자력선이 원형으로 형성하는 자속으로 축통전법, 프로드법, 중앙전도체법, 직각통전법, 전류통전법이 있다.

12 다음 중 침투탐상시험에서 쉽게 찾을 수 있는 결함은?

① 표면결함
② 표면 밑의 결함
③ 내부결함
④ 내부기공

해설
침투탐상시험은 표면결함검출에 이용된다.

13 자분탐상시험법의 적용에 대한 설명으로 틀린 것은?

① 강용접부의 표면 결함검사에 적용된다.
② 철강재료의 터짐 등 표면결함의 검출에 적합하다.
③ 오스테나이트 스테인리스강에 적합하다.
④ 표면직하의 결함검출이 가능하다.

해설
자분탐상시험은 강자성체의 시험체 결함에서 생기는 누설자장을 이용하는 것으로 오스테나이트계 스테인리스강은 상자성이므로 적용이 불가능하다.

14 전자유도시험의 적용분야로 적합하지 않은 것은?

① 세라믹 내의 미세균열
② 비철금속 재료의 재질시험
③ 철강재료의 결함탐상시험
④ 비전도체의 도금막 두께 측정

해설
자분탐상시험은 강자성체의 시험체 결함에서 생기는 누설자장을 이용하는 것으로 오스테나이트계 스테인리스강은 상자성이므로 적용이 불가능하다. 전자유도시험으로는 와전류 탐상이 있으며, 표피효과로 인해 표면 근처의 시험에만 적용할 수 있으므로 내부의 미세균열은 검출하기 어렵다.

15 Co-60에서 방출되는 γ선 에너지는 X선 발생장치에서 대략 어느 정도의 범위인가?

① 30~150kVp
② 1,200~3,000kVp
③ 50~200kVp
④ 1,200~3,400kVp

해설
X선 발생장치의 평균에너지는 최대에너지의 40% 효율을 가지고 있으므로, 최대에너지 4000kVp에서 40%를 하면 1,200~3,000 kVP가 된다.

16 방사선투과시험에서 연박증감지(Lead Intensifying Screen)를 사용하는 이유로 틀린 것은?

① 2차 전자를 발생시키기 위하여
② 산란방사선을 제거하기 위하여
③ 필름의 손상을 보호하기 위하여
④ 필름의 감광도를 높이기 위하여

해설
증감지는 X선 필름의 사진 작용을 증가시키려는 목적으로 사용하며, 전면 증감지의 경우 사진 작용의 증감, 후면 증감지는 후방산란 방사선의 방지를 위한 목적으로 사용하므로 필름의 손상보호와는 관계가 적다.

17 거리 3m, 관전류 15mA에 0.5분의 노출을 주어 얻은 사진과 동일한 사진을 얻기 위해 거리는 동일하게 하고 노출시간을 1.5분으로 조건을 바꾸면 필요한 관전류는 얼마인가?

① 1mA   ② 3mA
③ 5mA   ④ 15mA

해설
• 노출인자 : 관전류, 감마선원의 강도, 노출시간, 선원-필름 간 거리를 조합한 양

$$E = \frac{I \cdot t}{d^2}$$

E : 노출인자, I : 관전류(A), t : 노출 시간(s),
d : 선원-필름 간 거리(m)
• 노출시간이 0.5분(30초)일 때 노출인자

$$E = \frac{15 \times 30}{3^2} = 50\text{mA}$$

노출인자가 동일하고 노출시간이 1.5분(90초)일 때의 관전류를 x라고 한다면

$$E = \frac{x \times 90}{3^2} = 50$$

$$\therefore x = 5\text{mA}$$

18 주조품의 방사선투과검사에서 나타나지 않는 결함은?

① 언더컷   ② 핫티어
③ 편 석   ④ 콜드셧

해설
언더컷 : 용접 불량의 일종으로, 용접봉 유지 각도나 운봉 속도의 부적당 등에 의해 생기는 결함이다.

19 방사선 투과사진 상에 나뭇가지 모양의 방사형 검은 마크가 가끔 생기는 경우는?

① 오물이 묻었을 때
② 연박 스크린이 긁혔을 때
③ 필름을 넣을 때 필름이 꺾였을 때
④ 필름취급 부주의로 인한 정전기가 발생하였을 때

해설
정전기 표시
• 필름취급 시 정전기가 발생하였을 경우
• 간지를 급격히 제거할 경우
• 나뭇가지 모양 및 여러 형태로 나타날 수 있음

20 다음 중 방사선투과시험에 사용되는 투과도계의 위치로 적절하지 않은 것은?

① 유공형은 카세트 아래 쪽에 놓는다.
② 선원 쪽의 시험면 위쪽에 놓는다.
③ 시험할 부위의 두께와 동일한 위치에 놓는다.
④ 용접부의 경우 심(Shim) 위 쪽에 놓는다.

해설
투과도계의 사용
• 시험체의 투과두께를 기준으로 선정
• 촬영 시 시험체의 선원측에 놓는 것이 원칙이며, 불가능할 경우 필름 측에 부착 후 촬영
• 투과도계는 시험부를 방해하지 않고, 불선명도가 가장 크게 나타날 곳에 배치

21 다음 중 감마선조사장치의 구성 부품이 아닌 것은?

① 원격 제어기
② 조사기 본체
③ 고전압 변압기
④ 선원 안내 튜브

해설

감마선조사장치는 방사성 동위원소가 붕괴되며 방출되는 것으로 별도의 변압기가 필요하지 않다.

22 다음 중 방사선투과시험 시 X-선관의 초점이 작으면 어떤 현상이 발생하는가?

① 수명이 짧아진다.
② 상이 흐려진다.
③ 투과력이 좋아진다.
④ 명료도가 좋아진다.

해설

초점(Focal Spot) : 전자가 표적에 충돌할 때 X-선이 발생되는 면적

• 초점의 크기가 작을수록 투과사진의 선명도가 높아진다.
• 0~30°까지 경사가 가능하도록 설치한다.
• 일반적으로 표적을 20° 정도 기울여 설계하며 이는 선원-필름 간 거리를 정하는데 영향을 미친다.
• 음극은 필라멘트와 포커싱컵으로 구성되어 있다.
• 양극의 표적물질은 열전도성이 좋아 냉각이 잘되어야 한다.

23 비파괴검사에 사용할 X-선 발생장치를 선택할 때 고려하여야 할 내용과 가장 관련성이 적은 것은?

① 시험체의 두께
② 현상시간 및 온도
③ 유효 방사선의 강도
④ 장치의 용량

해설

현상시간 및 온도는 사진처리를 할 때 고려해야 할 사항이다.

24 형광증감지에 관한 설명 중 틀린 것은?

① 연박증감지보다 노출시간을 단축시킬 수 있다.
② 연박증감지에 비해 명료도가 나쁘다.
③ 증감지에 의한 얼룩이 생기기 쉽다.
④ 감마선 투과촬영에 주로 많이 사용한다.

해설

형광증감지(Fluorescent Intensifying Screen)
• 칼슘텅스테이트(Ca-Ti)와 바륨리드설페이트(Ba-Pb-S)분말과 같은 형광물질을 도포한 증감지이다.
• X선에서 나타나는 형광작용을 이용한 증감지로 조사시간을 단축하기 위해 사용한다.
• 높은 증감률을 가지고 있지만, 선명도가 나빠 미세한 결함검출에는 부적합하다.
• 노출시간을 10~60% 줄일 수 있다.

25 방사선 촬영이 완료된 필름을 현상하기 위한 3가지 기본 용액은?

① 정지액, 초산, 물
② 초산, 정착액, 정지액
③ 현상액, 정착액, 물
④ 현상액, 정지액, 과산화수소수

해설

주요 사진처리의 절차로는 현상 → 정지 → 정착 → 수세 → 건조의 순이며, 현상을 위해서는 현상액, 정착액, 수세용 물이 필요하다.

21 ③ 22 ④ 23 ② 24 ④ 25 ③ **정답**

26 400GBq인 어떤 방사성 동위원소의 3반감기가 지난 후 방사능은 얼마인가?

① 50GBq

② 67GBq

③ 100GBq

④ 133GBq

해설

$400GBq \times \frac{1}{2} \times \frac{1}{2} \times \frac{1}{2} = 50GBq$

27 다음 중 X선의 선질과 관계없는 인자는?

① 투과력   ② 파 장

③ 관전압   ④ 관전류

해설
- 방사선의 선질 : 방사선이 필름을 투과할 때 필름과의 상호작용으로 인한 이온화 과정에서 생성된 전자들로 인해 필름의 영상이 불선명하게 된다(고유 불선명도와 같은 상태).
- 관전류 : X선의 양은 관전류로 조정한다.

28 전리 방사선에 의해 물질에 부여되는 평균 부여 에너지로, 조사물질의 단위질량당 흡수된 방사선 에너지를 의미하는 용어는?

① 흡수선량   ② 집단선량

③ 유효선량   ④ 예탁선량

해설
흡수선량 : 방사선이 어떤 물질에 조사되었을 때, 물질의 단위질량당 흡수된 평균 에너지

29 알루미늄평판접합 용접부의 방사선투과시험방법 (KS D 0242)에서 모재두께가 40mm 이상인 경우 투과사진 상에 결함점수로 산정하지 않는 흠집모양의 치수에 대한 것으로 옳은 것은?

① 모재두께의 1.5%

② 모재두께의 1.7%

③ 모재두께의 1.8%

④ 모재두께의 2.0%

해설
산정하지 않는 흠집모양의 치수

모재의 두께	모양의 치수
20.0 미만	0.4
20.0 이상 40.0 미만	0.6
40.0 이상	모재두께의 1.5%

30 다음 단위에서 1붕괴/초(dps, Disintergration Per Second)와 같은 크기인 것은?

① 1μCi   ② 1Bq

③ 1Gy   ④ 1Sv

해설
초당 붕괴 수(Disintegration Per Second : dps)
- 매초당 붕괴 수를 말하며, 매분당 붕괴 수(dpm)도 많이 쓰임
- SI단위로는 Bq(Becquerel)을 사용(1Bq=1dps)

31 다음 중 조사선량의 단위를 나타낸 것은?

① Bq　　　　　② Sv
③ J/kg　　　　④ C/kg

뢴트겐(Roentgen : R)
• 방사선의 조사선량을 나타내는 단위
• 1R= 2.58×10^{-4} C/kg
• 조사선량 : X선 또는 γ선이 공기 중의 분자를 이온화시킨 정도를 양으로 표현한 것

32 강용접 이음부의 방사선투과시험방법(KS B 0845)에 의한 계조계의 종류에 해당되지 않는 것은?

① 10형　　　　② 15형
③ 20형　　　　④ 25형

KS B 0845 – 계조계의 적용 구분

모재의 두께	계조계의 종류
20.0 이하	15형
20.0 초과 40.0 이하	20형
40.0 초과 50.0 이하	25형

33 강용접 이음부의 방사선투과시험방법(KS B 0845)에 따라 모재두께가 각각 12mm(T_1)와 14mm(T_2)인 강판의 T용접 이음부를 촬영한 방사선사진에서 반드시 확인되어야 하는 투과도계의 최소선지름은?

① 0.25mm　　　② 0.32mm
③ 0.40mm　　　④ 0.50mm

모재의 두께가 12mm, 14mm이므로 $T_1 + T_2 = 26$mm가 된다. 따라서 부속서 3 표 1 투과도계의 식별 최소선지름을 참고하면 0.50mm가 된다.

단위 : mm

T_1재와 T_2재의 합계의 두께	상질의 종류
	F급
20.0 초과 25.0 이하	0.50
25.0 초과 32.0 이하	

34 강용접 이음부의 방사선투과시험방법(KS B 0845)에 의해 강판맞대기용접부를 상질 A급으로 촬영하고자 할 때 선원과 시험부의 선원측 표면 간의 최소거리(L_1)는 얼마인가?(단, 시험부의 유효길이(L_3)만을 고려하며, 유효길이는 25cm이다)

① 15cm　　　　② 50cm
③ 60cm　　　　④ 75cm

선원과 시험부의 선원측 표면 간의 거리 L_1은 시험부의 유효길이 L_3의 n배 이상으로 한다. A급은 계수 n을 2, B급은 계수 n을 3으로 한다. 즉, 유효길이 25cm에서 상질 A급 계수 2를 곱하여 50cm가 된다.

35 강용접 이음부의 방사선투과시험방법(KS B 0845) 규격에 따라 방사선투과 촬영 시 계조계를 사용하는 경우로 적절한 것은?

① 모재의 두께 50mm 이하의 강판의 맞대기용접 이음

② 모재의 두께 50mm 이하의 스테인리스강판의 맞대기용접 이음

③ 모재의 두께 15mm 이하의 주강품

④ 모재의 두께 50mm 이하의 주강품

해설
계조계의 사용
- 계조계는 모재의 두께가 50mm 이하인 용접 이음부에 대해서 부속서 1 표 1의 구분에 따라 사용
- 시험부의 유효길이의 중앙 부근에서 그다지 떨어지지 않은 경우 모재부의 필름 쪽에 둔다.
- 다만, 계조계의 값이 부속서 1 표 6에 표시하는 값 이상이 되는 경우는 계조계를 선원측에 둘 수 있다.

36 알루미늄평판접합 용접부의 방사선투과시험방법 (KS D 0242)에서 투과사진의 흠집모양의 분류 시 3종류의 흠집수가 연속하여 시험시야의 몇 배를 넘어서 존재하는 경우 4종류로 하는가?

① 2배
② 3배
③ 4배
④ 5배

해설
흠집길이에 따른 분류
- 3종류의 흠집수가 연속하여 시험시야의 3배를 넘어서 존재하는 경우는 4종류로 한다.
- 융합 불량 및 2.0mm를 넘는 산화물 혼입 분류는 흠집 길이에 따른 분류를 이용한다.

37 강용접 이음부의 방사선투과시험방법(KS B 0845)에서 투과시험 시 사용되는 관찰기의 휘도요건 (cd/m²)과 투과사진의 최고농도가 옳게 연결된 것은?

① 300 이상 3,000 미만 : 1.0 이하

② 3,000 이상 10,000 미만 : 1.5 이하

③ 10,000 이상 30,000 미만 : 2.0 이하

④ 30,000 이상 : 4.0 이하

해설
관찰기 : 투과사진의 관찰기는 투과사진의 농도에 따라 표 4에서 규정하는 휘도를 갖는 것을 사용한다.

[표 4 관찰기의 사용 구분] 단위 : mm

관찰기의 휘도요건(cd/m²)	투과사진의 최고농도
300 이상 3,000 미만	1.5 이하
3,000 이상 10,000 미만	2.5 이하
10,000 이상 30,000 미만	3.5 이하
30,000 이상	4.0 이하

38 알루미늄 주물의 방사선투과시험방법 및 투과사진의 등급분류방법(KS D 0241)에서 투과시험에 사용되는 필름 및 증감지에 대한 설명으로 옳은 것은?

① 사용하는 증감지의 두께는 0.02~0.25mm의 범위 내로 한다.

② 증감지는 표면이 거칠어야 미끄러짐이 없고 판정에 도움을 준다.

③ 증감지를 사용하면 감도 및 식별도 모두 감소하므로 사용하지 않는 것이 좋다.

④ 사용하는 필름은 입자가 크고 높은 콘트라스트를 얻을 수 있는 가연성 필름이어야 한다.

해설
증감지
- 감도 및 식별도를 증가시키기 위하여 납 또는 산화납 등의 금속 증감지 또는 필터를 사용하여도 좋다.
- 사용하는 증감지의 두께는 0.02~0.25mm의 범위 내로 한다.
- 증감지는 더러움이 없고 표면이 매끄러운 것으로 판정에 지장이 있는 흠이 없어야 한다.

39 다음 중 방사선 차폐 계산 시 고려 대상으로 보기에 관련성이 가장 적은 것은?

① 작업량(Work Load)

② 사용률(Use Factor)

③ 점유율(Occupancy Factor)

④ 방사평형(Radioactive Equilibrium)

해설
방사평형이란 방사능이 평형을 이루는 상태를 의미하므로, 방사선 차폐 계산과는 관련성이 없다.

40 주강품의 방사선투과시험방법(KS D 0227)에서 규정한 흠의 종류가 아닌 것은?

① 블로홀   ② 슈링키지

③ 융합 부족   ④ 갈라짐

해설
KS D 0227 투과사진에 의한 흠의 영상 분류 순서
대상으로 하는 흠의 종류는 블로홀, 모래 박힘 및 개재물, 슈링키지 및 갈라짐으로 한다.

41 다음 중 감마선 차폐를 위한 차폐재료로 가장 적합한 것은?

① 텅스텐   ② 알루미늄

③ 고무재료   ④ 파라핀 왁스

해설
차폐 : 선원과 작업자 사이에는 차폐물을 사용할 것
• 방사선을 흡수하는 납, 철판, 콘크리트 등을 이용한다.
• 차폐체의 재질은 일반적으로 원자번호 및 밀도가 클수록 차폐효과가 크다.
• 차폐체는 선원에 가까이 할수록 차폐제의 크기를 줄일 수 있어 경제적이다.

차폐체의 종류

방사선의 종류	성 질	사용 차폐체
χ선, γ선	원자번호 큰 원소	U, Pb, Fe, W, 콘크리트 등
중성자	원자번호 작은 원소	물, 파라핀, 폴리에틸렌, 콘크리트 등
β선	원자번호 작은 원소	플라스틱, Al, Fe 등

42 주강품의 방사선투과시험방법(KS D 0227)에서 투과도계를 시험부 선원 쪽 면 위에 놓기가 곤란할 경우 시험부의 필름 쪽 면에 밀착시켜 촬영할 수 있다. 이 경우의 투과도계와 필름 사이의 거리 규정으로 옳은 것은?

① 투과도계 식별 최소 선지름의 10배 이상

② 투과도계 식별 최소 선지름의 5배 이상

③ 투과도계 식별 최소 선지름의 2배 이상

④ 투과도계 식별 최소 선지름의 1배 이상

해설
KS D 0227 투과도계를 시험부 선원 쪽의 면 위에 놓기가 곤란한 경우
• 투과도계를 시험부의 필름쪽 면 위에 밀착시켜 놓을 수 있다.
• 투과도계와 필름 사이의 거리는 투과도계의 식별 최소 선지름의 10배 이상 떨어뜨려 촬영한다.
• 투과도계의 부분에 F의 기호를 붙이고 투과사진 위에서 필름 쪽에 놓은 것을 알 수 있도록 한다.

43 실용 합금으로 Al에 Si이 약 10~13% 함유된 합금의 명칭으로 옳은 것은?

① 라우탈   ② 알니코

③ 실루민   ④ 오일라이트

해설

알루미늄합금의 종류(암기법)
- Al-Cu-Si : 라우탈(알구시라)
- Al-Ni-Mg-Si-Cu : 로엑스(알니마시구로)
- Al-Cu-Mn-Mg : 두랄루민(알구망마두)
- Al-Cu-Ni-Mg : Y-합금(알구니마와이)
- Al-Si-Na : 실루민(알시나실)
- Al-Mg : 하이드로날륨(알마하 내식 우수)

44 다음 중 탄소 함유량을 가장 많이 포함하고 있는 것은?

① 공정주철   ② α -Fe

③ 전해철   ④ 아공석강

해설

- 0.02~0.8% C : 아공석강
- 0.8% C : 공석강
- 0.8~2.0% C : 과공석강
- 2.0~4.3% C : 아공정주철
- 4.3% C : 공정주철
- 4.3~6.67% C : 과공정주철

45 원표점거리가 50mm이고, 시험편이 파괴되기 직전의 표점거리가 60mm일 때 연신율은?

① 5%   ② 10%

③ 15%   ④ 20%

해설

$$연신율 = \frac{L_1 - L_0}{L_0} \times 100\% = \frac{60 - 50}{50} \times 100\% = 20\%$$

46 Fe-C 상태도에 나타나지 않는 변태점은?

① 포정점

② 포석점

③ 공정점

④ 공석점

해설

포석 반응 : 하나의 고체에서 서로 다른 조성의 두 고체로 형성되는 반응($\alpha + \beta \rightarrow \gamma$)으로 Fe-C 상태도에는 나타나지 않는다.

47 다음 중 경금속에 해당하지 않는 것은?

① Na   ② Mg

③ Al   ④ Ni

해설

비중 4.5(5)를 기준으로 4.5(5) 이하를 경금속(Al, Mg, Ti, Be), 4.5(5) 이상을 중금속(Cu, Fe, Pb, Ni, Sn)

48 절삭성이 우수한 쾌삭황동(Fred Cutting Brass)으로 스크류, 시계의 톱니 등으로 사용되는 것은?

① 납황동
② 주석황동
③ 규소황동
④ 망간황동

쾌삭황동 : 황동에 1.5~3.0% 납을 첨가하여 절삭성이 좋은 황동

49 Fe에 0.8~1.5% C, 18% W, 4% Cr 및 1% V을 첨가한 재료를 1,250℃에서 담금질하고 550~600℃로 뜨임한 합금강은?

① 절삭용 공구강
② 초경 공구강
③ 금형용 공구강
④ 고속도 공구강

공구강 : 고속도강(18% W-4% Cr-1% V)

50 금속재료의 표면에 강이나 주철의 작은 입자를 고속으로 분사시켜, 표면층을 가공경화에 의하여 경도를 높이는 방법은?

① 금속용사법　　② 하드페이싱
③ 숏피닝　　　　④ 금속침투법

숏피닝 : 재료의 표면에 강으로 된 작은 구를 분사시켜 피닝효과를 주어 재료표면을 단련시키는 방법

51 다음 중 1~5μm 정도의 비금속 입자가 금속이나 합금의 기지 중에 분산되어 있는 재료를 무엇이라 하는가?

① 합금공구강 재료
② 스테인리스 재료
③ 서멧(Cermet) 재료
④ 탄소공구강 재료

• 서멧(Cermet) : 1~5μm 정도의 비금속 입자가 금속이나 합금의 기지 중에 분산되어 있는 것
• 분산 강화 금속 복합재료 : 0.01~0.1μm 정도의 산화물 등 미세한 입자를 균일하게 분포되어 있는 것
• 클래드 재료 : 두 종류 이상의 금속 특성을 복합적으로 얻는 재료

52 주석의 성질에 대한 설명 중 옳은 것은?

① 동소변태를 하지 않는 금속이다.
② 13℃ 이하의 주석(Sn)은 백주석이다.
③ 주석은 상온에서 재결정이 일어나지 않으므로 가공경화가 용이하다.
④ 주석(Sn)의 용융점은 232℃로 저융점합금의 기준이다.

용융점
Fe : 1,538℃, Sn : 232℃, Pb : 327℃, In : 156℃

53 금속의 성질 중 연성에 대한 설명으로 옳은 것은?

① 광택이 촉진되는 성질
② 가는 선으로 늘일 수 있는 성질
③ 얇은 박으로 가공할 수 있는 성질
④ 원소를 첨가하여 단단하게 하는 성질

해설
연성 : 인장 시 재료가 변형하여 늘어나는 정도

54 톰백(Tombac)의 주성분으로 옳은 것은?

① Au+Fe
② Cu+Zn
③ Cu+Sn
④ Al+Mn

해설
톰백 : Cu에 5~20% Zn 함유, 모조금

55 과공석강에 대한 설명으로 옳은 것은?

① 층상 조직인 시멘타이트이다.
② 페라이트와 시멘타이트의 층상조직이다.
③ 페라이트와 펄라이트의 층상조직이다.
④ 펄라이트와 시멘타이트의 혼합조직이다.

해설
과공석강은 0.8~2.0% C이며, 펄라이트와 시멘타이트의 혼합조직이다.

56 고Cr계보다 내식성과 내산화성이 더 우수하고 조직이 연하여 가공성이 좋은 18-8 스테인리스강의 조직은?

① 페라이트
② 펄라이트
③ 오스테나이트
④ 마텐자이트

해설
오스테나이트(Austenite)계 내열강 : 18-8(Cr-Ni) 스테인리스강에 Ti, Mo, Ta, W 등을 첨가하여 고온에서 페라이트계보다 내열성이 크다.

57 금속의 결정구조에서 다른 결정보다 취약하고 전연성이 작으며 Mg, Zn 등이 갖는 결정격자는?

① 체심입방격자
② 면심입방격자
③ 조밀육방격자
④ 단순입방격자

해설
조밀육방격자(Hexagonal Centered Cubic) : Be, Cd, Co, Mg, Zn, Ti
• 배위수 : 12, 원자 충진율 : 74%, 단위 격자 속 원자수 : 2
• 결합력이 적고 전연성이 적다.

58 산소와 아세틸렌에 의한 가스용접 시 발생하는 산화불꽃과 탄화 불꽃에 관한 설명으로 옳은 것은?

① 산화 불꽃은 고온이 필요한 금속에 사용하고, 탄화 불꽃은 구리, 황동에 사용한다.

② 탄화 불꽃은 고온이 필요한 금속에 사용하고, 산화 불꽃은 연강, 고탄소강 등의 금속에 사용한다.

③ 산화 불꽃은 간단한 가열이나 가스 절단에 사용하고, 탄화 불꽃은 산화를 방지할 필요가 있는 금속의 용접에 사용한다.

④ 산화 불꽃은 산화되기 쉬운 알루미늄에 사용하고, 탄화 불꽃은 일반적인 청동, 황동 등에 사용한다.

해설
- 중성 불꽃 : 산소와 아세틸렌 용접비가 1 : 1인 불꽃이다.
- 탄화 불꽃 : 중성 불꽃보다 아세틸렌 가스 양이 많은 불꽃으로 산화를 방지해 스테인리스강, 모넬메탈 등의 용접에 사용한다.
- 산화 불꽃 : 중성 불꽃보다 산소의 양이 많은 불꽃으로 융착 금속의 산화 또는 탈탄으로 단순 절단, 황동용접 등에 사용한다.

59 납땜부 이음 부분에 납재를 고정시켜 납땜온도로 가열 용융시켜 화학약품에 담가 침투시키는 납땜법은?

① 노내납땜   ② 유도가열납땜

③ 담금납땜   ④ 저항납땜

해설
담금납땜법은 납땜부 이음 부분에 납재를 고정해 가열 용융시켜 화학약품을 이용해 침투시키는 방법이다.

60 연속 용접작업 중 아크발생시간 6분, 용접봉 교체와 슬래그 제거시간 2분, 스패터 제거시간이 2분으로 측정되었다. 이때 용접기 사용률은?

① 50%   ② 60%

③ 70%   ④ 80%

해설

$$\frac{\text{아크발생시간}}{\text{아크발생시간} + \text{정지시간}} \times 100\% = \frac{6\text{min}}{(6+4)\text{min}} \times 100\%$$
$$= 60\%$$

01 자기탐상검사에서 자분의 적용에 관한 설명 중 틀린 것은?

① 시험면을 흐르는 검사액의 유속이 빠를수록 휘발성이 작아 미세결함의 검출이 용이하다.

② 검사액의 농도가 너무 진하면 시험면에 부착되는 자분이 많아져서 결함검출을 어렵게 한다.

③ 콘트라스트를 크게 할수록 미세한 결함을 검출하기가 용이하다.

④ 검사액의 농도는 형광자분이 비형광자분보다 현저하게 작아야 한다.

해설
자기탐상시험 시 자분의 적용에 있어 시험면을 흐르는 검사액의 유속이 빠를 경우 미세결함의 검출이 불리하다.

02 비파과검사에서 봉(Bar) 내의 비금속 개재물을 무엇이라 하는가?

① 겹침(Lap)

② 용락(Burn Through)

③ 언더컷(Under Cut)

④ 스트링거(Stringer)

해설
봉(Bar) 내의 비금속 개재물을 스트링거(Stringer)라 한다.

03 표면균열을 검사하는 데 가장 효과적인 자화전류와 자분은 무엇인가?

① 반파직류-건식자분

② 전파직류-습식자분

③ 교류-습식자분

④ 교류-건식자분

해설
표면균열을 검사하는데 가장 효과적인 자화전류는 교류이며, 습식자분을 사용한다.

04 침투탐상시험은 다공성인 표면을 검사하는데 적합한 시험방법이 아니다. 그 이유로 가장 옳은 것은?

① 누설시험이 가장 좋은 방법이기 때문에

② 다공성인 경우 지시의 검출이 어렵기 때문에

③ 초음파탐상시험이 가장 좋은 방법이기 때문에

④ 다공성인 경우 어떤 지시도 생성시킬 수 없기 때문에

해설
침투탐상시험은 시험체 재질의 제한이 없으나 다공성 물질의 경우 제외된다. 이는 침투액이 스며들어 지시의 검출이 어렵기 때문이다.

05 최종 건전성검사에 주로 사용되는 검사방법으로써 관통된 불연속만 탐지 가능한 검사방법은?

① 방사선투과검사　　② 침투탐상검사

③ 음향방출검사　　　④ 누설검사

해설
누설탐상의 원리는 관통된 결함을 검사하는 방법으로 기체나 액체와 같은 유체의 흐름을 감지해 누설 부위를 탐지하는 것이다.

06 자분탐상시험의 선형자화법에서 자계의 세기(자화력)를 나타내는 단위는?

① 암페어
② 볼트(Volts)
③ 웨버(Weber)
④ 암페어/미터

해설
자계의 세기(자화력)는 암페어/미터로 나타낸다.

07 대상물 내부에서 반사된 빔(Beam)을 검출하여 분석하고, 결함의 길이 및 위치를 알아낼 수 있는 비파괴검사법은?

① 누설검사
② 굽힘시험
③ 초음파탐상시험
④ 와전류탐상시험

해설
초음파의 특징
• 지향성이 좋고 직진성을 가진다.
• 동일 매질 내에서는 일정한 속도를 가진다.
• 온도 변화에 대해 속도가 거의 일정하다.
• 경계면 혹은 다른 재질, 불연속부에서는 굴절, 반사, 회절을 일으킨다.
• 음파의 입사 조건에 따라 파형 변환이 발생한다.

08 제품이나 부품의 동적결함 발생에 대한 전체적인 모니터링(Monitoring)에 적합한 비파괴검사법은?

① 육안시험
② 적외선검사
③ X선투과시험
④ 음향방출시험

해설
음향방출시험이란 재료의 결함에 응력이 가해졌을 때 음향을 발생시키고 불연속 펄스를 방출하게 되는데 이러한 미소음향방출신호들을 검출 분석하는 시험으로 내부 동적 거동을 평가하는 시험이다.

09 후유화성 형광침투탐상검사를 할 때 가장 적합한 세척방법은?

① 솔벤트 세척
② 수 세척
③ 알칼리 세척
④ 초음파 세척

해설
후유화성 형광침투탐상의 경우 수 세척을 이용한다.

10 각종 비파괴검사에 대한 설명 중 틀린 것은?

① 방사선투과시험은 기록의 보관이 용이하나 방사선 피폭 등의 위험이 있다.
② 초음파탐상시험은 대상물의 내부 결함을 검출할 수 있으나 숙련된 기술이 필요하다.
③ 침투탐상시험은 표면 흠에 침투액을 침투시키는 방법이므로 흡수성인 재료는 탐상에 적합하지 않다.
④ 와전류탐상시험은 맴돌이 전류를 이용하여 비전도체의 심부 결함검출이 가능하다.

해설
와전류탐상의 장단점
• 장 점
  – 고속으로 자동화된 전수검사 가능
  – 가는 선, 구멍 내부, 고온 등 여러 환경에서 적용 가능
  – 결함, 재질변화, 품질관리 등 적용 범위가 광범위
  – 탐상 및 재질검사 등 탐상 결과를 보전 가능
• 단 점
  – 표피효과로 인해 표면 근처의 시험에만 적용 가능
  – 잡음 인자의 영향을 많이 받음
  – 결함 종류, 형상, 치수에 대한 정확한 측정은 불가
  – 형상이 간단한 시험체에만 적용 가능
  – 도체에만 적용 가능

6 ④ 7 ③ 8 ④ 9 ② 10 ④ **정답**

11 CRT에 나타난 에코의 높이가 스크린 높이의 80%일 때 이득 손잡이를 조정하여 6dB를 낮추면 에코높이는 CRT 스크린 높이의 약 몇 %로 낮아지는가?

① 16.7% ② 20%
③ 40% ④ 50%

해설
6dB을 낮추면 에코의 높이가 80%일 때 50% 떨어지는 지점(40%)이 된다.

12 초음파탐상시험과 비교한 방사선투과시험의 장점은?

① 결함의 깊이를 정확히 알 수 있다.
② 시험체의 한쪽 면만으로도 탐상이 가능하다.
③ 탐상현장에 판독자가 입회하지 않아도 된다.
④ 일반적으로 시험에 필요한 장비가 가볍고 소규모이다.

해설
방사선 작업현장에는 출입하지 않고 원격으로 방사선을 쪄어 필름에 현상시키므로 탐상 현장에 판독자가 입회하지 않아도 된다.

13 육안검사에 대한 설명 중 틀린 것은?

① 표면 검사만 가능하다.
② 검사의 속도가 빠르다.
③ 사용 중에도 검사가 가능하다.
④ 분해능이 좋고 가변적이지 않다.

해설
분해능이 좋고 가변적이지 않은 것은 초음파탐상에서 사용된다.

14 자기비교형-내삽코일을 사용한 관의 와전류탐상시험에서 관의 처음에서 끝까지 동일한 결함이 연속되어 있을 경우 발생되는 신호는 어떻게 되는가?

① 신호가 나타나지 않는다.
② 신호가 연속적으로 나타난다.
③ 신호가 간헐적으로 나타난다.
④ 관의 양끝 지점에서만 신호가 나타난다.

해설
내삽 코일은 시험체 구멍 내부에 코일을 삽입하여 구멍의 축과 코일 축을 맞추어 시험하는 방법으로 처음부터 동일한 결함이 있다면 아무런 신호가 나타나지 않는다.

15 산란방사선의 영향을 줄이기 위한 방법이 아닌 것은?

① 연질 방사선을 사용한다.
② 증감지를 사용한다.
③ 마스크를 사용한다.
④ 다이어프램을 설치한다.

해설
산란방사선 영향을 최소화하는 방법
• 후면 납판 사용 : 필름 뒤 납판을 사용함으로써 후방산란방사선 방지
• 마스크 사용 : 제품 주위 납판을 둘러 불필요한 일차 방사선 방지
• 필터 사용 : X선에 적용가능하며, 방사선을 선별하여 산란방사선의 발생을 저지
• 콜리메이터, 다이어프램, 콘 사용 : 필요 부분에만 방사선을 보내어주는 방법
• 납증감지의 사용 : 카세트 내 필름 전후면에 납증감지를 부착해 산란방사선 방지

16 X-선 필름특성곡선으로부터 얻을 수 있는 정보에 해당하지 않는 것은?

① 필름의 현상시간
② 필름의 상대속도
③ 필름 콘트라스트
④ 적용된 노출에 따른 사진농도

해설

필름특성곡선(Characteristic Curve)

특정한 필름에 대한 노출량과 흑화도와의 관계를 곡선으로 나타낸 것이다.

• H&D곡선, Sensitometric곡선이라고도 한다.
• 가로축 : 상대노출량에 Log를 취한 값이다.
• 세로축 : 흑화도를 나타낸다.
• 필름특성곡선의 임의 지점에서의 기울기는 필름 명암도를 나타낸다.

17 방사선투과검사에서 기하학적 불선명도를 줄이기 위한 설명으로 옳은 것은?

① 가능한 한 선원의 크기가 작은 것을 사용한다.
② 가능한 한 선원의 크기는 작고, 선원-시험체 사이의 거리도 작게 한다.
③ 가능한 한 촬영하는 시험체로부터 필름을 멀리 한다.
④ 가능한 한 시험체와 선원 사이의 거리는 작게 하고, 시험체와 필름 사이의 거리는 크게 한다.

해설

기하학적 불선명도에 영향을 주는 요인

• 초점 또는 선원의 크기 : 선원의 크기는 작을수록, 점선원(Point Source)에 가까워질수록 선명도는 좋아진다.
• 선원-필름과의 거리 : 선원-필름 간 거리가 멀수록 선명도는 좋아지며, 거리가 짧아질수록 음영의 형성이 커져 선명도는 낮아진다.
• 시험체-필름과의 거리 : 가능한 밀착시켜야 선명도가 좋아진다.
• 선원-시험체-필름의 배치관계 : 방사선은 가능한 필름과 수직을 이루도록 한다.
• 시험체의 두께 변화 : 두께 변화가 심한 경우 시험체의 일부가 필름과 각도를 이루어 음영이 형성되어 선명도가 낮아진다.
• 증감지-필름의 접촉상태 : 증감지와 필름은 밀착한다.

18 방사선 투과사진을 관찰한 결과 후면의 상이 시험체의 상에 겹쳐서 나타났을 때 이를 없애기 위한 효과적인 촬영방법은?

① 조리개를 사용한다.
② 선원의 강도를 높인다.
③ 납글자 "B"를 사용한다.
④ 납판을 필름 후면에 놓는다.

해설

납판을 필름 후면에 놓아 산란방사선을 방지하도록 한다.

19 다음 중 방사성 동위원소의 반감기가 가장 긴 것은 어느 것인가?

① Co-60
② Ir-192
③ Cs-137
④ Se-75

해설

감마선 선원의 종류별 특성

종 류	반감기
Ir-192	74.4일
Tm-170	127일
Co-60	5.27년
Cs-137	30.1년

20 다음 중 방사선투과시험에서 동일한 결함임에도 불구하고 조사 방향에 따라 식별하는 데 가장 어려운 결함은?

① 균 열
② 원형기공
③ 개재물
④ 용입불량

해설

조사 방향에 따라 식별하기 가장 어려운 결함은 균열이다.

16 ① 17 ① 18 ④ 19 ③ 20 ① **정답**

21 200lx의 입사강도를 가진 빛이 농도가 2.0인 필름 부위를 통과한 후의 강도는?

① 2lx   ② 4lx

③ 20lx   ④ 40lx

해설
투과농도 2.0이란 입사강도의 빛에서 1%만을 투과시키는 흑화도를 나타내는 것으로 2lx가 된다.

22 변압기의 종류 중 음극에서 방출된 열전자를 고속도로 양극을 향해 가속시키기 위해 전압을 높이기 위한 승압 변압기로 구성된 것은?

① 자동 변압기

② 감압 변압기

③ 고전압 변압기

④ 필라멘트 변압기

해설
고전압을 초고전압으로 승압시키기 위한 변압기는 고전압 변압기이다.

23 방사선에 관한 설명 중 잘못된 것은?

① 조사선량은 광자 및 β선에 적용하는 양이다.

② 매초당 붕괴수(dps)는 방사능의 단위이다.

③ 인체의 감각으로는 측정할 수 없다.

④ 흡수선량은 모든 방사선에 적용할 수 있는 양이다.

해설
뢴트겐(R ; Roentgen)
조사선량은 X선 또는 γ선이 공기 중의 분자를 이온화시킨 정도를 양으로 표현한 것이다.
• 방사선의 조사선량을 나타내는 단위
• $1R = 2.58 \times 10^{-4} C/kg$

24 고전압 전극으로 되는 위쪽의 구속에 있는 활차와 하단의 활차 사이에 벨트를 걸어, 정전기적으로 고전압을 발생하는 가속장치는 무엇인가?

① 공진 변압기 방식

② 반데그라프

③ 베타트론

④ 선형 가속기

해설
반데그라프(Van de Graaf) 발전기는 벨트를 돌려 금속 구체에 고전압의 전기를 축전시키는 정전기 발생장치로 정전기적으로 고전압을 발생하는 가속장치이다.

25 다음 중 감마선의 조사범위 제한기구인 콜리메이터에 사용되는 재질은?

① 타이타늄

② 강 철

③ 텅스텐

④ 청 동

해설
콜리메이터(Collimator)는 감마선 전송관의 끝부분에 부착하여 조사 시 방사구의 조사범위 제한과 작업 종사자의 안전을 도모하기 위한 차폐 기구의 하나로, 텅스텐을 사용한다.

26 방사선투과검사 시 검사자 피폭선량을 감소시키기 위해 반가층을 4개 사용하였다. 처음 방사선량 100%에서 얼마로 감소되었는가?

① 25%　　　　　　② 12.5%

③ 6.25%　　　　　④ 3.125%

해설
반가층은 어떤 물질에 방사선을 투과시켜 그 강도가 반으로 줄어들 때의 두께로 100%에서 2^4배가 줄어들었으므로,
$100\% \times \dfrac{1}{2^4} = 6.25\%$가 된다.

27 X선 발생장치를 이용한 방사선투과시험에서 노출시간은 일반적으로 무엇으로 조정하는가?

① 필 터　　　　　② 관전류

③ 관전압　　　　　④ 타이머

해설
방사선탐상기기에서 노출시간은 타이머로 조정 가능하다.

28 원자력안전법에서 정한 방사성 동위원소 등의 사용자에 대한 정기검사 시기가 잘못 짝지어진 것은?

① 방사선 동위원소 등의 이동 사용을 전문으로 하는 사업소 – 매 3년
② 1기가전자볼트 이상의 방사선발생장치를 사용하는 사업소 – 매 1년
③ 연간 사용량이 111테라베크렐 이상의 밀봉된 방사성동위원소를 사용하는 사업소 – 매 3년
④ 연간 사용량이 3.7기가베크렐 미만의 밀봉되지 아니한 방사선 동위원소를 사용하는 사업소 – 매 5년

해설
방사선 동위원소 등의 이동 사용을 전문으로 하는 사업소는 매 1년마다 정기검사를 받아야 한다(원자력안전법 시행규칙 별표 1).

29 강용접 이음부의 방사선투과시험방법(KS B 0845)에서 강판의 맞대기용접 이음부를 촬영할 때 투과도계의 사용에 대한 설명으로 옳은 것은?

① 투과도계의 가는 선이 시험체의 안쪽에 놓이도록 한다.
② 시험부 유효길이가 투과도계 너비의 5배 이상인 경우 중앙에 1개를 놓는다.
③ 특별히 투과도계를 필름 쪽에 놓을 때는 투과도계 각각의 부분에 B의 기호를 붙인다.
④ 일반적으로 시험부 선원측 표면에 용접 이음부를 넘어서 유효길이 내의 양 끝 부근에 각 1개를 놓는다.

해설
투과도계의 사용
• 식별 최소선지름을 포함한 투과도계를, 시험부 선원측 표면에 용접 이음부를 넘어서 시험부의 유효길이 L_3의 양 끝 부근에 투과도계의 가장 가는 선이 위치하도록 각 1개를 둔다. 이때 가는 선이 바깥쪽이 되도록 한다.
• 투과도계와 필름 간의 거리를 식별 최소선지름의 10배 이상 떨어지면 투과도계를 필름에 둘 수 있다.
• 이 경우에는 투과도계의 각각의 부분에 F의 기호를 붙이고, 투과 사진 상에 필름에 둔 것을 알 수 있도록 한다.
• 또한 시험부의 유효길이가 투과도계의 나비의 3배 이하인 경우, 투과도계는 중앙에 1개만 둘 수 있다.

30 방사선 장해에 있어서 피폭에 대한 설명이 적절하지 않은 것은?

① 자연방사선에 의한 피폭
② 의료용방사선에 의한 피폭
③ 유전적 영향에 의한 피폭
④ 원자력 이용에 의한 피폭

해설
방사선 피폭원으로는 자연방사선, 직업상 피폭, 의료상 피폭이 있다.

26 ③　27 ④　28 ①　29 ④　30 ③　정답

31 강용접 이음부의 방사선투과시험방법(KS B 0845)에 의해 방사선 투과사진을 관찰할 때 관찰기 휘도 요건 10,000 이상 30,000 미만 cd/m²일 때, 투과사진의 최고농도는?

① 2.0 이하   ② 2.5 이하

③ 3.0 이하   ④ 3.5 이하

해설
관찰기 : 투과사진의 관찰기는 투과사진의 농도에 따라 표 4에서 규정하는 휘도를 갖는 것을 사용한다.

[표 4 관찰기의 사용 구분]

관찰기의 휘도요건(cd/m²)	투과사진의 최고농도(1)
300 이상 3,000 미만	1.5 이하
3,000 이상 10,000 미만	2.5 이하
10,000 이상 30,000 미만	3.5 이하
30,000 이상	4.0 이하

32 "방사선방호 등에 관한 기준"에 인체의 피폭선량을 나타낼 때 등가선량을 계산하기 위한 방사선 가중치가 가장 큰 것은?

① 광 자   ② 전 자

③ 중성자(10keV)   ④ 알파입자

해설
• 등가선량 : 흡수선량에 대해 방사선의 방사선 가중치를 곱한 양
• 방사선 가중치 : 생물학적 효과를 동일한 선량값으로 보정해 주기 위해 도입한 가중치

[방사선 가중치(방사선방호 등에 관한 기준 별표 1)]

종 류	에너지(E)	방사선 가중치 (W_R)
광 자	전 에너지	1
전자 및 뮤온	전 에너지	1
중성자	$E < 10keV$	5
	$10\sim100keV$	10
	$100keV\sim2MeV$	20
	$2\sim20MeV$	10
	$20MeV < E$	5
반조양자 이외의 양자	$E > 2MeV$	5
α입자, 핵분열 파편, 무거운 원자핵		20

33 다음 중 외부 피폭상 투과력이 가장 약한 방사선은?

① 알파선   ② 베타선

③ X선   ④ 중성자선

해설
피폭상 투과력이 가장 약한 방사선은 알파선이다.

34 타이타늄용접부의 방사선투과시험방법(KS D 0239)에 따른 촬영배치를 설명한 것으로 틀린 것은?

① 투과도계는 시험부 유효거리 내에서 가장 가는 선이 바깥쪽이 되도록 놓는다.

② 관 길이용접부의 이중벽 한면 촬영방법의 경우 투과도계를 시험부의 필름쪽 면 위에 놓는다.

③ 선원과 투과도계 사이의 거리(L_1)는 시험부의 유효길이(L_3)의 5배 이상으로 하여야 한다.

④ 촬영 시 조사범위를 필요 이상으로 크게 하지 않기 위해 조리개를 사용한다.

해설
선원과 투과도계 사이의 거리 L_1은 시험부의 유효길이 L_3의 2배 이상으로 한다.

35 강용접 이음부의 방사선투과시험방법(KS B 0845)에 따라 강판의 맞대기 이음부의 촬영 시 선원과 필름 간 거리는 시험부의 선원 쪽 표면과 필름 간 거리의 m배 이상이어야 한다. 계수 m의 값으로 옳은 것은?(단, f는 선원 치수, d는 투과도계 식별 최소선지름이다)

① 상질이 A급일 때 $2f/d$ 또는 7 중 큰 쪽의 값
② 상질이 B급일 때 $2f/d$ 또는 6 중 큰 쪽의 값
③ 상질이 A급일 때 $3f/d$ 또는 6 중 큰 쪽의 값
④ 상질이 B급일 때 $3f/d$ 또는 7 중 큰 쪽의 값

해설
선원과 필름 간의 거리($L_1 + L_2$)는 시험부의 선원측 표면과 필름 간의 거리 L_2의 m배 이상으로 한다. m의 값은 상질의 종류에 따라서 부속서 1 표 2로 한다.
[부속서 1 표 2 계수 m의 값]

상질의 종류	계수 m
A급	$\dfrac{2f}{d}$ 또는 6의 큰 쪽의 값
B급	$\dfrac{3f}{d}$ 또는 7의 큰 쪽의 값

36 다음 중 1Bq을 Ci로 환산한 값은?

① 2.7×10^{-10}Ci
② 2.7×10^{-11}Ci
③ 3.7×10^{-10}Ci
④ 3.7×10^{-11}Ci

해설
1Bq $= 2.7 \times 10^{-11}$ Ci이다.

37 강용접 이음부의 방사선투과시험방법(KS B 0845)에서 규정하는 투과사진 촬영방법에서 원칙적으로 방사선의 조사 방향으로 가장 적합한 것은?

① 투과두께가 최소가 되는 곳
② 투과두께가 중간이 되는 곳
③ 투과두께가 최대가 되는 곳
④ 투과두께가 각각 최소, 최대가 되는 곳

해설
방사선의 조사 방향 : 투과사진은 원칙적으로 시험부를 투과하는 두께가 최소가 되는 방향에서 방사선을 조사하여 촬영한다.

38 다음 중 인체 내 각 조직의 등가선량에 해당 조직의 조직 가중치를 곱하여, 이를 모든 조직에 대해 합산한 양으로 표현한 것은?

① 선량당량
② 유효선량
③ 집단선량
④ 예탁선량

해설
방사선 가중치 : 생물학적 효과를 동일한 선량값으로 보정해 주기 위해 도입한 가중치로 Si단위로는 Sv(Sievert)를 사용한다.

39 알루미늄평판 접합용접부의 방사선투과시험방법 (KS D 0242)에 의해 투과시험할 때 촬영배치에 관한 설명으로 옳은 것은?

① 1개의 투과도계를 촬영할 필름 밑에 놓는다.
② 계조계는 시험부 유효길이의 바깥에 놓는다.
③ 계조계는 시험부와 필름 사이에 각각 2개를 놓는다.
④ 2개의 투과도계를 시험부 방사면 위 용접부 양 끝에 각각 놓는다.

해설
KS D 0242 - 촬영배치
• 투과도계는 시험부의 방사면 위에 있는 용접부를 넘어 서서 시험부의 유효길이 L_3의 양끝 부근에 투과도계의 가장 가는 선이 외측이 되도록 각 1개를 둔다.
• 계조계는 시험부의 선원측의 모재부 위에, 시험부 유효길이의 중앙 부근의 용접선 근처에 둔다.

40 다음 중 방사선 내부 피폭을 위한 방어의 원칙으로 올바르지 않은 것은?

① 방사성 물질을 격납하여 외부로 유출되는 것을 방지한다.
② 방사성 물질의 농도를 희석한다.
③ 내부 오염 경로를 차단한다.
④ 배설 억제 등의 처리를 한다.

해설
배설 억제와는 관계가 적다.

41 알루미늄평판 접합용접부의 방사선투과시험방법 (KS D 0242)에 따른 텅스텐 혼입의 흠의 점수는 블로홀과 비교하여 어떻게 산정되는가?

① 블로홀 점수의 1/3
② 블로홀 점수의 1/2
③ 블로홀 점수의 2배
④ 블로홀 점수의 3배

해설
텅스텐 혼입의 흠집 점수는 블로홀 흠집 점수값의 1/2로 한다.

42 알루미늄평판 접합용접부의 방사선투과시험방법 (KS D 0242)에 의한 흠집모양의 분류 시 분류에 포함할 흠이 아닌 것은?

① 텅스텐 혼입
② 구리의 혼입
③ 언더컷
④ 융합 불량

해설
언더컷 등의 표면 흠집은 이 분류의 대상으로 하지 않는다.

43 암모니아 가스 분해와 질소의 내부 확산을 이용한 표면 경화법은?

① 염욕법　　　　② 질화법

③ 염화바륨법　　④ 고체 침탄법

해설
질화법 : 500~600℃의 변태점 이하에서 암모니아 가스를 주로 사용하여 질소를 확산 침투시켜 표면층을 경화한다.

44 절삭공구강의 일종으로 500~600℃까지 가열하여도 뜨임에 의해서 연화되지 않고, 또 고온에서도 경도 감소가 작은 것이 특징으로 기본 성분은 18% W, 4% Cr, 1% V이고, 0.8~1.5% C를 함유하고 있는 강은?

① 고속도강　　　② 금형용강

③ 게이지용강　　④ 내 충격용 공구강

해설
고속도강(SKH) : 18% W-4% Cr-1% V으로 절삭공구강에서 대표적으로 사용되며, 고속절삭에도 연화되지 않으며, 열전도율이 나쁘고 자경성을 가지고 있다.

45 내열성과 내식성이 요구되는 석유화학장치, 약품 및 식품 공업용 장치에 사용하는 Ni-Cr합금은?

① 인 바　　　　② 엘린바

③ 인코넬　　　　④ 플래티나이트

해설
Ni-Cr합금
• 니크롬(Ni-Cr-Fe) : 전열 저항성(1,100℃),
• 인코넬(Ni-Cr-Fe-Mo) : 고온용 열전쌍, 전열기 부품
• 알루멜(Ni-Al) - 크로멜(Ni-Cr) : 1,200℃ 온도측정용

46 흑연을 구상화시키기 위해 선철을 용해하여 주입 전에 첨가하는 것은?

① Cs　　　　　② Cr

③ Mg　　　　　④ Na_2CO_3

해설
구상흑연주철 : 흑연을 구상화하여 균열을 억제시키고 강도 및 연성을 좋게 한 주철로 시멘타이트형, 펄라이트형, 페라이트형이 있으며, 구상화제로는 Mg, Ca, Ce, Ca-Si, Ni-Mg 등이 있다.

47 독성이 없어 의약품, 식품 등의 포장형 튜브 제조에 많이 사용되는 금속으로 탈색효과가 우수하며, 비중이 약 7.3인 금속은?

① Sn　　　　　② Zn

③ Mn　　　　　④ Pt

해설
주석과 그 합금 : 비중 7.3, 용융점 232℃, 상온에서 재결정, SnO_2를 형성해 내식성 증가

48 냉간가공과 열간가공을 구별하는 기준이 되는 것은?

① 변태점
② 탄성한도
③ 재결정 온도
④ 마무리 온도

해설
재결정 온도 : 소성가공으로 변형된 결정입자가 변형이 없는 새로운 결정이 생기는 온도로 냉간가공과 열간가공의 구별기준이 된다.
금속의 재결정 온도

금 속	재결정 온도	금 속	재결정 온도
W	1,200℃	Fe, Pt	450℃
Ni	600℃	Zn	실온
Au, Ag, Cu	200℃	Pb, Sn	실온 이하
Al, Mg	150℃		

49 6-4황동에 Sn을 1% 첨가한 것으로 판, 봉으로 가공되어 용접봉, 밸브대 등에 사용되는 것은?

① 톰 백
② 니켈 황동
③ 네이벌 황동
④ 애드미럴티 황동

해설
네이벌 황동 : 6:4황동에 Sn 1%를 첨가한 강, 판, 봉, 파이프 등 사용

50 금속의 부식에 대한 설명 중 옳은 것은?

① 공기 중 염분은 부식을 억제시킨다.
② 황화수소, 염산은 부식과는 관계가 없다.
③ 이온화 경향이 작을수록 부식이 쉽게 된다.
④ 습기가 많은 대기 중일수록 부식되기 쉽다.

해설
부식이란 금속이 물 또는 대기 환경에 의해 표면이 비금속 화합물로 변하는 것으로 이온화 경향이 H(수소)보다 작은 경우 부식이 힘들다. 또한 이온화 경향이 클수록 산화되기 쉽고, 전자 친화력이 작다.

51 Si가 10~13% 함유된 Al-Si계 합금으로 녹는점이 낮고 유동성이 좋아 크고 복잡한 사형주조에 이용되는 것은?

① 알 민
② 알드리
③ 실루민
④ 알클래드

해설
Al-Si : 실루민, 10~14%Si를 첨가, Na을 첨가하여 개량화 처리를 실시, 용융점이 낮고 유동성이 좋아 넓고 복잡한 모래형 주물에 이용된다. 개량화처리 시 용탕과 모래형 수분과의 반응으로 수소를 흡수하여 기포가 발생한다. 다이캐스팅에는 급랭으로 인한 조직 미세화. 열간 메짐이 없다. Si 함유량이 많아질수록 팽창계수와 비중은 낮아지며 주조성, 가공성이 나빠진다.

52 두랄루민의 주성분으로 옳은 것은?

① Ni-Cu-P-Mn
② Al-Cu-Mg-Mn
③ Mn-Zn-Fe-Mg
④ Ca-Si-Mg-Mn

해설
• Al-Cu-Mn-Mg : 두랄루민, 시효경화성 합금
• 용도 : 항공기, 차체 부품

53 저융점 합금으로 사용되는 금속원소가 아닌 것은?

① Pb
② Bi
③ Sn
④ Mo

해설

저용융점 합금 : 250℃ 이하에서 용융점을 가지는 합금(Pb, Bi, Sn, In 등)

54 Ti 및 Ti 합금에 대한 설명으로 틀린 것은?

① 고온에서 크리프 강도가 낮다.
② Ti 금속은 TiO_2로 된 금홍석으로부터 얻는다.
③ Ti 합금제조법에는 크롤법과 헌터법이 있다.
④ Ti은 산화성 수용액에서 표면에 안정된 산화타이 타늄의 보호피막이 생겨 내식성을 가지게 된다.

해설

타이타늄과 그 합금 : 비중 4.54, 용융점 1,670℃, 내식성 우수, 조밀육방격자, 고온 성질 우수(고온 크리프 우수)

55 스프링강에 대한 설명으로 틀린 것은?

① 담금질 온도는 1,100~1,200℃에서 수랭이 적당하다.
② 스프링강은 탄성 한도가 높고 충격 및 피로에 대한 저항이 커야 한다.
③ 경도는 HB 340 이상이며, 열처리된 조직은 소르바이트조직이다.
④ 탄소함량에 따라 0.65~0.85%C의 판스프링과 0.85~1.05%C의 코일 스프링으로 나눌 수 있다.

해설

스프링강은 강철선, 피아노선에 많이 쓰이며, Si-Mn, Cr-V강 등이 대표적이다. 탄성한도가 높으며, 소르바이트 조직을 가진다. 담금질 온도는 830~860℃이며, 뜨임을 통해 340HB 이상을 가진다.

56 형상기억합금의 대표적인 실용합금 성분으로 옳은 것은?

① Fe-C합금
② Ni-Ti합금
③ Cu-Pd합금
④ Pb-Sb합금

해설

형상기억합금 : 힘에 의해 변형되더라도 특정온도까지 올라가면 본래의 모양으로 돌아오는 합금이다. Ti-Ni이 대표적으로 마텐자이트 상변태를 일으킨다.

57 Fe-C 평형상태도에 대한 설명으로 옳은 것은?

① 공정점의 탄소량은 약 0.80%이다.

② 포정점의 온도는 약 1,490℃이다.

③ A₀를 철의 자기변태점이라 한다.

④ 공석점에서는 레데뷰라이트가 석출한다.

해설
불변반응
• 공석점 : 723℃ $\gamma - Fe \Leftrightarrow \alpha - Fe + Fe_3C$
• 공정점 : 1,130℃ $Liquid \Leftrightarrow \gamma - Fe + Fe_3C$
• 포정점 : 1,490℃ $Liquid + \delta - Fe \Leftrightarrow \gamma - Fe$

58 내용적 50L 산소용기의 고압력계가 150기압(kgf/cm²)일 때 프랑스식 250번 팁으로 사용압력 1기압에서 혼합비 1 : 1을 사용하면 몇 시간 작업할 수 있는가?

① 20시간

② 30시간

③ 40시간

④ 50시간

해설
$50L \times 150 = 7,500$ 이고, 250번 팁으로 사용하였으므로
$7,500 / 250 = 30$ 이 된다.

59 직류 정극성의 열 분배는 용접봉 쪽에 몇 % 정도의 열이 분배되는가?

① 30

② 50

③ 70

④ 80

해설
직류 용접기를 사용할 경우 열의 분배는 (+)극 쪽에 70%, (−)극 쪽에 30% 정도가 된다.

60 용접작업에서의 용착법 중 박판용접 및 용접 후의 비틀림을 방지하는 데 가장 효과적인 것은?

① 전진법

② 후진법

③ 캐스케이드법

④ 스킵법

해설
• 전진법 : 변형 및 잔류응력이 문제되지 않을 경우 사용
• 후진법 : 후판에 사용
• 대칭법 : 변형잔류 응력을 대칭으로 유지
• 스킵법 : 박판용접 및 용접 후 비틀림 방지

01 다음 침투탐상검사 방법 중 예비세척과 유화처리가 필요한 것은?

① FB-S
② FD-S
③ FA-S
④ FC-S

해설
FD-S법은 후유화성 형광침투액(물 베이스 유화제) – 속건식 현상법으로 전처리 – 침투처리 – 예비세척처리 – 유화처리 – 세척처리 – 건조처리 – 현상처리 – 관찰 – 후처리로 실시된다.

02 다음 비파괴시험 중 표면결함 또는 표층부에 관한 정보를 얻기 위한 시험으로 맞게 조합된 것은?

① 침투탐상검사, 자분탐상시험
② 침투탐상검사, 방사선투과시험
③ 자분탐상시험, 초음파탐상시험
④ 와류탐상시험, 초음파탐상시험

해설
표면결함검출에는 침투탐상, 자기탐상, 육안검사 등이 있으며 초음파, 방사선, 중성자의 경우 내부결함검출에 사용된다.

03 비파괴시험법 중 자외선 등이 필요하지 않는 조합으로만 짝지어진 것은?

① 방사선투과시험과 초음파탐상시험
② 초음파탐상시험과 자분탐상시험
③ 자분탐상시험과 침투탐상시험
④ 방사선투과시험과 침투탐상시험

해설
자외선 등이 필요한 시험으로는 침투탐상과 자기탐상이 있다.

04 누설검사의 한 방법인 내압시험에서 가압기체로 가장 많이 사용되며 실용적인 것은?

① 공 기
② 질 소
③ 헬 륨
④ 암모니아

해설
누설검사에서 시험체 내·외부에 압력 차이를 이용한 시험법으로는 추적가스이용법(암모니아 누설, O_2추적가스), 기포 누설시험, 할로겐 누설시험, 헬륨 누설시험, 방치법에 의한 누설시험이 있다. 이 중 가장 실용적인 가압기체는 공기이다.

05 선원-필름 간 거리가 4m일 때 노출시간이 60초였다면 다른 조건은 변화시키지 않고 선원-필름 간 거리만 2m로 할 때 방사선투과시험의 노출시간은 얼마이어야 하는가?

① 15초
② 30초
③ 120초
④ 240초

해설
거리가 4m에서 2m로 2배 줄어들었으므로, 노출시간 역시 2^2 배 줄어들어야 하며, 4m일 때 60초였으므로, $60 \times \dfrac{1}{2^2} = 15$초가 된다.

06 자분탐상검사에 사용되는 자분에 대한 설명 중 가장 거리가 먼 것은?

① 형광자분은 콘트라스트가 좋아 자분지시의 발견이 쉽다.

② 검사액은 자분입자를 분산시킨 액체이다.

③ 큰 결함에는 미세한 입도의 자분을 사용한다.

④ 자분은 낮은 보자력을 가져야 한다.

자분이 크거나 무거운 경우에는 불연속으로 형성된 미세한 누설자장에 의해 끌리기가 어려워 시험체 전면에 흩어지는 경향을 보이며, 미세한 자분은 약한 자장에도 손쉽게 끌리는 경향이 있다. 시험면이 거친 경우에 미세한 입도의 자분을 사용하면 시험면에 불연속부가 없어도 시험면에 달라붙어 지시와 혼동할 수 있는 백그라운드를 형성할 우려가 있다.

07 초음파가 두 매질의 경계면에 입사할 경우 굴절각은?(단, 입사각 : 12°, 입사파의 속도 : 1,500m/sec, 굴절파의 속도 : 5,100m/sec이다)

① 60° ② 45°

③ 20° ④ 3.5°

스넬의 법칙은 음파가 두 매질 사이의 경계면에 입사하면 입사각에 따라 굴절과 반사가 일어나는 것으로 $\frac{\sin\alpha}{\sin\beta} = \frac{V_1}{V_2}$ 와 같다. 여기서, α = 입사각, β = 굴절각 또는 반사각, V_1 = 매질 1에서의 속도, V_2 = 매질 2에서의 속도를 나타낸다. 따라서,
$\frac{\sin 12}{\sin x} = \frac{1,500\text{m/sec}}{5,100\text{m/sec}}$ 이 되며, $\sin x = 0.707$ 이 나오므로 $\sin 45°$ 가 된다.

08 관(Tube)의 내부에 회전하는 초음파탐촉자를 삽입하여 관의 두께 감소 여부를 알아내는 초음파탐상검사법은?

① EMAT

② IRIS

③ PAUT

④ TOFD

• 비행회절법(Time of Flight Diffraction Technique) : 결함 끝부분의 회절 초음파를 이용하여 결함의 높이를 측정하는 것이다.
• 내부초음파검사시스템(Internal Rotary Inspection System) : 초음파 빔을 튜브벽의 내부와 외부의 튜브벽 두께에 투과시켜 두께의 손실을 검출하는 시스템이다.

09 와전류탐상시험의 기본 원리로 옳은 것은?

① 누설흐름의 원리 ② 전자유도의 원리

③ 인장강도의 원리 ④ 잔류자계의 원리

와전류탐상은 전자유도에 의한 법칙이 적용되며, 표면 및 표면 직하까지 검출 가능하다.

10 각종 비파괴검사에 대한 설명 중 옳은 것은?

① 자분탐상시험은 일반적으로 핀홀과 같은 점모양의 검출에 우수한 검사방법이다.

② 초음파탐상시험은 두꺼운 강판의 내부결함 검출이 우수하다.

③ 침투탐상시험은 검사할 시험체의 온도와 침투액의 온도에 거의 영향을 받지 않는다.

④ 육안검사는 인간의 시감을 이용한 시험으로 보어스코프나 소형 TV 등을 사용할 수 없어 파이프 내면의 검사는 할 수 없다.

자분탐상의 경우 미세한 균열 검출능이 우수하며, 침투탐상의 경우 시험체의 온도와 침투액의 온도에 많은 영향을 받게 된다. 육안검사는 보어스코프를 사용하여 확인할 수 있다.

11 자분탐상시험방법의 단점이 아닌 것은?

① 시험체 표면 근처만 검사가 가능하다.
② 전기가 접촉되는 부위에 손상이 발생할 수 있다.
③ 전처리 및 후처리가 필요한 경우가 있다.
④ 시험체의 크기 및 형태에 큰 영향을 받는다.

해설

자분탐상시험방법으로 극간법 등 국부적인 시험이 가능하므로 시험체의 크기 및 형태에 영향을 받지 않는다.

13 다음 중 와전류탐상시험으로 측정할 수 있는 것은?

① 절연체인 고무막 두께
② 액체인 보일러의 수면 높이
③ 전도체인 파이프의 표면 결함
④ 전도체인 용접부의 내부 결함

해설

와전류탐상의 장점은 다음과 같으며, 검사의 숙련도가 필요하다.
• 고속으로 자동화된 전수검사가 가능하다.
• 가는 선, 구멍 내부, 고온 등 여러 환경에서 적용 가능하다.
• 표면결함, 재질변화, 품질관리 등 적용 범위가 광범위하다.
• 탐상 및 재질검사 등 탐상 결과를 보전 가능하다.

14 비파괴검사법 중 철강제품의 표면에 생긴 미세한 균열을 검출하기에 가장 부적합한 것은?

① 방사선투과시험
② 와전류탐상시험
③ 침투탐상시험
④ 자분탐상시험

해설

방사선투과시험은 시험체의 내부결함검출에 적합하다.

15 X선관에 대한 설명으로 옳지 않은 것은?

① 관전압은 음극과 양극 사이의 전위차이다.
② 관전류는 텅스텐 필라멘트에 흐르는 전류이다.
③ 실효초점의 크기는 실제초점의 크기보다 크다.
④ X선관을 작동시키면 X선관 내에 열이 많이 발생한다.

해설

초점(Focal Spot) : 전자가 표적에 충돌할 때 X선이 발생되는 면적
• 초점의 크기가 작을수록 투과사진의 선명도가 높아진다.
• 0 ~ 30° 까지 경사가 가능하도록 설치한다.
• 음극은 필라멘트와 포커싱컵으로 구성된다.
• 양극의 표면물질은 열전도성이 좋아 냉각이 잘되어야 한다.
• 실효초점의 크기는 실제초점의 크기보다 작다.

12 누설비파괴검사(LT)법 중 할로겐 누설시험의 종류가 아닌 것은?

① 추적프로브법
② 가열양극법
③ 할라이드 토치법
④ 전자포획법

해설

할로겐 누설시험의 종류로는 할라이드토치법, 가열양극 할로겐 검출법, 전자포획법이 있으며 추적프로브법은 헬륨 질량 분석기 시험법에 속한다.

16 입사광의 10%가 필름을 투과하는 경우 이 필름의 농도(흑화도)는 얼마인가?

① 0.1　　　　　② 1.0
③ 1.1　　　　　④ 9.0

해설
투과사진 흑화도(Film Density, 농도) : 필름이 흑화된 정도를 정량적으로 나타내는 것

• $D = \log \dfrac{L_0}{L}$ (L_0 : 빛을 입사시킨 강도, L : 투과된 빛의 강도)

• $D = \log\left(\dfrac{100}{10}\right) = 1.0$이 된다.

17 방사선 투과사진의 관찰 시 주조결함에 해당되지 않는 것은?

① 블로 홀　　　　② 수축결함
③ 융합 불량　　　④ 콜드 셧

해설
주조 및 주조결함으로는 개재물, 기공, 수축관, 핫티어, 콜드셧 등이 있으며, 융합불량은 용접 및 용접결함에 속한다.

18 방사선투과검사기법의 적정성을 점검하기 위해 투과사진 상에 나타나도록 시험체의 선원 쪽에 붙이는 것은?

① 납글자　　　　② 투과도계
③ 표준시험편　　④ 참조용 시험편

해설
투과도계
• 투과도계(= 상질 지시기) : 검사방법의 적정성을 알기 위해 사용하는 시험편이다.
• 투과도계의 재질은 시험체와 동일하거나 유사한 재질을 사용한다.
• 시험체와 함께 촬영하여 투과사진 상과 투과도계 상을 비교하여 상질 적정성 여부를 판단한다.
• 주로 선형과 유공형 투과도계를 사용한다.

19 방사선 투과사진에서 상의 윤곽이 선명한 정도를 나타내는 용어는?

① 관용도
② 필름 콘트라스트
③ 명료도
④ 시험체 콘트라스트

해설
명료도란 상의 윤곽이 뚜렷한(선명한) 정도를 나타내는 것으로 기하학적 조건에 의한 것, 방사선의 선질, 필름의 입상성 및 증감지의 영향 등에 영향을 받는다.

20 방사선 투과사진의 명료도(Definition)에 직접적으로 영향을 주는 것이 아닌 것은?

① 초점의 크기
② 계조계의 크기
③ 스크린 재질
④ 방사선질

해설
방사선 투과사진 감도에 영향을 미치는 인자

투과사진 콘트라스트	시험물의 명암도	• 시험체의 두께 차 • 방사선의 선질 • 산란 방사선
	필름의 명암도	• 필름의 종류 • 현상시간 • 온도 및 교반농도 • 현상액의 강도
선명도	기하학적 요인	• 초점크기 • 초점-필름 간 거리 • 시험체-필름 간 거리 • 시험체의 두께 변화 • 스크린-필름접촉상태
	입상성	• 필름의 종류 • 스크린의 종류 • 방사선의 선질 • 현상시간 • 온 도

21 다른 조건은 같고 비방사능만 커졌을 경우 방사선 투과 사진의 선명도에 대한 설명으로 가장 적절한 것은?

① 선명도가 좋아진다.

② 선명도가 나빠진다.

③ 선명도에는 변화가 없다.

④ 상이 모두 백색계열의 상태로 나타난다.

해설
비방사능이란 방사성 동위원소를 갖고 있는 물질의 단위질량당 방사능을 뜻하며, 다른 조건이 같고 방사능 강도만 커졌다는 뜻이므로, 선명도가 좋아지게 된다.

22 다음 중 X선 발생장치에서 교류를 직류로 바꾸어 주는 장치는 무엇인가?

① 전압조정기

② 정류기

③ 고전압장치

④ 저전압장치

해설
정류기/변압기
• 교류는 시간에 따라 방향이 바뀌므로, 반드시 정류하여 사용하여야 한다.
• 정류기 : 정류 시 X선관의 불필요한 과열을 방지하며, 전류의 흐름이 일정하여 균일한 에너지의 X선이 발생한다.
• 변압기 : 전압을 증감시키는 기기로, X선 발생장치에 적합한 전압으로 바꾸는 역할을 한다.

23 방사선 투과사진의 인공결함 중 현상처리 전에 이미 발생되는 인공결함이 아닌 것은?

① 흐림(Fog)

② 반점(Spotting)

③ 압흔(Pressure Mark)

④ 필름 스크래치(Scratch)

해설
현상처리 전 인공결함으로는 필름 스크래치, 구겨짐 표시, 눌림 표시, 정전기 표시, 스크린 표시, 안개현상, 광선노출이 있다.

24 다음 중 X선과 γ선의 성질 중 방사선투과검사에 이용되지 않는 성질은?

① 전리작용　　　　② 사진작용

③ 반사작용　　　　④ 투과작용

해설
반사작용은 초음파탐상에 적용되는 성질로 방사선과는 크게 연관성이 없다.

25 X선 발생장치의 제어기를 만지다가 감전되었다면 이의 원인으로 판단할 수 있는 것과 가장 거리가 먼 것은?

① 접지의 불안전

② X선관의 파손

③ 관전압 측정회로의 불량

④ 전원과 접지단자 간의 절연불량

해설
X선관이 파손 되었다면 고진공이 잡히지 않을 것이고 전압 연결이 제대로 흐르지 않는다.

21 ① 22 ② 23 ② 24 ③ 25 ② **정답**

26 방사선 투과사진의 선명도를 좋게 하기 위한 방법으로 틀린 것은?

① 선원의 크기를 작게 한다.
② 산란방사선을 적절히 제어한다.
③ 기하학적 불선명도를 크게 한다.
④ 선원은 가능한 한 시험체에 수직으로 입사되도록 한다.

27 그림과 같이 200mA·sec의 노출로 R형 필름의 농도가 2.0이면, S형 필름으로 같은 농도의 사진을 얻으려면 노출조건은 어떻게 변하는가?

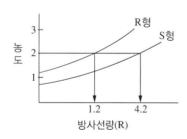

① 200mA·sec
② 500mA·sec
③ 700mA·sec
④ 1,000mA·sec

28 강용접 이음부의 방사선투과시험방법(KS B 0845)에 따른 강판의 T용접 이음 시 투과사진의 상질의 종류로 옳은 것은?

① A급   ② F급
③ P1급   ④ P2급

29 선량률이 5mSv/h인 지점에서 1.5시간 동안 어떤 사람이 있었다면, 그 사람은 방사선에 얼마나 피폭되겠는가?

① 2.2mSv   ② 3.3mSv
③ 7.5mSv   ④ 11.3mSv

30 방사선의 흡수선량 단위로 옳은 것은?

① Gy   ② rem
③ R   ④ Sv

31 스테인리스강 용접부의 방사선투과시험방법 및 투과사진의 등급분류방법(KS D 0237)에서 모재의 두께가 0.8cm이고 맞대기 이음으로 한쪽 면에 살돋음이 있게 용접한 시험편의 재료두께는 얼마인가?

① 0.8cm ② 1.0cm
③ 1.2cm ④ 1.4cm

해설
맞대기 이음에서 한쪽 면 살돋음이 있다면 재료두께 T에 2mm를 더하여야 한다. 따라서 1.0cm가 정답이 된다.

32 방사선에 의한 만성장해 및 급성장해에 관한 설명으로 옳은 것은?

① 유전적 영향은 급성장해이다.
② 방사선 피폭에 의한 암은 급성장해이다.
③ 홍반, 구토 등이 발생하면 급성장해라고 할 수 있다.
④ 손의 과피폭 시 화상이 발생하면 만성장해라고 할 수 있다.

해설
급성장해 : 단시간에 많은 피폭을 받았을 때 나타나는 현상으로, 홍반, 구토 등은 급성장해에 속한다.

33 강용접 이음부의 방사선투과시험방법(KS B 0845)에서 사용된 강재의 호칭두께, 모재의 두께가 이음부의 양쪽이 다른 경우는 원칙적으로 두께 계산을 어떻게 하는가?

① 두꺼운 쪽의 두께로 한다.
② 얇은 쪽의 두께로 한다.
③ 두꺼운 쪽과 얇은 쪽의 중간두께로 한다.
④ 두 부분으로 나누어져 각각 계산한다.

해설
KS B 0845에 따라 모재의 두께는 사용된 강재의 호칭두께이다. 모재의 두께가 이음부의 양쪽이 다른 경우는 원칙적으로 얇은 쪽의 두께로 한다.

34 강용접 이음부의 방사선투과시험방법(KS B 0845)에서 관찰기의 휘도가 10,000 이상 30,000cd/m² 미만일 때 투과사진의 최고농도는?

① 1.5 이하
② 2.5 이하
③ 3.5 이하
④ 4.5 이하

해설
관찰기 : 투과사진의 관찰기는 투과사진의 농도에 따라 표 4에서 규정하는 휘도를 갖는 것을 사용한다.
[표 4 관찰기의 사용 구분]

관찰기의 휘도요건(cd/m²)	투과사진의 최고농도
300 이상 3,000 미만	1.5 이하
3,000 이상 10,000 미만	2.5 이하
10,000 이상 30,000 미만	3.5 이하
30,000 이상	4.0 이하

35 원자력안전법에서 일반인에 대한 연간 유효선량한도는 얼마로 규정하고 있는가?

① 1밀리시버트
② 10밀리시버트
③ 75밀리시버트
④ 150밀리시버트

해설
선량한도

구 분		방사선 작업 종사자	수시출입자 및 운반종사자	일반인
유효선량한도		연간 50mSv를 넘지 않는 범위에서 5년간 100mSv	연간 6mSv	연간 1mSv
등가 선량 한도	수정체	연간 150mSv	연간 15mSv	연간 15mSv
	손발 및 피부	연간 500mSv	연간 50mSv	연간 50mSv

36 두께가 모두 같은 콘크리트, 납, 철 중에서 차폐능이 우수한 것부터 차례로 나열한 것은?

① 콘크리트, 납, 철
② 납, 콘크리트, 철
③ 납, 철, 콘크리트
④ 철, 콘크리트, 납

해설
차폐능은 납 > 철 > 콘크리트 순으로 우수하다.

38 주강품의 방사선투과시험방법(KS D 0227)에 관한 설명으로 옳지 않은 것은?

① 결함치수를 측정하는 경우 명확한 부위만 측정하고 주위의 흐림은 측정 범위에 넣지 않는다.
② 투과사진을 관찰하여 명확히 결함이라고 판단되는 음영에만 주목하고 불명확한 음영은 대상에서 제외한다.
③ 2개 이상의 결함이 투과사진 위에서 겹쳐져 있다고 보여지는 음영에 대하여는 원칙적으로 개개로 분리하여 측정한다.
④ 시험부의 호칭두께에 따른 시험시야를 먼저 설정하며, 시험부의 호칭두께는 주조된 상태의 두께를 측정하여 결정한다.

해설
시험부에 따라 호칭두께에 맞는 시험시야를 설정하며, 호칭두께란 호칭두께의 최솟값으로 결정하여야 한다.

37 강용접 이음부의 방사선투과시험방법(KS B 0845)에서 용접 이음부의 덧살을 제거하여 촬영하여야 하는 투과사진 상질의 종류는?

① A급　　　　　② B급
③ F급　　　　　④ P1급

해설
투과사진의 상질의 적용 구분

용접 이음부의 모양	상질의 종류
강판의 맞대기용접 이음부 및 촬영시의 기하학적 조건이 이와 동등하다고 보는 용접 이음부	A급, B급
강관의 원둘레용접 이음부	A급, B급, P1급, P2급
강판의 T용접 이음부	F급

여기서, B급은 결함의 검출 감도가 높아지는 촬영기술에 의해 얻어지는 것이다.

39 방사선의 영향에 대한 설명 중 옳은 것은?

① 암과 같은 확률적 영향은 어느 일정선량 이상 피폭될 때만 발생한다고 할 수 있다.
② 백혈병과 같은 비확률적 영향은 어느 일정선량 이상 피폭될 때만 발생한다고 할 수 있다.
③ 확률적 영향이나 비확률적 영향 둘 다 일정선량 이상 피폭될 때만 발생한다.
④ 확률적 영향은 선량이 낮은 경우에도 발생확률이 존재한다.

해설
확률적 장해와 비확률적 장해
• 확률적 장해 : 피폭된 방사선량이 클수록 장해의 발생확률이 높아지는 장해
• 비확률적 장해 : 장해의 심각성이 피폭선량에 따라 달라지며, 일정 수준을 초과하는 경우

40 강용접 이음부의 방사선투과시험방법(KS B 0845)에서 사용되는 계조계를 모재부 필름 쪽에 놓을 때의 최대두께는?

① 20mm 이하　　② 30mm 이하

③ 40mm 이하　　④ 50mm 이하

해설

계조계는 모재의 두께가 50mm 이하인 용접 이음부에 대해서 사용한다.

41 주강품의 방사선투과시험방법(KS D 0227)에 의해 A급으로 두께가 10mm인 주강품을 투과촬영할 때 식별되어야 하는 투과도계의 최소선지름은?

① 0.25mm선　　② 0.32mm선

③ 0.40mm선　　④ 0.50mm선

해설

투과두께가 A급으로 10mm인 주강품의 경우 투과도계의 최소선지름은 0.25mm선이다. A급 10mm 이상 13mm 미만, B급 13mm 이상 16mm 미만이 0.25 식별 최소선지름이 된다.

42 원자력안전법에서 정하는 방사선발생장치에 속하지 않는 것은?

① 엑스선 발생장치　　② 사이클로트론

③ GM 카운터　　　　④ 선형가속장치

해설

GM 계수관(카운터)는 서베이미터의 일종으로 기체전리작용을 이용한 방사선검출기에 해당된다.

43 표준상태에서 탄소강의 5대 원소 중 강의 조직과 성질에 크게 영향을 주는 것은?

① C　　　　② P

③ Si　　　④ Mn

해설

탄소강의 5대 불순물로는 C, P, S, Si, Mn이 있으며, 이 중 C의 영향이 가장 크다.

44 다음 중 실루민의 주성분으로 옳은 것은?

① Al-Si　　　② Sn-Cu

③ Ni-Mn　　④ Mg-Ag

해설

Al-Si : 실루민, 10~14% Si를 첨가, Na을 첨가하여 개량화처리를 실시, 용융점이 낮고 유동성이 좋아 넓고 복잡한 모래형 주물에 이용. 개량화처리 시 용탕과 모래형 수분과의 반응으로 수소를 흡수하여 기포 발생. 다이캐스팅에는 급랭으로 인한 조직 미세화. 열간 메짐이 없다. Si 함유량이 많아질수록 팽창계수와 비중은 낮아지며 주조성, 가공성이 나빠진다.

45 압입자국으로부터 경도값을 계산하는 경도계가 아닌 것은?

① 쇼어 경도계　　② 브리넬 경도계

③ 비커스 경도계　　④ 로크웰 경도계

해설

쇼어 경도시험

• 압입 자국이 남지 않고 시험편이 클 때 비파괴적으로 경도를 측정할 때 사용한다.

• 일정한 중량의 다이아몬드 해머를 일정한 높이에서 떨어뜨려 반발되는 높이로 경도를 측정한다.

• 쇼어 경도는 H_V 로 표시하며, 시험편의 탄성 여부를 알 수 있다.

• 휴대가 간편하고 완성품에 직접 측정이 가능하다.

40 ④　41 ①　42 ③　43 ①　44 ①　45 ①　**정답**

46 Pb계 청동합금으로 주로 항공기, 자동차용의 고속 베어링으로 많이 사용되는 것은?

① 켈 밋
② 톰 백
③ Y합금
④ 스테인리스

Cu계 베어링합금 : 포금, 인청동, 납청동계의 켈밋 및 Al계 청동이 있으며 켈밋은 주로 항공기, 자동차용 고속 베어링으로 적합하다.

47 탄소함유량으로 철강재료를 분류한 것 중 틀린 것은?

① 강은 약 0.2% 이하의 탄소함유량을 갖는다.
② 순철은 약 0.025% 이하의 탄소함유량을 갖는다.
③ 공석강은 약 0.8% 정도의 탄소함유량을 갖는다.
④ 공정 주철은 약 4.3% 정도의 탄소함유량을 갖는다.

강은 2.0% 이하의 탄소함유량을 갖는다.

48 1성분계 상태도에서 3중점에 대한 설명으로 옳은 것은?

① 세 가지 기압이 겹치는 점이다.
② 세 가지 온도가 겹치는 점이다.
③ 세 가지 상이 같이 존재하는 점이다.
④ 세 가지 원소가 같이 존재하는 점이다.

물을 예로 들 수 있으며 3중점에서는 액체, 기체, 고체의 세 가지 상이 함께 존재하는 점이다.

49 계(System)의 구성원을 나타내는 것은?

① 성 분
② 상 률
③ 평 형
④ 복합상

계(System)란 열역학적 논의의 대상이 되는 어떤 물질을 의미하며, 계의 평형 상태를 나타내는 방법 중 가장 많이 쓰이는 것은 상태도이다. 계의 상태도의 복잡한 정도는 계 내에 존재하는 성분의 수에 의해 결정된다.

50 두랄루민은 알루미늄에 어떤 금속원소를 첨가한 합금인가?

① Fe−Sn−Si
② Cu−Mg−Mn
③ Ag−Zn−Ni
④ Pb−Ni−Mg

• Al−Cu−Mn−Mg : 두랄루민, 시효경화성 합금
• 용도 : 항공기, 차체 부품

51 용탕의 냉각과 압연을 동시에 하는 방법으로 리본 형태의 비정질 합금을 제조하는 액체 급랭법은?

① 쌍롤법
② 스퍼터링
③ 이온 도금법
④ 전해 코팅법

해설
• 비정질 합금 : 금속이 용해 후 고속급랭시켜 원자가 규칙적으로 배열되지 못하고 액체상태로 응고되어 금속이 되는 것
• 제조법 : 기체 급랭법(진공 증착법, 스퍼터링법), 액체 급랭법(단 롤법, 쌍롤법, 원심 급랭법, 분무법)

53 텅스텐은 재결정에 의해 결정립 성장을 한다. 이를 방지하기 위해 처리하는 것을 무엇이라고 하는가?

① 도핑(Doping)
② 라이닝(Lining)
③ 아말감(Amalgam)
④ 비탈리움(Vitallium)

해설
도핑(Doping) : 결정의 물성을 변화시키기 위해 소량의 불순물을 첨가하는 공정

54 Cu에 3~5%Ni, 1%Sn, 3~6%Al을 첨가한 합금으로 CA합금이라 하며 스프링재료로 사용되는 것은?

① 문쯔메탈
② 코슨합금
③ 길딩메탈
④ 커트리지 브래스

해설
Ni청동 : Cu-Ni-Si합금, 전선 및 스프링재에 사용된다. 코슨합금 이 대표적 합금이다.

52 다음의 강 중 탄소 함유량이 가장 높은 강재는?

① STS11
② SM45C
③ SKH51
④ SNC415

해설
SM45C의 경우 0.45%C, 고속도 공구강(SKH51)의 경우 0.8~ 0.9%C, STS11의 경우 합금공구강으로 1.0%C 이상을 첨가하여 가장 높은 탄소함유량을 가지고 있다.

55 Fe-C 평형상태도에 존재하는 0.025~0.8% C를 함유한 범위에서 나타나는 아공석강의 대표적인 조직에 해당하는 것은?

① 페라이트와 펄라이트
② 펄라이트와 레데뷰라이트
③ 펄라이트와 마텐자이트
④ 페라이트와 레데뷰라이트

해설
아공석강에서는 페라이트와 펄라이트가 나타나며, 초석 상은 페라 이트이다.

56 주철의 주조성을 알 수 있는 성질로 짝지어진 것은?

① 유동성, 수축성
② 감쇠능, 피삭성
③ 경도성, 강도성
④ 내열성, 내마멸성

해설
주조성이란 금속을 용해하여 제품을 만드는데 있어서의 난이성으로 유동성이 좋아야 하며, 수축성이 낮아야 한다.

57 면심입방격자(FCC)에 관한 설명으로 틀린 것은?

① 원자는 2개이다.
② Ni, Cu, Al 등은 면심입방격자이다.
③ 체심입방격자에 비해 전연성이 좋다.
④ 체심입방격자에 비해 가공성이 좋다.

해설
면심입방격자(Face Centered Cubic) : Ag, Al, Au, Ca, Ir, Ni, Pb, Ce, Pt
• 배위수 : 12, 원자 충진율 : 74%, 단위격자 속 원자수 : 4
• 전기 전도도가 크며 전연성이 크다.

58 피복아크용접을 할 때 용접봉의 위빙(Weaving) 운봉 폭은 어느 정도가 가장 좋은가?

① 비드 폭의 2~3배
② 루트간격의 1~2배
③ 비드높이의 1~2배
④ 심선 지름의 2~3배

해설
위빙운봉 폭은 용접봉 직경의 2~3배 정도로 하며, 비드 폭은 용접봉 직경의 4배 이상으로 한다. 또한 운봉 간격은 5~6mm이다.

59 다음 중 야금적 접합방법이 아닌 것은?

① 융 접
② 압 접
③ 납 땜
④ 리벳이음

해설
리벳이음은 강판을 접속하는 방법으로 이음매 위에 이음판을 대어 리벳을 박아 체결하는 형태이므로 야금적 접합방법이 아니다.

60 다음 그림과 같이 맞대기용접에서 강판의 두께 20 mm, 인장하중 50,000N, 용접부의 허용인장응력을 50N/mm²로 할 때 용접길이는 몇 mm인가?

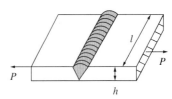

① 50
② 100
③ 500
④ 1,000

해설
응력 $\sigma = \dfrac{P}{A}$

(P : 하중, A : 단면적)

$50\text{N/mm}^2 = \dfrac{50,000\text{N}}{20\text{mm} \times l}$

∴ $l = 50\text{mm}$

※ 2017년부터는 CBT(컴퓨터 기반 시험)로 진행되어 수험자의 기억에 의해 문제를 복원하였습니다. 실제 시행문제와 일부 상이할 수 있음을 알려드립니다.

01 초음파탐상시험 시 다음 중 특별점검이 요구되는 시기가 아닌 것은?

① 장비에 충격을 받았다고 생각될 때
② 탐촉자 케이블을 교환했을 때
③ 일일작업 완료 후 장비를 철수할 때
④ 특수환경에서 사용했을 경우

해설
일일작업 완료 후 장비를 철수할 때는 일상점검에 포함된다.

02 형광침투액을 사용한 침투탐상시험의 경우 자외선등 아래에서 결함지시가 나타나는 일반적인 색은?

① 적 색
② 자주색
③ 황록색
④ 검정색

해설
형광침투액의 색은 황록색이다.

03 보어스코프(Bore-scope)나 파이버스코프(Fiber-scope)를 이용하여 검사하는 비파괴검사법은?

① 적외선검사(TT)
② 중성자투과검사(NRT)
③ 육안검사(VT)
④ 와전류탐상검사(ECT)

해설
비파괴검사의 가장 기본 검사는 육안검사이며, 보어스코프란 내시경 카메라를 의미한다.

04 두꺼운 금속 용기 내부에 존재하는 경수소화합물을 검출할 수 있고, 특히 핵연료봉과 같이 높은 방사성 물질의 결함검사에 적용할 수 있는 비파괴검사법은?

① 감마선투과검사
② 음향방출검사
③ 중성자투과검사
④ 초음파탐상검사

해설
중성자투과검사란 중성자가 물질을 투과할 때 생기는 감쇠현상을 이용한 검사법으로 수소화합물 검출에 주로 사용된다.

05 X선 발생장치의 제어기를 만질 때 감전되었다. 다음 중 원인으로 볼 수 없는 것은?

① 접지의 불안전
② X선관의 파손
③ 전원과 접지단자간의 절연불량
④ 관전압 측정회로의 불량

해설
감전의 원인으로는 접지 불안전, 전원과 접지단자간의 절연불량, 관전압 측정회로의 불량 등이 있다.

1 ③ 2 ③ 3 ③ 4 ③ 5 ② **정답**

06 와전류탐상검사에서 신호 대 잡음비(S/N비)를 변화시키는 것이 아닌 것은?

① 주파수의 변화

② 필터(Filter) 회로 부가

③ 모서리 효과(Edge Effect)

④ 충전율 또는 리프트 오프(Lift-off)의 개선

해설

신호 대 잡음비

신호 대 잡음의 상대적인 크기를 재는 것으로 주파수를 변화하거나 필터를 거쳐 잡음을 잡는 것 혹은 충전율 또는 리프트 오프의 개선을 통해 변화시킬 수 있다. 또한 고수준 시스템에서는 수신회로의 온도를 절대온도로 낮추어 내부 잡음을 최소화하기도 한다.

※ 모서리 효과(Edge Effect) : 코일이 시험체의 모서리 또는 끝부분에 다다르면 와전류가 휘어지는 효과로 모서리에서 3mm 정도는 검사가 불확실하다.

07 다음 중 결함의 깊이를 정확히 측정할 수 있는 일반적인 검사방법은?

① 자분탐상시험

② 방사선투과시험

③ 침투탐상시험

④ 초음파탐상시험

해설

결함의 깊이를 측정할 수 있는 방법은 초음파탐상방법이다.

08 암모니아 누설검사의 기본 원리는?

① 암모니아 추적자와 검지제와의 화학적 작용과 변색

② 암모니아 추적자를 포집기로 포집하여 분석

③ 물에 흡수된 암모니아 추적자의 성분 분석

④ 암모니아 추적자의 독특한 냄새에 의한 분석

해설

누설검사는 공기, 암모니아, 질소, 할로겐 등의 가스를 사용하여 내·외부의 유체의 흐름 혹은 화학적 작용과 변색을 감지하는 시험으로 독성과 폭발에 주의해야 한다.

09 누설검사의 1atm을 다른 단위로 환산한 것 중 틀린 것은?

① 14.7psi

② 760torr

③ 980kg/cm^2

④ 101.3kPa

해설

표준 대기압 : 표준이 되는 기압

대기압 = 1기압(atm) = 760mmHg = 1.0332kg/cm^2 = 30inHg
= 14.7lb/in^2 = 1013.25mbar = 101.325kPa = 760torr

10 후유화성 침투액을 쓰는 침투탐상시험에서 유화제는 다음 중 언제 적용해야 하는가?

① 침투액 적용 전

② 침투액 수세 후

③ 침투시간 경과 후

④ 현상시간 경과 후

해설

유화제는 침투액이 물에 잘 세척될 수 있도록 도와주는 것으로 침투시간 경과 후 적용한다.

11 코일법으로 자분탐상시험을 할 때 요구되는 전류는 몇 A인가?(단, $\frac{L}{D}$은 3, 코일의 감은 수는 10회, 여기서 L은 봉의 길이이며, D는 봉의 외경이다)

① 30 ② 700
③ 1,167 ④ 1,500

해설
코일법으로 자화시킬 때 자화전류의 양은 $IN = \frac{45,000}{L/D}$이며, I : 자화전류, N : 코일의 감은수(turns), L : 시험체의 길이, D : 시험체의 외경이다.
$I \times 10 = \frac{45,000}{3}$, $\therefore I = 1,500\text{A}$

12 후유화성 침투액(기름베이스 유화제)을 사용한 침투탐상시험이 갖는 세척방법의 주된 장점은?

① 물 세척 ② 솔벤트 세척
③ 알칼리 세척 ④ 초음파 세척

해설
후유화성 침투액은 침투액이 물에 곧장 씻겨 내리지 않고 유화처리를 통해야만 세척이 가능하므로, 과세척을 막을 수 있어 얕은 결함의 검사에 유리하다. 단, 유화시간 적용이 중요하다.

13 중성자투과시험의 특징을 설명한 것 중 틀린 것은?

① 중성자는 필름을 직접 감광시킬 수 없다.
② 중성자투과시험에는 증감지를 사용하지 않는다.
③ 중성자투과시험은 방사성물질도 촬영할 수 있다.
④ 중성자는 철, 납 등 중금속에는 흡수가 작은 경향이 있다.

해설
중성자투과검사란 중성자가 물질을 투과할 때 생기는 감쇠 현상을 이용한 검사법으로 수소화합물 검출에 주로 사용된다. 증감지는 방사선투과검사 시 산란 방사선을 줄이기 위해 사용하는 것이다.

14 비파괴검사의 안전관리에 대한 설명 중 옳은 것은?

① 방사선의 사용은 근로기준법에 규정되어 있고 이에 따르면 누구나 취급해도 좋다.
② 방사선투과시험에 사용되는 방사선이 강하지 않은 경우 안전 측면에 특별히 유의할 필요는 없다.
③ 초음파탐상시험에 사용되는 초음파가 강력한 경우 사용하면 안 된다.
④ 침투탐상시험의 세정처리 등에 사용된 폐액은 환경, 보건에 유의하여야 한다.

해설
침투탐상검사에서 침투액, 현상액, 세척액 등 액체류가 사용되므로 폐수처리 설비가 있어야 한다.

15 다음 중 현상처리 과정에서 기인된 인공결함이 아닌 것은?

① 파이프 ② 반 점
③ 주 름 ④ 오염물질

해설
현상처리 과정에서 발생하는 인공결함으로는 파이프, 주름, 오염물질이 있으며, 현상처리 전 인공결함으로는 필름 스크래치, 구겨짐 표시, 눌림 표시, 정전기 표시, 스크린 표시, 안개현상, 광선노출이 있다.

16 방사선의 종류에 따른 차폐 방법을 설명한 것으로 틀린 것은?

① X선은 원자번호가 큰 물질로 차폐한다.
② 중성자는 감속시켜 차폐체에 흡수시킨다.
③ β입자는 제동복사를 고려한다.
④ γ선의 차폐는 가벼운 원소가 효과적이다.

해설
γ선의 경우 납과 같은 무거운 원소가 차폐에 효과적이다.

17 고온 및 고습도일 때 필름이 실제적으로 필요한 시간 이상으로 연박스크린 사이에 놓여 있을 때 필름에 나타나는 현상은?

① 압흔현상
② 주름현상
③ Fog현상
④ Air-bells현상

해설
수동현상 시 20℃에서 5분을 기준으로 하고, 이 온도 이하에서는 화학 반응이 늦어지며, 25℃ 이상에서는 안개현상(Fogging)이 발생해 상질을 떨어뜨린다.

18 반가층에 관한 정의로 가장 적합한 것은?

① 방사선의 양이 반으로 되는데 걸리는 시간이다.
② 방사선의 에너지가 반으로 줄어드는데 필요한 어떤 물질의 두께이다.
③ 어떤 물질에 방사선을 투과시켜 그 강도가 반으로 줄어들 때의 두께이다.
④ 방사선의 인체에 미치는 영향이 반으로 줄어드는데 필요한 차폐체의 무게이다.

해설
반가층(HVL ; Half Value Layer)
표면에서의 강도가 물질 뒷면에 투과된 방사선 강도의 1/2이 되는 것

19 중성자수는 동일하나 원자번호, 질량수가 다른 핵종을 무엇이라 하는가?

① 동중체
② 핵이성체
③ 동위원소
④ 동중성자핵

해설
동중성자핵 : 중성자수는 동일하나 원자번호, 질량수가 다른 핵종

20 방사선투과사진의 선명도를 좋게 하기 위한 방법이 아닌 것은?

① 선원의 크기를 작게 한다.
② 산란방사선을 적절히 제어한다.
③ 기하학적 불선명도를 크게 한다.
④ 선원은 가능한 한 시험체의 수직으로 입사되도록 한다.

해설
선명도에 영향을 주는 요인으로는 고유 불선명도, 산란방사선, 기하학적 불선명도, 필름의 입도 등이 있으며 기하학적 불선명도를 최소화해야 한다.

21 다음 중 방사선투과사진을 식별하기 위하여 사전에 글자나 기호를 새겨 넣는데 사용하는 도구는?

① 필름 홀더
② 카세트
③ 필름 마커
④ 계조계

해설
필름 마커
투과사진 식별을 위해 글자, 기호를 삽입하기 위한 도구로 주로 납 글자나 기호를 사용

22 다음 중 방사선투과시험에서 노출시간을 정할 때의 참고 자료는?

① 필름특성곡선
② 검량곡선
③ 붕괴곡선
④ 노출도표

해설
노출도표
• 가로축은 시험체의 두께, 세로축은 노출량(관전류 × 노출시간 : mA × min)을 나타내는 도표
• 관전압별 직선으로 표시되어 원하는 사진 농도를 얻을 수 있게 노출 조건을 설정 가능
• 시험체의 재질, 필름 종류, 스크린 특성, 선원-필름간 거리, 필터, 사진처리 조건 및 사진 농도가 제시되어 있는 도표

23 방사선투과사진 촬영 시 필름의 양측에 밀착시켜 방사선 에너지를 유효하게 하는 것은?

① 계조계
② 밀도계
③ 증감지
④ 투과도계

해설
증감지
• 감도 및 식별도를 증가시키기 위하여 납 또는 산화납 등의 금속 증감지 또는 필터를 사용하여도 좋다.
• 사용하는 증감지의 두께는 0.02~0.25mm의 범위 내로 한다.
• 증감지는 더러움이 없고 표면이 매끄러운 것으로 판정에 지장이 있는 흠이 없어야 한다.

24 다음 중 방사선투과시험에서 동일한 결함임에도 불구하고 조사 방향에 따라 식별하는데 가장 어려운 결함은?

① 균 열
② 원형기공
③ 개재물
④ 용입불량

해설
조사 방향에 따라 식별하기 가장 어려운 결함은 균열이다.

25 필름의 주요 특성 중 하나인 필름 콘트라스트(Film Contrast)에 영향을 주는 인자가 아닌 것은?

① 필름의 종류
② 현상도 및 농도
③ 사용된 스크린의 종류
④ 사용된 방사선의 파장

해설
방사선투과사진 감도에 영향을 미치는 인자

투과사진 콘트라스트	시험물의 명암도	• 시험체의 두께 차 • 방사선의 선질 • 산란 방사선
	필름의 명암도	• 필름의 종류 • 현상시간 • 온도 및 교반농도 • 현상액의 강도
선명도	기하학적 요인	• 초점크기 • 초점-필름 간 거리 • 시험체-필름 간 거리 • 시험체의 두께 변화 • 스크린-필름접촉상태
	입상성	• 필름의 종류 • 스크린의 종류 • 방사선의 선질 • 현상시간 • 온 도

26 다음 중 원자력안전법 시행령에서 규정하고 있는 "방사선"에 해당되지 않는 것은?

① 중성자선

② 감마선 및 엑스선

③ 1만 전자볼트 이상의 에너지를 가진 전자선

④ 알파선, 중양자선, 양자선, 베타선 기타 중하전 입자선

해설

방사선(원자력안전법 시행령 제6조)
- α선 · 중양자선 · 양자선 · β선 및 그 밖의 중하전입자선
- 중성자선
- γ선 및 X선
- 5만 전자볼트 이상의 에너지를 가진 전자선

28 주강품의 방사선투과시험방법(KS D 0227)에 따라 호칭두께가 15mm인 제품을 검사하여 투과사진을 등급분류하려 한다. 이때 사진에 블로홀이 있는 것으로 판단되었을 때 시험시야의 크기는 얼마로 하여야 하는가?

① ϕ10mm

② ϕ15mm

③ ϕ20mm

④ ϕ30mm

해설

호칭두께와 시험시야의 크기(KS D 0227)
블로홀, 모래박힘 및 개재물의 경우

호칭두께	시험시야의 크기(지름)
10 이하	20
10 초과 20 이하	30
20 초과 40 이하	50
40 초과 80 이하	
80 초과 120 이하	70
120 초과	

(단위 : mm)

27 다음 중 측정기기에 대한 설명이 잘못된 것은?

① TLD(티엘디)는 개인 피폭선량 측정용이다.

② 서베이미터는 교정하지 않아도 된다.

③ 동위원소 회수 시 서베이미터로 관찰해야 한다.

④ 포켓도시미터로 선량률을 측정해서는 안 된다.

해설

피폭관리 측정기기는 최소 6개월에 한 번씩은 검사 및 교정을 받아야 한다.

29 타이타늄용접부의 방사선투과시험방법(KS D 0239)에 의한 투과사진의 흠집의 상분류방법 중 모재의 두께 15mm인 용접부에서 산정하지 않는 흠의 치수 규정은?

① 0.3mm 이하

② 0.4mm 이하

③ 0.5mm 이하

④ 0.7mm 이하

해설

KS D 0239에서 산정하지 않는 흠의 치수
모재의 두께 10mm 이하는 0.3mm, 10mm 초과 20mm 이하는 0.4mm, 20mm 초과 25mm 이하는 0.7mm이다.

30 강용접 이음부의 방사선투과시험방법(KS B 0845)에 의거 강판의 T용접 이음부에만 사용되는 투과사진의 상질 적용에 해당되는 것은?

① A급
② B급
③ F급
④ P1급

해설

강용접 이음부의 방사선투과시험방법(KS B 0845)에서 투과사진의 상질의 적용 구분

용접 이음부의 모양	상질의 종류
강판의 맞대기용접 이음부 및 촬영시의 기하학적 조건이 이와 동등하다고 보는 용접 이음부	A급, B급
강관의 원둘레용접 이음부	A급, B급, P1급, P2급
강판의 T용접 이음부	F급

32 양면 개선된 알루미늄 T형 용접부를 KS D 0245 규격에 따라 방사선투과검사 시 필요한 계조계의 종류는?(단, T_1 : 6mm, T_2 : 11mm)

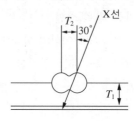

① A형
② B형
③ C형
④ D형

해설

계조계의 종류 및 적용 구분(KS D 0245)

계조계의 종류	A형	B형	C형	D형
모재 두께의 합 ($T_1 + T_2$)	10.0 미만	10.0 이상 20.0 미만	20.0 이상 40.0 미만	40.0 이상

(단위 : mm)

31 강용접 이음부의 방사선투과시험방법(KS B 0845)에 따라 두께 25mm 강판 맞대기 용접 이음부의 촬영 시 투과도계를 중앙에 1개만 놓아도 되는 경우는?

① 시험부 유효길이가 투과도계 너비의 3배 이하인 때
② 시험부 유효길이가 투과도계 너비의 4배 이하인 때
③ 시험부 유효길이가 시험편 두께의 4배(100mm) 이하인 때
④ 시험부 유효길이가 시험편 두께의 6배(150mm) 이하인 때

해설

시험부의 유효길이가 투과도계의 너비의 3배 이하인 경우, 투과도계는 중앙에 1개만 둘 수 있다.

33 스테인리스강 용접부의 방사선투과시험방법 및 투과사진의 등급분류방법(KS D 0237)에 의한 재료 두께와 투과도계 식별도의 관계가 옳은 것은?

① 상질이 보통급일 때 모든 두께에 대하여 투과도계 식별도는 2.0 이하이어야 한다.
② 상질이 특급일 때 재료 두께가 100mm 이하인 경우 투과도계 식별도는 2.0 이하이어야 한다.
③ 상질이 보통급일 때 재료 두께가 100mm 이하인 경우 투과도계 식별도는 1.5 이하이어야 한다.
④ 상질이 특급일 때 재료 두께가 50mm 이하인 경우 투과도계 식별도는 2.5 이하이어야 한다.

해설

재료 두께와 투과도계 식별도(KS D 0237)
보통급 상질의 모든 두께는 2.0% 이하로 한다.

34 타이타늄용접부의 방사선투과시험방법(KS D 0239)에 의한 투과사진의 흠집의 분류방법 중 틀린 것은?

① 시험시야의 치수는 10 × 15mm로 한다.

② 1류(급)라 하더라도 시험시야 내에 산정하지 않는 치수 이하의 흠이 10개 이상인 경우 2류로 한다.

③ 투과사진에 의한 흠의 상 분류 시 언더컷 등의 표면 흠집도 분류대상으로 삼는다.

④ 터짐, 융합불량의 경우는 4류(급)로 한다.

해설
타이타늄용접부의 방사선투과시험방법(KS D 0239)
언더컷 등의 표면 흠집은 분류 대상에 속하지 않는다.

35 강용접 이음부의 방사선투과시험방법(KS B 0845)에 의한 결함상의 분류방법을 설명한 것으로 틀린 것은?

① 투과사진에 의하여 검출된 결함이 제3종의 결함인 경우의 분류는 4류로 한다.

② 결함의 종별이 2종류 이상의 경우는 그 중의 분류 번호가 큰 쪽을 총합 분류로 한다.

③ 제1종 결함 및 제4종의 결함의 시험 시야에 분류의 대상으로 한 제2종의 결함이 혼재하는 경우에, 결함점수에 의한 분류와 결함의 길이에 의한 분류가 모든 같은 분류이면 혼재하는 부분의 분류는 분류번호를 하나 크게 한다.

④ 혼재한 결함의 총합 분류에서 1류에 대해서는 제1종과 제4종의 결함이 각각 단독으로 존재하는 경우, 또는 공존하는 경우 허용결함점수의 1/3 및 제2종의 결함의 허용결함길이 1/3을 각각 넘는 경우에만 2류로 한다.

해설
1류에 대해서는 제1종과 제4종의 결함이 각각 단독으로 존재하는 경우, 또는 공존하는 경우의 허용결함점수의 $\frac{1}{2}$ 및 제2종의 결함의 허용결함길이의 $\frac{1}{2}$을 각각 넘는 경우에만 2류로 한다.

36 강용접 이음부의 방사선투과시험방법(KS B 0845)의 규정에 따르면 결함의 분류 시 가늘고 긴 슬래그 혼입 및 이와 유사한 결함은?

① 제1종   ② 제2종
③ 제3종   ④ 제4종

해설
결함의 종별 분류(KS B 0845)

결함의 종별	결함의 종류
제1종	둥근 블로홀 및 이에 유사한 결함
제2종	가늘고 긴 슬래그 혼입, 파이프, 용입 불량, 융합 불량 및 이와 유사한 결함
제3종	갈라짐 및 이와 유사한 결함
제4종	텅스텐 혼입

37 KS B 0845에 따라 강용접 이음부의 방사선투과시험 방법에서 모재두께 15mm 강판의 맞대기용접에 대한 흠 상의 분류에서 제1종 흠이 1개인 경우 흠의 긴지름이 얼마 이하일 때 흠점수로 산정하지 않는가?(즉 산정하지 않는 흠의 치수는?)

① 1.0mm   ② 0.8mm
③ 0.7mm   ④ 0.5mm

해설
산정하지 않는 결함의 치수(KS B 0845)

모재의 두께	결함의 치수
20 이하	0.5
20 초과 50 이하	0.7
50 초과	모재두께의 1.4%

(단위 : mm)

38 주강품의 방사선투과시험방법(KS D 0227)에 따라 관찰기의 종류가 D20을 사용할 때 개개의 투과사진에서 시험부가 나타내는 농도의 최댓값은 얼마인가?

① 1.4 이하 ② 2.5 이하
③ 3.5 이하 ④ 4.0 이하

관찰기의 사용 구분(KS D 0227)

관찰기의 종류	투과사진의 최고 농도
D10형	1.4 이하
D20형	2.5 이하
D30형	3.5 이하
D35형	4.0 이하

39 주강품의 방사선투과시험방법(KS D 0227)에 따른 주강품의 투과시험 시 흠의 영상분류에 대한 설명으로 틀린 것은?

① 블로홀은 호칭두께 1/2을 초과하는 경우 6류로 한다.
② 모래 박힘이 30mm를 초과하는 경우 4류로 한다.
③ 갈라짐의 경우 모두 6류로 한다.
④ 나뭇가지 모양 슈링키지인 경우 호칭두께 10mm 이하, 시야 50mm일 때 흠면적이 3,500mm^{2}이면 5류로 한다.

모래 박힘 및 개재물의 흠의 분류(KS D 0227)

분류	호칭두께					
	10 이하	10 초과 20 이하	20 초과 40 이하	40 초과 80 이하	80 초과 120 이하	120 초과
1류	5 이하	8 이하	12 이하	16 이하	20 이하	24 이하
2류	7 이하	11 이하	17 이하	22 이하	28 이하	34 이하
3류	10 이하	16 이하	23 이하	29 이하	36 이하	44 이하
4류	14 이하	23 이하	30 이하	38 이하	46 이하	54 이하
5류	21 이하	32 이하	40 이하	50 이하	60 이하	70 이하
6류	흠점수가 5류보다 많은 것. 호칭두께 또는 30mm를 넘는 치수의 흠이 있는 것					

(단위 : mm)

40 등가선량을 구할 때 사용되는 방사선 가중치 중 광자, 전자에 대한 계수로 옳은 것은?

① 0.1 ② 1
③ 10 ④ 20

방사선 가중치 : 생물학적 효과를 동일한 선량 값으로 보정해주기 위해 도입한 가중치

[방사선 가중치(방사선방호 등에 관한 기준 별표 1)]

종 류	에너지(E)	방사선 가중치 (W_R)
광 자	전 에너지	1
전자 및 뮤온	전 에너지	1
중성자	$E < 10keV$	5
	$10 \sim 100keV$	10
	$100keV \sim 2MeV$	20
	$2 \sim 20MeV$	10
	$20MeV < E$	5
반조양자 이외의 양자	$E > 2MeV$	5
α입자, 핵분열 파편, 무거운 원자핵		20

41 Ir-192로 방사선투과검사 시 방사선이 노출되는 동안 방사선 피폭을 줄이기 위하여 두께 45mm의 철판을 놓았다. 동일 거리에서 방사선에 직접 노출되는 경우에 비해 철판을 놓은 경우 피폭되는 양은 어떻게 되는가?

① 1/2로 감소 ② 1/4로 감소
③ 1/8로 감소 ④ 1/16로 감소

Ir-192의 철판에 대한 반가층은 약 15mm이고, 45mm 철판은 3배 두꺼우므로 $\frac{1}{2^3} = \frac{1}{8}$ 이 된다.

42 알루미늄 주물의 방사선투과시험방법 및 투과사진의 등급분류방법(KS D 0241)에 규정된 증감지의 두께 범위로 옳은 것은?

① 0.02~0.25mm
② 0.50~2.00mm
③ 0.02~0.25cm
④ 0.50~2.00cm

해설
증감지
• 감도 및 식별도를 증가시키기 위하여 납 또는 산화납 등의 금속 증감지 또는 필터를 사용하여도 좋다.
• 사용하는 증감지의 두께는 0.02~0.25mm의 범위 내로 한다.
• 증감지는 더러움이 없고 표면이 매끄러운 것으로 판정에 지장이 있는 흠이 없어야 한다.

43 Y-합금의 조성으로 옳은 것은?

① Al-Cu-Mg-Si
② Al-Si-Mg-Ni
③ Al-Cu-Ni-Mg
④ Al-Mg-Cu-Mn

해설
알루미늄합금의 종류(암기법)
• Al-Cu-Si : 라우탈(알구시라)
• Al-Ni-Mg-Si-Cu : 로엑스(알니마시구로)
• Al-Cu-Mn-Mg : 두랄루민(알구망마두)
• Al-Cu-Ni-Mg : Y-합금(알구니마와이)
• Al-Si-Na : 실루민(알시나실)
• Al-Mg : 하이드로날륨(알마하. 내식 우수)

44 용융금속이 응고할 때 먼저 작은 핵이 생기고 그 핵을 중심으로 금속이 나뭇가지 모양으로 발달하는 조직은?

① 망상 조직
② 수지상 조직
③ 편상 조직
④ 점상 조직

해설
수지상 결정 : 생성된 핵을 중심으로 나뭇가지 모양으로 발달하여, 계속 성장하며 결정 입계를 형성하는 조직

45 다음 중 피로한도비란?

① 피로에 의한 균열값
② 피로한도를 인장강도로 나눈 값
③ 재료의 하중치를 충격값으로 나눈 값
④ 피로파괴가 일어나기까지의 응력 반복 횟수

해설
피로한도비(Fatigue Limit Ratio) : 피로한도의 인장강도에 대한 비를 의미하며, 재료의 피로 강도를 대략적으로 알 수 있는 척도가 된다.

46 강의 표면경화법에 해당되지 않는 것은?

① 침탄법
② 금속침투법
③ 마템퍼링법
④ 고주파경화법

해설
표면경화법에는 침탄, 질화, 금속침투(세라다이징, 칼로라이징, 크로마이징 등), 고주파경화법, 화염경화법, 금속용사법, 하드페이싱, 숏피닝 등이 있으며 마템퍼링은 금속 열처리에 해당된다.

47 금속의 응고에 대한 설명으로 틀린 것은?

① 과랭의 정도는 냉각속도가 낮을수록 커지며 결정 립은 미세해진다.

② 액체 금속은 응고가 시작되면 응고 잠열을 방출 한다.

③ 금속의 응고 시 응고점보다 낮은 온도가 되어서 응고가 시작되는 현상을 과랭이라고 한다.

④ 용융금속이 응고할 때 먼저 작은 결정을 만드는 핵이 생기고 이 핵을 중심으로 수지상정이 발달 한다.

해설
액체 금속의 온도가 내려가 응고점에 도달해 응고가 시작하여 원자 가 결정을 구성하는 위치에 배열되는 것을 의미하며, 응고 시 응고 잠열을 방출하게 된다. 과랭은 응고점보다 낮은 온도가 되어 응고가 시작하는 것을 의미하며, 결정 입자의 미세도는 결정핵 생성 속도와 연관이 있다. 과랭의 정도는 냉각속도가 빠를수록 커지며, 결정립 은 미세해진다.

48 재료에 크리프가 생기는 요인이 아닌 것은?

① 항복점   ② 하 중
③ 온 도   ④ 시 간

해설
크리프가 생기는 요인으로는 온도, 하중, 시간이 있다.

49 Fe − C 평형상태도에서 나타나지 않는 반응은?

① 공석반응   ② 공정반응
③ 포석반응   ④ 포정반응

해설
Fe−C 상태도에는 공석, 공정, 포정반응이 일어나며, 포석반응은 포정반응에서 용융 대신 고용체가 생길 때의 반응을 말한다. 고용체 + 고상2 = 고상1이 되는 형식이다.

50 다음 중 베어링용 합금이 갖추어야 할 조건 중 틀린 것은?

① 마찰계수가 크고 저항력이 작을 것

② 충분한 점성과 인성이 있을 것

③ 내식성 및 내소착성이 좋을 것

④ 하중에 견딜 수 있는 경도와 내압력을 가질 것

해설
베어링합금
• 화이트 메탈, Cu−Pb합금, Sn청동, Al합금, 주철, Cd합금, 소결 합금
• 경도와 인성, 항압력이 필요
• 하중에 잘 견디고 마찰 계수가 작아야 함
• 비열 및 열전도율이 크고 주조성과 내식성 우수
• 소착(Seizing)에 대한 저항력이 커야 함

51 내식성 알루미늄 합금 중 Al에 1~1.5%Mn을 함유하여 용접성이 우수하고 저장탱크, 기름탱크 등에 사용되는 것은?

① 알 민
② 알드리
③ 알클래드
④ 하이드로날륨

해설

Al-Mn(알민) : 가공성과 용접성 우수, 저장탱크나 기름탱크에 사용

52 철강의 부식액으로 많이 사용하는 나이탈의 조성은?

① 질산 5mL, 물 100mL
② 염산 5mL, 물 100mL
③ 진한 질산 5mL, 알코올 100mL
④ 진한 질산 10mL, 진한 염산 10mL

해설

철강 재료의 부식액

재 료	부식액
철강	나이탈, 질산 알코올(질산 5mL + 알코올 100mL)
재료	피크랄, 피크린산 알코올(피크린산 5g + 알코올 100mL)

53 냉간가공 후 재료의 기계적 성질을 설명한 것 중 틀린 것은?

① 항복강도가 증가한다.
② 연신율이 증가한다.
③ 경도가 증가한다.
④ 인장강도가 증가한다.

해설

냉간가공 후 연신율은 감소한다.

54 구상흑연주철이 주조상태에서 나타나는 조직의 형태가 아닌 것은?

① 페라이트형
② 펄라이트형
③ 시멘타이트형
④ 헤마타이트형

해설

구상흑연주철 : 흑연을 구상화하여 균열을 억제시키고 강도 및 연성을 좋게 한 주철로 시멘타이트형, 펄라이트형, 페라이트형이 있으며, 구상화제로는 Mg, Ca, Ce, Ca-Si, Ni-Mg 등이 있다.

55 강에서 설퍼프린트 시험을 하는 가장 큰 목적은?

① 강재 중의 표면 결함을 조사하는 것이다.
② 강재 중의 비금속 개재물을 조사하는 것이다.
③ 강재 중의 환원물의 분포상황을 조사하는 것이다.
④ 강재 중의 황화물의 분포상황을 조사하는 것이다.

해설

설퍼프린트법 : 브로마이드 인화지를 1~5%의 황산수용액(H_2SO_4)에 5~10분 담근 후, 시험편에 1~3분간 밀착시킨 다음 브로마이드 인화지에 붙어 있는 취화은($AgBr_2$)과 반응하여 황화은(AgS)을 생성시켜 건조시키면 황이 있는 부분에 갈색 반점의 명암도를 조사하여 강 중의 황의 편석 및 분포도를 검사하는 방법

56 금속재료의 표면에 강이나 주철의 작은 입자를 고속으로 분사시켜, 표면층을 가공경화에 의하여 경도를 높이는 방법은?

① 금속용사법　　　② 하드페이싱
③ 숏피닝　　　　　④ 금속침투법

숏피닝 : 재료의 표면에 강으로 된 작은 구를 분사시켜 피닝 효과를 주어 재료 표면을 단련시키는 방법

57 다음 중 청동과 황동에 대한 설명으로 틀린 것은?

① 청동은 구리와 주석의 합금이다.
② 황동은 구리와 아연의 합금이다.
③ 포금은 구리에 8~12% 주석을 함유한 청동으로 포신재료 등에 사용되었다.
④ 톰백은 구리에 5~20%의 아연을 함유한 황동으로 강도는 높으나 전연성이 없다.

청동의 경우 ㉠이 들어간 것으로 Sn(주석), ㉣을 연관시키고, 황동의 경우 ㉗이 들어가 있으므로 Zn(아연), ㉢을 연관시켜 암기하며, 톰백의 경우 모조금과 비슷한 색을 내는 것으로 구리에 5~20%의 아연을 함유하여 연성은 높은 재료이다.

58 연속 용접작업 중 아크발생시간 6분, 용접봉 교체와 슬래그 제거시간 2분, 스패터 제거시간이 2분으로 측정되었다. 이때 용접기 사용률은?

① 50%　　　　　② 60%
③ 70%　　　　　④ 80%

용접기 사용률

$$\frac{\text{아크발생시간}}{(\text{아크발생시간} + \text{정지시간})} \times 100\% = \frac{6\text{min}}{(6\text{min} + 4\text{min})} \times 100\%$$
$$= 60\%$$

59 판두께 10mm의 연강판 아래보기 맞대기 용접이음 10m와 판 두께 20mm의 연강판 수평 맞대기 용접이음 20m를 용접하려 할 때 환산용접길이는?(단, 현장용접으로 환산계수는 판 두께 10mm인 경우 1.32, 판 두께 20mm인 경우 5.04이다)

① 약 30.0m　　　② 약 39.6m
③ 약 114m　　　④ 약 213m

환산용접길이 $= L_1 \times \rho_1 + L_2 \times \rho_2 = 10 \times 1.32 + 20 \times 5.04$
$$= 114\text{m}$$

60 아크용접 시 몸을 보호하기 위해서 착용하는 보호구가 아닌 것은?

① 용접장갑
② 팔 덮개
③ 용접헬멧
④ 용접홀더

용접홀더는 용접봉을 잘 고정시키기 위하여 있는 것이다.

01 시험체 내부 결함이나 구조적인 이상 유무를 판별하는데 이용되는 방사선의 특성은?

① 회절특성
② 분광특성
③ 진동특성
④ 투과특성

해설
방사선의 성질
• 빛의 속도로 직진성을 가지고 있으며, 물질에 부딪혔을 때 반사함
• 비가시적이고, 인간의 오감에 의해 검출 불가
• 물질을 전리시킴
• 파장이 짧아 물질을 투과함

02 와전류탐상시험에서 표준침투깊이를 구할 수 있는 인자와의 비례 관계를 옳게 설명한 것은?

① 표준침투깊이는 파장이 클수록 작아진다.
② 표준침투깊이는 주파수가 클수록 작아진다.
③ 표준침투깊이는 투자율이 작을수록 작아진다.
④ 표준침투깊이는 진도율이 작을수록 작아진다.

해설
와전류의 표준침투깊이(Standard Depth of Penetration)
와전류가 도체 표면의 약 37% 감소하는 깊이를 의미하며, 침투깊이는 $\delta = \dfrac{1}{\sqrt{\pi \rho f \mu}}$ 로 나타내고, ρ : 전도율, μ : 투자율, f : 주파수로 주파수가 클수록 반비례하는 관계를 가진다.

03 다음 검사 방법 중 누설검사법에 속하지 않는 것은?

① 가압법
② 감압법
③ 수침법
④ 진공법

해설
수침법은 초음파탐상법으로 사용되는 것이다.

04 다음 중 음향방출검사(AET)와 관련이 없는 것은?

① 음향반사
② 카이저 효과
③ 동적 불연속의 탐지
④ 소성변형에 의한 에너지 방출

해설
음향방출시험이란 재료의 결함에 응력이 가해졌을 때 음향을 발생시키고 불연속 펄스를 방출하게 되는데 이러한 미소 음향방출 신호들을 검출·분석하는 시험으로 내부 동적 거동을 평가하는 시험이다. 여기에서 음향반사와는 관련이 없다.

05 원형자화법에서 자화력을 암페어로 표시할 때 선형자화법에서 자화력을 나타내는데 쓰이는 단위는?

① 암페어
② 암페어 × 코일권수
③ 전압(Volt)
④ 웨버(Weber)

해설
일반적인 선형자화에서 자장의 세기는 주어진 전류의 세기에 비례하고 거리에는 반비례하게 되는데 이때 자장의 세기(H)= $\dfrac{I}{2\pi r}$(A/m)로 암페어/미터가 단위가 된다. 원형 전류가 흐르는 곳에서 반경 a인 중심지점의 자장의 세기는 $H = \dfrac{I}{2a}$(A/m)로 나타낼 수 있는데 자화력을 암페어로 나타낸다고 하였으므로 자기 세기의 강도는 코일을 감은 권선수를 고려하여 Ampere-turn/m로 나타낸다. 여기서 암페어-턴이란 코일의 권선수와 전류의 암페어 양을 곱한 것을 말한다.

06 탐촉자의 이동 없이 고정된 지점으로부터 대형설비 전체를 한 번에 탐상할 수 있는 초음파탐상검사법은?

① 유도초음파법　　② 전자기초음파법

③ 레이저초음파법　　④ 초음파음향공명법

해설

유도초음파법은 고정된 지점에서 대형설비 전체를 한 번에 검사할 수 있는 검사법이다.

07 다음 중 침투탐상시험에서 쉽게 찾을 수 있는 결함은?

① 표면결함　　② 표면 밑의 결함

③ 내부결함　　④ 내부기공

해설

침투탐상시험은 표면결함 검출에 이용된다.

08 누설을 통한 기체의 흐름에 영향을 미치는 인자가 아닌 것은?

① 기체의 분자량　　② 기체의 점도

③ 압력의 차이　　④ 기체의 색

해설

기체의 흐름에서 기체의 색은 영향을 미치지 않는다.

09 표면코일을 사용하는 와전류탐상시험에서 시험코일과 시험체 사이의 상대거리의 변화에 의해 지시가 변화하는 것을 무엇이라 하는가?

① 오실로스코프 효과

② 표피 효과

③ 리프트 오프 효과

④ 카이저 효과

해설

• 리프트 오프 효과(Lift-off Effect) : 탐촉자 – 코일 간 공간 효과로 작은 상대 거리의 변화에도 지시가 크게 변하는 효과

• 표피 효과(Skin Effect) : 교류 전류가 흐르는 코일에 도체가 가까이 가면 전자유도현상에 의해 와전류가 유도되며, 이 와전류는 도체의 표면 근처에서 집중되어 유도되는 효과

• 모서리 효과(Edge Effect) : 코일이 시험체의 모서리 또는 끝부분에 다다르면 와전류가 휘어지는 효과로 모서리에서 3mm 정도는 검사가 불확실함

10 침투탐상시험 시 유화제의 적용 시간을 정상 시간보다 오래 두면 어떤 검사 결과가 흔히 나타나는가?

① 결함지시가 더욱 선명하게 나타난다.

② 가늘고 얕은 결함지시를 잃기 쉽다.

③ 세척 후에도 과잉 세척액이 남는다.

④ 전혀 결함이 나타나지 않는다.

해설

유화제는 침투액이 물에 잘 씻기게 하는 것이므로 시간이 오래되면 가늘고 얕은 결함지시를 잃기 쉽다.

11 침투탐상시험 시 가늘고 촘촘한 표면의 갈라진 틈을 탐상하려면 다음 중 어떤 방법을 우선적으로 적용하는 것이 좋은가?

① 유화시간을 보통 것보다 2배로 늘린다.
② 시편의 해당 부분을 잘 세척하여 배경과의 혼동이 없도록 한다.
③ 건조시간을 가능한 한 짧게 한다.
④ 현상제를 보통 때 보다 더 많이 적용한다.

해설
가늘고 촘촘한 표면의 경우 해당 부분을 잘 세척하고 의사지시가 생기지 않도록 한다.

12 표면으로부터 표준침투깊이의 3배인 지점에 위치한 시험체 내면에서의 와전류 밀도는 시험체 표면 와전류 밀도의 몇 %인가?

① 15%   ② 10%
③ 5%   ④ 2%

해설
와전류의 표준침투깊이(Standard Depth of Penetration)는 와전류가 도체 표면의 약 37% 감소하는 깊이를 의미하며, 표준침투깊이 3배인 지점의 와전류 밀도는 표면 와전류 밀도의 5%이다.

13 초음파탐상시험에서 파장과 주파수의 관계를 속도의 함수로 옳게 나타낸 것은?

① 속도 = (파장)^2 × 주파수
② 속도 = 주파수 ÷ 파장
③ 속도 = 파장 × 주파수
④ 속도 = (주파수)^2 ÷ 파장

해설
파장(λ) = $\dfrac{\text{음속}(C)}{\text{주파수}(f)}$, 음속($C$) = 파장($\lambda$) × 주파수($f$)가 된다.

14 침투탐상시험을 위한 침투액의 조건이 아닌 것은?

① 침투성이 좋을 것
② 형광휘도나 색도가 뚜렷할 것
③ 점도가 높을 것
④ 부식성이 없을 것

해설
점도가 높을 경우 침투액이 잘 스며들지 않을 수 있다.

15 다음 중 노출도표 상에 반드시 기재되지 않아도 되는 것은?

① 필름 Type 및 농도
② 현상조건
③ 증감지의 종류
④ 장비의 일련번호 및 명칭

해설
노출도표 상에 장비의 일련번호 및 명칭은 기재되지 않아도 된다.

16 방사선 발생장치에서 필라멘트는 점화되어 있으나 전류계의 바늘 움직임이 매우 불안전한 원인은?

① 양극 회로의 접촉불량
② 고전압 변압기의 단선
③ 관전류 회로의 단선
④ 진공도 저하

해설
진공도 저하 시 전류계의 바늘 움직임이 불안전해진다.

17 방사선투과사진에서 결함의 분류 도중 용입불량의 결함이 확인되어 결함의 길이를 측정하여 결함을 분류하였다. 다음 중 잘못된 분류는 어느 것인가?

① 제2종 1류
② 제2종 2류
③ 제2종 3류
④ 제2종 4류

해설
KS B 0845 투과 사진의 결함 분류방법에 의거 1류로 분류된 경우에도 용입불량 또는 융합불량이 있으면 2류로 한다.

18 시험체의 형상에 게이지나 버니어 캘리퍼스로 두께 측정이 곤란한 경우 방사선을 이용한 두께 측정이 가능할 수 있다. 방사선투과시험에서 두께 측정을 위해 사용되는 것은?

① 투과도계(Penetrameter)
② 브롬화은(AgBr)
③ 산화납스크린(Lead Oxide Screen)
④ 동일 재질의 스텝웨지(Step Wedge)

해설
두께 측정을 위해서는 동일 재질의 스텝웨지를 이용한다.

19 두께 차가 심한 시험체일 때 만족할 만한 방사선투과사진을 얻기 위한 방법으로 적당한 것은?

① 두께가 다른 앞, 뒤 스크린 사이에 필름을 넣어 노출한다.
② 노출속도가 다른 2매의 필름을 넣고 동시에 노출한다.
③ 동일한 2매의 필름 사이에 스크린에 겹쳐서 동시에 노출한다.
④ 다른 종류의 2매의 필름 사이에 스크린을 겹쳐서 동시에 노출한다.

해설
두께 차가 심할 경우 노출속도가 다른 2매의 필름을 넣고 동시에 노출하는 것이 적당하다.

20 Ra-226을 방사선투과검사용 선원으로 사용하지 않는 주된 이유는?

① β붕괴 핵종이므로
② 액체형 핵종이므로
③ 향골성 핵종이므로
④ 반감기가 짧아서

해설
향골성 핵종은 체내에 섭취 시 뼈에 침착되는 핵종으로 P, Ca, Pu, Ra, U, Sr, Am 등이 있다. 대체적으로 반감기가 길고 골성장을 방해하며, 골수를 피폭하여 조혈기 장해를 일으킨다.

21 감마선의 컴프턴 산란에서 튕겨나가는 전자에 전달되는 에너지의 크기는 산란각에 어떤 특성을 가지는가?

① 반비례한다.　　② 정비례한다.
③ 일정하다.　　　④ 무관하다.

입사 감마선의 산란각은 전자에 전달되는 에너지에 정비례하며, 산란각이 커질수록 전달되는 에너지도 커진다.

22 Ir-192 선원의 방사선 강도가 1m 떨어진 곳에서 2R/h일 때 방사선 강도가 2mR/h 되는 곳은 선원으로부터 얼마 떨어진 곳인가?

① 약 100m　　　② 약 62m
③ 약 32m　　　 ④ 약 16m

역제곱의 법칙으로 $\dfrac{I}{I_0} = \left(\dfrac{d_0}{d}\right)^2$ 이 되므로,

$d_0 = \sqrt{\dfrac{I_1 \cdot d_1^{\,2}}{I_2}} = \sqrt{\dfrac{2{,}000 \times 1}{2}} = \sqrt{1{,}000} \fallingdotseq 31.6$ 이 된다.

23 개봉선원을 사용하는 경우 방사성 물질이 체내에 들어와 내부 피폭의 우려가 있는데 이를 위한 방호법으로 가장 거리가 먼 것은?

① 선원의 격납　　② 농도의 희석
③ 화학적 처리　　④ 차폐설비 설치

개봉선원으로 인한 내부 피폭은 호흡기를 통한 섭취, 입과 소화기를 통한 섭취, 피부(상처)를 통한 섭취가 주원인이다. 이를 방지하는 방법으로는 선원의 격납, 농도의 희석, 오염경로의 차단, 화학적 처리 등이 있으며 차폐설비 설치는 개봉선원에 의한 피폭방지에 효율적이지 않다.

24 감마선 투과시험 장비에 사용하는 동위원소의 특성을 바르게 설명한 것은?

① 137Cs의 γ선 에너지는 1.33MeV이다.
② 60Co선원 1Ci는 1m 거리에서 0.37R/h이다.
③ 192Ir에서 방출되는 γ선 중 존재비가 가장 큰 것은 0.31MeV의 γ선이다.
④ 170Tm은 β선 방출체로서 투과시험에는 이용할 수 없다.

감마선 선원의 종류별 특성

특성 ＼ 종류	Tm-170	Ir-192	Cs-137	Co-60
반감기	127일	74.4일	30.1년	5.27년
에너지	0.084MeV 0.052MeV	0.31, 0.47 0.60MeV	0.66MeV	1.33MeV 1.17MeV
R. H. M.	0.003	0.55	0.34	1.35
비방사능 (Ci/g)	6,300	10,000	25	1,200
투과력(Fe)	13mm	74mm	90mm	125mm

25 방사선 안전관리에 관한 법령에서 검사 또는 검진할 항목에 해당되지 않는 것은?

① 적혈구 수　　　② 백혈구 수
③ 혈색소의 양　　④ 대 장

건강진단 시 백혈구 및 적혈구 수를 필수적으로 검사하며, 대장은 해당되지 않는다.

26 다음 중 가장 비방사능이 높은 것은?

① U-238 2g　　　　② Cs-137 2g

③ Co-60 2g　　　　④ P-32 2g

해설

비방사능이란 단위 질량당 방사능의 세기이므로 방사능이 가장 높은 것이 비방사능이 높다. 따라서 붕괴상수가 크며, 반감기가 짧은 물질이 비방사능이 가장 높은 것이다. 반감기는 U-238(44억년), Cs-137(30년), Co-60(5.27년), P-32(14.8일)로 P-32가 비방사능이 가장 높다.

27 Ir-192에 대한 설명으로 틀린 것은?

① 강 제품의 촬영범위는 대략 3~75mm이다.

② 반감기는 약 75일이다.

③ 에너지는 대략 0.1~0.3MeV이다.

④ 알루미늄에 대한 반가층은 약 0.15cm이다.

해설

알루미늄에 대한 반가층은 4.8cm 정도이다.

28 강용접 이음부의 방사선투과시험방법(KS B 0845)으로 강판의 맞대기용접 이음부 촬영 시 투과도계와 필름 간 거리가 식별 최소 선지름의 몇 배 이상이면 투과도계를 필름 쪽에 둘 수 있는가?(단, 이때 투과도계의 부분에 F라는 기호를 붙인다)

① 5배　　　　② 10배

③ 15배　　　　④ 20배

해설

투과도계와 필름 간의 거리를 식별 최소 선지름의 10배 이상으로 하면 투과도계를 필름측에 둘 수 있다.

29 알루미늄 평판 접합용접부의 방사선투과시험방법(KS D 0242)에서 모재두께가 20mm 미만인 경우 투과사진 상에 결함점수로 산정하지 않는 흠집모양의 치수에 대한 것으로 옳은 것은?

① 모재두께의 0.4%　　② 모재두께의 0.6%

③ 모재두께의 1.0%　　④ 모재두께의 1.5%

해설

산정하지 않는 흠집모양의 치수(KS D 0242)

모재의 두께	20.0 미만	20.0 이상 40.0 미만	40.0 이상
모양의 치수	0.4	0.6	모재두께의 1.5%

(단위 : mm)

30 알루미늄의 T형용접부 방사선투과시험방법(KS D 0245)에 따라 모재두께가 각각 15mm와 6mm인 T형 용접부를 투과검사할 때 요구되는 계조계의 종류는?

① A형　　　　② B형

③ C형　　　　④ D형

해설

계조계의 종류 및 적용 구분(KS D 0245)

계조계의 종류	A형	B형	C형	D형
모재 두께의 합 (T_1+T_2)	10.0 미만	10.0 이상 20.0 미만	20.0 이상 40.0 미만	40.0 이상

(단위 : mm)

31 강용접 이음부의 방사선투과시험방법(KS B 0845)의 계조계의 구조에 대한 설명으로 옳은 것은?

① 형의 종류에는 15형, 20형, 25형 등이 있다.

② 15형은 두께가 1.0mm이고 정사각형이며 한 변의 길이는 10mm로 한다.

③ 25형은 두께가 4.0mm이고 정사각형이며 한 변의 길이는 15mm로 한다.

④ 계조계의 치수허용차는 한 변의 길이에 대하여 ±5%로 한다.

해설

계조계의 적용 구분(KS B 0845)

모재의 두께	계조계의 종류
20.0 이하	15형
20.0 초과 40.0 이하	20형
40.0 초과 50.0 이하	25형

(단위 : mm)

32 강용접 이음부의 방사선투과시험방법(KS B 0845)에서 강판의 원둘레용접 이음부 촬영방법 및 투과사진의 필요조건 중 내부필름 촬영방법의 시험부의 유효길이는 어떻게 정하는가?

① 선원과 시험부의 선원측 표면 간 거리 L_1의 $\frac{1}{2}$ 이하

② 관의 원둘레 길이의 $\frac{1}{12}$ 이하

③ 관의 원둘레 길이의 $\frac{1}{6}$ 이하

④ 선원과 시험부의 선원측 표면간 거리 L_1의 $\frac{1}{6}$ 이하

해설

시험부의 유효길이 L_3(KS B 0845)

촬영방법	시험부의 유효길이
내부선원 촬영방법 (분할 촬영)	선원과 시험부의 선원측 표면 간 거리 L_1의 $\frac{1}{2}$ 이하
내부필름 촬영방법	관의 원둘레길이의 $\frac{1}{12}$ 이하
2중벽 단일면 촬영방법	관의 원둘레길이의 $\frac{1}{6}$ 이하

33 알루미늄 주물의 방사선투과시험방법 및 투과사진의 등급분류방법(KS D 0241)에서 촬영방법 중 촬영 및 현상처리 과정의 확실한 포그가 나타나는 필름은 정기적으로 제거해야 한다고 규정하고 있다. 이때 포그의 농도는 몇 이하로 하는 것이 바람직하다고 규정하고 있는가?

① 0.2   ② 0.5

③ 2.0   ④ 3.0

해설

촬영 및 현상 처리

• 필름 농도 : 검사부 및 투과도계 위치에서의 필름 농도는 2.0~3.0 사이에 있도록 촬영 및 현상 조건을 설정하는 것이 바람직하다.

• 필름의 포그 : 확실한 포그가 나타나는 필름은 정기적으로 제거하여야 한다. 포그의 농도는 0.2 이하로 하는 것이 바람직하다.

34 주강품의 방사선투과시험방법(KS D 0227)에서 만족하는 시험부 흠 외 부분의 사진농도는 복합 필름을 2장 포개 관찰할 경우 각각의 투과사진의 최저농도와 2장 포갠 경우의 최고농도 규정으로 옳은 것은?

① 최저농도 : 0.3, 최고농도 : 3.5

② 최저농도 : 0.5, 최고농도 : 3.5

③ 최저농도 : 0.8, 최고농도 : 4.0

④ 최저농도 : 1.0, 최고농도 : 4.0

해설

• 복합 필름 촬영 방법에 따라 촬영한 투과사진의 농도를 1장씩 관찰하는 경우 A급은 1.0 이상 4.0 이하이며, B급은 1.5 이상 4.0 이하의 농도 범위를 사용한다.

• 2장 포개서 관찰하는 경우, 각각 투과사진의 최저 농도는 0.8 이상으로 하고 2장 포갠 경우의 최고 농도는 4.0 이하이어야 한다.

35 주강품의 방사선투과시험방법(KS D 0227)에 따라 흠이 블로홀, 모래 박힘 및 개재물의 경우 흠점수 산정 시 호칭두께가 60mm일 때 시험시야의 크기로 옳은 것은?

① 지름 20mm ② 지름 30mm

③ 지름 50mm ④ 지름 70mm

호칭두께와 시험시야의 크기(KS D 0227)
블로홀, 모래박힘 및 개재물의 경우

호칭두께	시험시야의 크기(지름)
10 이하	20
10 초과 20 이하	30
20 초과 40 이하	50
40 초과 80 이하	
80 초과 120 이하	70
120 초과	

(단위 : mm)

36 강용접 이음부의 방사선투과시험방법(KS B 0845)에 따라 강판의 T용접 이음부의 촬영방법에 대한 설명으로 틀린 것은?

① 시험부의 유효길이의 양 끝 부분에 투과도계를 각 1개 놓는다.

② 계조계는 살두께 보상용 쐐기 위에 용접부에 인접한 중앙에 놓는다.

③ 선원과 시험부의 선원쪽 표면사이의 거리 L_1은 시험부의 유효길이 L_3의 2배 이상으로 한다.

④ 시험부의 유효길이 L_3을 나타내는 기호는 선원쪽에 둔다.

T용접 이음부 촬영에서 계조계는 사용하지 않는다.

37 강용접 이음부의 방사선투과시험방법(KS B 0845)에 의해 14인치 유효길이를 갖는 X-선 필름으로, 상질의 종류 B급으로 투과사진을 촬영할 때 강판의 맞대기용접부 두께가 1인치인 경우 선원과 시험부의 선원측 표면간 거리는 최소한 얼마 이상 떨어져야 하는가?

① 14인치 ② 28인치

③ 36인치 ④ 42인치

선원과 필름 간의 거리($L_1 + L_2$)는 시험부의 선원측 표면과 필름 간의 거리 L_2의 m배 이상으로 한다. m의 값은 상질의 종류에 따라서 다음의 표로 한다.
계수 m의 값(KS B 0845)

상질의 종류	계수 m
A급	$\dfrac{2f}{d}$ 또는 6의 큰 쪽의 값
B급	$\dfrac{3f}{d}$ 또는 7의 큰 쪽의 값

B급으로 촬영하므로 $\dfrac{3f}{d}$ 를 활용하여 $\dfrac{3 \times 14}{1} = 42$가 된다.

38 알루미늄의 T형 용접부 방사선투과시험방법(KS D 0245)에 따라 사용하는 계조계의 종류가 아닌 것은?

① A1080P

② A1070P

③ A1050P

④ A5072P

계조계에는 KS D 6701(알루미늄 및 알루미늄 합금 판 및 조)에 규정하는 A1080P, A1070P, A1050P, A1100P, A1200P, A5052P 또는 A5083P를 사용한다.

39 스테인리스강 용접부의 방사선투과시험방법 및 투과사진의 등급분류방법(KS D 0237)에 의한 재료두께와 투과도계 식별도의 관계가 옳은 것은?

① 상질이 보통급일 때 모든 두께에 대하여 투과도계 식별도는 2.0 이하이어야 한다.

② 상질이 특급일 때 재료두께가 100mm 이하인 경우 투과도계 식별도는 2.0 이하이어야 한다.

③ 상질이 보통급일 때 재료두께가 100mm 이하인 경우 투과도계 식별도는 1.5 이하이어야 한다.

④ 상질이 특급일 때 재료두께가 50mm 이하인 경우 투과도계 식별도는 2.5 이하이어야 한다.

해설
재료두께와 투과도계 식별도에서 보통급 상질의 모든 두께는 2.0% 이하로 한다.

40 주강품의 방사선투과 시험방법(KS D 0227)에 관한 설명으로 옳지 않은 것은?

① 결함치수를 측정하는 경우 명확한 부위만 측정하고 주위의 흐림은 측정범위에 넣지 않는다.

② 투과사진을 관찰하여 명확히 결함이라고 판단되는 음영에만 주목하고 불명확한 음영은 대상에서 제외한다.

③ 2개 이상의 결함이 투과사진 위에서 겹쳐서 있다고 보이는 음영에 대하여는 원칙적으로 개개로 분리하여 측정한다.

④ 시험부의 호칭두께에 따른 시험시야를 먼저 설정하며, 시험부의 호칭두께는 주조된 상태의 두께를 측정하여 결정한다.

해설
시험부의 호칭두께에 따른 투과두께를 먼저 설정한다.

41 주강품의 방사선투과시험방법(KS D 0227)에 의해 투과사진을 등급분류할 때 흠이 선모양의 슈링키지인 경우 시험시야의 크기(지름)가 50mm, 호칭두께가 10mm 이하일 때 2류의 허용한계길이는?

① 12mm   ② 17mm
③ 23mm   ④ 45mm

해설
선 모양 슈링키지의 흠의 분류(KS D 0227)

분 류	호칭두께				
	10 이하	10 초과 20 이하	20 초과 40 이하	40 초과 80 이하	80 초과 120 이하	120 초과
1류	12 이하	18 이하		30 이하		50 이하
2류	23 이하	36 이하		63 이하		110 이하
3류	45 이하	63 이하		110 이하		145 이하
4류	75 이하	100 이하		160 이하		180 이하
5류	120 이하	145 이하		230 이하		250 이하
6류	5류보다 긴 것					

(단위 : mm)

42 알루미늄 주물의 방사선투과시험방법 및 투과사진의 등급분류방법(KS D 0241)에서 방사선투과사진 촬영 시 사용되는 선원은 원칙적으로 조사시간에 적합한 어떤 에너지를 사용하도록 규정하고 있는가?

① 중간값 에너지
② 가장 낮은 에너지
③ 산술평균 에너지
④ 가장 높은 에너지

해설
방사선 에너지는 원칙적으로 조사 시간에 적합한 가장 낮은 에너지를 사용한다.

43 다음의 금속 중 재결정 온도가 가장 높은 것은?

① Mo   ② W

③ Ni   ④ Pt

해설

재결정 온도 : 소성 가공으로 변형된 결정 입자가 변형이 없는
새로운 결정이 생기는 온도

금속의 재결정 온도

금 속	재결정 온도	금 속	재결정 온도
W	1,200℃	Fe, Pt	450℃
Ni	600℃	Zn	실 온
Au, Ag, Cu	200℃	Pb, Sn	실온 이하
Al, Mg	150℃	–	–

44 상온에서 면심입방격자(FCC)의 결정 구조를 갖는
것끼리 짝지어진 것은?

① Ba, Cr   ② Ni, Ag

③ Mg, Cd   ④ Mo, Li

해설

결정 구조
• 체심입방격자(Body Centered Cubic)
  – Ba, Cr, Fe, K, Li, Mo, Nb, V, Ta
  – 배위수 : 8, 원자 충진율 : 68%, 단위격자 속 원자수 : 2
• 면심입방격자(Face Centered Cubic)
  – Ag, Al, Au, Ca, Ir, Ni, Pb, Ce
  – 배위수 : 12, 원자 충진율 : 74%, 단위격자 속 원자수 : 4
• 조밀육방격자(Hexagonal Centered Cubic)
  – Be, Cd, Co, Mg, Zn, Ti
  – 배위수 : 12, 원자 충진율 : 74%, 단위격자 속 원자수 : 2

45 금속격자 결함 중 면결함에 해당되는 것은?

① 공 공   ② 전 위

③ 적층결함   ④ 프렌켈결함

해설

금속결함
• 점결함 : 공공, 침입형 원자, 프렌켈결함 등이 있다.
• 선결함 : 칼날전위, 나선전위, 혼합전위가 있다.
• 면결함 : 적층결함, 쌍정, 상계면 등이 있다.
• 체적결함 : 1개소에 여러 개의 입자가 있는 것을 생각하면 되며,
  수축공, 균열, 개재물 같은 것들이 해당된다.

46 담금질(Quenching)하여 경화된 강에 적당한 인성
을 부여하기 위한 열처리는?

① 뜨임(Tempering)

② 풀림(Annealing)

③ 노멀라이징(Normalizing)

④ 심랭처리(Sub-zero Treatment)

해설

① 뜨임(Tempering) : 담금질에 의한 잔류 응력 제거 및 인성
  부여
② 풀림(Annealing) : 금속의 연화 혹은 응력 제거를 위한 열처리
③ 불림(Normalizing) : 결정 조직의 물리적, 기계적 성질의 표준
  화 및 균질화 및 잔류응력 제거
※ 담금질(Quenching) : 금속을 급랭함으로써, 원자 배열의 시간
  을 막아 강도, 경도를 높임

47 켈밋(Kelmet)의 주성분으로 옳은 것은?

① Cu + Pb   ② Fe + Zn

③ Sn + Al   ④ Si + Co

해설

Cu계 베어링 합금 : 포금, 인청동, 납청동계의 켈밋 및 Al계 청동이
있으며 켈밋은 Cu에 Pb을 첨가한 것으로 주로 항공기, 자동차용
고속 베어링으로 적합

48 특수강에서 함유량이 증가하면 자경성을 주는 원소로 가장 좋은 것은?

① Cr ② Mn

③ Ni ④ Si

해설

Cr강 : Cr은 담금질 시 경화능을 좋게 하고 질량효과를 개선시키기 위해 사용한다. 따라서 담금질이 잘되면, 경도, 강도, 내마모성 등의 성질이 개선되며, 임계 냉각 속도를 느리게 하여 공기 중에서 냉각하여도 경화하는 자경성이 있다. 하지만 입계 부식을 일으키는 단점도 있다.

49 다음 중 반도체 재료로 사용되고 있는 것은?

① Fe ② Si

③ Sn ④ Zn

해설

반도체란 도체와 부도체의 중간 정도의 성질을 가진 물질로 반도체 재료로는 인, 비소, 안티몬, 실리콘, 게르마늄, 붕소, 인듐 등이 있다. 실리콘을 주로 사용하는 이유는 고순도 제조가 가능하고 사용한계 온도가 상대적으로 높으며, 고온에서 안정한 산화막(SiO_2)을 형성하기 때문이다.

50 두 가지 이상의 금속 또는 원소가 간단한 원자비로 결합되어 성분금속과는 다른 성질을 갖는 물질을 무엇이라 하는가?

① 공공 2원 합금 ② 금속 간 화합물
③ 침입형 고용체 ④ 전율가용 고용체

해설

금속 간 화합물이란 두 가지 이상의 금속 또는 원소가 일정한 정수비로 결합되어 있으며, 성분 금속보다 경도가 높고 용융점이 높아지는 경향을 보인다. 하지만 일반 화합물에 비해 결합력이 약하고 고온에서 불안정한 단점을 가지고 있다.

51 조성은 30~32% Ni, 4~6% Co 및 나머지 Fe를 함유한 합금으로 20℃에서 팽창계수가 0(Zero)에 가까운 합금은?

① 알민(Almin)

② 알드리(Aldrey)

③ 알클래드(Alclad)

④ 슈퍼인바(Super Invar)

해설

불변강은 탄성계수가 매우 낮은 금속으로 인바, 엘린바 등이 있으며, 엘린바의 경우 36%Ni + 12%Cr 나머지 철로 된 합금이며, 인바의 경우 36%Ni + 0.3%Co + 0.4%Mn 나머지 철로 된 합금이다. 슈퍼인바는 팽창계수가 0에 가까운 합금이다.

52 게이지용 공구강이 갖추어야 할 조건에 대한 설명으로 틀린 것은?

① HRC 50 이하의 경도를 가져야 한다.

② 팽창계수가 보통강보다 작아야 한다.

③ 시간이 지남에 따라 치수변화가 없어야 한다.

④ 담금질에 의한 균열이나 변형이 없어야 한다.

해설

게이지용 공구강은 내마모성 및 경도가 커야 하며, 치수를 측정하는 공구이므로 열팽창계수가 작아야 한다. 또한 담금질에 의한 변형, 균열이 적어야 하며 내식성이 우수해야 하기 때문에 C(0.85~1.2%)-W(0.3~0.5%) - Cr(0.36~0.5%)-Mn(0.9~1.45%)의 조성을 가진다.

53 전기용 재료 중 전열합금에 요구되는 특성을 설명한 것 중 틀린 것은?

① 전기저항이 낮고, 저항의 온도계수가 클 것
② 용접성이 좋고 반복 가열에 잘 견딜 것
③ 가공성이 좋아 신선, 압연 등이 용이할 것
④ 고온에서 조직이 안정하고 열팽창계수가 작고 고온 강도가 클 것

해설
전열합금이란 전기저항을 잘 견뎌 높은 온도에 견디는 합금으로 발열체에 많이 사용하며, Fe-Cr, Ni-Cr합금이 많이 사용된다.

54 다음 중 슬립(Slip)에 대한 설명으로 틀린 것은?

① 슬립이 계속 진행하면 변형이 어려워진다.
② 원자밀도가 최대인 방향으로 슬립이 잘 일어난다.
③ 원자밀도가 가장 큰 격자면에서 슬립이 잘 일어난다.
④ 슬립에 의한 변형은 쌍정에 의한 변형보다 매우 작다.

해설
슬립이란 재료에 외력이 가해졌을 때 결정 내 인접한 격자면에서 미끄러짐이 나타나는 현상으로 이 변형은 쌍정에 의한 변형보다 매우 크다.

55 진유납이라고도 말하며 구리와 아연의 합금으로 그 융점이 820~935℃ 정도인 것은?

① 은 납   ② 황동납
③ 인동납   ④ 양은납

해설
황동납은 진유납이라고도 하며, 아연 60% 이하로 은납과 비교할 때 가격이 저렴해 많이 사용된다.

56 다음의 재료 중 불순한 물질 또는 부식성 물질이 녹아 있는 수용액의 작용에 의해 표면 또는 내부에서 탈아연되는 것은?

① 황 동
② 엘린바
③ 퍼멀로이
④ 코슨합금

해설
탈아연 부식(Dezincification) : 황동의 표면 또는 내부까지 불순한 물질이 녹아있는 수용액의 작용으로 탈아연되는 현상으로 6-4황동에 많이 나타난다. 방지법으로는 Zn이 30% 이하인 α황동을 쓰거나, As, Sb, Sn 등을 첨가한 황동을 사용한다.

57 Ti 및 Ti 합금에 대한 설명으로 틀린 것은?

① Ti은 비중이 약 4.54 정도이다.
② 용융점이 높고 열전도율이 낮다.
③ Ti은 화학적으로 매우 반응성이 강하나 내식성은 우수하다.
④ Ti의 재료 중에 O_2와 N_2가 증가함에 따라 경도는 감소되나 전연성은 좋아진다.

해설
타이타늄과 그 합금 : 비중 4.54, 용융점 1,670℃, 내식성 우수, 조밀육방격자, 고온성질 우수

58 부하전류가 증가하면 단자전압이 저하하는 특성으로서 피복아크 용접 등 수동용접에서 사용하는 전원특성은?

① 정전압특성
② 수하특성
③ 부하특성
④ 상승특성

수하특성 : 아크를 안정시키기 위한 특성으로 부하전류가 증가 시 단자전압은 강하하는 특성

59 내용적 40L의 산소용기에 130기압의 산소가 들어 있다. 1시간에 400L를 사용하는 토치를 써서 혼합비 1 : 1의 표준불꽃으로 작업을 한다면 몇 시간이나 사용할 수 있겠는가?

① 13
② 18
③ 26
④ 42

40L × 130 = 5,200L이고, 1시간에 400L의 사용량을 보이므로

$\dfrac{5,200L}{400L/h} = 13h$이 된다.

60 다음 중 가연성 가스가 아닌 것은?

① 아세틸렌
② 산 소
③ 메 탄
④ 수 소

• 가연성 가스 : 공기와 혼합하여 연소하는 가스를 말하며, 아세틸렌, 수소, 메탄, 프로판 등이 있다.
• 지연성 가스 : 타 물질의 연소를 돕는 가스로 산소, 오존, 공기, 이산화질소 등이 있다.
• 불연성 가스 : 자기 자신은 물론 다른 물질도 연소시키지 않는 것을 말하며 질소, 헬륨, 네온, 크립톤 등이 있다.

01 초음파탐상시험에 사용되는 타이타늄산바륨 진동자의 제일 큰 단점은?

① 수용성이다.
② 송신효율이 낮다.
③ 사용 수명이 짧다.
④ 온도에 영향을 받는다.

해설
타이타늄산바륨 진동자의 단점은 사용 수명이 짧은 것이다.

02 다음 중 자극에 관련된 설명으로 옳지 않은 것은?

① 물질 내 자구는 자극을 갖고 있다.
② 같은 극끼리 반발하는 힘을 척력이라고 한다.
③ 다른 극끼리 잡아당기는 힘을 중력이라고 한다.
④ 자력선은 자석의 내부에서 S극에서 N극으로 이동한다.

해설
다른 극끼리 잡아당기는 힘은 인력이다.

03 다음의 방사선 중 투과력이 가장 큰 것은?

① α입자   ② β입자
③ γ선   ④ 열전자

해설
방사선 중 γ선이 가장 투과력이 크다.

04 결함검출 확률에 영향을 미치는 요인이 아닌 것은?

① 결함의 방향성
② 균질성이 있는 재료 특성
③ 검사시스템의 성능
④ 시험체의 기하학적 특징

해설
균질성이란 성분이나 특성이 전체적으로 같은 성질로 결함검출 확률에는 영향을 미치지 않는다.

05 시험체의 도금두께 측정에 가장 적합한 비파괴검사법은?

① 침투탐상시험법
② 음향방출시험법
③ 자분탐상시험법
④ 와전류탐상시험법

해설
와전류 탐상의 특성
• 고속으로 자동화된 전수 검사 가능
• 가는 선, 구멍 내부, 고온 등 여러 환경에서 적용 가능
• 결함, 재질변화, 품질관리 등 적용 범위가 광범위
• 탐상 및 재질검사 등 탐상 결과를 보전 가능
• 검사의 숙련도가 필요

1 ③ 2 ③ 3 ③ 4 ② 5 ④ **정답**

06 강용접 용기의 용접부위 두께가 80mm일 때 다음 중 가장 알맞은 방사선투과 촬영기는?

① 150kV X-선 장비
② 300kV X-선 장비
③ Ir-192 γ-선 장비
④ Co-60 γ-선 장비

해설
두께가 매우 두꺼운 용접부로 Co-60 γ-선 장비를 사용한다.

07 관의 보수검사를 위해 와전류탐상검사를 수행할 때 관의 내경을 d, 시험코일의 평균 직경을 D라고 하면 내삽코일의 충전율을 구하는 식은?

① $\left(\dfrac{D}{d}\right)^2 \times 100\%$

② $\left(\dfrac{D}{d}\right) \times 100\%$

③ $\left(\dfrac{D}{d+D}\right) \times 100\%$

④ $\left(\dfrac{d+D}{D}\right) \times 100\%$

해설
$$충전율 = \left(\frac{D}{d}\right)^2 \times 100$$
$$= \left(\frac{내삽\ 코일의\ 평균\ 직경}{시험체의\ 내경 - 시험체의\ 두께}\right)^2 \times 100$$

08 비파괴검사의 신뢰도를 향상시킬 수 있는 내용을 설명한 것으로 틀린 것은?

① 비파괴검사를 수행하는 기술자의 기량을 향상시켜 검사의 신뢰도를 높일 수 있다.
② 제품 또는 부품에 적합한 비파괴검사법의 선정을 통해 검사의 신뢰도를 향상시킬 수 있다.
③ 제품 또는 부품에 적합한 평가기준의 선정 및 적용으로 검사의 신뢰도를 향상시킬 수 있다.
④ 검출 가능한 모든 지시 및 불연속을 제거함으로써 검사의 신뢰도를 향상시킬 수 있다.

해설
검출 가능한 모든 지시 및 불연속을 제거하는 것은 신뢰도 향상과 무관하다.

09 상질계의 사용 목적은?

① 필름의 명암도 측정
② 필름의 콘트라스트 측정
③ 방사선 투과사진의 품질 측정
④ 결함의 크기 측정

해설
상질계
방사선투과시험에서 투과사진 화상의 질이 좋고 나쁨과 투시상 영상의 좋고 나쁨을 평가하는 게이지(투과도계, 계조계, 선질계 등)의 총칭을 말하며, 유공형 상질계와 선형 상질계가 있다.

10 초음파탐상시험법의 분류 중 송·수신 방식의 분류가 아닌 것은?

① 반사법   ② 투과법
③ 경사각법   ④ 공진법

해설
초음파의 탐상 시 송·수신 방식으로는 송신과 수신을 함께하는 반사법, 송·수신 탐촉자가 따로 있어 투과 후 수신되는 투과법, 재료의 공진 현상을 이용하는 공진법이 있다.

11 전자기 원리를 이용한 비파괴시험법은?

① 와전류탐상시험

② 침투탐상시험

③ 방사선투과시험

④ 초음파탐상시험

해설

자분탐상시험은 누설자장에 의하여 와전류탐상시험은 전자유도 현상에 의한 법칙이 적용된다.

12 방사선의 종류와 성질을 설명한 내용으로 틀린 것은?

① X선과 α선은 전자파이다.

② α선과 β선은 입자의 흐름이다.

③ X선과 γ선은 물질을 투과하는 성질이 있다.

④ 방사선투과시험에는 α선과 β선이 주로 이용된다.

해설

방사선투과시험에는 X선과 γ선이 주로 이용된다.

13 다음 중 가장 무거운 입자는?

① α입자

② β입자

③ 중성자

④ γ입자

해설

α입자가 가장 무겁다.

14 누설검사의 절대 압력, 게이지 압력, 대기 압력 및 진공 압력과의 상관 관계식으로 옳은 것은?

① 절대 압력 = 진공 압력 − 대기 압력

② 절대 압력 = 대기 압력 + 진공 압력

③ 절대 압력 = 대기 압력 − 게이지 압력

④ 절대 압력 = 게이지 압력 + 대기 압력

해설

절대 압력은 게이지 압력과 대기 압력의 합이다.

15 X선 발생 장비를 선택할 때 고려하지 않아도 되는 것은?

① 사용 가능 횟수

② 관전압(kV)

③ 관전류(mA)

④ 제어장치 크기

해설

제어장치 크기는 공간과 관계되므로 발생 장비의 선택과는 고려할 사항과 멀다.

16 방사선투과시험 시 필름의 특성곡선(또는 감광곡선)을 사용한다. 이 특성곡선에 대한 설명 중 옳은 것은?

① 선원강도와 방사선 사진농도와의 관계
② 상대노출과 방사선 사진농도와의 관계
③ 필름속도와 노출인자와의 관계
④ 노출조건과 노출거리와의 관계

해설
필름 특성 곡선(Characteristic Curve)
• 특정한 필름에 대한 노출량과 흑화도와의 관계를 곡선으로 나타낸 것
• H&D곡선, Sensitometric 곡선이라고도 함
• 이 필름 특성 곡선을 이용하여 노출조건을 변경하면 임의의 투과사진 농도를 얻을 수 있다.

17 다음 중 방사선투과검사에서 발생한 인공결함(Artifacts)을 확인하는 가장 효과적인 촬영 방법은?

① 형광 스크린 촬영기법
② 이중 필름기법
③ 다초점 노출기법
④ 이중상 노출기법

해설
② 이중 필름기법 : 복수 필름을 동시에 노출시켜 필름이 서로 강화 스크린으로 작용하여 인공 결함 확인에 효과적인 촬영 방법

18 초음파탐상시험 시 다음 중 특별점검이 요구되는 시기가 아닌 것은?

① 장비에 충격을 받았다고 생각될 때
② 탐촉자 케이블을 교환했을 때
③ 일일작업 완료 후 장비를 철수할 때
④ 특수환경에서 사용했을 경우

해설
일일작업 완료 후 장비를 철수할 때는 일상점검에 포함된다.

19 방사선 관련 단위들로서 SI단위와 기존 단위가 잘못 연결된 것은?

① rad – Gy
② rem – Sv
③ R – Sv
④ Ci – Bq

해설
렘(REM ; Roentgen Equivalent Man)
• 방사선의 선량당량(Dose Equivalent)을 나타내는 단위
• 방사선 피폭에 의한 위험의 객관적인 평가 척도
• 등가선량 : 흡수선량에 대해 방사선의 방사선 가중치를 곱한 양
• 동일 흡수선량이라도 같은 에너지가 흡수될 때 방사선의 종류에 따라 생물학적 영향이 다르게 나타나는 것
• SI단위로는 Sv(Sievert)를 사용하며, 1Sv = 1J/kg = 100rem

20 10가층에 관한 정의로 가장 적합한 것은?

① 방사선의 양이 반으로 되는데 걸리는 시간이다.
② 방사선의 에너지가 반으로 줄어드는데 필요한 어떤 물질의 두께이다.
③ 최초의 방사선 강도가 1/10이 되는 수준의 두께이다.
④ 방사선의 인체에 미치는 영향이 반으로 줄어드는데 필요한 차폐체의 무게이다.

해설
반가층(HVL ; Half-Value Layer)
• 표면에서의 강도가 물질 뒷면에 투과된 방사선 강도의 1/20이 되는 것

$$반가층 = \frac{t}{2} = \frac{\ln 2}{\mu} = \frac{0.693}{\mu}$$

(여기서, μ : 선형 흡수 계수)
10가층(TVL ; Tenth Value Layer)
• 최초의 방사선 강도가 1/10이 되는 수준의 두께

$$10가층 = \frac{t}{10} = \frac{\ln 10}{\mu} = \frac{2.303}{\mu}$$

(여기서, μ : 선형 흡수 계수)

21 방사선 작업실에서 작업 후 나올 때 오염검사를 하여야 한다. 주로 무엇으로 오염도를 검사하는가?

① GM관 계수기
② 필름배지 선량계
③ 포켓 체임버 선량계
④ 반도체 검출기[Ge(Li)] 선량계

해설
주로 GM관 계수기를 사용하여 오염도를 검사한다.

22 방사선투과사진의 인공결함 중 현상처리 전에 이미 발생되는 인공결함이 아닌 것은?

① 흐림(Fog)
② 반점(Spotting)
③ 압흔(Pressure Mark)
④ 필름 스크래치(Scratch)

해설
현상 처리 전 인공 결함 : 필름 스크래치, 구겨짐 표시, 눌림 표시, 정전기 표시, 스크린 표시, 안개현상, 광선노출이 있다.

23 다음 중 X선관의 허용부하를 제한하는 가장 큰 요인은 무엇인가?

① 초점의 재질
② X선관의 진공도
③ 양극의 내열한계
④ 필라멘트 전류의 대소

해설
X선관의 허용부하를 제한하는 원인은 양극의 내열한계를 초과하지 않게 하기 위함이다.

24 원자력안전법에서 규정하고 있는 일반인에 대한 방사선의 연간 유효선량한도는 얼마인가?

① 0.5mSv
② 1mSv
③ 5mSv
④ 10mSv

해설
선량 한도

구 분		방사선 작업 종사자	수시출입자 및 운반종사자	일반인
유효선량한도		연간 50mSv를 넘지 않는 범위에서 5년간 100mSv	연간 6mSv	연간 1mSv
등가선량 한도	수정체	연간 150mSv	연간 15mSv	연간 15mSv
	손발 및 피부	연간 500mSv	연간 50mSv	연간 50mSv

25 다음 중 방사선투과검사 시 필름 건조기 내부의 온도로 가장 적절한 것은?

① 약 20℃
② 약 40℃
③ 약 80℃
④ 약 100℃

해설
건조 처리
• 자연 건조와 필름 건조기를 사용
• 대부분 필름 건조기를 사용하며, 50℃ 이하의 온도에서 30~45분 정도 처리

26 방사선투과시험 후 현상액이 오염되어서 필름처리가 나쁘게 되면 어떻게 되는가?

① 투과 사진의 식별도가 나빠진다.
② 필름 콘트라스트는 좋아진다.
③ 피사체 콘트라스트는 좋아진다.
④ 피사체의 관용도가 나빠진다.

해설
현상액이 오염되면 투과 사진의 식별도가 나빠진다.

27 X–선 물질의 상호작용은 원자 내의 어떤 구성 요소와 주로 이루어지는가?

① 중성자
② 양성자
③ 원자핵
④ 궤도전자

해설
X선은 원자의 궤도전자가 이탈하면서 발생하는 방사선이다.

28 주강품의 방사선투과시험방법(KS D 0227)에 관한 설명으로 옳지 않은 것은?

① 결함치수를 측정하는 경우 명확한 부위만 측정하고 주위의 흐림은 측정범위에 넣지 않는다.
② 투과사진을 관찰하여 명확히 결함이라고 판단되는 음영에만 주목하고 불명확한 음영은 대상에서 제외한다.
③ 2개 이상의 결함이 투과사진 위에서 겹쳐서 있다고 보여지는 음영에 대하여는 원칙적으로 개개로 분리하여 측정한다.
④ 시험부의 호칭 두께에 따른 시험시야를 먼저 설정하며, 시험부의 호칭 두께는 주조된 상태의 두께를 측정하여 결정한다.

해설
시험부의 호칭 두께에 따른 투과두께를 먼저 설정한다.

29 다음 중 γ선에 대한 감수성이 가장 큰 인체 부위는?

① 근 육
② 생식선
③ 피 부
④ 조혈장기

해설
백혈구 > 미완성 적혈구 > 위장 > 재생기관 > 표피 > 혈관 > 피부, 관절, 근육신경세포

30 강용접 이음부의 방사선투과시험방법(KS B 0845)에 의한 결함의 분류방법에서 시험시야의 크기는 어떻게 구분하고 있는가?

① 10×10, 10×20, 10×30
② 10×10, 20×20, 30×30
③ 10×10, 10×20, 10×50
④ 10×10, 30×30, 50×50

해설
시험 시야의 크기(KS B 0845)   단위 : mm

모재의 두께	25 이하	25 초과 100 이하	100 초과
시험 시야의 크기	10×10	10×20	10×30

31 KS규격에 의한 30mm 두께의 알루미늄주물에 방사선투과검사 시 기포의 크기 9mm의 1개 결함이 발견되었으면 몇급에 해당되는가?

① 1급　　　　　② 2급
③ 3급　　　　　④ 4급

해설
KS D 0241에 의거 30mm 두께의 알루미늄주물에서 기포 크기가 6.35mm 이상이면 4급에 해당한다.

32 주강품의 방사선투과시험방법(KS D 0227)에서 만족하는 시험부 흠 외 부분의 사진농도는 복합 필름을 2장 포개 관찰할 경우 각각의 투과사진은 최저농도와 2장 포갠 경우의 최고농도 규정으로 옳은 것은?

① 최저농도 : 0.3, 최고농도 : 3.5
② 최저농도 : 0.5, 최고농도 : 3.5
③ 최저농도 : 0.8, 최고농도 : 4.0
④ 최저농도 : 1.0, 최고농도 : 4.0

해설
복합 필름 촬영 방법에 따라 촬영한 투과 사진의 농도를 1장씩 관찰하는 경우 A급은 1.0 이상 4.0 이하이며, B급은 1.5 이상 4.0 이하의 농도 범위를 사용한다.
2장 포개서 관찰하는 경우, 각각 투과 사진의 최저 농도는 0.8 이상으로 하고 2장 포갠 경우의 최고 농도는 4.0 이하이어야 한다.

33 원자력안전법 시행령에서 방사선 작업종사자가 방사선 장해를 받았거나 받은 것으로 보이는 경우, 원자력 관계사업자가 취할 내용에 해당되지 않는 것은?

① 보건상의 조치
② 방사선 피폭이 적은 업무로 전환
③ 개인 안전장구 추가 지급
④ 방사선 관리구역에의 출입시간 단축

해설
방사선 장해를 받았거나 받은 것으로 보이는 경우 보건상의 조치를 취하도록 한다.

34 알루미늄 평판 접합 용접부의 방사선투과시험방법(KS D 0242)에 의해 투과시험할 때 촬영배치에 관한 설명으로 옳은 것은?

① 1개의 투과도계를 촬영할 필름 밑에 놓는다.
② 계조계는 시험부 유효길이의 바깥에 놓는다.
③ 계조계는 시험부와 필름 사이에 각각 2개를 놓는다.
④ 2개의 투과도계를 시험부 방사면 위 용접부 양쪽에 각각 놓는다.

해설
촬영배치(KS D 0242)
• 투과도계는 시험부의 방사면 위에 있는 용접부를 넘어 서서 시험부의 유효 길이 L_3의 양끝 부근에 투과도계의 가장 가는 선이 외측이 되도록 각 1개를 둔다.
• 계조계는 시험부의 선원 측의 모재부 위에, 시험부 유효길이의 중앙 부근의 용접선 근처에 둔다.

35 알루미늄 평판 접합 용접부의 방사선투과시험방법(KS D 0242)에 규정된 D2형 알루미늄 계조계의 계단 두께는?

① 1.0mm, 2.0mm　　② 1.0mm, 3.0mm
③ 2.0mm, 3.0mm　　④ 3.0mm, 4.0mm

해설
덧살을 측정한 경우의 계조계 적용

모재의 두께(mm) / 덧살의 합계	10.0 미만	10.0 이상 20.0 미만	20.0 이상 40.0 미만	40.0 이상 80.0 미만
2.0 미만	D1형	E2형	F0형	G0형
2.0 이상 3.0 미만	D2형	E2형	F0형	G0형
3.0 이상 4.0 미만	D3형	E3형	F0형	G0형
4.0 이상 5.0 미만	D4형	E4형	F0형	G0형

36 다음 중 피로한도비란?

① 피로에 의한 균열값

② 피로한도를 인장강도로 나눈 값

③ 재료의 하중치를 충격값으로 나눈 값

④ 피로파괴가 일어나기까지의 응력 반복 횟수

해설
피로한도비(Fatigue Limit Ratio)
피로한도의 인장강도에 대한 비를 의미하며, 재료의 피로강도를 대략적으로 알 수 있는 척도가 된다.

38 강 용접 이음부의 방사선투과시험방법(KS B 0845)에 의한 상의 분류 시 결함의 종별–종류의 연결이 옳은 것은?

① 제1종 – 텅스텐 혼입

② 제2종 – 융합 불량

③ 제3종 – 용입 불량

④ 제4장 – 블로홀

해설
결함의 종별 분류(KS B 0845)

결함의 종별	결함의 종류
제1종	둥근 블로홀 및 이에 유사한 결함
제2종	가늘고 긴 슬래그 혼입, 파이프, 용입 불량, 융합 불량 및 이와 유사한 결함
제3종	갈라짐 및 이와 유사한 결함
제4종	텅스텐 혼입

37 KS B 0845에 따른 강판용접부 두께가 50mm 초과인 투과 사진상에서 흠 점수로 산정하지 않는 제1종 흠의 긴지름은?

① 모재 두께의 1.4% 이하

② 모재 두께의 1.5% 이하

③ 모재 두께의 1.6% 이하

④ 모재 두께의 1.8% 이하

해설
산정하지 않는 흠집의 치수(KS B 0845 부속서 D 표 4)
50mm 초과인 경우 모재 두께의 1.4% 이하의 것은 흠집 점수에 산정하지 않는다.

39 타이타늄용접부의 방사선투과시험방법(KS D 0239)에 의한 투과사진의 흠집의 상분류방법 중 모재의 두께 15mm인 용접부에서 산정하지 않는 흠의 치수 규정은?

① 0.3mm 이하   ② 0.4mm 이하

③ 0.5mm 이하   ④ 0.7mm 이하

해설
산정하지 않는 흠집의 상 치수(KS D 0239 부속서 A 표 A.2)
모재의 두께 10mm 이하는 0.3mm, 10mm 초과 20mm 이하는 0.4mm, 20mm 초과 25mm 이하는 0.7mm이다.

40 원자력안전법에서 정한 연간 유효선량 한도로 옳은 것은?

① 일반인 – 5mSv

② 수시출입자 – 6mSv

③ 운반종사자 – 30mSv

④ 방사선 작업종사자 – 연간 100mSv를 넘지 않는 범위에서 5년간 300mSv

해설

선량 한도

구 분		방사선 작업 종사자	수시출입자 및 운반종사자	일반인
유효선량한도		연간 50mSv를 넘지 않는 범위에서 5년간 100mSv	연간 6mSv	연간 1mSv
등가 선량 한도	수정체	연간 150mSv	연간 15mSv	연간 15mSv
	손발 및 피부	연간 500mSv	연간 50mSv	연간 50mSv

41 용융점과 비중이 약 419℃, 7.1로써 철강재료의 피복용으로 사용되는 것은?

① 아 연   ② 구 리
③ 납   ④ 철

해설

아연의 용융점은 419℃, 비중은 7.1로 피복용으로 많이 사용된다.

42 강 용접 이음부의 방사선투과시험방법(KS B 0845)에 따라 결함의 점수를 계산할 때 결함이 시험시야의 경계선상에 위치할 경우 측정방법으로 옳은 것은?

① 시야 외의 부분도 포함하여 측정한다.

② 시야 외의 부분도 포함하지 않고 측정한다.

③ 시야 외의 부분이 걸칠 때는 1/2 이상 걸칠 때만 포함하여 측정한다.

④ 시야 외의 부분이 걸칠 때는 1/3 이상 걸칠 때만 포함하여 측정한다.

해설

결함이 시험시야의 경계선상에 위치할 경우 그 시야 외의 부분도 포함하여 측정하여야 한다.

43 자성체의 자화강도가 급격히 감소되는 온도는?

① 퀴리점   ② 변태점
③ 항복점   ④ 동소점

해설

강자성체나 페라이트에서 온도가 일정 값 이상이 되면 자기 모멘트의 방향이 흩어져 비투자율이 거의 1이 되는 점을 퀴리점이라 한다.

44 보통 주철(회주철) 성분에 0.7~1.5% Mo, 0.5~4.0% Ni을 첨가하고 별도로 Cu, Cr을 소량 첨가한 것으로 강인하고 내마멸성이 우수하여 크랭크축, 캠축, 실린더 등의 재료로 쓰이는 것은?

① 듀리론

② 니-레지스트

③ 애시큘러 주철

④ 미하나이트 주철

해설

애시큘러 주철은 기지 조직이 베이나이트로 Ni, Cr, Mo 등이 첨가되어 내마멸성이 뛰어난 주철이다.

45 체심입방격자(BCC)의 근접 원자 간 거리는?(단, 격자상수는 a이다)

① a

② $\frac{1}{2}a$

③ $\frac{1}{\sqrt{2}}a$

④ $\frac{\sqrt{3}}{2}a$

해설

체심입방격자의 근접 원자 간 거리는 $\frac{\sqrt{3}}{2}a$이다.

46 라우탈(Lautal)의 주성분으로 맞는 것은?

① Fe-Zn

② Al-Cu

③ Mn-Mg

④ Pb-Sb

해설

라우탈(Lautal)
• Al-Cu-Si(알구시라)
• 주조성 및 절삭성이 좋다.

47 강의 표면경화법에 해당되지 않는 것은?

① 침탄법

② 금속침투법

③ 마템퍼링법

④ 고주파 경화법

해설

표면경화법에는 침탄, 질화, 금속침투(세라다이징, 칼로라이징, 크로마이징 등), 고주파 경화법, 화염경화법, 금속 용사법, 하드페이싱, 숏피닝 등이 있으며 마템퍼링은 금속 열처리에 해당된다.

48 Fe-C 평형상태도에서 α(고용체)$+L$(융체) $\rightleftarrows$ γ(고용체)로 되는 반응은?

① 공정점

② 포정점

③ 공석점

④ 편정점

해설

포정반응 : 일정한 온도에서 한 고용체와 용액의 혼합체가 전혀 다른 고체가 형성되는 반응($\alpha+L \rightarrow \beta$)

49 보통강보다 절삭가공이 용이하고 깨끗한 가공표면을 얻을 수 있으며 볼트, 너트, 핀 등의 제조에 공급되는 탄소강의 탄소 함유량(%)으로 가장 적합한 것은?

① 0.001 이하

② 0.15~0.25

③ 1.0~1.5

④ 1.6 이상

해설

볼트, 너트, 핀 등의 탄소 함유량은 0.15~0.25(%)를 사용한다.

50 산·알칼리 등에 우수한 내식성을 가지고 있으며 전열기 부품, 열전쌍보호관, 진공관 필라멘트 등에 사용되는 니켈-크롬 합금은?

① 실루민

② 화이트메탈

③ 인청동

④ 인코넬

해설

인코넬의 조성은 Ni-Cr-Fe-Mo로 고온용 열전쌍, 전열기 부품 등에 사용한다.

51 다음 중 슬립(Slip)에 대한 설명으로 틀린 것은?

① 슬립이 계속 진행하면 변형이 어려워진다.
② 원자밀도가 최대인 방향으로 슬립이 잘 일어난다.
③ 원자밀도가 가장 큰 격자면에서 슬립이 잘 일어난다.
④ 슬립에 의한 변형은 쌍정에 의한 변형보다 매우 작다.

해설
슬립 : 재료에 외력이 가해졌을 때 결정 내 인접한 격자면에서 미끄러짐이 나타나는 현상으로 이 변형은 쌍정에 의한 변형보다 매우 크다.

52 다음 중 재료의 연성을 파악하기 위하여 실시하는 시험은?

① 피로시험   ② 충격시험
③ 커핑시험   ④ 크리프시험

해설
에릭션 시험(커핑 시험) : 재료의 전·연성을 측정하는 시험으로 Cu판, Al판 및 연성 판재를 가압 성형하여 변형 능력을 시험

53 톰백(Tombac)의 주성분으로 옳은 것은?

① Au+Fe   ② Cu+Zn
③ Cu+Sn   ④ Al+Mn

해설
톰백 : Cu에 5~20% Zn함유, 모조금

54 두 가지 이상의 금속원소가 간단 원자비로 결합되어 성분금속과는 다른 성질을 갖는 물질을 무엇이라 하는가?

① 공정 2원 합금   ② 금속 간 화합물
③ 침입형 고용체   ④ 전율가용 고용체

해설
금속 간 화합물
• 각 성분이 서로 간단한 원자비로 결합되어 있는 화합물
• 원래의 특징이 없어지고, 성분 금속보다 단단하고 용융점이 높아짐
• 일반 화합물에 비해 결합력이 약하고, 고온에서 불안정

55 A_3 또는 A_{cm}선보다 30~50℃ 높은 온도로 가열한 후 공기 중에 냉각하여 탄소강의 표준 조직을 검사하려면 어떤 열처리를 해야 하는가?

① 노멀라이징(불림)   ② 어닐링(풀림)
③ 퀜칭(담금질)   ④ 템퍼링(뜨임)

해설
① 불림(Normalizing) : 결정 조직의 물리적, 기계적 성질의 표준화 및 균질화 및 잔류응력 제거
② 풀림(Annealing) : 금속의 연화 혹은 응력 제거를 위한 열처리
③ 담금질(Quenching) : 금속을 급랭함으로써, 원자 배열의 시간을 막아 강도, 경도를 높임
④ 뜨임(Tempering) : 담금질에 의한 잔류 응력 제거 및 인성 부여

51 ④ 52 ③ 53 ② 54 ② 55 ① **정답**

56 열처리 TTT곡선에서 TTT가 의미하는 것이 아닌 것은?

① 온 도
② 압 력
③ 시 간
④ 변 태

TTT곡선 : Time(시간)–Temperature(온도)–Transformation(변태) Diagram(곡선)

57 그림에서 훅의 법칙(Hook's Law)이 적용되는 한계(탄성한도)는?

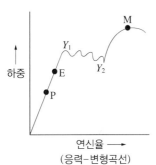

(응력-변형곡선)

① M 이내
② Y_1 이내
③ E 이내
④ P 이내

• 탄성한도 : E점
• 비례 한도 : P점
• 상부 항복점 : Y_1
• 하부 항복점 : Y_2
• 최대 응력점 : M

58 피복 배합제 중 아크안정제에 속하지 않는 것은?

① 석회석
② 알루미늄
③ 산화타이타늄
④ 규산나트륨

아크안정제 : 아크가 끊어지지 않고 부드러운 느낌을 주게 하는 것으로 규산칼리, 규산소다, 탄산바륨, 석회석, 루틸, 규산나트륨, 일미나이트 등이 있다.

59 아크 용접의 비드 끝에서 아크를 끊을 경우 오목 파진 곳을 무엇이라 하는가?

① 언더컷
② 크레이터
③ 용입불량
④ 융합불량

아크 용접의 비드 끝에서 오목하게 파진 곳을 크레이터라 부른다.

60 내용적 40L의 산소 용기에 130기압의 산소가 들어 있다. 1시간에 400L를 사용하는 토치를 써서 혼합비 1:1의 표준불꽃으로 작업을 한다면 몇 시간이나 사용할 수 있겠는가?

① 13
② 18
③ 26
④ 42

$40L \times 130 = 5,200$이고, 1시간에 400L의 사용량을 보이므로
$\dfrac{5,200L}{400L/h} = 13h$이 된다.

01 표면으로부터 표준 침투 깊이의 시험체 내면에서의 와전류 밀도는 시험체 표면 와전류 밀도의 몇 %인가?

① 5%

② 17%

③ 27%

④ 37%

해설

와전류의 표준 침투 깊이(Standard Depth Of Penetration)는 와전류가 도체 표면의 약 37% 감소하는 깊이를 의미한다. 침투 깊이는 $\delta = \dfrac{1}{\sqrt{\pi \rho f \mu}}$($\rho$: 전도율, μ : 투자율, f : 주파수)로 나타내며, 주파수가 클수록 반비례하는 관계를 가진다.

02 시험체의 양면이 서로 평행해야만 최대의 효과를 얻을 수 있는 비파괴검사법은?

① 방사선투과시험의 형광투시법

② 자분탐상시험의 선형자화법

③ 초음파탐상시험의 공진법

④ 침투탐상시험의 수세성 형광침투법

해설

공진법 : 시험체의 고유 진동수와 초음파의 진동수가 일치할 때 생기는 공진현상을 이용하여 주로 시험체의 두께 측정에 적용하는 방법

03 적외선 서모그래피로 얻어진 영상을 무엇이라고 하는가?

① 토모그래피

② 홀로그래피

③ C-스코프

④ 열화상

해설

적외선 서모그래피 : 적외선 기술을 이용한 온도 기록 이미지이다. 표면 온도 패턴을 측정 및 영상화하여 넓은 면적의 온도 분포를 직접 눈으로 볼 수 있는 장치로, 열화상 카메라로 촬영한다.

04 가동 중인 열교환기 튜브의 전체 벽 두께를 측정할 수 있는 초음파탐상검사법은?

① EMAT

② IRIS

③ PAUT

④ TOFD

해설

• 비행회절법(Time of Flight Diffraction Technique) : 결함 끝부분의 회절초음파를 이용하여 결함의 높이를 측정하는 것

• 내부 초음파검사 시스템(Internal Rotary Inspection System) : 튜브 벽의 내부와 외부의 튜브 벽 두께에 초음파 빔을 투과시켜 두께의 손실을 검출하는 시스템

05 다음 중 누설검사법에 해당되지 않는 것은?

① 가압법

② 감압법

③ 수직법

④ 진공법

해설

수직법은 초음파탐상비파괴검사법에 사용한다.

06 지름 20cm, 두께 1cm, 길이 1m인 관에 열처리로 인한 축 방향의 균열이 많이 발생하고 있다. 이러한 시험체에 자분탐상검사를 실시하고자 할 때 가장 적합한 방법은?

① 프로드(Prod)에 의한 자화
② 요크(Yoke)에 의한 자화
③ 전류관통법(Central Conductor)에 의한 자화
④ 케이블(Cable)에 의한 자화

해설
축 방향의 균열이 발생하므로 전류통전법을 사용하는 것이 가장 적합하다.
자화방법 : 시험체에 자속을 발생시키는 방법
• 선형 자화 : 시험체의 축 방향을 따라 선형으로 발생하는 자속(코일법, 극간법)
• 원형 자화 : 환봉, 철선 등 전도체에 전류를 흘려 주위에 발생하는 자력선이 원형으로 형성하는 자속(축통전법, 프로드법, 중앙전도체법, 직각통전법, 전류통전법)

07 X선 발생장치와 비교하여 γ선 조사장치에 의한 투과사진을 얻을 때의 장점으로 틀린 것은?

① 에너지량을 손쉽게 조절할 수 있다.
② 조사를 360° 또는 일정 방향으로의 조절이 쉽다.
③ 야외작업 시 이동이 용이하여 전원이 필요하지 않다.
④ 동일한 크기의 에너지를 사용하는 경우 X선 발생장치보다 검사비용이 저렴하다.

해설
γ선 조사장치는 일정한 방사능 강도를 내며, 에너지량은 조절할 수 없다.

08 비파괴검사의 신뢰도를 향상시킬 수 있는 내용을 설명한 것으로 틀린 것은?

① 비파괴검사를 수행하는 기술자의 기량을 향상시켜 검사의 신뢰도를 높일 수 있다.
② 제품 또는 부품에 적합한 비파괴검사법의 선정을 통해 검사의 신뢰도를 향상시킬 수 있다.
③ 제품 또는 부품에 적합한 평가기준의 선정 및 적용으로 검사의 신뢰도를 향상시킬 수 있다.
④ 검출 가능한 모든 지시 및 불연속을 제거함으로써 검사의 신뢰도를 향상시킬 수 있다.

해설
검출 가능한 모든 지시 및 불연속을 제거하는 것은 신뢰도 향상과 무관하다.

09 방사선 투과사진에서 상의 윤곽이 선명한 정도를 나타내는 용어는?

① 관용도
② 필름 콘트라스트
③ 명료도
④ 시험체 콘트라스트

해설
명료도란 상의 윤곽이 뚜렷한(Sharpness) 정도이다. 명료도에 미치는 영향을 크게 나누면 기하학적 조건에 의한 반음영(Penumbra), 방사선의 선질, 필름의 입상성(Graininess) 및 증감지의 영향 등이 있다.

10 다음 중 침투탐상시험에서 쉽게 찾을 수 있는 결함은?

① 표면결함
② 표면 밑의 결함
③ 내부결함
④ 내부 기공

해설
침투탐상시험은 표면결함 검출에 이용된다.

11 방사선 투과사진의 관찰 시 주조결함에 해당되지 않는 것은?

① 블로 홀
② 수축결함
③ 융합 불량
④ 콜드셧

융합 불량은 용접금속과 모재 사이 또는 용접금속 사이가 융합되지 않은 상태로, 용접결함에 해당된다.

12 Co-60에서 방출되는 γ선 에너지는 X-선 발생장치에서 대략 어느 정도의 범위인가?

① 30~150kVp
② 1,200~3,000kVp
③ 50~200kVp
④ 1,200~3,400kVp

X선 발생장치의 평균 에너지는 최대 에너지의 40% 효율을 가지고 있으므로, 최대 에너지 4,000kVp에서 40%를 하면 1,200 ~ 3,000kVp가 된다.

13 입사광의 10%가 필름을 투과하는 경우 이 필름의 농도(흑화도)는 얼마인가?

① 0.1
② 1.0
③ 1.1
④ 9.0

투과사진 흑화도(Film Density, 농도) : 필름이 흑화된 정도를 정량적으로 나타내는 것

• $D = \log \dfrac{L_0}{L}$ (L_0 : 빛을 입사시킨 강도, L : 투과된 빛의 강도)

• $D = \log\left(\dfrac{100}{10}\right) = 1.0$이 된다.

따라서, 10%가 투과하였다면, 흑화도는 1.0이 된다.

14 방사선투과검사기법의 적정성을 점검하기 위해 투과사진상에 나타나도록 시험체의 선원쪽에 붙이는 것은?

① 납글자
② 투과도계
③ 표준 시험편
④ 참조용 시험편

투과도계
• 투과도계(=상질지시기) : 검사방법의 적정성을 알기 위해 사용하는 시험편
• 투과도계의 재질은 시험체와 동일하거나 유사한 재질 사용
• 시험체와 함께 촬영하여 투과사진상과 투과도계상을 비교하여 상질 적정성 여부 판단
• 주로 선형과 유공형 투과도계 사용

15 이리듐-192 선원에서 2cm 거리에서의 선량률이 5,500mR/h일 때 이 선원에서 50cm 거리에서의 선량률은 얼마인가?

① 3.3mR/h
② 5.5mR/h
③ 8.8mR/h
④ 9.9mR/h

역제곱의 법칙
방사선은 직진성을 가지고 있으며, 거리가 멀어질수록 강도는 거리의 제곱에 반비례하여 약해지는 법칙

$$I = I_0 \times \left(\frac{d_0}{d}\right)^2$$

$$= 5,500 \times \frac{2^2}{50^2} = 5,500 \times \frac{4}{2,500} = 8.8\text{mR/h}$$

16 방사선투과검사 시 고려해야 하는 기하학적 원리에 관한 사항으로 옳지 않은 것은?

① 초점은 다른 고려사항이 허용하는 한 작아야 한다.

② 초점과 시험할 재질과의 거리는 가능한 한 가깝게 해야 한다.

③ 필름은 가능한 한 방사선이 투과검사될 시험체와 밀착시켜야 한다.

④ 시편의 형상이 허용하는 한 관심 부위와 필름면은 평행이 되도록 해야 한다.

해설

기하학적 불선명도에 영향을 주는 요인

• 초점 또는 선원의 크기 : 선원의 크기는 작을수록, 점선원(Point Source)에 가까워질수록 선명도는 좋아진다.

• 선원-필름과의 거리 : 선원-필름 간 거리는 멀수록 선명도는 좋아지며, 거리가 짧아질수록 음영의 형성이 커져 선명도는 낮아진다.

• 시험체-필름과의 거리 : 가능한 한 밀착시켜야 선명도가 좋아진다.

• 선원-시험물-필름의 배치관계 : 방사선은 가능한 한 필름과 수직을 이루어지도록 한다.

• 시험체의 두께 변화 : 두께 변화가 심한 경우 시험체의 일부가 필름과 각도를 이루어 음영이 형성되어 선명도가 낮아진다.

• 증감지-필름의 접촉 상태 : 증감지와 필름은 밀착시킨다.

17 방사선 투과사진상에 가끔 나뭇가지 모양의 방사형 검은 마크가 생기는 경우는?

① 오물이 묻었을 때

② 연박 스크린이 긁혔을 때

③ 필름을 넣을 때 필름이 꺾였을 때

④ 필름 취급 부주의로 인한 정전기가 발생하였을 때

해설

정전기 표시

• 필름 취급 시 정전기가 발생하였을 경우

• 간지를 급격히 제거할 경우

• 나뭇가지 모양 및 여러 형태로 나타날 수 있다.

18 다음 중 방사선투과시험 시 X-선관의 초점이 작으면 어떤 현상이 발생하는가?

① 수명이 짧아진다. ② 상이 흐려진다.

③ 투과력이 좋아진다. ④ 명료도가 좋아진다.

해설

초점(Focal Spot) : 전자가 표적에 충돌할 때 X선이 발생되는 면적

• 초점의 크기가 작을수록 투과사진의 선명도가 높아진다.

• $0 \sim 30°$까지 경사가 가능하도록 설치한다.

• 일반적으로 표적을 $20°$ 정도 기울여 설계하며 이는 선원-필름 간 거리를 정하는 데 영향을 미친다.

• 음극은 필라멘트와 포커싱컵으로 구성되어 있다.

• 양극의 표전물질은 열전도성이 좋아 냉각이 잘되어야 한다.

19 비파괴검사에 사용할 X선 발생장치를 선택할 때 고려하여야 할 내용과 가장 관련성이 작은 것은?

① 시험체의 두께

② 현상시간 및 온도

③ 유효 방사선의 강도

④ 장치의 용량

해설

현상시간 및 온도는 사진처리를 할 때 고려해야 할 사항이다.

20 방사선 촬영이 완료된 필름을 현상하기 위한 3가지 기본 용액은?

① 정지액, 초산, 물

② 초산, 정착액, 정지액

③ 현상액, 정착액, 물

④ 현상액, 정지액, 과산화수소수

해설

주요 사진처리의 절차는 현상 → 정지 → 정착 → 수세 → 건조의 순이며, 현상을 위해서는 현상액, 정착액, 수세용 물이 필요하다.

21 다른 조건은 같고 비방사능만 커졌을 경우 방사선 투과사진의 선명도에 대한 설명으로 가장 적절한 것은?

① 선명도가 좋아진다.
② 선명도가 나빠진다.
③ 선명도에는 변화가 없다.
④ 상이 모두 백색계열의 상태로 나타난다.

해설
비방사능 : 동위원소의 단위질량당 방사능의 세기로, 비방사능이 커지면 상대 강도가 선원보다 크기가 작아져 선명도가 향상되며, 선원이 작아지면 자기흡수도 작아진다.

22 필름 용액에 의한 물자국(줄무늬)과 같은 인공결함이 생기는 주된 원인은?

① 현상액의 온도가 너무 높을 때 생긴다.
② 현상할 때 교반을 시키지 않을 때 생긴다.
③ 정지액을 사용하지 않을 때 생긴다.
④ 정착액의 능력이 저하되었을 때 생긴다.

해설
줄무늬와 같은 인공결함은 정지액을 사용하지 않고 직접 수세용 물에 세척하였을 때 발생한다.

23 방사선 투과사진의 인공결함 중 현상처리 전에 이미 발생되는 인공결함이 아닌 것은?

① 흐림(Fog)
② 반점(Spotting)
③ 압흔(Pressure Mark)
④ 필름 스크래치(Scratch)

해설
현상처리 전 인공결함으로는 필름 스크래치, 구겨짐 표시, 눌림 표시, 정전기 표시, 스크린 표시, 안개현상, 광선 노출이 있다.

24 방사선 측정 중 속중성자의 측정에 가장 적합한 기기는?

① NaI 신틸레이터(NaI Scintillator)
② 가스전리계수기(Gas Flow Counter)
③ GM 계수기(GM Counter)
④ 플라스틱 신틸레이터(Plastic Scintillator)

해설
속중성자란 중성자 중 사이클로트론 등 대형 입자가속장치에서 방출되는 고에너지의 중성자로, 플라스틱 신틸레이터로 측정 가능하다.

25 X선과 물질의 상호작용이 아닌 것은?

① 광전효과
② 카이저 효과
③ 톰슨 산란
④ 콤프턴 산란

해설
카이저 효과 : 음향방출시험에서 나타나며, 시험체에 응력이 있을 경우 가해졌던 최대 응력에 도달할 때까지는 거의 음향 방출이 발생하지 않는 현상

26 다음 그림은 방사선투과검사에 사용되는 감마선조사장치의 단면 구조도이다. 그림 중 S-tube를 둘러싸고 있는 차폐물의 재질은?

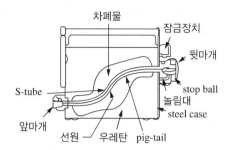

① 천연우라늄　　② 농축우라늄
③ 감손우라늄　　④ 섬우라늄

해설
감손우라늄 : U-235의 함유량이 자연 상태보다 낮은 우라늄으로, 열화우라늄이라고도 한다. 일반 납보다 단위질량당 차폐효과가 우수하다.

27 선원에서 시험체 표면까지의 거리가 300mm, 시험체의 선원측 표면에서 필름까지의 거리가 20mm, 선원의 크기가 3mm일 때 기하학적 불선명도(Ug) 값은?

① 0.2mm　　② 0.4mm
③ 0.6mm　　④ 0.8mm

해설
기하학적 불선명도
$$U_g = F \cdot \frac{t}{d_0} = \frac{3 \times 20}{300} = 0.2\text{mm}$$
(U_g : 기하학적 불선명도, F : 방사선원의 크기, t : 시험체와 필름의 거리, d_0 : 선원-시험체의 거리)

28 X선 발생장치의 제어기를 만지다가 감전되었다면 이의 원인으로 판단할 수 있는 것과 가장 거리가 먼 것은?

① 접지의 불안전
② X선관의 파손
③ 관전압 측정회로의 불량
④ 전원과 접지단자 간의 절연 불량

해설
X선관은 전자원 필라멘트, 표적, 음극-양극 연결 고전압 등 고진공 공간을 지지하는 관유리로, X선관이 파손되면 진공 상태가 되지 않아 전기가 통하지 않게 된다.

29 강용접 이음부의 방사선투과시험방법(KS B 0845)에 따른 강판의 T용접 이음 시 투과사진의 상질의 종류로 옳은 것은?

① A급　　② F급
③ P1급　　④ P2급

해설
투과사진의 상질의 적용 구분

용접 이음부의 모양	상질의 종류
강판의 맞대기 용접 이음부 및 촬영 시 기하학적 조건이 이와 동등하다고 보는 용접 이음부	A급, B급
강관의 원둘레 용접 이음부	A급, B급, P1급, P2급
강판의 T용접 이음부	F급

30 1rem에 대한 국제단위인 시버트(Sv)로 환산한 값은?

① 1Sv ② 0.1Sv

③ 0.01Sv ④ 1mSv

렘(rem ; roentgen equivalent man)
- 방사선의 선량당량(Dose Equivalent)을 나타내는 단위
- 방사선 피폭에 의한 위험의 객관적인 평가 척도
- Si 단위로는 Sv(Sievert)를 사용한다. 1Sv = 1J/kg = 100rem

31 등가선량을 구할 때 사용되는 방사선 가중치 중 광자, 전자에 대한 계수로 옳은 것은?

① 0.1 ② 1

③ 10 ④ 20

방사선 가중치 : 생물학적 효과를 동일한 선량값으로 보정해 주기 위해 도입한 가중치

[방사선 가중치(방사선방호 등에 관한 기준 별표 1)]

종 류	에너지(E)	방사선 가중치 (W_R)
광 자	전 에너지	1
전자 및 뮤온	전 에너지	1
	$E < 10keV$	5
	$10{\sim}100keV$	10
중성자	$100keV{\sim}2MeV$	20
	$2{\sim}20MeV$	10
	$20MeV < E$	5
반조양자 이외의 양자	$E > 2MeV$	5
α입자, 핵분열 파편, 무거운 원자핵		20

32 스테인리스강 용접부의 방사선투과시험방법 및 투과사진의 등급 분류방법(KS D 0237)에서 무게와 두께가 0.8cm이고, 맞대기 이음으로 한쪽 면에 덧살이 있게 용접한 시험편의 재료 두께는 얼마인가?

① 0.8cm ② 1.0cm

③ 1.2cm ④ 1.4cm

KS D 02370에 따라 한쪽 면 덧살이 있는 시험편의 재료 두께 0.8cm에 2mm를 더하면 1.0cm가 된다.
각종 이음 부위에서의 모재 두께와 재료 두께

이음의 종류	모재의 두께 (mm)	용접부의 모양	재료의 두께 (mm)
맞대기 이음	T	덧살 없음	T
맞대기 이음	T	한쪽면 덧살	$T+2$
맞대기 이음	T	양면 덧살	$T+4$
맞대기 이음	T	한쪽면 덧살 덧댐쇠 있음 (두께 T'mm)	$T+2+T'$
맞대기 이음 (이중벽 촬영)	T	덧살 없음	$2.0 \times T$
맞대기 이음 (이중벽 촬영)	T	한쪽면 덧살	$2.0 \times T + 2$
맞대기 이음 (이중벽 촬영)	T	양면 덧살	$2.0 \times T + 4$
T 이음	T		$2.2 \times T$
T 이음	$T_1 \neq T_2$		$1.1 \times (T_1 + T_2)$

비고 : 모재의 두께는 호칭 두께로 한다. 맞대기 이음에 있어서 모재의 두께가 다를 경우에는 얇은 쪽의 두께 T_1을 T로 한다.

33 스테인리스강 용접부의 방사선투과시험방법 및 투과사진의 등급분류방법(KS D 0237)에 따른 투과사진에 대한 결함 등급의 분류방법으로 옳지 않은 것은?

① 결함의 종류를 4종류로 분류하고 있다.

② 균열 및 이와 유사한 결함은 모두 4급으로 등급 분류한다.

③ 표면에 발생한 언더컷(Undercut)은 스테인리스강에서 중요한 내용이므로 등급 분류를 정확히 하여야 한다.

④ 금속조직 등에 기인하는 선상 또는 반점상의 음영은 강도의 저하에 미치는 영향이 거의 없으므로 등급 분류에 포함시키지 않는다.

해설
KS D 0237에서 언더컷 등의 표면 결함의 판정은 이 등급 분류에 포함되어 있지 않다.

34 원자력안전법에서 정한 연간 유효 선량한도로 옳은 것은?

① 일반인 : 5mSv

② 수시 출입자 : 6mSv

③ 운반종사자 : 30mSv

④ 방사선 작업종사자 : 연간 100mSv를 넘지 않는 범위에서 5년간 300mSv

해설
선량 한도

구 분		방사선 작업 종사자	수시출입자 및 운반종사자	일반인
유효선량한도		연간 50mSv를 넘지 않는 범위에서 5년간 100mSv	연간 6mSv	연간 1mSv
등가 선량 한도	수정체	연간 150mSv	연간 15mSv	연간 15mSv
	손발 및 피부	연간 500mSv	연간 50mSv	연간 50mSv

35 타이타늄 용접부의 방사선투과시험방법(KS D 0239)에 의한 투과사진의 흠집의 상분류방법 중 모재의 두께 15mm인 용접부에서 산정하지 않는 흠의 치수 규정은?

① 0.3mm 이하

② 0.4mm 이하

③ 0.5mm 이하

④ 0.7mm 이하

해설
KS D 0239에서 산정하지 않는 흠의 치수는 모재의 두께 10mm 이하는 0.3mm, 10mm 초과 20mm 이하는 0.4, 20mm 초과 25mm 이하는 0.7mm이다.

36 방사선에 의한 만성 장해 및 급성 장해에 관한 설명으로 옳은 것은?

① 유전적 영향은 급성 장해이다.

② 방사선 피폭에 의한 암은 급성 장해이다.

③ 홍반, 구토 등이 발생하면 급성 장해라고 할 수 있다.

④ 손의 과피폭 시 화상이 발생하면 만성장해라고 할 수 있다.

해설
급성 장해와 지발성 장해
• 급성 장해 : 단시간에 많은 피폭을 받았을 때 나타나는 피폭
• 지발성 장해 : 피폭 후 장시간 경과한 후 나타나는 장해로 피폭을 받지 않아도 발생되는 증세(백혈병, 악성종양, 재생 불량성 빈혈, 백내장 등)가 많아 분류하기 어려움

37 알루미늄 주물의 방사선투과시험방법 및 투과사진의 등급분류방법(KS D 0241)에서 방사선 투과사진 촬영 시 사용되는 선원은 원칙적으로 조사시간에 적합한 어떤 에너지를 사용하도록 규정하고 있는가?

① 중간값 에너지
② 가장 낮은 에너지
③ 산술평균 에너지
④ 가장 높은 에너지

해설
선원(KS D 0241) : 방사선 에너지는 원칙적으로 조사시간에 적합한 가장 낮은 에너지를 사용한다.

38 강용접 이음부의 방사선투과시험방법(KS B 0845)에서 투과사진의 최고 농도가 2.5의 투과사진을 관찰하고자 할 때 관찰기의 종류로 옳은 것은?

① $300cd/m^2$ 이상 $3,000cd/m^2$ 미만
② $3,000cd/m^2$ 이상 $10,000cd/m^2$ 미만
③ $10,00cd/m^2$ 이상 $30,000cd/m^2$ 미만
④ $3,000cd/m^2$ 이상

해설
관찰기 : 투과사진의 관찰기는 투과사진의 농도에 따라 다음 표에서 규정하는 휘도를 갖는 것을 사용한다.
관찰기의 사용 구분

관찰기의 휘도요건(cd/m^2)	투과사진의 최고 농도
300 이상 3,000 미만	1.5 이하
3,000 이상 10,000 미만	2.5 이하
10,000 이상 30,000 미만	3.5 이하
30,000 이상	4.0 이하

39 강용접 이음부의 방사선투과시험방법(KS B 0845)에서 사용되는 계조계를 모재부 필름쪽에 놓을 때의 모재 최대 두께는?

① 20mm 이하
② 30mm 이하
③ 40mm 이하
④ 50mm 이하

해설
계조계는 모재의 두께가 50mm 이하인 용접 이음부에 대해서 다음 표의 구분에 따라 사용하고, 시험부의 유효 길이의 중앙 부근에서 멀리 떨어지지 않은 경우 모재부의 필름쪽에 둔다. 다만, 계조계의 값이 다음의 표에서 표시하는 값 이상이 되는 경우에는 계조계를 선원측에 둘 수 있다.
계조계의 적용 구분

모재의 두께(mm)	계조계의 종류
20.0 이하	15형
20.0 초과 40.0 이하	20형
40.0 초과 50.0 이하	25형

40 알루미늄 주물의 방사선투과시험방법 및 투과사진의 등급 분류방법(KS D 0241)에서 촬영방법 중 촬영 및 현상 처리과정의 확실한 흐름이 나타나는 필름은 정기적으로 제거해야 한다고 규정하고 있다. 이때 흐름의 농도는 몇 이하로 하는 것이 바람직하다고 규정하고 있는가?

① 0.2
② 0.5
③ 2.0
④ 3.0

해설
촬영 및 현상처리
• 필름 농도 : 시험부 및 투과도계 위치에서의 필름농도는 2.0~3.0 사이에 있도록 촬영 및 현상조건을 설정하는 것이 바람직하다.
• 필름의 흐름 : 확실한 흐름이 나타나는 필름은 정기적으로 제거하여야 한다. 흐름의 농도는 0.2 이하로 하는 것이 바람직하다.

41 원자력안전법에서 정하는 방사선 발생장치에 속하지 않는 것은?

① X선 발생장치
② 사이클로트론
③ GM 카운터
④ 선형 가속장치

해설

GM 카운터는 방사능을 검출하는 데 사용된다.
방사선발생장치(원자력안전법 시행령 제8조)
• 엑스선발생장치
• 사이클로트론(Cyclotron)
• 싱크로트론(Synchrotron)
• 싱크로사이클로트론(Synchro-cyclotron)
• 선형가속장치
• 베타트론(Betatron)
• 반·데 그라프형 가속장치
• 콕크로프트·왈톤형 가속장치
• 변압기형 가속장치
• 마이크로트론(Microtron)
• 방사광가속기
• 가속이온주입기
• 그 밖에 위원회가 정하여 고시하는 것(위원회가 정하는 용도의 것과 용량 이하의 것은 제외)

42 강용접 이음부의 방사선투과시험방법(KS B 0845)에서 규정하고 있는 A급 상질의 투과사진 농도범위는?

① 1.0 이상 3.5 이하
② 1.0 이상 3.0 이하
③ 1.3 이상 4.0 이하
④ 1.8 이상 4.0 이하

해설

사진 농도범위(KS B 0845)

영상질의 종류	농도범위
A급	1.3 이상 4.0 이하
B급	1.8 이상 4.0 이하

43 Pb계 청동 합금으로 주로 항공기, 자동차용의 고속 베어링으로 많이 사용되는 것은?

① 켈 밋
② 톰 백
③ Y합금
④ 스테인리스

해설

Cu계 베어링 합금 : Cu계 베어링 합금에는 포금, 인청동, 납청동계의 켈밋 및 Al계 청동이 있으며, 켈밋은 Cu에 Pb을 첨가한 것으로 주로 항공기, 자동차용 고속 베어링으로 적합하다.

44 1성분계 상태도에서 3중점에 대한 설명으로 옳은 것은?

① 세 가지 기압이 겹치는 점이다.
② 세 가지 온도가 겹치는 점이다.
③ 세 가지 상이 같이 존재하는 점이다.
④ 세 가지 원소가 같이 존재하는 점이다.

해설

물질의 상태가 특정한 온도, 압력에서 고체상, 액체상, 기체상이 모두 평형을 이루어 공존하는 상태를 말한다. 예를 들어 공기가 없는 순수한 물의 3중점에서는 물, 얼음, 수증기가 동시에 존재한다.

45 계(System)의 구성원을 나타내는 것은?

① 성 분
② 상 률
③ 평 형
④ 복합상

해설

계(System)란 열역학적 논의의 대상이 되는 어떤 물질을 의미하며, 계의 평형 상태를 나타내는 방법 중 가장 많이 쓰이는 것은 상태도이다. 계의 상태의 복잡한 정도는 계 내에 존재하는 성분의 수에 의해 결정된다.

46 탄소강 중에 포함되어 있는 망간(Mn)의 영향이 아닌 것은?

① 고온에서 결정립 성장을 억제시킨다.

② 주조성을 좋게 하고 황(S)의 해를 감소시킨다.

③ 강의 담금질 효과를 증대시켜 경화능을 크게 한다.

④ 강의 연신율은 그다지 감소시키지 않으나 강도, 경도, 인성을 감소시킨다.

해설
망간(Mn) : 적열취성의 원인이 되는 황(S)를 MnS의 형태로 결합하여 슬래그(Slag)를 형성하여 제거되어, 황의 함유량을 조절하며 절삭성을 개선시킨다. 또한 강인성, 내식성, 내산성을 증가시킨다.

47 다음 중 진정강(Killed Steel)이란?

① 탄소(C)가 없는 강

② 완전 탈산한 강

③ 캡을 씌워 만든 강

④ 탈산재를 첨가하지 않은 강

해설
킬드강 : 용강 중 Fe-Si, Al 분말 등 강탈산제를 첨가하여 산소가 거의 없는 완전 탈산된 강으로, 기포가 없고 편석이 적은 장점이 있고, 기계적 성질이 양호하다.

48 Fe – C계 평형상태도에서 냉각 시 A$_{cm}$선이란?

① δ고용체에서 γ고용체가 석출하는 온도선

② γ고용체에서 시멘타이트가 석출하는 온도선

③ α고용체에서 펄라이트가 석출하는 온도선

④ γ고용체에서 α고용체가 석출하는 온도선

해설
A$_{cm}$선 : γ고용체에서 시멘타이트가 석출하는 온도선

49 Y-합금의 조성으로 옳은 것은?

① Al-Cu-Mg-Si

② Al-Si-Mg-Ni

③ Al-Cu-Ni-Mg

④ Al-Mg-Cu-Mn

해설
• Al-Cu-Si : 라우탈(알구시라)
• Al-Ni-Mg-Si-Cu : 로엑스(알니마시구로)
• Al-Cu-Mn-Mg : 두랄루민(알구망마두)
• Al-Cu-Ni-Mg : Y-합금(알구니마와이)
• Al-Si-Na : 실루민(알시나실)
• Al-Mg : 하이드로날륨(알마하 내식 우수)

50 용탕의 냉각과 압연을 동시에 하는 방법으로 리본 형태의 비정질 합금을 제조하는 액체 급랭법은?

① 쌍롤법   ② 스퍼터링법

③ 이온 도금법   ④ 전해 코팅법

해설
비정질 합금
• 금속이 용해 후 고속 급랭시켜 원자가 규칙적으로 배열되지 못하고 액체 상태로 응고되어 금속이 되는 것
• 제조법 : 기체 급랭법(진공 증착법, 스퍼터링법), 액체 급랭법(단롤법, 쌍롤법, 원심 급랭법, 분무법)

51 다음의 강 중 탄소 함유량이 가장 높은 강재는?

① STS3
② SM45C
③ SKH51
④ SNC415

- STS3 : 0.9~1.0%C
- SM45C : 0.42~0.48%C
- SKH51 : 0.80~0.90%C
- SNC415 : 0.13~0.18%C

52 텅스텐은 재결정에 의해 결정립 성장을 한다. 이를 방지하기 위해 처리하는 것을 무엇이라고 하는가?

① 도핑(Doping)
② 라이닝(Lining)
③ 아말감(Amalgam)
④ 비탈리움(Vitalium)

해설
도핑이란 금속학에서 고의적으로 미소량의 물질을 재료에 첨가제로 집어넣어 그 물성을 개선하는 것이다. 텅스텐의 필라멘트는 백열되면 재결정에 의해 단선이 되므로, 약 0.2%의 알루미나산화나트륨 또는 실리카를 첨가시켜 재결정을 방지하게 도핑을 하게 된다.

53 Cu에 3~5%Ni, 1%Si, 3~6%Al을 첨가한 합금으로 CA합금이라고 하며, 스프링 재료로 사용되는 것은?

① 문쯔메탈
② 코슨합금
③ 길딩메탈
④ 커트리지 브래스

해설
- Ni 청동 : Cu-Ni-Si 합금, 전선 및 스프링재에 사용, 코슨합금이 대표적 합금
- CA 합금 : 이 합금에 3~6%Al을 첨가한 합금, 스프링 재료
- CAZ 합금 : CA 합금에 10% 이하인 Zn을 첨가한 합금, 장거리 전선용

54 고용융점 금속이 아닌 것은?

① W
② Ta
③ Zn
④ Mo

해설
금속의 용융점

Ti	1,670℃	Co	1,480℃	Mg	651℃
Sn	231℃	In	155℃	Mn	1,260℃
Pb	327℃	Al	660℃	W	3,410℃
Cr	1,615℃	Ca	810℃	Ta	3,017℃
Zn	420℃	Mo	2,610℃	Fe	1,538℃
Ni	1,455℃	Cu	1,083℃	Au	1,063℃

55 조성은 30~32%, Ni, 4~6% Co 및 나머지 Fe를 함유한 합금으로 20℃에서 팽창계수가 0(Zero)에 가까운 합금은?

① 알민(Almin)
② 알드리(Aldrey)
③ 알클래드(Alclad)
④ 슈퍼인바(Super Invar)

해설
불변강은 탄성계수가 매우 낮은 금속으로 인바, 엘린바 등이 있다. 엘린바의 경우 36%Ni+12%Cr 나머지 철로 된 합금이며, 인바의 경우 36%Ni+0.3%Co+0.4%Mn 나머지 철로 된 합금이다. 슈퍼인바는 팽창계수가 0에 가까운 합금이다.

56 주철의 주조성을 알 수 있는 성질로 짝지어진 것은?

① 감쇠능, 피삭성
② 유동성, 수축성
③ 경도성, 강도성
④ 내열성, 내마멸성

해설
주철의 주조성으로 유동성 및 수축성이 해당된다.

57 상온에서 면심입방격자(FCC)의 결정구조를 갖는 것끼리 짝지어진 것은?

① Ba, Cr
② Ni, Ag
③ Mg, Cd
④ Mo, Li

해설
결정구조
• 체심입방격자(Body Centered Cubic)
 − Ba, Cr, Fe, K, Li, Mo, Nb, V, Ta
 − 배위수 : 8, 원자충전율 : 68%, 단위 격자 속 원자수 : 2
• 면심입방격자(Face Centered Cubic)
 − Ag, Al, Au, Ca, Ir, Ni, Pb, Ce
 − 배위수 : 12, 원자충전율 : 74%, 단위 격자 속 원자수 : 4
• 조밀육방격자(Hexagonal Centered Cubic)
 − Be, Cd, Co, Mg, Zn, Ti
 − 배위수 : 12, 원자충전율 : 74%, 단위 격자 속 원자수 : 2

58 피복아크용접 시 용접봉의 위빙(Weaving) 운봉 폭은 어느 정도가 가장 좋은가?

① 비드 폭의 2~3배
② 루트 간격의 1~2배
③ 비드 높이의 1~2배
④ 심선 지름의 2~3배

해설
피복아크용접 시 용접봉 위빙 운봉 폭은 심선 지름의 2~3배가 가장 좋다.

59 다음 중 야금적 접합방법이 아닌 것은?

① 융 점
② 압 점
③ 납 땜
④ 리벳 이음

해설
리벳 이음은 리벳을 사용하여 금속의 판이나 형강을 체결하는 이음으로 사용하며, 융점, 압점, 납땜은 모두 녹여서 접합하는 방법이다.

60 다음 용접법 중 금속 전극을 사용하는 보호아크용접법은?

① MIG 용접
② 테르밋 용접
③ 심 용접
④ 전자빔 용접

해설
불활성 가스용접(MIG, TIG)는 보호가스 분위기에서 전극을 보호할 수 있다.

01 방사선투과시험 시 암실에 비치해야 할 최소한의 기기만으로 구성된 것은?

① 현상탱크, 세척탱크, 암등, 싱크대
② 현상탱크, 필름보관함, Ir-192 저장함, 암등
③ 압력탱크, 싱크대, 암등, 필름보관함
④ 세척탱크, 싱크대, 암등, Ir-192 저장함

해설
방사선투과시험 시 암실에는 현상탱크, 세척탱크, 암등, 싱크대는 반드시 필요하다.

02 압연한 판재의 래미네이션(Lamination)을 찾아낼 수 있는 가장 좋은 비파괴검사법은?

① 방사선투과시험
② 초음파탐상시험
③ 침투탐상시험
④ 자분탐상시험

해설
초음파탐상법 중 수직탐상법은 래미네이션 검출에 효과적이다.

03 와전류탐상검사에서 신호 대 잡음비(S/N비)를 변화시키는 것이 아닌 것은?

① 주파수의 변화
② 필터(Filter)회로 부가
③ 모서리효과(Edge Effect)
④ 충전율 또는 리프트오프(Lift-off)의 개선

해설
• 리프트오프효과(Lift-off Effect) : 탐촉자-코일 간 공간효과로 작은 상대거리의 변화에도 지시가 크게 변화는 효과이다.
• 표피효과(Skin Effect) : 교류전류가 흐르는 코일에 도체가 가까이 가면 전자유도현상에 의해 와전류가 유도되며, 이 와전류는 도체의 표면 근처에서 집중되어 유도되는 효과이다.
• 모서리효과(Edge Effect) : 코일이 시험체의 모서리 또는 끝 부분에 다다르면 와전류가 휘어지는 효과로, 모서리에서 3mm 정도는 검사가 불확실하다.

04 초음파탐상시험에서 표준이 되는 장치나 기기를 조정하는 과정을 무엇이라고 하는가?

① 경사각 탐상
② 보 정
③ 감 쇠
④ 상관관계

해설
초음파탐상에서 표준이 되는 STB를 이용하여 기기를 조정하는 것을 보정이라고 한다.

정답 1 ① 2 ② 3 ③ 4 ②

05 자분탐상시험에 대한 설명 중 틀린 것은?

① 표면결함검사에 적합하다.
② 반자성체에 적용할 수 있다.
③ 시험체의 크기에는 크게 영향을 받지 않는다.
④ 침투탐상시험만큼 엄격한 전처리가 요구되지 않는다.

해설
자분탐상시험은 강자성체의 시험체 결함에서 생기는 누설자장을 이용하는 것으로, 반자성체에는 적용할 수 없다.

06 X선관의 구조물에 관한 설명으로 틀린 것은?

① 양극 후드의 극의 수명을 연장해 준다.
② 집속통은 음전자의 확산을 방지해 준다.
③ 창은 X선의 흡수가 적은 물질로 되어 있다.
④ 실효 초점의 크기는 핀홀사진으로 측정할 수 있다.

해설
X선관의 구조물은 양극 후드의 극 수명을 연장하지 않는다.

07 방사선투과시험 시 관용도(Latitude)가 큰 필름을 사용했을 때 나타나는 현상은?

① 관전압이 올라간다.
② 관전압이 내려간다.
③ 콘트라스트가 높아진다.
④ 콘트라스트가 낮아진다.

해설
관용도(노출 허용도)
• 주어진 흑화도 범위 내에서 1장의 투과사진에 나타날 수 있는 시험체의 두께 범위
• 70kV, 150kV를 촬영한 스텝웨지 시험편의 명암도 차이로, 투과사진의 명암도가 높으면 관용도가 낮아지고, 명암도가 낮으면 관용도가 높아진다.

08 코일법으로 자분탐상시험을 할 때 요구되는 전류는 몇 A인가?(단, $\frac{L}{D}$은 3, 코일의 감은 수는 10회, 여기서 L은 봉의 길이이며, D는 봉의 외경이다)

① 40
② 700
③ 1,167
④ 1,500

해설
코일법으로 자화시킬 때 자화전류의 양은 $IN = \frac{45,000}{L/D}$ 이다
(여기서, I : 자화전류, N : 코일의 감은 수[turns], L : 시험체의 길이, D : 시험체의 외경).
$I \times 10 = \frac{45,000}{3}$, ∴ $I = 1,500$A

09 주조물의 방사선투과검사에서 나타나지 않는 결함은?

① 핫티어(Hot Tear)
② 콜드셧(Cold Shut)
③ 편석(Segregation)
④ 언더컷(Undercut)

해설
언더컷 : 용접 불량의 일종으로, 용접봉 유지 각도나 운봉 속도의 부적당 등에 의해 생기는 결함이다. 용접부의 언더컷 검출에는 음향방출시험이 적합하다.

10 X선 발생장치의 주요 구성 3요소로 올바른 것은?

① X선관, 필라멘트, 정류기
② X선관, 고전압발생기, 제어기
③ 표적(타깃), 제어기, 라디에이터
④ 표적(타깃), 전류제어기, 조리개

해설
X선 발생장치의 주요 구성요소에는 X선관, 고전압발생기, 제어기가 있다.

11 자분탐상시험 시 시험체 표면의 오염물 중 증기세척법으로 제거할 수 있는 것 중 대표적인 것은?

① 오일이나 그리스 등 유기질 불순물
② 녹
③ 진공 증착된 부분을 벗겨낼 때
④ 기계 가공된 원형 자국

해설
증기세척법으로는 오일 및 그리스 등 유기질 불순물을 제거할 수 있다.

12 형광증감지의 특징을 바르게 설명한 것은?

① 연박증감지보다 증감률이 낮다.
② 연박증감지보다 노출시간이 짧아진다.
③ 연박증감지보다 산란선 저감효과가 나쁘다.
④ 연박증감지보다 콘트라스트가 높다.

해설
형광증감지(Fluorescent Intensifying Screen)
• 칼슘 텅스테이트(Ca-Ti)와 바륨 리드 설페이트(Ba-Pb-S) 분말과 같은 형광물질을 도포한 증감지이다.
• X선에서 나타나는 형광작용을 이용한 증감지로 조사시간을 단축하기 위해 사용한다.
• 높은 증감률을 가지고 있지만, 선명도가 나빠 미세한 결함 검출에는 부적합하다.
• 노출시간을 10~60% 줄일 수 있다.

13 방사선투과시험에 사용하고 있는 Ir-192 동위원소의 양성자수는?

① 76
② 77
③ 86
④ 87

해설
Ir : 원자번호 77, 표준 원자량 192g/mol, 녹는점 2,446℃

14 방사선 측정기의 사용목적이 틀린 것은?

① 단창형 GM계수관 - 방사능 측정
② 전리함식 계수관 - 방사선량률 측정
③ 섬광계수장치 - γ선의 에너지 스펙트럼 측정
④ BF3 계수관 - β방사선량 측정

해설
β선은 GM계수관식으로 측정 가능하다.

15 KS D 0227에서 주강품의 복합 필름을 2장 포개서 관찰하는 경우 각각의 최저 농도와 포갠 경우 최고 농도는?

① 최저 농도 0.3 이상, 최고 농도 3.5 이하
② 최저 농도 0.5 이상, 최고 농도 3.5 이하
③ 최저 농도 0.8 이상, 최고 농도 4.0 이하
④ 최저 농도 1.0 이상, 최고 농도 4.0 이하

해설
KS D 0227은 주강품의 방사선투과검사방법으로 복합 필름을 2장 포개서 관찰하는 경우, 각각 투과사진의 최저 농도는 0.8 이상, 최고 농도는 4.0 이하이어야 한다.

16 원자력안전법 시행령에서 규정하는 수시출입자의 피폭에 대한 연간 유효선량한도로 올바른 것은?

① 1.2mSv ② 6mSv

③ 150mSv ④ 1.5mSv

해설
선량한도

구 분		방사선 작업 종사자	수시출입자 및 운반종사자	일반인
유효선량한도		연간 50mSv를 넘지 않는 범위에서 5년간 100mSv	연간 6mSv	연간 1mSv
등가 선량 한도	수정체	연간 150mSv	연간 15mSv	연간 15mSv
	손발 및 피부	연간 500mSv	연간 50mSv	연간 50mSv

17 흡수선량에 대한 SI단위로 그레이(Gy)를 사용한다. 10rad를 그레이(Gy)로 환산하면 얼마인가?

① 0.01Gy

② 0.1Gy

③ 1Gy

④ 10Gy

해설
라드(Roentgen Absorbed Dose : rad)
• 방사선의 흡수선량을 나타내는 단위
• 흡수선량 : 방사선이 어떤 물질에 조사되었을 때, 물질의 단위질량당 흡수된 평균 에너지
• 1rad는 방사선의 물질과의 상호작용에 의해 그 물질 1g에 100erg (Electrostatic Unit, 정전단위)의 에너지가 흡수된 양(1rad = 100erg/g = 0.01J/kg)
• SI 단위로는 Gy(Gray)를 사용한다. 1Gy = 1J/kg = 100rad

18 KS B 0845에 의한 계조계의 종류, 구조, 치수 및 재질에 대한 설명으로 잘못된 것은?

① 계조계의 종류로는 15형, 25형, 35형이 있다.

② 계조계의 두께에 대한 치수 허용차는 ±5%이다.

③ 계조계의 한 변의 길이에 대한 치수 허용차는 ±5mm이다.

④ 계조계의 재질은 KS D 3503에 규정하는 강재로 한다.

해설
계조계의 적용 구분

모재의 두께	계조계의 종류
20.0 이하	15형
20.0 초과 40.0 이하	20형
40.0 초과 50.0 이하	25형

19 다음 기기 중 설명이 잘못된 것은?

① TLD(티엘디)는 개인 피폭선량 측정용이다.

② 서베이미터는 교정하지 않아도 된다.

③ 동위원소 회수 시 서베이미터로 관찰해야 한다.

④ 포켓도시미터로 선량률을 측정해서는 안 된다.

해설
서베이미터는 피폭관리 측정기기로, 최소 6개월에 한 번은 검사 및 교정을 받아야 한다.

20 임의의 선원으로부터 5m 거리에서의 선량률이 50 mR/h이라고 한다면 동일 조건에서 거리가 10m인 지점에서의 이 선원의 선량률은?

① 25mR/h ② 20mR/h

③ 12.5mR/h ④ 6.25mR/h

해설
역제곱의 법칙 $I = I_0 \times \left(\dfrac{d_0}{d}\right)^2$ 을 이용하여,

$50 \times \dfrac{5^2}{10^2} = 50 \times \dfrac{25}{100} = 12.5 \text{mR/h}$ 가 된다.

21 강용접 이음부의 방사선투과시험방법(KS B 0845)의 맞대기 용접 이음부 촬영배치에 대한 설명으로서 선원과 필름 사이의 거리는 시험부의 선원측 표면과 필름 사이 거리의 m배 이상으로 한다고 규정하고 있다. 여기서 상질이 B급일 경우 m에 대한 설명으로 옳은 것은?

① $\dfrac{3 \times \text{선원치수}}{\text{투과도계의 식별 최소 선지름}}$ 또는 6의 큰 쪽 값

② $\dfrac{4 \times \text{선원치수}}{\text{투과도계의 식별 최대 선지름}}$ 또는 6의 큰 쪽 값

③ $\dfrac{3 \times \text{선원치수}}{\text{투과도계의 식별 최소 선지름}}$ 또는 7의 큰 쪽 값

④ $\dfrac{4 \times \text{선원치수}}{\text{투과도계의 식별 최대 선지름}}$ 또는 7의 큰 쪽 값

해설
KS B 0845 촬영배치
선원과 필름 간의 거리($L_1 + L_2$)는 시험부의 선원측 표면과 필름 간의 거리 L_2의 m배 이상으로 한다. m의 값은 상질의 종류에 따라서 부속서 1 표 2로 한다.
[부속서 1 표 2. 계수 m의 값]

상질의 종류	계수 m
A급	$\dfrac{2f}{d}$ 또는 6의 큰 쪽의 값
B급	$\dfrac{3f}{d}$ 또는 7의 큰 쪽의 값

22 1rem에 대한 국제단위인 시버트(Sv)로 환산한 값은?

① 1Sv
② 0.1Sv
③ 0.01Sv
④ 1mSv

해설
렘(Roentgen Equivalent Man : rem)
• 방사선의 선량당량(Dose Equivalent)을 나타내는 단위
• 방사선 피폭에 의한 위험의 객관적인 평가 척도
• SI단위로는 Sv(Sievert)를 사용한다. 1Sv = 1J/kg = 100rem

23 다음 중 방사선 선량한도의 정의로 옳은 것은?

① 내부에 피폭되는 방사선량값
② 외부에 피폭되는 방사선량값
③ 외부에 피폭되는 방사선량과 내부에 피폭되는 방사선량을 합한 피폭 방사선량의 상한값
④ 외부에 피폭되는 방사선량과 내부에 피폭되는 방사선량을 합한 피폭 방사선량의 하한값

해설
선량한도 : 원자력안전법에 허용된 범위 내에서 방사선 피폭을 합리적으로 최소화하기 위한 한도로, 외부 피폭되는 방사선량과 내부 피폭 방사선량을 합한 방사선량의 합이다.

24 강용접 이음부의 방사선투과시험방법(KS B 0845)에 따라 두께 30mm 강판의 맞대기 용접 이음을 촬영하려고 할 때 어떤 계조계를 사용하여야 하는가?

① 15형
② 20형
③ 25형
④ 30형

해설
계조계의 적용 구분(KS B 0845)

모재의 두께	계조계의 종류
20.0 이하	15형
20.0 초과 40.0 이하	20형
40.0 초과 50.0 이하	25형

25 스테인리스강 용접부의 방사선투과시험방법 및 투과사진의 등급 분류방법(KS D 0237)에 따른 투과사진에 대한 결함 등급의 분류방법으로 옳지 않은 것은?

① 결함의 종류를 4종류로 분류하고 있다.

② 균열 및 이와 유사한 결함은 모두 4급으로 등급 분류한다.

③ 표면에 발생한 언더컷(Undercut)은 스테인리스강에서 중요한 내용이므로 등급 분류를 정확히 하여야 한다.

④ 금속조직 등에 기인하는 선상 또는 반점상의 음영은 강도의 저하에 미치는 영향이 거의 없으므로 등급 분류에 포함하지 않는다.

해설
언더컷 등의 표면결함의 판정은 KS D 0237 등급 분류에 포함하지 않고 있다.

26 강용접 이음부의 방사선투과시험방법(KS B 0845)에 따라 강관의 원둘레 용접 이음부를 투과시험할 때 촬영방법의 투과사진 상질의 적용을 모두 바르게 나타낸 것은?

① 내부 선원 촬영방법 : A급, P2급

② 내부 필름 촬영방법 : B급, P2급

③ 2중벽 단일면 촬영방법 : B급, P1급

④ 2중벽 양면 촬영방법 : P1급, P2급

해설
투과사진의 상질의 종류
[부속서 2 표 1. 투과 사진의 상질의 적용 구분]

촬영 방법	상질의 종류		
내부선원 촬영방법	A급	B급*	P1급**
내부필름 촬영방법	A급	B급*	P1급**
2중벽 단일면 촬영방법	A급*	P1급	P2급**
2중벽 양면 촬영방법	P1급*	P2급	

27 다음 중 γ선 조사기에 사용되는 차폐용기로 가장 효율적인 것은?

① 철 ② 고령토

③ 콘크리트 ④ 고갈우라늄

해설
차폐 : 선원과 작업자 사이에는 차폐물을 사용할 것
• 방사선을 흡수하는 납, 철판, 콘크리트, 우라늄 등을 이용한다.
• 차폐체의 재질은 일반적으로 원자번호 및 밀도가 클수록 차폐효과가 크다.
• 차폐체는 선원에 가까이 할수록 차폐제의 크기를 줄일 수 있어 경제적이다.

28 강용접 이음부의 방사선투과시험방법(KS B 0845)에 의거 강판의 T용접 이음부에만 사용되는 투과사진의 상질 적용에 해당되는 것은?

① A급 ② B급

③ F급 ④ P1급

해설
투과사진의 상질의 적용 구분(KS B 0845)

용접 이음부의 모양	상질의 종류
강판의 맞대기 용접 이음부 및 촬영 시의 기하학적 조건이 이와 동등하다고 보는 용접 이음부	A급, B급
강관의 원둘레 용접 이음부	A급, B급, P1급, P2급
강판의 T용접 이음부	F급

29 알루미늄 평판 접합 용접부의 방사선투과시험방법(KS D 0242)에서 알루미늄 계조계의 형 종류로 맞는 것은?

① A, B, C ② D, E, F, G

③ A, B, D ④ A1, A2, B1, B2

해설
계조계의 종류 : D1, D2, D3, D4, E2, E3, E4, F0, G0형이 있다.

30 주강품의 방사선투과시험방법(KS D 0227)에서 투과도계를 시험부 선원쪽 면 위에 놓기 곤란할 경우 시험부의 필름쪽 면에 밀착시켜 촬영할 수 있다. 이 경우 투과도계와 필름 사이의 거리 규정으로 옳은 것은?

① 투과도계 식별 최소 선지름의 10배 이상
② 투과도계 식별 최소 선지름의 5배 이상
③ 투과도계 식별 최소 선지름의 2배 이상
④ 투과도계 식별 최소 선지름의 1배 이상

해설
KS D 0227 투과도계를 시험부 선원쪽의 면 위에 놓기 곤란한 경우
• 투과도계를 시험부의 필름쪽 면 위에 밀착시켜 놓을 수 있다.
• 투과도계와 필름 사이의 거리는 투과도계의 식별 최소 선지름의 10배 이상 떨어뜨려 촬영한다.
• 투과도계의 부분에 F의 기호를 붙이고 투과사진 위에서 필름쪽에 놓은 것을 알 수 있도록 한다.

31 방사선 안전관리 등의 기술기준에 관한 규칙에 따라 방사성 동위원소를 이동 사용하는 경우에 관한 설명으로 옳지 않은 것은?

① 사용시설 또는 방사선관리구역 안에서 사용하여야 한다.
② 전용 작업장을 설치하거나 차폐벽 등으로 방사선을 차폐하여야 한다.
③ 감마선 조사장치를 사용하는 경우에는 콜리메이터를 반드시 사용할 필요는 없다.
④ 정상적인 사용 상태에서는 밀봉선원이 개봉 또는 파괴될 우려가 없도록 해야 한다.

해설
감마선 조사장치를 사용하는 경우 피폭량 측정을 위해 반드시 콜리메이터를 사용해야 한다.

32 서베이미터의 배율 조정이 ×1, ×10, ×100으로 되어 있는데, 지시 눈금의 위치가 3mR/h이고, 배율 조정 손잡이가 ×100에 있다면 이때 방사선량률은 얼마인가?

① 3mR/h
② 30mR/h
③ 300mR/h
④ 3,000mR/h

해설
지시 눈금이 3mR/h이며, 배율이 ×100이었다면 3×100=300mR/h가 된다.

33 강용접 이음부의 방사선투과시험방법(KS B 0845)에 따라 두께 25mm 강판 맞대기 용접 이음부의 촬영 시 투과도계를 중앙에 1개만 놓아도 되는 경우는?

① 시험부 유효 길이가 투과도계 너비의 3배 이하인 때
② 시험부 유효 길이가 투과도계 너비의 4배 이하인 때
③ 시험부 유효 길이가 시험편 두께의 4배(100mm) 이하인 때
④ 시험부 유효 길이가 시험편 두께의 6배(150mm) 이하인 때

해설
시험부의 유효 길이가 투과도계 너비의 3배 이하인 경우, 투과도계는 중앙에 1개만 둘 수 있다.

34 기하학적 불선명도와 관련하여 좋은 식별도를 얻기 위한 조건으로 옳지 않은 것은?

① 선원의 크기가 작은 X선 장치를 사용한다.
② 필름-시험체 사이의 거리를 가능한 한 멀리한다.
③ 선원-시험체 사이의 거리를 가능한 한 멀리한다.
④ 초점을 시험체의 수직 중심선상에 정확히 놓는다.

해설
필름-시험체 사이 거리를 가능한 한 밀착시켜야 한다.

35 강용접 이음부의 방사선투과시험방법(KS B 0845)에 의한 결함의 분류방법에서 시험 시야의 크기는 어떻게 구분하는가?

① 10×10, 10×20, 10×30
② 10×10, 20×20, 30×30
③ 10×10, 10×20, 10×50
④ 10×10, 30×30, 50×50

해설
시험 시야의 크기(KS B 0845)

(단위 : mm)

모재의 두께	25 이하	25 초과 100 이하	100 초과
시험 시야의 크기	10×10	10×20	10×30

36 방사선을 측정할 때 사용되는 감마상수(γ-factor)에 관한 설명으로 옳은 것은?

① 반감기의 다른 표현이다.
② 방사능 측정 시의 보정인자를 나타낸다.
③ 방사성 물질의 단위를 나타내는 것이다.
④ 방사성 물질 1Ci의 점선원에서 1m 거리에 1시간에 조사되는 조사선량을 나타낸다.

해설
감마상수(γ-factor) : 방사성 물질 1Ci의 점선원에서 1m 거리에 1시간에 조사되는 조사선량을 나타낸 것

37 주강품의 방사선투과시험방법(KS D 0227)에서 갈라짐이 존재하는 경우 흠의 영상 분류로 옳은 것은?

① 1류
② 2류
③ 4류
④ 6류

해설
흠의 치수 측정방법(KS B 0845)
갈라짐이 존재하는 경우에는 항상 6류로 한다.

38 ASEM Sec. V에 의거하여 투과도계 감도를 나타내는 기호 2-2T에서 '2'와 '2T'에 관한 설명으로 옳은 것은?

① 2 : 투과도계 두께(시험체 두께의 2%)
   2T : 꼭 나타나야 할 투과도계 Hole 직경
② 2 : 투과도계 등가감도
   2T : 꼭 나타나야 할 투과도계 Hole 직경
③ 2 : 투과도계 Hole 직경
   2T : 투과도계 두께(시험체 두께의 2%)
④ 2 : 투과도계 등감감도
   2T : 투과도계 두께(시험체 두께의 2%)

해설
2-2T : 투과도계 두께가 2, 투과도계 홀 직경이 2를 나타낸다.

39 주철 조직관계를 대표적으로 나타낸 마우러 조직도에서 X, Y축에 해당되는 것은?

① 냉각속도, 온도
② 온도, 탄소(C)의 영향
③ 인(P) 함량, 황(S) 함량
④ 규소(Si) 함량, 탄소(C) 함량

해설
마우러 조직도 : C, Si의 양과 조직의 관계를 나타낸 조직도

40 다음 중 재료의 연성을 파악하기 위하여 실시하는 시험은?

① 피로시험
② 충격시험
③ 커핑시험
④ 크리프시험

해설
에릭션시험(커핑시험) : 재료의 전·연성을 측정하는 시험으로 Cu판, Al판 및 연성 판재를 가압 성형하여 변형능력을 시험

41 구상흑연주철이 주조 상태에서 나타나는 조직의 형태가 아닌 것은?

① 페라이트형
② 펄라이트형
③ 시멘타이트형
④ 헤마타이트형

해설
구상흑연주철 : 흑연을 구상화하여 균열을 억제시키고, 강도 및 연성을 좋게 한 주철이다. 시멘타이트형, 펄라이트형, 페라이트형이 있으며, 구상화제로는 Mg, Ca, Ce, Ca-Si, Ni-Mg 등이 있다.

42 황동에서 탈아연 부식이란?

① 황동제품이 공기 중에 부식되는 현상
② 황동 중의 탄소가 용해되는 현상
③ 황동이 수용액 중에서 아연이 용해되는 현상
④ 황동 중의 구리가 염분에 녹는 현상

해설
탈아연 부식(Dezincification) : 황동의 표면 또는 내부까지 불순물질이 녹아 있는 수용액의 작용으로 탈아연되는 현상으로, 6-4황동에 많이 사용된다. 방지법으로는 Zn이 30% 이하인 α황동을 쓰거나 As, Sb, Sn 등을 첨가한 황동을 사용한다.

43 금속을 부식시켜 현미경 검사를 하는 이유는?

① 조직 관찰
② 비중 측정
③ 전도율 관찰
④ 인장강도 측정

해설
부식액 적용
금속의 완전한 조직을 얻기 위해서는 얇은 막으로 덮여 있는 표면층을 제거하고, 하부에 있는 여러 조직 성분이 드러나도록 부식시켜야 한다.

44 고Cr계보다 내식성과 내산화성이 더 우수하고 조직이 연해 가공성이 좋은 18-8 스테인리스강의 조직은?

① 페라이트
② 펄라이트
③ 오스테나이트
④ 마텐자이트

해설
오스테나이트(Austenite)계 내열강 : 18-8(Cr-Ni) 스테인리스 강에 Ti, Mo, Ta, W 등을 첨가하여 고온에서 페라이트계보다 내열성이 크다.

45 강의 페라이트 결정입도시험에서 FGC는 어떤 시험방법인가?

① 파괴법
② 절단법
③ 비교법
④ 평적법

해설
페라이트 결정입도 측정법 : KS D 0209에 규정된 강의 페라이트 결정입도시험으로 0.2%C 이하인 탄소강의 페라이트 결정입도를 측정하는 시험법이다. 비교법(FGC), 절단법(FGI), 평적법(FGP)이 있다.

46 보기에서 브리넬 경도(Brinell hardness)시험 방법에 대한 순서로 옳은 것은?

┤ 보기 ├
㉠ 시험면에 압입자를 접촉시킨다.
㉡ 서서히 유압밸브를 열어 유압을 제거하고 핸들을 돌려 시험편을 꺼낸다.
㉢ 유압밸브를 조이고 하중 중추가 떠오를 때까지 유압 레버를 작동시켜 하중을 가한다.
㉣ 시험면이 시험기 받침대와 평형되도록 조정한다.
㉤ 시험하중에 도달하면 철강에서는 15초, 비금속에서는 30초의 하중 유지시간을 준다.

① ㉣ → ㉠ → ㉢ → ㉤ → ㉡
② ㉣ → ㉡ → ㉠ → ㉤ → ㉢
③ ㉣ → ㉢ → ㉡ → ㉤ → ㉠
④ ㉣ → ㉤ → ㉡ → ㉢ → ㉠ → ㉡

해설
브리넬 경도시험 방법
• 시험면이 시험기 받침대와 평행이 되도록 조정한다.
• 상하 조절 레버를 돌려 시험면에 압입자와 밀착(접촉)시킨다.
• 유압밸브를 손으로 돌려 잠근다.
• 하중 레버를 상하로 움직여 하중을 가한다.
• 일정 시간 유지 후 서서히 유압밸브를 열어 유압을 제거하고 핸들을 돌려 시험편을 꺼낸다.
• 확대경을 이용하여 압입된 오목부 지름(d)을 측정한다.
• 브리넬 경도 측정 공식을 사용하여 경도를 측정한 후 H_B값을 작성한다.

47 금속재료에는 잘 이용되지 않으나 광물, 암석 계통에 정성적으로 서로 긁어서 대략의 경도 측정에 사용되는 경도시험은?

① 브리넬 경도
② 마이어 경도
③ 비커스 경도
④ 모스 경도

해설
긁힘 경도계
• 마이어 경도시험 : 꼭지각이 90°인 다이아몬드 원추로 시편을 긁어 평균 압력을 이용하여 측정하는 방법
• 모스 경도시험 : 시편과 표준 광물을 서로 긁어 표준 광물의 경도수에서 추정하는 방법
• 마르텐스 경도시험 : 꼭지각 90°인 다이아몬드 원추로 시편을 긁어 0.1mm의 흠을 내는 데 필요한 하중의 무게를 그램(g)으로 표시하는 측정법
• 줄 경도시험 : 줄로 시편과 표준 시편을 긁어 표준 시편 경도값의 사이값을 비교하는 측정법

48 브리넬 경도계의 탄소강 볼 압입자의 사용범위(HB)는?

① 탄소강 볼 < 400~500
② 탄소강 볼 < 650~700
③ 탄소강 볼 < 800
④ 탄소강 볼 < 850

해설
브리넬 경도에서 볼의 재질에 따른 사용범위는 다음과 같다.

볼의 재질	사용범위(HB)
탄소강 볼	< 400~500
크롬강 볼	< 650~700
텅스텐 카바이드 볼	< 800
다이아몬드 볼	< 850

49 실린더와 피스톤 등과 같이 왕복운동에 의한 미끄럼 마멸을 일으키는 재질을 시험하는 것은?

① 구름마멸시험
② 금속 미끄럼 마멸시험
③ 광물질 미끄럼 마멸시험
④ 왕복 미끄럼 마멸시험

해설
마멸시험의 종류
• 미끄럼 마멸 : 마찰면의 종류가 금속과 비금속일 경우, 금속 및 광물질과 접촉하여 미끄럼 운동을 하는 부분의 마멸을 시험
• 구름마멸시험 : 롤러 베어링, 기어, 차바퀴 같이 회전마찰이 생겨 마멸을 시험
• 왕복 미끄럼 마멸시험 : 실린더, 피스톤 등 왕복운동에 의한 미끄럼 마멸을 시험

50 Ti 및 Ti 합금에 대한 설명으로 틀린 것은?

① Ti은 비중은 약 4.54 정도이다.
② 용융점이 높고 열전도율이 낮다.
③ Ti은 화학적으로 매우 반응성이 강하나 내식성은 우수하다.
④ Ti의 재료 중에 O_2와 N_2가 증가함에 따라 경도는 감소되나 전연성은 좋아진다.

해설
타이타늄과 그 합금 : 비중 4.54, 용융점 1,670℃, 내식성 우수, 조밀육방격자, 고온 성질 우수

51 다음 금속 중 용융 상태에서 응고할 때 팽창하는 것은?

① Sn
② Zn
③ Mo
④ Bi

해설
Bi(비스무트)는 원자번호 83번으로 무겁고 깨지기 쉬운 적색을 띤 금속으로 푸른 불꽃을 내고, 질산과 황산에 잘 녹는다. 수은 다음으로 열전도성이 작고 화장품, 안료에 사용된다.

52 금속의 이온화 경향에 대한 설명으로 틀린 것은?

① 금속이 전자를 잃기 쉬운 경향의 순서이다.
② 이온화 경향이 큰 순서는 K > Ca > Na > Al 이다.
③ 이온화 경향이 작을수록 귀한(Noble) 금속, 즉 귀금속이라고 한다.
④ 이온화 경향의 순서와 전기 음성도의 순서는 서로 반대되는 순서를 지닌다.

해설
• 부식 : 물 또는 대기환경에 의해 금속의 표면이 비금속 화합물로 변하는 것으로, 이온화 경향이 H(수소)보다 작은 경우 부식이 힘들다.
• 내식성 : 부식이 발생하기 어려운 성질이다.
• 이온화 : 금속이 전자를 잃고 양이온으로 되는 것이며, 이온화 경향이 클수록 산화되기 쉽고 전자친화력이 작다. 또한 수소원자 위에 있는 금속은 묽은 산에 녹아 수소를 방출한다.
K > Ca > Na > Mg > Al > Zn > Cr > Fe > Co > Ni
(암기법 : 카카나마알아크철코니)
• 전기 음성도 : 분자에서 원자가 공유 전자쌍을 끌어당기는 상대적 힘의 크기로, 전기 음성도가 가장 큰 플루오린(F) 4.0을 기준으로 다른 원자들의 상대적 값을 정한다.

53 주철에 함유되어 있는 탄소의 형태가 아닌 것은?

① 전탄소　　　　② 공석탄소
③ 유리탄소　　　　④ 화합탄소

해설
주철에 함유된 탄소
• 유리탄소 : 유리된 상태로 존재하며 Si가 많고 냉각속도가 느릴 때 나타나며, 흑연이라고도 한다.
• 화합탄소 : 화합된 상태로 펄라이트 또는 시멘타이트로 존재하며, Fe_3C에서 $3Fe + C$로 분해되는 경우가 있다.
• 전탄소 : 유리탄소와 화합탄소를 합한 탄소량을 의미한다.

54 주기율표상에 나타난 금속원소 중 용융온도가 가장 높은 원소와 가장 낮은 원소로 올바르게 짝지어진 것은?

① 철(Fe)과 납(Pb)
② 구리(Cu)와 아연(Zn)
③ 텅스텐(W)과 이리듐(Ir)
④ 텅스텐(W)과 수은(Hg)

해설
용융점 : 고체 금속을 가열시켜 액체로 변화되는 온도점
각 금속별 용융점

W	3,410℃	Al	660℃
Cr	1,890℃	Mg	650℃
Fe	1,538℃	Zn	420℃
Co	1,495℃	Pb	327℃
Ni	1,455℃	Bi	271℃
Cu	1,083℃	Sn	231℃
Au	1,063℃	Hg	−38.8℃

55 6:4 황동에 1~2% Fe을 첨가한 것으로 강도가 크고 내식성이 좋아 광산기계, 선박용 기계, 화학기계 등에 널리 사용되는 것은?

① 포 금　　　　② 문쯔메탈
③ 규소황동　　　　④ 델타메탈

해설
델타메탈 : 6 : 4 황동에 Fe 1~2% 첨가한 강으로, 강도와 내산성이 우수하며 선박, 화학기계용에 사용한다.

56 에코팁 경도시험의 특징을 설명한 것 중 틀린 것은?

① 경도값의 측정이 수초 내에 완료된다.
② 반발을 이용한 경도시험기의 일종이다.
③ 측정자의 유지 방향(수직, 경사, 수평 등)에 제약이 많다.
④ 조작이 간편하여 경험이 없는 사람도 경도값을 쉽고 정확하게 얻을 수 있다.

해설
에코팁 경도시험 : 기존의 로크웰, 브리넬, 비커즈 경도시험은 압입자를 시편에 직접 자국을 내어 경도를 측정하지만 쇼어와 비슷한 원리로 임팩트 디바이스 안에 임팩트 볼을 스프링의 힘을 빌려 시편의 표면에 충격시켜 반발되기 직전과 반발된 직후의 속도비를 가지고 경도로 환산하는 방식

57 다음 중 모세관현상의 원리를 응용하여 결함을 검사하는 시험은?

① 자분탐상시험　　② 침투탐상시험
③ 음향방출시험　　④ 초음파탐상시험

해설
침투탐상의 원리 : 모세관현상을 이용하여 표면에 열려 있는 개구부(불연속부)에서의 결함을 검출하는 방법

58 기체 흐름의 형태 중 기체의 평균 자유행로가 누설의 단면 치수와 거의 같을 때 발생하는 흐름은?

① 교란 흐름　　② 분자 흐름
③ 전이 흐름　　④ 음향 흐름

해설
기체의 흐름에는 점성 흐름, 분자 흐름, 전이 흐름, 음향 흐름이 있다.
• 점성 흐름
－ 층상 흐름 : 기체가 여유롭게 흐르는 것을 의미하며, 흐름은 누설 압력차의 제곱에 비례한다.
－ 교란 흐름 : 높은 흐름 속도에 발생하며 레이놀즈수 값에 좌우된다.
• 분자 흐름 : 기체 분자가 누설되는 벽에 부딪히며 일어나는 흐름이다.
• 전이 흐름 : 기체의 평균 자유행로가 누설 단면 치수와 비슷할 때 발생한다.
• 음향 흐름 : 누설의 기하학적 형상과 압력하에서 발생한다.

59 가스용접봉의 성분 중 강의 강도는 증가시키나 연신율, 굽힘성 등이 감소되는 성분은?

① C　　② Si
③ P　　④ S

해설
탄소는 강도는 증가시키나 연신율, 굽힘성 등을 감소시킨다.

60 저수소계 용접봉의 건조온도 및 시간으로 다음 중 가장 적당한 것은?

① 70~100℃로 1시간 정도
② 70~100℃로 2시간 정도
③ 300~350℃로 1시간 정도
④ 300~350℃로 2시간 정도

해설
저수소계 용접봉은 300~350℃로 2시간 정도 건조시킨다.

01 고체가 소성변형하면 발생하는 탄성파를 검출하여 결함의 발생, 성장 등 재료 내부의 동적 거동을 평가하는 비파괴검사법은?

① 누설검사
② 음향방출시험
③ 초음파탐상시험
④ 와전류탐상시험

해설
음향방출시험 : 재료의 결함에 응력이 가해졌을 때 음향을 발생시키고 불연속 펄스를 방출하게 되는데, 이러한 미소 음향방출신호들을 검출 분석하는 시험으로 내부 동적 거동을 평가한다.

02 페인트가 칠해진 표면에 침투탐상시험을 해야 하는 경우, 첫 번째 단계는?

① 표면에 조심스럽게 침투액을 뿌린다.
② 페인트를 완전히 제거한다.
③ 세척제로 표면을 완전히 닦아낸다.
④ 페인트로 매끄럽게 칠해진 면을 거칠게 하기 위하여 철솔질을 한다.

해설
침투탐상시험은 모세관현상을 이용한 탐상법으로, 페인트를 제거한 후 탐상해야 한다.

03 침투탐상시험에서 침투액이 고체 표면에 적용될 액체와 고체 표면이 이루는 각을 접촉각이라고 하는데, 액체가 고체 표면을 적시는 능력을 무엇이라고 하는가?

① 밀 도
② 적심성
③ 점 성
④ 표면장력

해설
적심성 : 액체가 고체 등의 면에 젖는 정도로, 접촉각이 작은 경우 적심성이 우수하다고 볼 수 있다.

04 초음파탐상시험에 의해 결합 높이를 측정할 때 결함의 길이를 측정하는 방법은?

① 표면파로 변환하여 측정한다.
② 최대 결함 에코의 높이로부터 최대 에코 높이까지 측정한다.
③ 횡파, 종파의 모드를 변환하여 측정한다.
④ 6dB Drop법에 따라 측정한다.

해설
6dB Drop법을 이용하여 결함 에코가 최대가 되는 지점에서 50% 떨어지는 지점(-6dB지점)까지 측정하는 방법

05 납(Pb)과 같이 비중이 높은 재료에 효율적으로 작용할 수 있는 비파괴검사법은?

① 적외선검사(IRT)
② 음향방출시험(AET)
③ 방사선투과검사(RT)
④ 중성자투과검사(NRT)

해설
내부탐상검사에는 초음파탐상, 방사선탐상, 중성자투과 등이 있으나 비중이 높은 재료에는 중성자투과검사를 사용한다.

06 와전류탐상시험에서 와전류의 분포 및 강도의 변화에 영향을 주는 인자와 가장 거리가 먼 것은?

① 시험체의 전도도
② 시험체의 크기와 형태
③ 접촉매질의 종류와 양
④ 코일과 시험체 표면 사이의 거리

해설
접촉매질의 종류는 와전류탐상시험에서 와전류의 분포 및 강도의 변화와 큰 관계가 없다.

07 누설시험의 '가연성 가스'의 정의로 옳은 것은?

① 폭발범위 하한이 20%인 가스
② 폭발범위 상한과 하한의 차가 10%인 가스
③ 폭발범위 하한이 10% 이하 또는 상한과 하한의 차가 20% 이상인 가스
④ 폭발범위 하한이 20% 이하 또는 상한과 하한의 차가 10% 이상인 가스

해설
가연성 가스란 폭발범위 하한이 10% 이하 또는 상한과 하한의 차가 20% 이상인 가스이다.

08 초음파 진동자에서 초음파의 발생효과는?

① 진동효과   ② 압전효과
③ 충돌효과   ④ 회절효과

해설
압전효과 : 기계적인 에너지를 가하면 전압이 발생하고, 전압을 가하면 기계적인 변형이 발생하는 현상으로, 어떤 소재에 힘을 가하였을 경우 표면에 전압이 발생하고, 반대로 전압을 걸어 주면 소자가 이동하거나 힘이 발생하는 현상이다.

09 방사선투과시험에서 필름현상온도를 15.5℃에서 24℃로 상승시키면 현상시간은 어떻게 해야 하는가?

① 항상 5분으로 한다.
② 15.5℃ 때보다 시간을 길게 한다.
③ 15.5℃ 때보다 시간을 짧게 한다.
④ 현상온도와 현상시간은 서로 무관한 함수이므로 15.5℃와 같은 시간으로 한다.

해설
방사선투과시험에서 필름현상온도가 올라갈수록 반응속도가 빨라지므로, 시간을 더욱 짧게 해야 한다.

10 금속재료의 결함탐상에 일반적으로 사용되는 초음파탐상시험의 주파수 범위에 해당되는 것은?

① 0.5KHz
② 1KHz
③ 2MHz
④ 20MHz

해설
금속재료의 결함탐상 시 초음파탐상법의 주파수 범위는 2~5.5 MHz이다.

11 기체가 방사선에 충돌하여 이온(Ion)화되는 성질을 이용한 기기는?

① X선 변압기
② 필름농도계
③ 필름관찰기
④ 방사선측정기

해설
뢴트겐(R, Roentgen)
• 방사선의 조사선량을 나타내는 단위
• $1R = 2.58 \times 10^{-4}C/kg$
• 조사선량 : X선 또는 γ선이 공기 중의 분자를 이온화시킨 정도를 양으로 표현한 것

13 강용접 이음부의 방사선투과검사(KS B 0845)에서 선원을 관 원주의 내부 중심에 위치시켜 촬영하는 방법에 관한 설명으로 틀린 것은?

① 시험체의 외경이 100mm 이하인 경우에만 적용할 수 있다.
② 1회의 방사선 노출로 전체 원주 용접부를 검사하는 것이 가능하다.
③ 시험체 임의의 지점에서도 방사선이 필름에 대하여 수직으로 투과하므로 선명도가 좋아진다.
④ 모든 방사선 사진에 투과도계의 영상이 반드시 나타날 필요는 없다.

해설
시험체 외경이 100mm 이상인 경우에도 적용 가능하다.

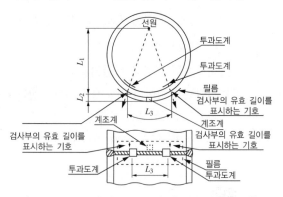

[KS B 0845 부속서 B 내부선원 촬영방법(분할촬영)]

12 X선 발생장치의 작동주기(Duty Cycle)가 50%인 장비로 작업할 때의 설명으로 가장 알맞은 것은?

① 연속촬영이 가능하다.
② 5분 촬영 시 0.5분 쉬면 된다.
③ 5분 촬영 시 5분 쉬면 된다.
④ 5분 촬영 시 50분 쉬면 된다.

14 필름상에 생긴 X선 회절에 의한 얼룩점(반점)을 제거하기 위한 방법으로 가장 적합한 것은?

① 관전압을 올린다.
② 초점거리를 줄인다.
③ 투과도계를 사용한다.
④ 금속형광증감지를 사용한다.

해설
X선 발생장치는 관전압, 관전류, 조사시간을 조절하여 X선을 조절할 수 있다. 반점 발생의 경우 관전압을 올려 제거한다.

15 코발트(CO-60)의 반감기로 옳은 것은?

① 약 2.3년 　　② 약 5.3년

③ 약 7.3년 　　④ 약 9.3년

해설
감마선 선원의 종류별 특성

특성 \ 종류	Tm-170	Ir-192	Cs-137	Co-60
반감기	127일	74.4일	30.1년	5.27년

16 필름에 입사한 방사선의 강도가 10R이고, 필름을 투과한 방사선의 강도가 5R이었다. 이 방사선 투과 사진의 농도는 얼마인가?

① 0.3 　　② 0.5

③ 1.0 　　④ 2.0

해설
투과사진의 흑화도(농도)

$$D = \log \frac{L_0}{L}$$

$$\log\left(\frac{10}{5}\right) = 0.301$$

여기서, L_0 : 빛을 입사시킨 강도, L : 투과된 빛의 강도

17 형광스크린을 사용함으로써 얻을 수 있는 효과에 관한 설명으로 옳은 것은?

① 노출시간을 크게 감소시킨다.

② 사진 명료도가 크게 향상된다.

③ 스크린 반점을 만들지 않는다.

④ 감마선과 더불어 사용할 경우 높은 강화인자를 나타낸다.

해설
형광증감지(Fluorescent Intensifying Screen)
• 칼슘 텅스테이트(Ca-Ti)와 바륨 리드 설페이트(Ba-Pb-S) 분말과 같은 형광물질을 도포한 증감지이다.
• X선에서 나타나는 형광작용을 이용한 증감지로, 조사시간을 단축하기 위해 사용한다.
• 높은 증감률을 가지고 있지만, 선명도가 나빠 미세한 결함 검출에는 부적합하다.
• 노출시간을 10~60% 줄일 수 있다.

18 산란방사선의 영향을 줄이기 위한 방법이 아닌 것은?

① 연질 방사선을 사용한다.

② 증감지를 사용한다.

③ 마스크를 사용한다.

④ 다이어프램을 설치한다.

해설
산란방사선 영향을 최소화하는 방법
• 후면 납판 사용 : 필름 뒤 납판을 사용함으로써 후방 산란방사선 방지
• 마스크 사용 : 제품 주위에 납판을 둘러 불필요한 일차 방사선 방지
• 필터 사용 : X선에 적용 가능하며, 방사선을 선별하여 산란방사선의 발생 저지
• 콜리메이터, 다이어프램, 콘 사용 : 필요한 부분에만 방사선을 보내 주는 방법
• 납증감지의 사용 : 카세트 내 필름 전·후면에 납증감지를 부착해 산란방사선 방지

19 X선 발생장치를 투과시험용으로 선택할 때 고려해야 할 내용과 거리가 먼 것은?

① 방사선의 강도

② 사용 횟수

③ 방사선의 투과능력

④ X선관의 X선 빔 행정거리

해설
X선 발생장치 선택 시 시험체의 두께, 유효 방사선의 강도, 사용 횟수, 방사선의 투과능력을 우선 고려하여 선택한다.

20 방사선투과사진을 관찰한 결과 후면의 상이 시험체의 상에 겹쳐서 나타났을 때 이를 없애기 위한 효과적인 촬영방법은?

① 조리개를 사용한다.
② 선원의 강도를 높인다.
③ 납글자 'B'를 사용한다.
④ 납판을 필름 후면에 놓는다.

<u>해설</u>
납판을 필름 후면에 놓아 산란방사선을 방지한다.

21 필름 입상성이 증가하는 요인을 바르게 나타낸 것은?

① 필름의 속도 감소, 방사선의 에너지 감소
② 필름의 속도 감소, 방사선의 에너지 증가
③ 필름의 속도 증가, 방사선의 에너지 감소
④ 필름의 속도 증가, 방사선의 에너지 증가

<u>해설</u>
방사선투과사진 감도에 영향을 미치는 인자

투과사진 콘트라스트	시험물의 명암도	• 시험체의 두께 차 • 방사선의 선질 • 산란 방사선
	필름의 명암도	• 필름의 종류 • 현상시간 • 온도 및 교반농도 • 현상액의 강도
선명도	기하학적 요인	• 초점크기 • 초점-필름 간 거리 • 시험체-필름 간 거리 • 시험체의 두께 변화 • 스크린-필름접촉상태
	입상성	• 필름의 종류 • 스크린의 종류 • 방사선의 선질 • 현상시간 • 온 도

22 방사선투과검사에서 작은 결함을 보다 쉽게 식별하기 위하여 가능한 한 투과사진의 콘트라스트(Contrast)를 높이려고 할 때 사용할 수 있는 방법으로 적절하지 않은 것은?

① 필름 콘트라스트(Film Contrast)가 큰 특성을 갖는 X선 필름을 선택한다.
② 흡수계수 μ를 크게 하기 위하여 에너지가 낮은 방사선을 사용한다.
③ 조리개와 차폐마스크를 사용하여 방사선 조사범위를 줄임으로써 산란비를 작게 한다.
④ 방사선 노출시간을 줄이기 위하여 초점-필름 간 거리를 줄인다.

<u>해설</u>
투과사진의 콘트라스트 : 방사선을 투과시키면 투과사진에는 결함 부분과 건전부 사이에 강도차 ΔI가 생기고, 투과사진상에서는 ΔI에 비례하여 사진의 농도차가 생기는 것으로 ΔD로 표시한다.
※ 초첨-필름 간 거리는 방사선 투과사진 감도의 선명도를 조정할 때 사용한다.

23 자분탐상검사, 침투탐상검사, 와전류탐상검사와 같은 비파괴검사법과 비교하여 방사선투과검사의 주요 장점에 관한 설명으로 옳지 않은 것은?

① 방사선 빔 방향에 수직한 면상결함의 검출에 효과적이다.
② 내부결함을 검출할 수 있다.
③ 검사결과의 반영구적인 기록을 얻을 수 있다.
④ 조성의 주요 변화에 대한 검출이 가능하다.

<u>해설</u>
방사선탐상의 장점
• 시험체를 한 번에 검사 가능
• 시험체 내부의 결함탐상 가능
• 금속, 비금속, 플라스틱 등 모든 종류의 재료에 적용 가능
• 기록성 및 정확성 우수
• 투과 방향에 대해 두께차가 나는 결함(개재물, 기공, 수축공)탐상 수월

24 방사선투과사진 필름현상 시 일반적으로 사용하는 정지액은?

① 빙초산 1% 수용액

② 빙초산 3% 수용액

③ 빙초산 7% 수용액

④ 빙초산 10% 수용액

해설

방사선 투과사진 필름현상 시 정지액은 초산 혹은 빙초산 3% 수용액을 물에 혼합하여 사용한다.

25 원자력안전법에서 규정하고 있는 일반인에 대한 방사선의 연간 유효 선량한도는 얼마인가?

① 0.5mSv   ② 1mSv

③ 5mSv   ④ 10mSv

해설

선량한도(원자력안전법 시행령 별표 1)

구 분		방사선 작업 종사자	수시출입자 및 운반종사자	일반인
유효선량한도		연간 50mSv를 넘지 않는 범위에서 5년간 100mSv	연간 6mSv	연간 1mSv
등가 선량 한도	수정체	연간 150mSv	연간 15mSv	연간 15mSv
	손발 및 피부	연간 500mSv	연간 50mSv	연간 50mSv

26 방사선투과사진의 현상 작업 중 20℃ 이상의 온도에서 필름의 세척을 오래할 경우 나타나는 현상은?

① 젤라틴의 결정화

② 젤라틴의 연질화

③ 노란색의 얼룩 발생

④ 포그(Fog) 발생

27 방사선 발생장치의 X선관 내부의 집속관(Focusing Cup)의 설명으로 틀린 것은?

① 음극의 구성요소이다.

② 음전자를 집속한다.

③ 발생된 X선의 확산을 방지한다.

④ X선 발생효율을 높인다.

해설

초점컵(Focusing Cup) : 필라멘트 바깥쪽에 위치해 필라멘트에서 발생된 열전자가 이탈되는 것을 제거하는 것

• 전자의 집속을 도와 유효 초점의 크기가 작아져 선명도를 개선

• 재질 : 순철, 니켈

28 강용접 이음부의 방사선투과검사(KS B 0845)에 따라 모재 두께가 6mm인 강판의 맞대기용접부를 상질 A급으로 방사선투과검사할 때 촬영된 투과도계의 식별 최소 선지름은 얼마 이하이어야 하는가?

① 0.1mm 이하   ② 0.125mm 이하

③ 0.16mm 이하   ④ 0.25mm 이하

해설

투과도계의 식별 최소 선지름

(단위 : mm)

모재의 두께	상질의 종류	
	A급	B급
4.0 이하	0.125	0.10
4.0 초과 5.0 이하	0.16	
5.0 초과 6.3 이하		0.125

29 원자력법에서 규정한 대통령령이 정하는 방사선 발생장치에 속하지 않는 것은?

① 엑스선 발생장치

② 사이클로트론

③ GM 카운터

④ 선형 가속장치

해설

GM 카운터는 방사능을 검출하는 데 사용된다.
방사선발생장치(원자력안전법 시행령 제8조)
- 엑스선발생장치
- 사이클로트론(Cyclotron)
- 싱크로트론(Synchrotron)
- 싱크로사이클로트론(Synchro–cyclotron)
- 선형가속장치
- 베타트론(Betatron)
- 반·데 그라프형 가속장치
- 콕크로프트·왈톤형 가속장치
- 변압기형 가속장치
- 마이크로트론(Microtron)
- 방사광가속기
- 가속이온주입기
- 그 밖에 위원회가 정하여 고시하는 것(위원회가 정하는 용도의 것과 용량 이하의 것은 제외)

30 강용접 이음부의 방사선투과검사(KS B 0845)에서 강판 맞대기 용접 이음부를 검사하는 경우 투과 사진의 필요조건이 아닌 것은?

① 계조계의 값

② 검사부의 유효 길이

③ 투과도계의 식별 최소 선지름

④ 시험부의 투과 두께가 최대가 되는 선원의 조사 방향

해설

투과사진의 필요조건으로 투과도계의 식별 최소 선지름, 투과사진의 농도범위, 계조계의 값이 있으며, 검사부의 유효 길이는 3가지의 규정을 만족하는 범위로만 하면 된다.

31 주강품의 방사선투과검사방법(KS D 0227)에 의해 투과 두께가 6mm인 경우 A급 상질에 사용되는 일반형 투과도계로 옳은 것은?

① 02F

② F020

③ 02A

④ A020

해설

투과 두께 6mm인 경우 A급 상질에 02F를 사용하며 최소 선지름은 다음과 같다.

[투과 두께와 식별되어야 하는 투과도계의 최소 선지름]

투과 두께		식별 최소 선지름
A급	B급	
5 미만	6.4 미만	0.10
5 이상 6.4 미만	6.4 이상 8 미만	0.125
6.4 이상 8 미만	8 이상 10 미만	0.16
8 이상 10 미만	10 이상 13 미만	0.20
10 이상 13 미만	13 이상 16 미만	0.25
13 이상 16 미만	16 이상 20 미만	0.32
16 이상 20 미만	20 이상 25 미만	0.40
20 이상 26 미만	25 이상 32 미만	0.50
26 이상 32 미만	32 이상 45 미만	0.63
32 이상 50 미만	45 이상 56 미만	0.80
50 이상 63 미만	56 이상 70 미만	1.00
63 이상 80 미만	70 이상 90 미만	1.25
80 이상 100 미만	90 이상 120 미만	1.60
100 이상 140 미만	120 이상 150 미만	2.00
140 이상 180 미만	150 이상 190 미만	2.50
180 이상 225 미만	190 이상 240 미만	3.20
225 이상 280 미만	240 이상 300 미만	4.00
280 이상 360 미만	300 이상 380 미만	5.00
360 이상	380 이상	6.30

32 강용접 이음부의 방사선투과검사(KS B 0845)에 따라 촬영조건 결정 시 꼭 계조계가 필요한 경우는?

① 모재 두께 50mm 이상인 평판 맞대기 용접부를 촬영할 때
② 모재 두께 50mm 이하인 평판 맞대기 용접부를 촬영할 때
③ 모재 두께 100mm 이하인 평판 맞대기 용접부를 촬영할 때
④ 모재 두께와 관계없이 평판 맞대기 용접부를 촬영할 때

해설
계조계의 적용 구분

모재의 두께	계조계의 종류
20.0 이하	15형
20.0 초과 40.0 이하	20형
40.0 초과 50.0 이하	25형

34 강용접 이음부의 방사선투과검사(KS B 0845)에 의한 투과사진에서의 흠집 분류 중 결함 길이를 결정하는 방법이 옳은 것은?

① 흠집이 일정 면적 안에 존재할 때 면적 안의 가로 길이를 흠집 길이로 한다.
② 흠집 길이는 제2종의 흠집 길이를 측정하여 흠집 길이로 한다.
③ 둥근 블로홀은 동일 시험 시야에 공존하는 점수의 총합을 흠집 길이로 환산한다.
④ 텅스텐 혼입은 흠집의 긴 지름 치수를 흠집 길이로 한다.

해설
KS B 0845-흠집의 길이
• 흠집 길이는 제2종 흠집 길이를 측정하여 흠집 길이로 한다.
• 다만 흠집이 일직선상에 존재하고, 흠집과 흠집의 간격이 큰 쪽의 길이 이하의 경우는 흠집과 흠집 간격을 포함하여 측정한 치수를 그 흠집군의 흠집 길이로 한다.

33 측정기기에 대한 설명이 잘못된 것은?

① TLD는 개인 피폭선량 측정용이다.
② 서베이미터는 교정하지 않아도 된다.
③ 동위원소 회수 시 서베이미터로 관찰해야 한다.
④ 포켓도시미터로 선량률을 측정해서는 안 된다.

해설
피폭관리 측정기기는 최소 6개월에 한 번씩은 검사 및 교정을 받아야 한다.

35 원자력안전법 시행령에서 규정하고 있는 '방사선'에 해당되지 않는 것은?

① 중성자선
② 감마선 및 엑스선
③ 1만 전자볼트 이상의 에너지를 가진 전자선
④ 알파선, 중양자선, 양자선, 베타선 기타 중하전 입자선

해설
방사선(원자력안전법 시행령 제16조)
• 알파선, 중양자선, 양자선, 베타선 및 그 밖의 중하전입자선
• 중성자선
• 감마선 및 엑스선
• 5만 전자볼트 이상의 에너지를 가진 전자선

36 강용접 이음부의 방사선투과검사(KS B 0845)에서 강판 맞대기 용접이음부의 투과시험에 사용되는 계조계와 모재 두께 사이의 관계가 옳은 것은?

① 모재 두께 10mm 이하 : 5형인 계조계 사용

② 모재 두께 10mm 초과 20mm 이하 : 10형인 계조계 사용

③ 모재 두께 20mm 초과 40mm 이하 : 20형인 계조계 사용

④ 모재 두께 40mm 초과 60mm 이하 : 30형인 계조계 사용

해설

계조계의 적용 구분

모재의 두께	계조계의 종류
20.0 이하	15형
20.0 초과 40.0 이하	20형
40.0 초과 50.0 이하	25형

37 밀봉선원을 사용하는 작업장에서 방사선 장해 방어를 위하여 갖추어야 할 필요 설비가 아닌 것은?

① 차폐설비
② 경보장치
③ 보관설비
④ 선원폐기설비

해설

장해 방어를 위해서 갖추어야 할 설비에는 차폐설비, 경보장치, 보관설비가 있다. 선원폐기설비는 해당하지 않는다.

38 외부 피폭선량 측정에 사용하는 필름배지에 관한 설명으로 옳지 않은 것은?

① 필름의 흑화농도를 측정하여 피폭선량을 측정한다.

② TLD와는 달리 잠상퇴행에 의한 감도의 감소가 없다.

③ 금속필터를 사용하여 입사방사선의 에너지를 결정한다.

④ 기계적 압력, 온도 상승 또는 빛에 노출되었을 때 흐림현상(Fogging)이 발생한다.

해설

필름배지

• 필름에 방사선이 노출되면 사진작용에 의해 필름의 흑화도를 읽어 피폭된 방사선량을 측정한다.
• 감도가 수십 mR 정도로 양호하고, 소형으로 가지고 다니기 수월하다.
• 필름이 저렴하여 많이 사용한다.
• 결과의 보전성이 있다.
• 장기간의 피폭선량 측정이 가능하다.
• 열과 습기에 약하고, 방향 의존성이 있다.
• 잠상퇴행, 현상조건 등의 측정에 영향을 미쳐 오차가 비교적 크다.

39 주강품의 방사선투과검사방법(KS D 0227)에 따라 촬영할 때 영상질의 저하를 초래하는 산란선의 저감방법으로 틀린 것은?

① 시험체 근처의 바닥면은 납판으로 덮는다.
② 시험체는 가능한 한 바닥면에 밀착시켜 배치한다.
③ X선 장치의 방사구에 조사통 또는 조리개판을 장착하고 촬영한다.
④ 방사선속을 제한하는 기구를 사용할 수 없는 경우 넓은 조사실에서 촬영한다.

해설
주강품의 방사선투과시험방법에 따라 산란선 저감방법은 다음과 같이 한다.
• 산란선을 줄이기 위해서는 방사선속을 시험체의 필요 최소한의 범위가 되도록 X선 장치의 방사구에 조사통 또는 조리개판을 장착하는 것이 바람직하다.
• 파노라마 방사 등의 경우와 같이 방사선속을 제한하는 기구를 사용할 수 없는 경우는 가능한 한 넓은 조사실에서 촬영을 하는 것이 바람직하다. 또한 시험체는 바닥면에서 가능한 한 떨어뜨려 배치하고, 시험체 근처의 바닥면은 납판으로 덮는 것이 바람직하다.
• 배면으로부터의 산란선의 영향은 B문자의 납마크로 각 배치마다 체크하는 것이 바람직하다. B마크는 높이 10mm, 두께 최저 1.5mm의 것을 카세트 안쪽에 밀착하여 붙여서 촬영을 하고, 사진처리 후의 투과사진 위에서 이 마크가 보이지 않으면 배면으로부터의 산란선의 영향은 없는 것으로 생각할 수 있다.

40 다음 중 1Gy와 동일한 값을 나타내는 것은?

① 100C/kg
② 100rem
③ 100rad
④ 100Bq

해설
라드(rad ; Roentgen Absorbed Dose)
• 방사선의 흡수선량을 나타내는 단위
• 1rad는 방사선의 물질과의 상호작용에 의해 그 물질 1g에 100erg(Electrostatic Unit, 정전단위)의 에너지가 흡수된 양(1rad=100erg/g=0.01J/kg)
• SI 단위로 Gy(Gray)를 사용한다. 1Gy=1J/kg=100rad

41 비금속 개재물에 관한 설명 중 틀린 것은?

① 재료 내부에 점 상태로 존재한다.
② 인성을 증가시키나 매짐의 원인이 된다.
③ 열처리를 할 때에 개재물로부터 균열이 발생한다.
④ 비금속 개재물에는 FeO_3 , FeO, MnO, SiO_2 등이 있다.

해설
비금속 개재물은 인성이 낮아지며, 메짐의 원인이 된다.

42 Cu에 Pb을 28~42%, 2% 이하의 Ni 또는 Ag, 0.8% 이하의 Fe, 1% 이하의 Sn을 함유한 Cu합금으로 고속 회전용 베어링 등에 사용되는 합금은?

① 켈밋메탈
② 코슨합금
③ 델타메탈
④ 에드미럴티 포금

해설
Cu계 베어링 합금 : 포금, 인청동, 납청동계의 켈밋 및 Al계 청동이 있으며 켈밋은 Cu에 Pb을 첨가한 것으로 주로 항공기, 자동차용 고속 베어링으로 적합하다.

43 비정질합금에 대한 설명으로 옳은 것은?

① 균질하지 않은 재료로써 결정이방성이 있다.

② 강도가 낮고 연성이 작고, 가공경화를 일으킨다.

③ 제조법에는 단롤법, 쌍롤법, 원심 급랭법 등이 있다.

④ 액체 급랭법에서 비정질 재료를 용이하게 얻기 위해서는 합금에 함유된 이종원소의 원자반경이 같아야 한다.

해설

비정질합금

• 금속이 용해 후 고속 급랭시켜 원자가 규칙적으로 배열되지 못하고 액체 상태로 응고되어 금속이 되는 것

• 제조법 : 기체 급랭법(진공 증착법, 스퍼터링법), 액체 급랭법(단롤법, 쌍롤법, 원심 급랭법, 분무법)

44 다음 중 주철의 성장 원인이 아닌 것은?

① Si의 산화에 의한 팽창

② 시멘타이트의 흑연화에 의한 팽창

③ A_4 변태에서 무게 변화에 의한 팽창

④ 불균일한 가열로 생기는 균열에 의한 팽창

해설

• 주철의 성장 : 600℃ 이상의 온도에서 가열과 냉각을 반복하면 주철의 부피가 증가하여 균열이 발생하는 것

• 주철 성장의 원인 : 시멘타이트의 흑연화, Si의 산화에 의한 팽창, 균열에 의한 팽창, A_1 변태에 의한 팽창 등

• 주철의 성장 방지책 : Cr, V을 첨가하여 흑연화를 방지, 구상조직을 형성하고 탄소량 저하, Si 대신 Ni로 치환

45 백금(Pt)의 결정격자는?

① 정방격자   ② 면심입방격자

③ 조밀육방격자   ④ 체심입방격자

해설

면심입방격자(Face Centered Cubic) : Ag, Al, Au, Ca, Ir, Ni, Pb, Ce, Pt

• 배위수 : 12, 원자 충진율 : 74% 단위격자 속 원자수 : 4

• 전기 전도도가 크며 전연성이 크다.

46 네이벌 황동(Naval Brass)이란?

① 6:4 황동에 Sn을 약 0.75~1% 정도 첨가한 것

② 7:3 황동에 Mn을 약 2.85~3% 정도 첨가한 것

③ 3:7 황동에 Pb를 약 3.55~4% 정도 첨가한 것

④ 4:6 황동에 Fe를 약 4.95~5% 정도 첨가한 것

47 선철 원료, 내화 재료 및 연료 등을 통하여 강 중에 함유되며 상온에서 충격값을 저하시켜 상온 메짐의 원인이 되는 것은?

① Si   ② Mn

③ P   ④ S

해설

• 상온 메짐(저온 메짐) : P가 다량 함유한 강에서 발생하며 Fe_3P로 결정입자가 조대화되며, 경도강도는 높아지나 연신율이 감소하는 메짐이다. 특히 상온에서 충격값이 감소된다. 저온 메짐의 경우 겨울철 기온과 비슷한 온도에서 메짐 파괴가 일어난다.

• 청열 메짐 : 냉간가공 영역 안 210~360℃ 부근에서 기계적 성질인 인장강도는 높아지나 연신이 갑자기 감소하는 현상이다.

• 적열 메짐 : 황이 많이 함유되어 있는 강이 고온(950℃ 부근)에서 메짐(강도는 증가, 연신율은 감소)이 나타나는 현상이다.

• 백열 메짐 : 1,100℃ 부근에서 일어나는 메짐으로 황이 주원인이며, 결정입계의 황화철이 융해하기 시작하는 데 따라서 발생한다.

48 주석청동의 용해 및 주조에서 1.5~1.7%의 아연을 첨가할 때의 효과로 옳은 것은?

① 수축률이 감소된다.

② 침탄이 촉진된다.

③ 취성이 향상된다.

④ 가스가 혼입된다.

해설

주석청동에 1.5~1.7%의 아연을 첨가하면 성형성이 좋고 강인하며, 수축률이 감소된다.

49 조직량을 측정함으로써 소재의 건전성, 조직량에 의한 기계적 성질의 유추 해석이 가능한 조직량 측정시험의 방법이 아닌 것은?

① 점의 측정법

② 원의 측정법

③ 직선의 측정법

④ 면적의 측정법

해설

조직량 측정법 : 관찰되는 전체 상 중 한 종류의 상량을 측정하는 것

• 면적 분율법(중량법) : 연마된 면 중 특정상의 면적을 개별적으로 측정하는 방법, 플래니미터와 천칭을 사용하여 질량을 정량하는 방법

• 직선법 : 조직사진 위에 직선을 긋고, 측정하고자 하는 상과 교차하는 길이를 측정한 값의 직선의 전체 길이로 나눈 값으로 표시

• 점산법 : 투명한 망 종이를 조직사진 위에 겹쳐 놓고 측정하고자 하는 상이 가지는 면적의 교차점을 측정한 총수를 망의 전체 교차점의 수로 나눈 값으로 표시

50 다음 중 부식에 대한 저항성이 가장 강한 것은?

① 순 철   ② 연 강

③ 경 강   ④ 고탄소강

해설

순철 : 0.025%C 이하로 부식에 대한 저항성이 크다.

51 비중 7.14, 용융점 419℃인 조밀육방격자 금속으로, 주로 도금, 건전지, 인쇄판, 다이 캐스팅용 및 합금용으로 사용되는 것은?

① Ni   ② Cu

③ Zn   ④ Al

해설

아연과 그 합금 : 비중 7.14, 용융점 419℃, 조밀육방격자, 쌍정을 가짐, 베어링용 합금, 금형용 합금 등이 있음

※ 쌍정(Twin) : 소성변형 시 상이 거울을 중심으로 대칭으로 나타나는 것과 같은 현상

52 금속의 재결정온도, 가공도 등에 대한 설명으로 옳은 것은?

① 가공도가 클수록 재결정온도는 낮다.
② 열시간이 길수록 재결정온도는 높아진다.
③ 재결정입자의 크기는 가공도에 영향을 받지 않는다.
④ 금속 및 합금은 종류에 관계없이 재결정온도가 같다.

> **해설**
> **재결정에 관한 통칙**
> • 재결정은 냉간가공도가 높을수록 낮은 온도에서 일어난다.
> • 재결정 가열온도가 동일하면 가공도가 낮을수록 오랜 시간 필요하고, 가공도가 동일하면 풀림시간 길수록 낮은 온도에서 일어난다.
> • 재결정입자 크기는 주로 가공도에 의하여 변화하고, 가공도 낮을수록 큰 결정이 생긴다.
> • 재결정은 합금보다 순금속에서 더 빠르게 일어나며, 합금원소를 첨가할수록 높아진다.

53 강에서 설퍼프린트시험을 하는 가장 큰 목적은?

① 강재 중의 표면결함을 조사하는 것이다.
② 강재 중의 비금속 개재물을 조사하는 것이다.
③ 강재 중의 환원물의 분포상황을 조사하는 것이다.
④ 강재 중의 황화물을 분포상황을 조사하는 것이다.

> **해설**
> **설퍼프린트법** : 브로마이드 인화지를 1~5%의 황산수용액(H_2SO_4)에 5~10분 담근 후 시험편에 1~3분간 밀착시킨 다음 브로마이드 인화지에 붙어 있는 브로민화은(AgBr)과 반응하여 황화은(AgS)을 생성시켜 건조시키면 황이 있는 부분에 갈색 반점의 명암도를 조사하여 강 중의 황의 편석 및 분포도를 검사하는 방법이다.

54 에릭션(Erichsen)시험으로 알 수 있는 것은?

① 전성, 연성
② 탄성, 피로
③ 비틀림 저항
④ 마멸점 항복

> **해설**
> **에릭션시험(커핑시험)** : 재료의 전·연성을 측정하는 시험으로 Cu판, Al판 및 연성 판재를 가압성형하여 변형능력을 시험한다.

55 구리, 황동, 청동 등의 조직을 관찰하기 위한 부식액은?

① 피크르산 용액
② 염화제이철 용액
③ 질산 초산 용액
④ 수산화나트륨액

> **해설**
> **부식액의 종류**
>
> | 재 료 | 부식액 |
> | --- | --- |
> | 철강재료 | 나이탈, 질산 알코올(질산 5mL + 알코올 100mL) |
> | | 피크랄, 피크르산 알코올(피크르산 5g + 알코올 100mL) |
> | 귀금속(Ag, Pt 등) | 왕수(질산 1mL + 염산 5mL + 물 6mL) |
> | Al 및 Al합금 | 수산화나트륨(수산화나트륨 20g + 물 100mL) |
> | | 플루오린화수소산(플루오린화수소 0.5 mL + 물 99.5mL) |
> | Cu 및 Cu합금 | 염화제이철 용액(염화제이철 5g + 염산 50mL + 물 100mL) |
> | Ni, Sn, Pb합금 | 질산용액 |
> | Zn합금 | 염산용액 |

56 다음 중 Mg 합금에 해당하는 것은?

① 실루민 ② 문쯔메탈
③ 엘렉트론 ④ 배빗메탈

57 저용융점 합금(Fusible Alloy)의 원소로 사용하지 않는 것은?

① W ② Bi
③ Sn ④ In

58 직류용접 시 정극성과 비교한 역극성(DCRP)의 특징으로 옳은 것은?

① 모재의 용입이 깊다.
② 비드폭이 좁다.
③ 용접봉의 용융이 느리다.
④ 주철, 고탄소강, 합금강 용접 시 적합하다.

59 수직자세나 수평필렛자세에서 운봉법이 나쁘면 수직자세에서는 비드 양쪽, 수평필렛자세에서는 비드 위쪽 토(Toe)부에 모재가 파져 우묵하게 남아 있는 부분은?

① 오버랩

② 스패터

③ 자기불림

④ 언더컷

언더컷 : 다음 그림과 같이 용접의 끝부분에서 모재가 파져 용착금속이 채워지지 않고 홈처럼 우묵하게 남아 있는 부분이다. 용접 불량의 일종이며, 일반적으로 용접봉의 유지 각도나 운봉(運棒) 속도의 부적당, 용접전류가 너무 높을 때 생긴다.

60 33.7L의 산소용기에 150kgf/cm² 로 산소를 충전하여 대기 중에서 환산하면 산소는 몇 L인가?

① 5,055

② 6,015

③ 7,010

④ 7,055

산소용기 대기 환산 공식
산소용기 크기 × 산소충전량 = 대기환산량
$33.7 \times 150 = 5,055L$

01 모세관현상을 이용한 비파괴검사법은?

① 자분탐상시험

② 침투탐상시험

③ 방사선투과시험

④ 초음파탐상시험

해설

침투탐상시험은 모세관현상을 이용하는 검사법으로 온도가 낮을 시 분자의 움직임이 느려져 침투시간이 길어져야 하고, 온도가 높을 시 침투시간을 줄이는 등 일반적으로 15~50℃에서 탐상한다.

03 다음 그림에서와 같이 시험체 속으로 초음파(에너지)가 전달될 때 초음파 선속은 어떻게 되는가?

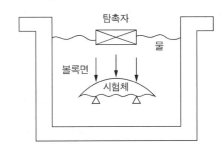

① 시험체 내에서 퍼지게 된다.

② 시험체 내에서 한 점에 집중된다.

③ 시험체 내에서 평행한 직선으로 전달된다.

④ 시험체 표면에서 모두 반사되어 들어가지 못한다.

해설

초음파는 직진성을 가지고 있지만 경계면 혹은 다른 재질에서는 굴절, 반사, 회절을 일으키므로 시험체 내에서 퍼지게 된다.

02 초음파탐상시험 시 특별점검이 요구되는 시기가 아닌 경우는?

① 장비에 충격을 받았다고 생각될 때

② 탐촉자 케이블을 교환했을 때

③ 일일 작업 완료 후 장비를 철수할 때

④ 특수환경에서 사용했을 경우

해설

일일 작업 완료 후 장비를 철수할 때는 일상점검에 포함된다.

04 방사선투과시험의 형광스크린에 대한 설명 중 옳은 것은?

① 주로 감마선을 이용할 때 사용한다.

② 주로 조사시간을 단축하기 위하여 사용한다.

③ 경금속을 검사할 때 필름 감광속도를 느리게 하기 위해 사용한다.

④ 조사시간을 길게 하여 납(Pb)스크린보다 값이 저렴해서 경제적이다.

형광증감지(Fluorescent Intensifying Screen)
• 칼슘텅스테이트(Ca-Ti)와 바륨리드설페이트(Ba-Pb-S) 분말과 같은 형광물질을 도포한 증감지이다.
• X선에서 나타나는 형광작용을 이용한 증감지로 조사시간을 단축하기 위해 사용한다.
• 높은 증감률을 가지고 있지만, 선명도가 나빠 미세한 결함 검출에는 부적합하다.
• 노출시간을 10~60% 줄일 수 있다.

05 보어스코프(Bore-scope)나 파이버스코프(Fiber-scope)를 이용하여 검사하는 비파괴검사법은?

① 적외선검사(TT)

② 중성자투과검사(NRT)

③ 육안검사(VT)

④ 와전류탐상검사(ECT)

해설
비파괴검사의 가장 기본검사는 육안검사이며, 보어스코프란 내시경 카메라를 의미한다.

06 X선 발생장치의 제어기를 만질 때 감전되었다. 다음 중 원인으로 볼 수 없는 것은?

① 접지의 불안전

② X선관의 파손

③ 전원과 접지단자 간의 절연 불량

④ 관전압 측정회로의 불량

해설
감전의 원인으로는 접지 불안전, 전원과 접지단자 간의 절연 불량, 관전압 측정회로의 불량 등이 있다.

07 다음 중 결함의 깊이를 정확히 측정할 수 있는 일반적인 검사방법은?

① 자분탐상시험

② 방사선투과시험

③ 침투탐상시험

④ 초음파탐상시험

해설
결함의 깊이를 측정할 수 있는 방법은 초음파탐상방법이다.

08 비파괴검사에서 봉(Bar) 내의 비금속 개재물을 무엇이라 하는가?

① 겹침(Lap)

② 용락(Burn Through)

③ 언더컷(Under Cut)

④ 스트링거(Stringer)

09 후유화성 침투액을 쓰는 침투탐상시험에서 유화제는 언제 적용해야 하는가?

① 침투액 적용 전
② 침투액 수세 후
③ 침투시간 경과 후
④ 현상시간 경과 후

해설
유화제는 침투액이 물에 잘 세척될 수 있도록 도와주는 것으로 침투시간 경과 후 적용한다.

11 맞대기 용접부의 덧살(Reinforcement)을 그라인더로 제거해서 판 형태로 만들었다. 덧살이 제거된 강용접부의 연마균열검사에 적합한 비파괴검사만의 조합으로 옳은 것은?

① 자분탐상검사와 침투탐상검사
② 침투탐상검사와 음향방출검사
③ 방사선투과검사와 침투탐상검사
④ 초음파탐상검사와 자분탐상검사

해설
연마균열은 표면균열로 자분탐상검사 및 침투탐상검사로 탐상 가능하다.

12 비파괴검사의 안전관리에 대한 설명 중 옳은 것은?

① 방사선 사용은 근로기준법에 규정되어 있고 이에 따르면 누구나 취급해도 좋다.
② 방사선투과시험에 사용되는 방사선이 강하지 않은 경우 안전 측면에 특별히 유의할 필요는 없다.
③ 초음파탐상시험에 사용되는 초음파가 강력한 경우 사용하면 안 된다.
④ 침투탐상시험의 세정처리 등에 사용된 폐액은 환경, 보건에 유의하여야 한다.

해설
침투탐상검사에서 침투액, 현상액, 세척액 등 액체류가 사용되므로 폐수처리 설비가 있어야 한다.

10 중성자투과시험의 특징에 대한 설명으로 틀린 것은?

① 중성자는 필름을 직접 감광시킬 수 없다.
② 중성자투과시험에는 증감지를 사용하지 않는다.
③ 중성자투과시험은 방사성물질도 촬영할 수 있다.
④ 중성자는 철, 납 등 중금속에는 흡수가 작은 경향이 있다.

해설
중성자투과검사란 중성자가 물질을 투과할 때 생기는 감쇠현상을 이용한 검사법으로, 주로 수소화합물 검출에 사용된다. 증감지는 방사선투과검사 시 산란방사선을 줄이기 위해 사용하는 것이다.

13 다음 중 자극에 관련된 설명으로 옳지 않은 것은?

① 물질 내 자구는 자극을 갖고 있다.
② 같은 극끼리 반발하는 힘을 척력이라고 한다.
③ 다른 극끼리 잡아당기는 힘을 중력이라고 한다.
④ 자력선은 자석의 내부에서 S극에서 N극으로 이동한다.

해설
다른 극끼리 잡아당기는 힘은 인력이다.

14 방사선의 종류에 따른 차폐방법에 대한 설명으로 틀린 것은?

① X선은 원자번호가 큰 물질로 차폐한다.
② 중성자는 감속시켜 차폐체에 흡수시킨다.
③ β입자는 제동복사를 고려한다.
④ γ선의 차폐는 가벼운 원소가 효과적이다.

해설
γ선의 경우 납과 같은 무거운 원소가 차폐에 효과적이다.

15 다음 중 반감기가 가장 짧은 방사성 동위원소는?

① Co-60
② Cs-137
③ Ir-192
④ Tm-170

해설
감마선 선원의 종류별 특성

특성 \ 종류	Tm-170	Ir-192	Cs-137	Co-60
반감기	127일	74.4일	30.1년	5.27년

16 필름에 입사한 방사선의 강도가 10R이고, 필름을 투과한 방사선의 강도가 5R이었다. 이 방사선 투과사진의 농도는 얼마인가?

① 0.3
② 0.5
③ 1.0
④ 2.0

해설
투과사진의 흑화도(농도) : $\log\left(\dfrac{10}{5}\right) = 0.301$

$$D = \log \dfrac{L_0}{L}$$

L_0 : 빛을 입사시킨 강도, L : 투과된 빛의 강도

17 방사선 투과사진의 선명도를 좋게 하기 위한 방법이 아닌 것은?

① 선원의 크기를 작게 한다.
② 산란방사선을 적절히 제어한다.
③ 기하학적 불선명도를 크게 한다.
④ 선원은 가능한 한 시험체의 수직으로 입사되도록 한다.

해설
선명도에 영향을 주는 요인으로는 고유 불선명도, 산란방사선, 기하학적 불선명도, 필름의 입도 등이 있다. 기하학적 불선명도를 최소화해야 선명도가 좋아진다.

18 형광스크린을 사용함으로써 얻을 수 있는 효과에 관한 설명으로 옳은 것은?

① 노출시간을 크게 감소시킨다.
② 사진 명료도가 크게 향상된다.
③ 스크린 반점을 만들지 않는다.
④ 감마선과 더불어 사용할 경우 높은 강화인자를 나타낸다.

해설
형광증감지(Fluorescent Intensifying Screen)
• 칼슘텅스테이트(Ca-Ti)와 바륨리드설페이트(Ba-Pb-S)분말과 같은 형광물질을 도포한 증감지
• X선에서 나타나는 형광작용을 이용한 증감지로 조사시간을 단축하기 위해 사용
• 높은 증감률을 가지고 있지만, 선명도가 나빠 미세한 결함검출에는 부적합
• 노출시간을 10~60% 줄일 수 있음

19 다음 중 방사선 투과사진의 필름 콘트라스트와 가장 관계가 깊은 것은?

① 물질의 두께
② 방사선 선원의 크기
③ 노출의 범위
④ 필름특성곡선의 기울기

해설
필름특성곡선(Characteristic Curve)
• 특정한 필름에 대한 노출량과 흑화도와의 관계를 곡선으로 나타낸 것이다.
• H&D 곡선, Sensitometric 곡선이라고도 한다.
• 가로축 : 상대노출량에 Log를 취한 값, 세로축 : 흑화도
• 필름특성곡선의 임의 지점에서의 기울기는 필름 명암도를 나타낸다.

20 다음 중 방사선투과시험에서 노출시간을 정할 때의 참고 자료는?

① 필름특성곡선
② 검량곡선
③ 붕괴곡선
④ 노출도표

해설
노출도표
• 가로축은 시험체의 두께, 세로축은 노출량(관전류×노출시간 : mA×min)을 나타내는 도표
• 관전압별 직선으로 표시되어 원하는 사진농도를 얻을 수 있게 노출 조건 설정 가능
• 시험체의 재질, 필름 종류, 스크린 특성, 선원–필름 간 거리, 필터, 사진처리 조건 및 사진농도가 제시되어 있는 도표

21 다음 중 X선으로부터 직접 또는 2차적으로 생성되는 전자가 아닌 것은?

① 오제 전자
② 쌍생성 전자
③ 컴프턴 전자
④ 내부전환 전자

해설
X선으로부터 직접 또는 2차적 생성 전자로는 오제 전자, 쌍생성 전자, 컴프턴 전자 등이 있다.

22 다음 중 방사선투과시험에서 동일한 결함임에도 불구하고 조사 방향에 따라 식별하는 데 가장 어려운 결함은?

① 균 열
② 원형기공
③ 개재물
④ 용입 불량

해설
조사 방향에 따라 식별하기 가장 어려운 결함은 균열이다.

23 시험체의 형상이 게이지나 캘리퍼스로 두께 측정이 곤란한 경우 방사선을 이용한 두께 측정이 가능할 수 있다. 방사선투과시험에서 두께 측정을 위해 사용되는 것은?

① 브롬화은(AgBr)
② 투과도계(Penetrameter)
③ 산화납스크린(Lead Oxide Screen)
④ 동일한 재질의 스텝웨지(Step Wedge)

해설
두께 측정은 스텝웨지로 한다.

24 방사선투과검사 후 필름을 현상하였더니 결함이 아닌 검은색의 초승달 무늬가 나타났다면, 이에 대한 원인으로 보기에 가장 적절한 것은?

① 정전기에 의한 정전기 마크이다.
② 현상액의 온도가 높아서 생긴 것이다.
③ 필름을 조사한 후 구겨져서 생긴 것이다.
④ 필름을 조사하기 전 구겨져서 생긴 것이다.

해설
주변보다 낮은 농도의 초승달 모양은 필름을 조사한 후 구겨져서 생긴 것이다.

25 X선 필름의 사진농도를 구하는 식으로 옳은 것은? (단, L_0는 입사광의 강도이고, L은 투과 후의 강도이다)

① $\log_{10}\left(\dfrac{L_0}{L}\right)$ ② $\log_{10}\left(\dfrac{L}{L_0}\right)$

③ $\ln\left(\dfrac{L_0}{L}\right)$ ④ $\ln\left(\dfrac{L}{L_0}\right)$

26 다음 중 방사선 방호량으로 방사선량에 확률적 영향이 포함된 선량단위는?

① Sv ② Gy
③ Bq ④ C/kg

해설
렘(rem ; Roentgen Equivalent Man)
• 방사선의 선량당량(Dose Equivalent)을 나타내는 단위
• 방사선 피폭에 의한 위험의 객관적인 평가 척도
• 등가선량 : 흡수선량에 대해 방사선의 방사선 가중치를 곱한 양
• 동일 흡수선량이라도 같은 에너지가 흡수될 때 방사선의 종류에 따라 생물학적 영향이 다르게 나타나는 것
• SI단위로는 Sv(Sievert)를 사용하며 1Sv=1J/kg=100rem

27 주강품의 방사선투과검사방법(KS D 0227)에 따라 호칭두께가 15mm인 제품을 검사하여 투과사진을 등급 분류하려 한다. 이때 사진에 블로홀이 있는 것으로 판단되었을 때 검사 시야의 크기는 얼마로 하여야 하는가?

① ϕ10mm ② ϕ15mm
③ ϕ20mm ④ ϕ30mm

해설
블로홀, 모래 박힘 및 개재물의 흠집점수
(단위 : mm)

공칭 두께	10 이하	10 초과 20 이하	20 초과 80 이하	80 초과
검사 시야의 크기(지름)	20	30	50	70

28 방사선투과검사에서 명료도에 영향을 미치는 인자와 가장 거리가 먼 것은?

① 관전류
② 필름의 종류
③ 증감지의 종류
④ 증감지-필름 접촉 상태

해설
방사선 투과사진 감도에 영향을 미치는 인자

투과사진 콘트라스트	시험물의 명암도	• 시험체의 두께 차 • 방사선의 선질 • 산란 방사선
	필름의 명암도	• 필름의 종류 • 현상시간 • 온도 및 교반농도 • 현상액의 강도
선명도	기하학적 요인	• 초점크기 • 초점-필름 간 거리 • 시험체-필름 간 거리 • 시험체의 두께 변화 • 스크린-필름접촉상태
	입상성	• 필름의 종류 • 스크린의 종류 • 방사선의 선질 • 현상시간 • 온 도

29 X선 노출도표를 작성할 때 고정된 조건이 아닌 것은?

① 제품의 두께
② 필름의 종류
③ 현상조건
④ 선원-필름 간 거리

해설

X선 노출도표를 작성할 때 제품의 두께 변화에 따라 조건을 결정한다.

30 강용접 이음부의 방사선투과검사(KS B 0845)에 의거 강판의 T용접 이음부에만 사용되는 투과사진의 상질 적용에 해당되는 것은?

① A급 ② B급
③ F급 ④ P1급

해설

투과사진의 상질의 적용 구분

용접 이음부의 형상	상질의 종류
강판의 맞대기 용접 이음부 및 촬영할 때 기하학적 조건이 맞대기 용접 이음부와 같은 것	A급, B급
강관의 원둘레 용접 이음부	A급, B급, P1급, P2급
강판의 T용접 이음부	F급

31 강용접 이음부의 방사선투과검사(KS B 0845)에서 강판의 원둘레 용접 이음부의 내부필름 촬영방법일 때 시험부의 유효 길이를 어떻게 규정하고 있는가?

① 관의 원둘레 길이의 1/3 이하
② 관의 원둘레 길이의 1/6 이하
③ 관의 원둘레 길이의 1/9 이하
④ 관의 원둘레 길이의 1/12 이하

해설

KS B 0845 - 검사부의 유효 길이 규정

[부속서 표 B.6 검사부의 유효 길이 L_3]

촬영방법	시험부의 유효길이
내부선원 촬영방법 (분할 촬영)	선원과 시험부의 선원측 표면 간 거리 L_1의 $\frac{1}{2}$ 이하
내부필름 촬영방법	관의 원둘레길이의 $\frac{1}{12}$ 이하
2중벽 단일면 촬영방법	관의 원둘레길이의 $\frac{1}{6}$ 이하

32 원자력안전법령에 의한 원자력이용시설의 방사선작업종사자에 대하여 실시하는 건강진단 시 반드시 검사하여야 할 필수내용은?

① 체중검사
② 전신건강검사
③ 소변검사
④ 백혈구수, 혈소판수

해설

건강진단(원자력안전법 시행규칙 제121조)
건강진단에서는 다음 사항을 검사해야 한다.
• 직업력 및 노출력
• 방사선 취급과 관련된 병력
• 임상검사 및 진찰
  - 임상검사 : 말초혈액 중의 백혈구 수, 혈소판 수 및 혈색소의 양
  - 진찰 : 눈, 피부, 신경계 및 조혈계(혈구형성계통) 등의 증상
• 말초혈액도말검사와 세극등현미경검사(앞선 규정에 따른 검사 결과, 건강수준의 평가가 곤란하거나 질병이 의심되는 경우에만 해당)

33 강용접 이음부의 방사선투과검사(KS B 0845)에서 모재 두께 60mm인 강판 촬영에 대한 흠집 분류를 할 때 제1종 흠집이 1개인 경우 흠집점수는 흠집의 긴 지름 치수로 구한다. 그러나 긴 지름이 모재 두께의 얼마 이하일 때 흠집점수로 산정하지 않는다고 규정하고 있는가?

① 1.0% ② 1.4%

③ 2.0% ④ 2.8%

해설

KS B 0845 - 산정하지 않는 흠집의 치수

(단위 : mm)

모재의 두께	흠집의 치수
20 이하	0.5
20 초과 50 이하	0.7
50 초과	모재 두께의 1.4%

34 반가층에 관한 정의로 가장 적합한 것은?

① 방사선의 양이 반으로 되는 데 걸리는 시간이다.
② 방사선의 에너지가 반으로 줄어드는 데 필요한 어떤 물질의 두께이다.
③ 어떤 물질에 방사선을 투과시켜 그 강도가 반으로 줄어들 때의 두께이다.
④ 방사선의 인체에 미치는 영향이 반으로 줄어드는 데 필요한 차폐체의 무게이다.

해설

반가층 : 어떤 물질에 방사선을 투과시켜 그 강도가 반으로 줄어들 때의 두께이다.

35 다음 중 Co-60에 대한 반가층이 큰 것부터 작은 순서로 나열한 것으로 옳은 것은?

① 납판 > 철판 > 알루미늄 > 흙
② 흙 > 알루미늄 > 철판 > 납판
③ 알루미늄 > 납판 > 흙 > 철판
④ 철판 > 흙 > 납판 > 알루미늄

해설

반가층이 큰 것부터 작은 순서는 흙>알루미늄>철판>납판이 된다.

36 Co-60을 1m 거리에서 측정한 선량률이 100mR/h 이라면, 2m 거리에서의 선량률은 얼마인가?

① 25mR/h ② 50mR/h

③ 100mR/h ④ 200mR/h

해설

방사선 강도는 거리의 제곱에 반비례($I = \dfrac{1}{d^2}$, d : 선원으로부터의 거리)하므로, $\dfrac{1}{4}$ 인 25mR/h이 된다.

37 타이타늄용접부의 방사선투과검사방법(KS D 0239)에서 증감지를 사용하는 경우 납박증감지를 사용하도록 하고 있다. 이때 납박증감지를 사용하지 않아도 되는 관전압의 기준으로 옳은 것은?

① 80kV 이하 ② 150kV 이하

③ 200kV 이하 ④ 1MeV 이하

해설

납박증감지를 사용하지 않아도 되는 관전압의 기준은 80kV 이하이다.

38 주강품의 방사선투과시험방법(KS D 0227)에 따른 촬영배치에 관한 설명으로 옳지 않은 것은?

① 계조계는 원칙적으로 투과사진마다 1개 이상 으로 한다.

② 관 모양의 시험체는 원칙적으로 시험부의 선원쪽 표면위에 투과도계를 놓는다.

③ 투과도계는 투과 두께의 변화가 작은 경우에 그 투과 두께를 대표하는 곳에 1개 놓는다.

④ 투과도계는 투과 두께의 변화가 큰 경우에 두꺼 운 부분을 대표하는 곳 및 얇은 부분을 대표하는 곳에 각각 1개씩 놓아야 한다.

해설
투과도계를 시험부의 선원쪽 표면 위에 놓고 시험부와 동시에 촬영하도록 한다. 계조계는 바늘형 투과도계 사용 시 방사선 에너 지가 적당한지 확인하기 위한 것으로 투과 사진의 상질을 확인하는 데 사용한다. KS D 0227에 따라 계조계는 사용하지 않는다.

39 강용접 이음부의 방사선투과검사(KS B 0845)에 따라 강판 맞대기 용접 이음부에 대한 검사를 수행할 때 촬영 배치에서 선원과 검사부에 대한 검사를 수행할 때 촬영 배치에서 선원과 검사부의 선원측 표면 간 거리(L_1)는 검사부의 유효 길이(L_3)의 n배 이상 으로 해야 한다고 규정하고 있다. A급 상질을 적용할 경우 계수 n의 값은 얼마인가?

① 1   ② 2
③ 3   ④ 4

해설
방사선원과 투과도계 간의 거리 L_1은 검사부의 유효 길이 L_3의 n배 이상으로 한다. n의 값은 상질 구분에 따라 A급 상질은 2배, B급 상질은 3배를 사용한다.

40 강용접 이음부의 방사선투과검사(KS B 0845)에 의한 흠집상의 분류방법을 설명한 것으로 틀린 것은?

① 투과사진에 의하여 검출된 결함이 제3종의 흠집 인 경우의 분류는 4류로 한다.

② 흠집의 종별이 2종류 이상의 경우는 그중의 분류 번호가 큰 쪽을 총합 분류로 한다.

③ 제1종 흠집 및 제4종의 흠집의 검사 시야에 분류 의 대상으로 한 제2종의 흠집이 혼재하는 경우 에, 흠집점수에 의한 분류와 흠집의 길이에 의한 분류가 모든 같은 분류이면 혼재하는 부분의 분 류는 분류번호를 하나 크게 한다.

④ 혼재한 흠집의 총합 분류에서 1류에 대해서는 제1 종과 제4종의 결함이 각각 단독으로 존재하는 경우 또는 공존하는 경우 허용흠집점수의 $\frac{1}{3}$ 및 제2종의 흠집의 허용흠집길이 $\frac{1}{3}$을 각각 넘는 경우에만 2류로 한다.

해설
1류에 대해서는 제1종과 제4종의 흠집이 각각 단독으로 존재하는 경우, 또는 공존하는 경우의 허용흠집점수의 $\frac{1}{2}$ 및 제2종의 흠집의 허용 흠집길이의 $\frac{1}{2}$을 각각 넘는 경우에만 2류로 한다.

41 주강품의 방사선투과검사방법(KS D 0227)에 따른 주강품의 투과검사 시 흠집의 영상 분류에 대한 설명으로 틀린 것은?

① 블로홀은 호칭두께 1/2을 초과하는 경우 6류로 한다.

② 모래 박힘이 30mm를 초과하는 경우 4류로 한다.

③ 갈라짐의 경우 모두 6류로 한다.

④ 나뭇가지 모양 슈링키지인 경우 공칭 두께 10mm 이하, 시야 50mm일 때 흠집 면적이 3,500mm²이면 5류로 한다.

해설

모래 박힘 및 개재물의 흠집의 분류(KS D 0227)

(단위 : mm)

분류	공칭 두께					
	10 이하	10 초과 20 이하	20 초과 40 이하	40 초과 80 이하	80 초과 120 이하	120 초과
1류	5 이하	8 이하	12 이하	16 이하	20 이하	24 이하
2류	7 이하	11 이하	17 이하	22 이하	28 이하	34 이하
3류	10 이하	16 이하	23 이하	29 이하	36 이하	44 이하
4류	14 이하	23 이하	30 이하	38 이하	46 이하	54 이하
5류	21 이하	32 이하	40 이하	50 이하	60 이하	70 이하
6류	흠집점수가 5류보다 많은 것. 공칭 두께 또는 30mm를 넘는 치수의 흠집이 있는 것					

42 서베이미터의 배율 조정이 ×1, ×10, ×100으로 되어 있는데, 지시 눈금의 위치가 3mR/h이고, 배율 조정 손잡이가 ×100에 있다면 이때 방사선량률은 얼마인가?

① 3mR/h
② 30mR/h
③ 300mR/h
④ 3,000mR/h

해설

지시 눈금이 3mR/h이며, 배율이 ×100이었다면 3×100＝300mR/h가 된다.

43 다음 중 피로한도비란?

① 피로에 의한 균열값

② 피로한도를 인장강도로 나눈 값

③ 재료의 하중치를 충격값으로 나눈 값

④ 피로파괴가 일어나기까지의 응력 반복 횟수

해설

피로한도비(Fatigue Limit Ratio) : 피로한도의 인장강도에 대한 비를 의미하며, 재료의 피로강도를 대략적으로 알 수 있는 척도가 된다.

44 다음 중 형상기억 효과가 있는 합금은?

① Mn-B
② Co-W
③ Cr-Co
④ Ti-Ni

해설

형상기억합금은 힘에 의해 변형되더라도 특정 온도에 올라가면 본래의 모양으로 돌아오는 합금을 의미하며, Ti-Ni이 원자비 1 : 1로 가장 대표적인 합금이다.

45 A₃ 또는 A_cm선보다 30~50℃ 높은 온도로 가열한 후 공기 중에 냉각하여 탄소강의 표준조직을 검사하려면 어떤 열처리를 해야 하는가?

① 노멀라이징(불림)

② 어닐링(풀림)

③ 퀜칭(담금질)

④ 템퍼링(뜨임)

해설

① 불림(Normalizing) : 결정조직의 물리적, 기계적 성질의 표준화 및 균질화 및 잔류응력 제거

② 풀림(Annealing) : 금속의 연화 혹은 응력 제거를 위한 열처리

③ 담금질(Quenching) : 금속을 급랭함으로써, 원자 배열의 시간을 막아 강도, 경도를 높임

④ 뜨임(Tempering) : 담금질에 의한 잔류 응력 제거 및 인성 부여

46 주석 청동의 용해 및 주조에서 1.5~1.7%의 아연을 첨가할 때의 효과로 옳은 것은?

① 수축률이 감소된다.
② 침탄이 촉진된다.
③ 취성이 향상된다.
④ 가스가 혼입된다.

해설
주석 청동에 1.5~1.7%의 아연을 첨가하면 성형성이 좋고 강인하며, 수축률이 감소된다.

47 실루민을 개량처리하는 이유로 옳은 것은?

① 공정점 부근의 주조조직으로 나타나는 Si 결정을 미세화시키기 위해
② 공정점 부근의 주조조직으로 나타나는 Al 결정을 미세화시키기 위해
③ 공정점 부근의 주조조직으로 나타나는 Zn 결정을 미세화시키기 위해
④ 공정점 부근의 주조조직으로 나타나는 Sn 결정을 미세화시키기 위해

해설
개량화 처리 : 금속나트륨, 수산화나트륨, 플루오린화 알칼리, 알칼리 염류 등을 용탕에 장입하면 조직이 미세화되는 처리

48 강의 표면경화법에 해당되지 않는 것은?

① 침탄법
② 금속침투법
③ 마템퍼링법
④ 고주파 경화법

해설
표면경화법에는 침탄, 질화, 금속침투(세라다이징, 칼로라이징, 크로마이징 등), 고주파 경화법, 화염경화법, 금속용사법, 하드페이싱, 숏피닝 등이 있다. 마템퍼링은 금속 열처리에 해당된다.

49 라우탈(Lautal) 합금의 특징에 대한 설명한 것 중 틀린 것은?

① 시효경화성이 있는 합금이다.
② 규소를 첨가하여 주조성을 개선한 합금이다.
③ 주조 균열이 커서 사형 주물에 적합하다.
④ 구리를 첨가하여 피삭성을 좋게 한 합금이다.

해설
Al-Cu-Si(라우탈) : 주조성 및 절삭성이 좋다.

50 다음 중 베어링용 합금이 갖추어야 할 조건 중 틀린 것은?

① 마찰계수가 크고 저항력이 작을 것
② 충분한 점성과 인성이 있을 것
③ 내식성 및 내소착성이 좋을 것
④ 하중에 견딜 수 있는 경도와 내압력을 가질 것

해설
베어링합금
• 화이트 메탈, Cu-Pb합금, Sn청동, Al합금, 주철, Cd합금, 소결합금
• 경도와 인성, 항압력이 필요하다.
• 하중에 잘 견디고 마찰계수가 작아야 한다.
• 비열 및 열전도율이 크고 주조성과 내식성이 우수하다.
• 소착(Seizing)에 대한 저항력이 커야 한다.

51 동(Cu)합금 중에서 가장 큰 강도와 경도를 나타내며 내식성, 도전성, 내피로성 등이 우수하여 베어링, 스프링, 전기접점 및 전극재료 등으로 사용되는 재료는?

① 인(P) 청동
② 베릴륨(Be) 동
③ 니켈(Ni) 청동
④ 규소(Si) 동

해설
베릴륨 동은 구리에 베릴륨을 0.2~2.5% 함유시킨 동합금으로, 시효경화성이 있으며 동합금 중 최고의 강도를 가진다.

52 다음 ( ) 안에 들어갈 원소는?

탄소강 내에서 ( )은(는) Fe와 결합하여 입계에 망상으로 분포하는 석출상을 형성함으로써 인장력 및 내충격성을 감소시키고, 고온취성의 원인으로 작용한다.

① Cu
② S
③ Mn
④ Si

해설
S(황)은 탄소강 내에서 Fe와 결합하여 석출상을 형성하며, 고온취성을 나타내게 된다.

53 SM45C의 탄소 함유량은 약 몇 %인가?

① 0.045
② 0.12
③ 0.45
④ 1.2

해설
45C는 탄소 함유량을 나타내며, 0.45% 함유되었다는 의미이다.

54 체심입방격자(BCC)의 근접원자 간 거리는?(단, 격자상수는 a이다)

① a
② $\frac{1}{2}a$
③ $\frac{1}{\sqrt{2}}a$
④ $\frac{\sqrt{3}}{2}a$

해설
체심입방격자의 근접원자 간 거리는 $\frac{\sqrt{3}}{2}a$이다.

55 황동의 자연균열(Season Crack)을 방지하기 위한 대책으로 틀린 것은?

① 표면을 도금한다.
② 표면에 도료를 바른다.
③ 응력방지풀림을 한다.
④ 암모니아로 세척한다.

해설
황동의 자연균열은 도금, 도료, 응력방지풀림처리를 하여 암모니아로 세척하여도 큰 의미가 없다.

56 초경합금에 사용되는 것이 아닌 것은?

① TaC ② WC
③ TiC ④ PbS

초경합금에는 TaC, TiC, WC 등이 있다.

57 스테인리스강에 주요 합금 성분으로 첨가되는 것은?

① Co, V ② Nb, Cu
③ Cr, Ni ④ S, Mn

스테인리스강에는 일반적으로 Cr 18%, Ni 8%가 포함된다.

58 저수소계 피복아크용접봉의 건조온도 및 건조시간으로 가장 적합한 것은?

① 100~150℃, 30분
② 200~300℃, 1시간
③ 150~200℃, 2시간
④ 300~350℃, 1~2시간

저수소계 용접봉은 300~350℃에서 1~2시간 정도 건조 후 사용한다.

59 가스금속아크용접에서 용융금속의 이동 형태가 아닌 것은?

① 단락 이행
② 입상 이행
③ 롤러 이행
④ 스프레이 이행

가스금속아크용접에서 용융금속의 이동 형태로는 단락 이행, 입상 이행, 스프레이 이행이 있다.

60 아세틸렌가스의 양이 계산되는 공식에 따른 설명 중 옳지 않은 것은?

┤공식├

$$C = 905(A - B)l$$

① C : 15℃ 1기압하에서의 C_2H_2 가스의 용적
② B : 사용 전 아세틸렌이 충전된 병 무게
③ A : 병 전체의 무게(빈 병 무게 + C_2H_2의 무게) (kgf)
④ l : 아세틸렌가스의 용적단위

B는 충전되기 전 빈 병 무게를 나타낸다.

01 시험체의 양면이 서로 평행해야만 최대의 효과를 얻을 수 있는 비파괴검사법은?

① 방사선투과시험의 형광투시법
② 자분탐상시험의 선형자화법
③ 침투탐상시험의 수세성 형광침투법
④ 초음파탐상시험의 공진법

해설
공진법 : 시험체의 고유 진동수와 초음파의 진동수가 일치할 때 생기는 공진현상을 이용하여, 주로 시험체의 두께 측정에 적용한다.

02 방사선 관리구역을 설정하기 위한 측정 장비로 옳은 것은?

① 필름 배지
② 알람모니터
③ 포켓도시미터
④ 서베이미터

해설
서베이미터
• 표면 방사선량률과 공간 방사선량률을 측정할 때 사용한다.
• 가스충전식 튜브에 방사선이 투입될 때, 기체의 이온화 현상 및 기체증폭장치를 이용해 방사선을 검출하는 측정기이다.
• 종류 : 이온함식(전리함식), GM계수관식, 섬광계수관식
• 기체전리작용을 이용한 검출기에 해당된다.

03 X선과 γ선에 대한 설명으로 옳지 않은 것은?

① X선과 γ선은 전자파의 일종이다.
② 인간의 오감으로 느낄 수 없다.
③ X선과 γ선의 강도는 관에 적용되는 회전력에 의해 결정된다.
④ X선과 γ선은 물질을 투과하는 성질을 가지고 있다.

해설
X선과 γ선의 강도는 선원의 강도에 따라 결정된다.

04 비파괴검사법 중 대상 물체가 전도체인 경우에만 검사가 가능한 시험 방법은?

① 방사선투과시험
② 와전류탐상시험
③ 초음파탐상시험
④ 침투탐상시험

해설
와전류탐상 원리
코일에 고주파 교류 전류를 흘려 주면 전자유도현상에 의해 전도성 시험체 내부에 맴돌이 전류를 발생시켜 재료의 특성을 검사한다. 맴돌이 전류(와전류 분포의 변화)로 거리·형상의 변화, 합금 성분, 재질의 선별, 균열, 불균질 부분, 도금층 두께 측정, 치수 변화, 열처리 상태 등을 확인할 수 있다.

1 ④ 2 ④ 3 ③ 4 ② **정답**

05 그림과 같이 시험체 속으로 초음파(에너지)가 전달될 때 초음파 선속은 어떻게 되는가?

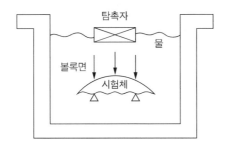

① 시험체 내에서 한 점에 집중된다.
② 시험체 내에서 퍼지게 된다.
③ 시험체 내에서 평행한 직선으로 전달된다.
④ 시험체 표면에서 모두 반사되어 들어가지 못한다.

해설
초음파는 직진성을 가지나 경계면 혹은 다른 재질에서는 굴절, 반사, 회절을 일으키므로 시험체 내에서 퍼지게 된다.

06 누설검사의 1atm을 다른 단위로 환산한 것으로 옳지 않은 것은?

① 14.7psi
② 760torr
③ 101.3kPa
④ 980kg/cm^2

해설
표준 대기압 : 표준이 되는 기압
대기압 = 1기압(atm) = 760mmHg = 1.0332kg/cm^2 = 30inHg
= 14.7Lb/in^2(psi) = 1,013.25mbar = 101.325kPa
= 760torr

07 비파괴검사에서 봉(Bar) 내의 비금속 개재물을 무엇이라 하는가?

① 겹침(Lap)
② 용락(Burn Through)
③ 스트링거(Stringer)
④ 언더컷(Under Cut)

08 공업용 X선 필름의 성능 특성으로 옳지 않은 것은?

① 저속도 필름은 관용도가 낮다.
② 저속도 필름으로 높은 콘트라스트를 얻을 수 있다.
③ 형광증감지용 필름은 미세한 결함의 검출에 적합하지 않다.
④ 고속도 필름은 입상성이 높아 정밀시험에 적합하다.

해설
고속도 필름은 입상성이 낮다.

09 비파괴검사의 적용에 대한 설명으로 옳은 것은?

① 알루미늄 합금의 재질이나 열처리 상태를 판별하기 위해서는 누설검사가 유용하다.

② 담금질 경화층의 깊이나 막두께 측정에는 와전류탐상시험을 이용한다.

③ 구조상 분해할 수 없는 전기용품 내부의 배선 상황을 조사할 때는 침투탐상시험이 유용하다.

④ 구조재 재질의 적합 여부 및 규정된 내부 결함의 가부를 판정하기 위해서는 주로 육안검사를 이용한다.

해설
와전류탐상은 결함, 재질변화, 품질관리 등 적용 범위가 광범위하다.

10 누설검사의 절대압력, 게이지압력, 대기압력 및 진공압력과의 상관 관계식으로 옳은 것은?

① 절대압력 = 진공압력 – 대기압력

② 절대압력 = 대기압력 + 진공압력

③ 절대압력 = 게이지압력 + 대기압력

④ 절대압력 = 대기압력 – 게이지압력

11 다음 중 두께가 10cm 이상인 강용접부를 방사선투과검사할 때 가장 적합한 방사선원은?

① Ir-192

② Cs-137

③ Tm-170

④ Co-60

해설
50mm 이상의 강용접부에는 Co-60을 사용한다.

12 방사선투과시험의 필름노출조건에서 10cm 거리에서 5분 동안 10mA의 노출을 주었다. 20cm 거리에서 10분의 노출을 주기 위해서는 몇 mA가 되어야 같은 조건을 유지할 수 있는가?

① 5mA

② 10mA

③ 80mA

④ 20mA

해설
거리와 시간이 2배 늘어났으므로, 10mA × 2 = 20mA가 된다.

13 사진농도 2.0에 대한 설명으로 옳은 것은?

① 투과광이 입사광의 1/20로 감소된 것이다.

② 투과광이 입사광의 1/100로 감소된 것이다.

③ 투과광이 입사광의 1/10로 감소된 것이다.

④ 투과광이 입사광의 1/2로 감소된 것이다.

해설
사진농도 2.0은 투과광이 입사광의 1/100로 감소된 것을 의미한다.

14 방사선투과시험 시 노출량을 좌우하는 것으로 옳지 않은 것은?

① 시험체의 종류
② 필름의 종류
③ 투과도계의 종류
④ 증감지의 종류

해설
방사선투과시험 시 노출량을 좌우하는 것으로 시험체의 종류, 필름의 종류, 증감지의 종류가 있다.

15 다음 중 자분탐상시험으로 발견할 수 있는 대상은?

① 비자성체의 내부 다공성 결함
② 배관 용접부 내의 슬래그 개재물
③ 철편에 있는 탄소 함유량
④ 강자성체에 있는 피로균열

해설
자분탐상시험은 강자성체 시험체의 결함에서 생기는 누설자장을 이용하여 표면 및 표면 직하의 결함을 검출하는 방법이다.

16 촬영한 필름을 현상할 때 현상탱크 내에서 필름을 위아래로 흔들어 교반하는 주된 이유는?

① 필름이 균일하게 현상되도록 하기 위하여
② 감광 유제에 생기는 주름을 없애기 위하여
③ 노출되지 않은 은(Ag) 미립자를 분산시키기 위하여
④ 과도한 압력으로부터 필름을 보호하기 위하여

17 SFD(선원-필름 간 거리) 80cm로 촬영하는 데 10분 노출하여 적정한 투과사진을 얻었다. 다른 촬영조건은 동일하고 단지 SFD 40cm로 촬영할 때 적정한 노출시간은 얼마인가?

① 5분
② 2.5분
③ 20분
④ 40분

해설
거리와 노출시간과의 관계
노출시간은 거리가 멀어질수록 거리의 제곱에 비례하여 길어진다.
$$\frac{M_1 \times T_1}{D_1^2} = \frac{M_2 \times T_2}{D_2^2}$$
여기서, D_1, D_2 : 선원-필름 간 거리
T_1, T_2 : 노출시간
$$\frac{10}{80^2} = \frac{x}{40^2}, \ x = 2.5$$
∴ 2.5분이 노출시간이다.

18 원자핵의 분류 중 ${}^{1}_{1}$H와 ${}^{2}_{1}$H 는 무엇으로 분류되는가?

① 동위원소
② 동중핵
③ 동중성자핵
④ 핵이성체

> **해설**
> 원자번호는 같으나 질량수가 다른 원소를 동위원소라고 한다.

19 45° 경사각 탐촉자로 시험체의 결함을 검출할 때 가장 적절한 경우는?

① 음파의 진행 방향에 수직이며, 탐상 표면과 평행한 결함인 경우
② 음파의 진행 방향과 같으며, 탐상 표면과 45°를 이루는 결함인 경우
③ 음파의 진행 방향과 같으며, 탐상 표면과 수직을 이루는 결함인 경우
④ 음파의 진행 방향에 수직이며, 탐상 표면과 45°를 이루는 결함인 경우

> **해설**
> 45° 경사각 탐촉자는 음파의 진행 방향에 수직이며, 탐상 표면과 45°를 이루는 결함의 검출이 가장 우수하다.

20 다음 단위 환산 중 옳은 것은?

① $1Sv = 10^3 rem$
② $1Gy = 100 rad$
③ $1rad = 10^3 erg/g$
④ $1R = 2.58 \times 10^{-1} C/kg\ alr$

> **해설**
> 라드(Roentgen Absorbed Dose, rad)
> • 방사선의 흡수선량을 나타내는 단위이다.
> • 1rad는 방사선의 물질과의 상호작용에 의해 그 물질 1g에 100erg(Electrostatic Unit, 정전단위)의 에너지가 흡수된 양 (1rad = 100erg/g = 0.01J/kg)이다.
> • Si단위로는 Gy(Gray)를 사용하며, 1Gy = 1J/kg = 100rad이다.

21 물질에 대한 투과력이 가장 큰 것은?

① α 입자
② β 입자
③ 가시광선
④ γ 선

> **해설**
> γ선의 특징
> • 투과력이 좋다.
> • 특별히 전원을 필요로 하지 않는다.
> • 작고 가벼워 수시로 이동하여 사용이 가능하다.
> • 동일 kV 범위에서 X-ray 장비보다 저렴하다.
> • 360° 또는 원하는 방향으로 투사 조절이 가능하다.
> • 초점이 적어 짧은 초점-필름 거리(FFD)가 필요할 경우 적당하다.
> • 안전관리에 철저해야 한다.
> • X선과 비교했을 때 조도가 떨어진다.
> • 동위원소마다 투과력이 다르다.

22 방사선투과사진 촬영 시 X선 발생장치를 사용할 때 노출조건을 정하기 위해 노출도표를 많이 이용하는데, 다음 중 노출도표와 거리가 먼 인자는?

① 선원의 크기
② 관전류
③ 관전압
④ 시험체의 두께

해설
노출도표
X선 사용 시 사용하며, 특정 관전압(kV)에 대해 시험체의 두께에 따른 노출량(관전류 × 노출시간 : mA × min)을 나타낸 도표이다.

23 방사선투과사진 촬영 시 필름의 양측에 밀착시켜 방사선에너지를 유효하게 하는 것은?

① 계조계
② 밀도계
③ 투과도계
④ 증감지

해설
증감지(Screen)
• X선 필름의 사진작용을 증가시키려는 목적으로, 마분지나 얇은 플라스틱판에 납이나 구리 등을 얇게 도포한 것이다.
• 감도 및 식별도를 증가시키기 위하여 납 또는 산화납 등의 금속 증감지 또는 필터를 사용하여도 좋다.
• 사용하는 증감지의 두께는 0.02~0.25mm 범위 내로 한다.
• 증감지는 더럽지 않고 표면이 매끄러운 것으로, 판정에 지장을 주는 흠이 없어야 한다.

24 다른 조건은 같고 비방사능만 커졌을 경우 방사선 투과사진의 선명도에 대한 설명으로 적합한 것은?

① 선명도가 나빠진다.
② 선명도가 좋아진다.
③ 선명도에는 변화가 없다.
④ 상이 모두 백색계열의 상태로 나타난다.

해설
비방사능 : 동위원소의 단위질량당 방사능의 세기로, 비방사능이 커지면 상대 강도가 선원보다 크기가 작아져 선명도가 향상되며, 선원이 작아지면 자기흡수도 작아진다.

25 2개의 투과도계를 양쪽에 놓고 촬영한 결과, 어느 한쪽의 투과도계가 규격값을 만족하지 못했을 때, 그 사진에 대한 판정으로 적절한 것은?

① 규격값을 만족한 쪽으로 판정한다.
② 사진의 농도가 진한 것으로 판정한다.
③ 결함의 정도가 많은 것으로 판정한다.
④ 불합격으로 판정한다.

해설
2개의 투과도계가 모두 만족하여야만 합격판정을 한다.

26 방사선투과시험 시 노출도표에 명시하지 않아도 되는 것은?

① 증감지의 종류
② 장비의 제조 연월일
③ 사진농도와 현상조건
④ 선원–필름 간 거리

해설

노출도표

- 시험체의 재질, 필름의 종류, 스크린의 특성, 선원–필름 간 거리, 필터, 사진처리 조건 및 사진농도가 제시되어 있는 도표이다.
- 가로축은 시험체의 두께, 세로축은 노출량(관전류 × 노출시간 : mA × min)을 나타내는 도표이다.
- 관전압별 직선으로 표시되어 원하는 사진농도를 얻을 수 있게 노출조건을 설정할 수 있다.

27 방사선투과시험 시 계조계를 사용하는 이유는?

① 필름의 입상성을 판단하기 위해
② 투과사진의 콘트라스트를 판단하기 위해
③ 촬영 위치를 정확히 판단하기 위해
④ 투과사진의 식별도를 낮추기 위해

해설

계조계(Step Wedge)

- 투과도계와 함께 사용하며, 투과사진의 상질을 확인한다.
- 바늘형 투과도계 사용 시 방사선에너지가 적당한지 확인하기 위한 것이다.
- 계조계의 모양은 1단형 판상과 2단형 스텝상이 있다.

28 방사선발생장치의 X선관에서 전자는 표적에 부딪혀 운동에너지를 잃고 대부분 무엇으로 변하는가?

① 감마선
② 열에너지
③ 특성 X선
④ 백색 X선

해설

X선관에서 전자는 표적에 부딪혀 운동에너지를 잃고 대부분 열에너지로 변한다.

29 자분탐상시험 후 탈자를 하지 않아도 지장이 없는 것은?

① 잔류자계가 측정계기에 영향을 미칠 우려가 있을 경우
② 자분탐상시험 후 전기 아크용접을 실시해야 할 경우
③ 자분탐상시험 후 열처리를 해야 할 경우
④ 자분탐상시험 후 페인트칠을 해야 할 경우

해설

자분탐상시험 후 열처리해야 할 경우, 최종 열처리 후에 탈자를 하여야 한다.

26 ② 27 ② 28 ② 29 ③ **정답**

30 그림과 같은 강용접부의 결함 여부를 검출하기 위해 강용접 이음부의 방사선투과검사(KS B 0845)를 적용할 때 촬영 두께에 따른 투과도계의 식별 최소 선지름이 표와 같다면 이 촬영에서의 식별 최소 선지름은 얼마인가?(단, 다음 표에서의 상질의 종류는 F급이다)

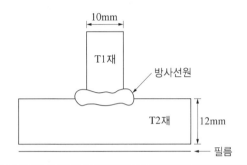

T1재와 T2재의 합계의 두께	상질의 종류
8mm 초과 10mm 이하	0.20mm
10mm 초과 12.5mm 이하	0.25mm
16mm 초과 20mm 이하	0.40mm
20mm 초과 25mm 이하	0.50mm

① 0.20mm ② 0.25mm
③ 0.50mm ④ 0.40mm

해설
부속서 C 표 1. 투과도계의 식별 최소 선지름을 참고하여 0.50mm가 된다.

[부속서 C 표 1. 투과도계의 식별 최소 선지름]

단위 : mm

T1재와 T2재의 합계의 두께	상질의 종류 F급
8.0 이하	0.20
8.0 초과 10.0 이하	0.20
10.0 초과 12.5 이하	0.25
12.5 초과 16.0 이하	0.32
16.0 초과 20.0 이하	0.40
20.0 초과 25.0 이하	0.50
25.0 초과 32.0 이하	0.50
32.0 초과 40.0 이하	0.63
40.0 초과 50.0 이하	0.80
50.0 초과 63.0 이하	0.80
63.0 초과 80.0 이하	1.0
80.0 초과 100.0 이하	1.25

31 원자력안전법 시행령에서 허용하는 방사선 작업종사자의 손발 및 피부에 대한 등가선량한도는?

① 연간 15mSv ② 연간 50mSv
③ 연간 500mSv ④ 연간 150mSv

해설
선량한도(원자력안전법 시행령 별표 1)

구 분		방사선 작업종사자	수시출입자, 운반종사자 및 교육훈련 등의 목적으로 위원회가 인정한 18세 미만인 사람	그 외의 사람
유효선량한도		연간 50mSv를 넘지 않는 범위에서 5년간 100mSv	연간 6mSv	연간 1mSv
등가 선량 한도	수정체	연간 150mSv	연간 15mSv	연간 15mSv
	손발 및 피부	연간 500mSv	연간 50mSv	연간 50mSv

32 타이타늄용접 이음부의 방사선투과검사(KS D 0239)에 따른 촬영배치의 설명으로 옳지 않은 것은?

① 투과도계를 검사부 방사선원 쪽의 용접 이음부 표면 위에 검사부의 유효길이(L_3)의 양 끝 부근에 각 1개씩 놓는다. 이때 가장 가는 선이 바깥쪽으로 놓여야 한다.
② 관길이용접 이음부의 이중벽 촬영 단일 상 관찰방법을 적용할 때, 투과도계는 필름 쪽 검사부 표면에 밀착시켜 놓아야 한다.
③ 촬영 시 조리개 또는 조사통을 사용하여 조사 범위를 필요 이상으로 크지 않게 할 것을 권장한다.
④ 선원-대상체 간 거리(L_1)는 검사부의 유효길이(L_3)의 3배 이상으로 하여야 한다.

해설
선원-대상체 간 거리(L_1)는 검사부의 유효길이(L_3)의 2배 이상으로 한다.

33 강용접 이음부의 방사선투과검사(KS D 0845)에 의한 강관 원둘레 용접 이음부의 이중벽 촬영 단면 관찰 방법에서 검사부에서의 횡균열의 검출을 필요로 하는 경우, 1회의 촬영으로 만족하는 검사부의 유효길이는 관의 원둘레 길이의 얼마 이하이어야 하는가?

① $\frac{1}{2}$ ② $\frac{1}{3}$

③ $\frac{1}{6}$ ④ $\frac{1}{4}$

해설
검사부의 유효길이(KS B 0845 부속서 B)
1회의 촬영에서 검사부의 유효길이(L_3)는 투과도계의 식별 최소 선지름, 투과사진의 농도 범위 및 계조계 값의 규정을 만족하는 범위로 한다. 만일 검사부에서 횡균열을 특별히 검출할 필요가 있다면, 해당 표준의 부속서 B에 명시된 투과도계의 식별 최소 선지름, 투과사진의 농도 범위 및 계조계값을 만족하여야 하고, 검사부의 유효길이는 다음 표를 만족하는 범위로 제한된다.

[표 6. 횡균열의 검출을 필요로 하는 검사부의 유효길이(L_3)]

촬영방법	검사부의 유효길이
내부 선원 촬영 방법 (분할 촬영)	선원과 검사부의 선원 쪽 표면 간 거리 L_1의 $\frac{1}{2}$ 이하
내부 필름 촬영 방법	관의 원둘레 길이의 $\frac{1}{12}$ 이하
이중벽 촬영 단면 관찰 방법	관의 원둘레 길이의 $\frac{1}{6}$ 이하

34 알루미늄용접 이음부의 방사선투과검사(KS D 0242)에 따른 텅스텐 개재물의 흠집 점수는 둥근 블로홀과 비교하여 어떻게 산정되는가?

① 둥근 블로홀 흠집 점수의 1/2
② 둥근 블로홀 흠집 점수의 1/3
③ 둥근 블로홀 흠집 점수의 2배
④ 둥근 블로홀 흠집 점수의 3배

해설
텅스텐 개재물의 흠집 점수는 기공(둥근 블로홀) 흠집 점수값의 1/2로 한다.

35 강용접 이음부의 방사선투과검사(KS D 0845)에 의한 투과사진에서의 흠집 분류방법 중 옳지 않은 것은?

① 검사 시야는 검사부의 유효길이 중 흠집점수가 가장 커지는 부위에 적용한다.
② 둥근 블로홀은 종별에 따라 분류할 때 제1종 흠집으로 분류한다.
③ 텅스텐 혼입인 경우에는 흠집점수를 구한다.
④ 갈라짐은 항상 제4종 흠집으로서 3류로 분류한다.

해설
흠집의 종 구분(KS B 0845 부속서 D)

흠집의 종 구분	흠집의 종류
제1종	가공(둥근 블로홀) 및 이에 유사한 흠집
제2종	가늘고 긴 슬래그 개재물(혼입), 파이프, 용입 불량, 융합 불량 및 이와 유사한 결함
제3종	균열(갈라짐) 및 이와 유사한 흠집
제4종	텅스텐 개재물(혼입)

33 ③ 34 ① 35 ④ **정답**

36 강용접 이음부의 방사선투과검사(KS D 0845)에 의한 계조계의 종류에 해당하지 않는 것은?

① 15형

② 20형

③ 30형

④ 25형

해설

계조계의 적용 구분(KS B 0845)

단위 : mm

모재의 두께	계조계의 종류
20.0 이하	15형
20.0 초과 40.0 이하	20형
40.0 초과 50.0 이하	25형

37 방사선 '선량한도'의 정의는?

① 내부에 피폭하는 방사선량 값

② 외부에 피폭하는 방사선량 값

③ 외부에 피폭하는 방사선량과 내부에 피폭하는 방사선량을 합한 피폭방사선량의 하한값

④ 외부에 피폭하는 방사선량과 내부에 피폭하는 방사선량을 합한 피폭방사선량의 상한값

해설

선량한도(원자력안전법 시행령 제2조)

외부에 피폭하는 방사선량과 내부에 피폭하는 방사선량을 합한 피폭방사선량(被曝放射線量)의 상한값이다.

38 다음 중 γ선 조사기에 사용되는 차폐용기로 가장 효율적인 것은?

① 고갈 우라늄

② 철

③ 콘크리트

④ 고령토

해설

차폐 : 선원과 작업자 사이에는 차폐물을 사용할 것

• 방사선을 흡수하는 납, 철판, 콘크리트, 우라늄 등을 이용함

• 차폐체의 재질은 일반적으로 원자번호 및 밀도가 클수록 차폐효과가 큼

• 차폐체는 선원에 가까이할수록 크기를 줄일 수 있어 경제적임

39 초음파탐상검사의 진동자 재질로 사용되지 않는 것은?

① 황산리튬

② 수 정

③ 타이타늄산바륨

④ 할로겐화은

해설

초음파탐상검사의 진동자 재질로는 황산리튬, 수정, 타이타늄산바륨, 지르콘·타이타늄산납계자기 등이 있다. 할로겐화은은 방사선 탐상 시 필름에 도포하는 데 사용한다.

40 알루미늄 합금 주물 – 방사선투과검사 및 투과사진의 등급분류(KS D 0241)에서 투과사진의 상질을 평가하기 위한 투과도계의 사용에 대한 옳은 설명은?

① 투과도계는 가능한 한 방사선 중심축과 수직하게 놓이게 한다.

② 투과도계는 방사선 촬영 중에 제품의 지정된 벽 두께 밑에 설치한다.

③ 대상체의 모양이 복잡한 경우에는 필름에서 가장 가까운 검사부의 위치에 놓는다.

④ 이중벽 촬영의 경우는 하부벽의 필름 쪽에 가까이 놓는다.

해설
투과도계의 사용(KS D 0241)
• 투과도계는 방사선 촬영 중, 제품의 지정된 벽 두께 위에 놓이게 한다. 대상체의 모양이 복잡한 경우, 필름에서 가장 멀리 떨어진 검사부의 위치에 투과도계를 놓는다.
• 투과도계는 가능한 한 방사선 중심축과 수직하게 놓이게 한다.
• 여러 개의 같은 대상체를 한번에 촬영할 때, 투과도계는 방사선 축의 가장 바깥쪽에 위치하는 대상체의 지정된 벽 두께 위에 놓이게 한다.
• 투과도계를 대상체의 상부에 놓을 수 없을 때, 방사선 흡수도 및 벽 두께가 거의 비슷한 재료로 만들어진 블록을 대상체 근처에 두고 그 블록 위에 투과도계를 놓는다.
• 이중벽 촬영의 경우, 투과도계는 상부벽의 방사선원 쪽에 놓인다. 만일 투과도계를 대상체의 상부벽에 놓기가 곤란하다면, 방사선 흡수도 및 벽 두께가 이중벽 두께와 거의 비슷한 재료로 만들어진 블록 위에 놓는다. 이 경우, 투과도계의 위치는 발포 스티로폼 등으로 상부벽의 높이에 맞추어야 한다.

41 LiF, CaSO₄ 및 CaF₂ 등의 소자를 이용한 열형광선량계(TLD)로 측정할 수 있는 방사선은?

① α선, β선
② X선, γ선
③ β선
④ α선

해설
열형광선량계(TLD)
• 방사선에 노출된 소자를 가열하면 열형광이 나오며, 이 방출된 양을 측정하여 피폭누적선량을 측정하는 원리이다.
• 사용되는 물질로는 LiF(Mg), CaSO₄(Dy)가 많이 사용된다.
• X선, γ선, 중성자의 측정이 가능하다.
• 감도가 좋으며, 측정 범위가 넓다.
• 소자를 반복해 사용할 수 있으며, 에너지 의존도가 좋다.
• 필터 사용 시 방사선 종류를 구분할 수 있다.
• 퇴행(Fading)이 커 장기간 누적선량 측정에는 부적합하다.
• 판독장치가 필요하며, 기록 보존이 어렵다.

42 강용접 이음부의 방사선투과검사(KS B 0845)에 의한 강판 맞대기 용접 이음부를 검사하는 경우 투과사진의 필요조건으로 옳지 않은 것은?

① 계조계의 값
② 검사부의 유효길이
③ 검사부를 투과하는 두께가 최대가 되는 선원의 조사 방향
④ 투과도계의 식별 최소 선지름

해설
투과사진의 촬영방법 – 방사선의 조사 방향(KS B 0845 부속서 A)
투과사진은 원칙적으로 검사부를 투과하는 두께가 최소가 되는 방향에서 방사선을 조사하여 촬영한다.

43 강용접 이음부의 방사선투과검사(KS B 0845)에 따라 강판의 맞대기 용접 이음부를 투과검사할 경우 상질의 종류가 A급일 때 요구되는 규정된 투과 사진의 농도범위로 옳은 것은?

① 1.3 이상 4.0 이하
② 1.0 이상 2.5 이하
③ 2.0 이상 3.5 이하
④ 1.8 이상 4.0 이하

해설
KS B 0845 – 투과사진의 농도범위

상질의 종류	농도범위
A급	1.3 이상 4.0 이하
B급	1.8 이상 4.0 이하

44 방사선 작업종사자 이외의 자인 수시출입자가 방사선관리구역에 수시로 출입하여 이 장소에서의 방사선 작업에 의해 월 2mSv의 방사선에 전신 균일 피폭된다면 이 출입자는 그 장소에 몇 개월 이상 근무해서는 안 되는가?(단, 이 수시 출입자에 대한 전신 균일조사 시 연간 선량한도는 12mSv라고 한다)

① 6개월　　　　② 3개월
③ 9개월　　　　④ 12개월

해설
연간 선량한도가 12mSv일 경우 월 2mSv 피폭되기 때문에, 6개월 이상 근무해서는 안 된다.

45 Ir-192의 방사선이 인체에 피폭되었을 때 나타날 수 있는 상호작용만으로 조합된 것은?

① 전자쌍 생성, 모서리효과
② 광전효과, 콤프턴산란
③ 콤프턴산란, 힐효과
④ 모아레효과, 광핵반응

해설
물질의 상호작용으로는 광전효과, 콤프턴산란, 전자쌍 생성, 톰슨 산란이 있다.

46 금속을 냉간가공 하면 결정입자가 미세화되어 재료가 단단해지는 현상은?

① 열간연화
② 가공경화
③ 청열메짐
④ 조직의 열화

47 강에 대한 망간(Mn)의 영향이 아닌 것은?

① 담금질이 잘된다.

② 점성을 증가시키고 고온 가공을 용이하게 한다.

③ 고온에서 결정성장을 감소시킨다.

④ 적열메짐의 원인이 되는 원소이다.

해설

망간(Mn) : 탈산제 및 적열취성(메짐) 방지 원소이며, 담금질성을 높이는 특징을 가진다. 또한 시멘타이트를 안정하게 하고, A_3변태점을 내려가게 하여 오스테나이트를 안정하게 한다.

48 주철이 성장하는 원인이 아닌 것은?

① 시멘타이트의 흑연화에 의해

② 규소(Si)의 산화에 의한 팽창에 의해

③ A_1 변태점 이상의 온도에서 장시간 방치되어 부피 증가에 의해

④ 흡수된 가스의 팽창에 따른 부피 증가 등에 의해

해설

• 주철의 성장 : 600℃ 이상의 온도에서 가열냉각을 반복하면 주철의 부피가 증가하여 균열이 발생하는 것이다.

• 주철의 성장 원인 : 시멘타이트의 흑연화, Si(규소)의 산화에 의한 팽창, 균열에 의한 팽창, A_1변태에 의한 팽창 등이 있다.

49 재료의 연성을 파악하기 위한 시험법은?

① 란츠시험

② 조미니시험

③ 에릭슨시험

④ 매크로시험

해설

에릭슨시험(커핑시험) : 재료의 전·연성을 측정하는 시험으로 Cu판, Al판 및 연성 판재를 가압 성형하여 변형 능력을 시험한다.

50 금속의 응고에 대한 설명으로 옳지 않은 것은?

① 냉각 곡선은 시간에 대한 온도변화를 나타낸 곡선이다.

② 액체금속 응고 시 응고점보다 낮은 온도에서 응고하는 것을 과랭이라 한다.

③ 용융금속 응고 시 작은 결정을 만드는 핵을 중심으로 나뭇가지 모양으로 발달한 것을 수지상 결정이라 한다.

④ 결정입자의 크기는 핵 생성 속도가 핵 성장 속도보다 빠르면 입자는 조대화된다.

해설

결정입자의 미세도 : 응고 시 결정핵이 생성되는 속도와 결정핵의 성장 속도에 의해 결정되며, 주상 결정과 입상 결정 입자가 있다.

• 주상 결정 : 용융금속이 응고하며 결정이 성장할 때 온도가 높은 방향으로 길게 뻗은 조직

$G \geq V_m$ (G : 결정입자의 성장 속도, V_m : 용융점이 내부로 전달되는 속도)

• 입상 결정 : 용융금속이 응고하며 용융점이 내부로 전달하는 속도가 더 클 때 수지 상정이 성장하며 입상정을 형성

$G < V_m$ (G : 결정입자의 성장 속도, V_m : 용융점이 내부로 전달되는 속도)

47 ④ 48 ④ 49 ③ 50 ④ **정답**

51 금속재료의 일반적 성질에 관한 설명으로 옳지 않은 것은?

① Al의 비중은 약 2.7로 물속으로 가라앉는다.

② Mg의 용융점은 약 850℃이다.

③ 열전도도가 우수한 금속은 Ag > Cu > Au 순이다.

④ 물질이 상태의 변화를 완료하기 위해서는 잠열이 필요하다.

해설
Mg의 용융점은 650℃이다.

52 크리프(Creep)에 대한 설명으로 옳은 것은?

① 재료에 고온에서 내력보다 작은 응력을 가하면, 시간이 지나면서 변형이 진행되는 것이다.

② 제1기 크리프를 가속크리프라 한다.

③ 제2기 크리프를 감속크리프라 한다.

④ 제3기 크리프를 정상크리프라 한다.

해설
크리프시험
• 크리프 : 재료를 고온에서 내력보다 작은 응력으로 가해주면 시간이 지나면서 변형이 진행되는 현상이다.
• 크리프 3단계

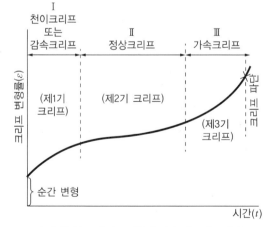

• 제1단계(감속크리프) : 변율이 점차 감소하는 단계
• 제2단계(정상크리프) : 일정하게 진행되는 단계
• 제3단계(가속크리프) : 점차 증가하여 파단에 이르는 단계

53 니켈(Ni)을 함유한 합금이 아닌 것은?

① 인바(Invar)

② 엘린바(Elinvar)

③ 문쯔메탈(Muntz Metal)

④ 플래티나이트(Platinite)

해설
문쯔메탈은 6 : 4 황동 합금에 속한다.

54 주물용 Al-Si 합금 용탕에 0.01% 정도의 금속나트륨을 넣고 주형에 용탕을 주입하여 조직을 미세화하고 공정점을 이동시키는 처리는?

① 개량화처리

② 용체화처리

③ 접종처리

④ 구상화처리

해설
• Al-Si : 실루민, 나트륨(Na)을 첨가하여 개량화처리를 실시한다.
• 개량화처리 : 금속나트륨, 수산화나트륨, 플루오린화 알칼리, 알칼리염류 등을 용탕에 장입하면 조직이 미세화되는 처리이다.

55 금속 간 화합물인 탄화철(Fe_3C) 중 철(Fe)의 원자비(%)는?

① 25
② 45
③ 65
④ 75

금속 간 화합물
• 각 성분이 서로 간단한 원자비로 결합되어 있는 화합물이다.
• 원래의 특징이 없어지고, 성분 금속보다 단단하고 용융점이 높아진다.
• 일반 화합물에 비해 결합력이 약하고, 고온에서 불안정하다.
• 탄화철은 철(Fe)이 75%, 탄소(C)가 25% 포함되어 있다.

56 축각이 $\alpha = \beta = \gamma = 90°$, 축의 길이는 $a = b \neq c$로 이루어진 격자는?

① 단사정계
② 사방정계
③ 정방정계
④ 입방정계

구 분	축 각	축의 길이
정방정계	$\alpha = \beta = \gamma = 90°$	$a = b \neq c$
단사정계	$\alpha = \gamma = 90° \neq \beta$	$a \neq b \neq c$
사방정계	$\alpha = \beta = \gamma = 90°$	$a \neq b \neq c$
입방정계	$\alpha = \beta = \gamma = 90°$	$a = b = c$
육방정계	$\alpha = \beta = 90°$, $\gamma = 120°$	$a = b \neq c$
삼사정계	$\alpha \neq \beta \neq \gamma \neq 90°$	$a \neq b \neq c$

57 다음 중 강도와 경도가 가장 큰 조직은?

① 오스테나이트
② 마텐자이트
③ 페라이트
④ 펄라이트

탄소강 조직의 경도 : 시멘타이트 → 마텐자이트 → 트루스타이트 → 베이나이트 → 소르바이트 → 펄라이트 → 오스테나이트 → 페라이트

58 용접기의 종류(용량) 표시에 AW-200이란 표시가 있을 때 여기에서 200이 뜻하는 것은?

① 정격 사용률
② 정격 출력 전류
③ 2차 최대 전류
④ 2차 무부하 전압

AW는 교류아크용접기를 의미하며, 200은 정격 출력 전류를 뜻한다.

59 용접의 종류 중 압접에 속하는 것은?

① TIG용접(불활성가스텅스텐아크용접)
② 서브머지드아크용접
③ 일렉트로슬래그용접
④ 점용접

해설
점용접 : 용접하려고 하는 부재를 맞대어 놓고 비교적 작은 부분에 전류를 집중하여 보내어 그 접촉면에 생기는 전기저항열로 접합부의 온도를 높이면서 그 부위가 무르게 되면 압력을 가하여 접합하는 방법이다. 스폿용접이라고도 한다.

60 방사선투과시험의 현상처리에서 수동현상법과 비교한 자동현상법에 관한 설명으로 옳지 않은 것은?

① 투과사진의 균질성이 더 높다.
② 현상액의 온도조절이 비교적 쉽다.
③ 수동현상법보다 실패율이 낮다.
④ 현상액의 공기 산화가 크다.

해설
사진처리에는 자동현상처리와 수동현상처리가 있으며, 자동현상기는 사진처리액의 농도, 현상시간 및 온도를 자동으로 조절해 처리해 주며, 필름 현상에 필요한 전 공정을 필름을 운반하는 롤러를 이용하여 진행속도 및 현상조건 등이 모두 정확하게 조절된다. 이에 현상속도가 빠르고 투과사진의 상질이 균일하다. 또한 장소가 좁은 공간에 적합하며, 자동 이송이 되므로 공기 산화가 적다.

01 방사선투과시험 시 암실에 비치해야 할 최소한의 기기만으로 구성된 것은?

① 현상탱크, 세척탱크, 암등, 싱크대
② 현상탱크, 필름보관함, Ir-192 저장함, 암등
③ 압력탱크, 싱크대, 암등, 필름보관함
④ 세척탱크, 싱크대, 암등, Ir-192 저장함

해설
방사선투과시험 시 암실에는 현상탱크, 세척탱크, 암등, 싱크대 등이 반드시 필요하다.

02 다음 그림에서와 같이 시험체 속으로 초음파(에너지)가 전달될 때 초음파 선속은 어떻게 되는가?

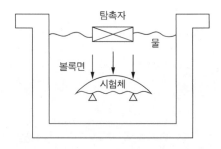

① 시험체 내에서 퍼지게 된다.
② 시험체 내에서 한 점에 집중된다.
③ 시험체 내에서 평행한 직선으로 전달된다.
④ 시험체 표면에서 모두 반사되어 들어가지 못한다.

해설
초음파는 직진성을 가지고 있지만 경계면 혹은 다른 재질에서는 굴절, 반사, 회절을 일으키므로 시험체 내에서 퍼지게 된다.

03 결함검출 확률에 영향을 미치는 요인이 아닌 것은?

① 결함의 방향성
② 균질성이 있는 재료 특성
③ 검사시스템의 성능
④ 시험체의 기하학적 특징

해설
균질성이란 성분이나 특성이 전체적으로 같은 성질로 결함검출 확률에는 미치지 않는다.

04 강용접 용기의 용접부위 두께가 80mm일 때 다음 중 가장 알맞은 방사선투과 촬영기는?

① 150kV X-선 장비
② 300kV X-선 장비
③ Ir-192 γ-선 장비
④ Co-60 γ-선 장비

해설
두께가 매우 두꺼운 용접부로 Co-60 γ-선 장비를 사용한다.

05 관의 보수검사를 위해 와전류탐상검사를 수행할 때 관의 내경을 d, 시험코일의 평균 직경을 D라고 하면 내삽코일의 충전율을 구하는 식은?

① $\left(\dfrac{D}{d}\right)^2 \times 100\%$ 　② $\left(\dfrac{D}{d}\right) \times 100\%$

③ $\left(\dfrac{D}{d+D}\right) \times 100\%$ 　④ $\left(\dfrac{d+D}{D}\right) \times 100\%$

해설
$$충전율 = \left(\frac{D}{d}\right)^2 \times 100$$
$$= \left(\frac{\text{내삽 코일의 평균 직경}}{\text{시험체의 내경} - \text{시험체의 두께}}\right)^2 \times 100$$

06 비파괴검사에서 봉(Bar) 내의 비금속 개재물을 무엇이라 하는가?

① 겹침(Lap)

② 용락(Burn Through)

③ 언더컷(Under Cut)

④ 스트링거(Stringer)

07 초음파탐상시험에서 표준이 되는 장치나 기기를 조정하는 과정을 무엇이라고 하는가?

① 경사각 탐상　　② 보 정

③ 감 쇠　　④ 상관관계

해설
초음파탐상시험에서 표준이 되는 STB를 이용하여 기기를 조정하는 것을 보정이라고 한다.

08 코일법으로 자분탐상시험을 할 때 요구되는 전류는 몇 A인가?(단, $\dfrac{L}{D}$은 3, 코일의 감은 수는 10회, 여기서 L은 봉의 길이이며, D는 봉의 외경이다)

① 40　　② 700

③ 1,167　　④ 1,500

해설
코일법으로 자화시킬 때 자화전류의 양은 $IN = \dfrac{45,000}{L/D}$ 이다(여기서, I : 자화전류, N : 코일의 감은수[turns], L : 시험체의 길이, D는 시험체의 외경).

$I \times 10 = \dfrac{45,000}{3}$, $\therefore I = 1,500$

09 비파괴검사의 적용에 대한 설명 중 옳은 것은?

① 담금질 경화층의 깊이나 막두께 측정에는 와전류탐상시험을 이용한다.

② 알루미늄 합금의 재질이나 열처리 상태를 판별하기 위해서는 누설검사가 유용하다.

③ 구조상 분해할 수 없는 전기용품 내부의 배선 상황을 조사할 때는 침투탐상시험이 유용하다.

④ 구조재 재질의 적합 여부 및 규정된 내부결함의 가부를 판정하기 위해서는 주로 육안검사를 이용한다.

해설
와전류탐상검사는 맴돌이 전류(와전류 분포의 변화)로 거리·형상의 변화, 합금성분, 재질의 선별, 균열, 불균질 부분, 도금층 두께 측정, 치수 변화, 열처리 상태 등을 확인 가능하다.

10 다음 중 가장 무거운 입자는?

① α입자　　② β입자

③ 중성자　　④ γ입자

11 형광증감지의 특징을 바르게 설명한 것은?

① 연박증감지보다 증감률이 낮다.

② 연박증감지보다 노출시간이 짧아진다.

③ 연박증감지보다 산란선 저감효과가 나쁘다.

④ 연박증감지보다 콘트라스트가 높다.

해설

형광증감지(Fluorescent Intensifying Screen)

• 칼슘텅스테이트(Ca–Ti)와 바륨리드설페이트(Ba–Pb–S)분말과 같은 형광물질을 도포한 증감지이다.

• X선에서 나타나는 형광작용을 이용한 증감지로 조사시간을 단축하기 위해 사용한다.

• 높은 증감률을 가지고 있지만, 선명도가 나빠 미세한 결함 검출에는 부적합하다.

• 노출시간을 10~60% 줄일 수 있다.

12 방사선 측정기의 사용 목적이 틀린 것은?

① 단창형 GM계수관 – 방사능 측정

② 전리함식 계수관 – 방사선량률 측정

③ 섬광계수장치 – γ선의 에너지 스펙트럼 측정

④ BF3 계수관 – β방사선량 측정

해설

β선은 GM계수관식으로 측정 가능하다.

13 방사선투과시험 시 필름의 특성곡선(또는 감광곡선)을 사용한다. 이 특성곡선에 대한 설명 중 옳은 것은?

① 선원강도와 방사선 사진농도와의 관계

② 상대노출과 방사선 사진농도와의 관계

③ 필름속도와 노출인자와의 관계

④ 노출조건과 노출거리와의 관계

해설

필름 특성곡선(Characteristic Curve)

• 특정한 필름에 대한 노출량과 흑화도와의 관계를 곡선으로 나타낸 것이다.

• H&D곡선, Sensitometric 곡선이라고도 한다.

• 이 필름 특성곡선을 이용하여 노출조건을 변경하면 임의의 투과사진 농도를 얻을 수 있다.

14 10가층에 관한 정의로 가장 적합한 것은?

① 방사선의 양이 반으로 되는데 걸리는 시간이다.

② 방사선의 에너지가 반으로 줄어드는데 필요한 어떤 물질의 두께이다.

③ 최초의 방사선 강도가 1/10이 되는 수준의 두께이다.

④ 방사선의 인체에 미치는 영향이 반으로 줄어드는데 필요한 차폐체의 무게이다.

해설

반가층(HVL ; Half–Value Layer)

• 표면에서의 강도가 물질 뒷면에 투과된 방사선 강도의 1/2이 되는 것

$$반가층 = \frac{t}{2} = \frac{\ln 2}{\mu} = \frac{0.693}{\mu}$$

(여기서, μ : 선형 흡수 계수)

10가층(TVL ; Tenth Value Layer)

• 최초의 방사선 강도가 1/10이 되는 수준의 두께

$$10가층 = \frac{t}{10} = \frac{\ln 10}{\mu} = \frac{2.303}{\mu}$$

(여기서, μ : 선형 흡수 계수)

15 방사선투과시험에 사용하고 있는 Ir–192 동위원소의 양성자수는?

① 76 ② 77

③ 86 ④ 87

해설

Ir : 원자번호 77, 표준 원자량 192g/mol, 녹는점 2,446℃

16 방사선 작업실에서 작업 후 나올 때 오염검사를 하여야 한다. 주로 무엇으로 오염도를 검사하는가?

① GM관 계수기
② 필름배지 선량계
③ 포켓 체임버 선량계
④ 반도체 검출기[Ge(Li)] 선량계

해설
GM 계수관(카운터)는 서베이미터의 일종으로 기체전리작용을 이용한 방사선검출기에 해당된다.

17 KS D 0227에서 주강품의 복합 필름을 2장 포개서 관찰하는 경우 각각의 최저 농도와 포갠 경우 최고 농도는?

① 최저 농도 0.3 이상, 최고 농도 3.5 이하
② 최저 농도 0.5 이상, 최고 농도 3.5 이하
③ 최저 농도 0.8 이상, 최고 농도 4.0 이하
④ 최저 농도 1.0 이상, 최고 농도 4.0 이하

해설
KS D 0227은 주강품의 방사선투과검사방법으로 복합 필름을 2장 포개서 관찰하는 경우, 각각 투과사진의 최저 농도는 0.8 이상, 최고 농도는 4.0 이하이어야 한다.

18 다음 중 초음파탐상검사의 진동자 재질로 사용되지 않는 것은?

① 황산리튬
② 수 정
③ 타이타늄산바륨
④ 할로겐화은

해설
초음파 탐상 검사의 진동자 재질로는 황산리튬, 수정, 타이타늄산바륨, 지르콘·타이타늄산납계자기 등이 있다. 할로겐화은은 방사선 탐상 시 필름에 도포하는 데 사용한다.

19 방사선투과시험 후 현상액이 오염되어서 필름처리가 나쁘게 되면 어떻게 되는가?

① 투과 사진의 식별도가 나빠진다.
② 필름 콘트라스트는 좋아진다.
③ 피사체 콘트라스트는 좋아진다.
④ 피사체의 관용도가 나빠진다.

해설
현상액이 오염되면 투과 사진의 식별도가 나빠진다.

20 촬영한 필름을 현상할 때 현상탱크 내에서 필름을 위아래로 흔들어 교반하는 주된 이유는?

① 감광 유제에 생기는 주름을 없애기 위하여
② 필름이 균일하게 현상되도록 하기 위하여
③ 노출되지 않은 은(Ag) 미립자를 분산시키기 위하여
④ 과도한 압력으로부터 필름을 보호하기 위하여

21 다음 측정기기에 대한 설명이 잘못된 것은?

① TLD(티엘디)는 개인 피폭선량 측정용이다.

② 서베이미터는 교정하지 않아도 된다.

③ 동위원소 회수 시 서베이미터로 관찰해야 한다.

④ 포켓도시미터로 선량률을 측정해서는 안 된다.

해설
서베이미터는 피폭관리 측정기기로, 최소 6개월에 한 번은 검사 및 교정을 받아야 한다.

22 강용접 이음부의 방사선투과시험방법(KS B 0845) 의 맞대기 용접 이음부 촬영배치에 대한 설명으로 서 선원과 필름 사이의 거리는 시험부의 선원측 표 면과 필름 사이 거리의 m배 이상으로 한다고 규정 하고 있다. 여기서 상질이 B급일 경우 m에 대한 설명으로 옳은 것은?

① $\dfrac{3 \times \text{선원치수}}{\text{투과도계의 식별 최소 선지름}}$ 또는 6의 큰 쪽 값

② $\dfrac{4 \times \text{선원치수}}{\text{투과도계의 식별 최대 선지름}}$ 또는 6의 큰 쪽 값

③ $\dfrac{3 \times \text{선원치수}}{\text{투과도계의 식별 최소 선지름}}$ 또는 7의 큰 쪽 값

④ $\dfrac{4 \times \text{선원치수}}{\text{투과도계의 식별 최대 선지름}}$ 또는 7의 큰 쪽 값

해설
KS B 0845 촬영배치
선원과 필름 간의 거리($L_1 + L_2$)는 시험부의 선원측 표면과 필름 간의 거리 L_2의 m배 이상으로 한다. m의 값은 상질의 종류에 따라서 부속서 1 표 2로 한다.
[부속서 1 표 2. 계수 m의 값]

상질의 종류	계수 m
A급	$\dfrac{2f}{d}$ 또는 6의 큰 쪽의 값
B급	$\dfrac{3f}{d}$ 또는 7의 큰 쪽의 값

23 강용접 이음부의 방사선투과시험방법(KS B 0845) 에 의한 결함의 분류방법에서 시험시야의 크기는 어떻게 구분하는가?

① 10×10, 10×20, 10×30

② 10×10, 20×20, 30×30

③ 10×10, 10×20, 10×50

④ 10×10, 30×30, 50×50

해설

시험 시야의 크기(KS B 0845)　　　　　　　　단위 : mm

모재의 두께	25 이하	25 초과 100 이하	100 초과
시험 시야의 크기	10×10	10×20	10×30

24 강용접 이음부의 방사선투과시험방법(KS B 0845) 에 따라 두께 30mm 강판의 맞대기용접 이음을 촬 영하려고 할 때 사용하는 계조계의 종류는?

① 15형　　　　　　② 20형

③ 25형　　　　　　④ 30형

해설
KS B 0845 - 계조계의 적용 구분

모재의 두께	계조계의 종류
20.0 이하	15형
20.0 초과 40.0 이하	20형
40.0 초과 50.0 이하	25형

25 강용접 이음부의 방사선투과시험방법(KS B 0845)에서 강판의 T용접 이음부에만 사용되는 투과사진의 상질의 종류는?

① A급   ② B급
③ F급   ④ P1급

해설

강용접 이음부의 방사선투과시험방법(KS B 0845)에서 투과사진의 상질의 적용 구분

용접 이음부의 모양	상질의 종류
강판의 맞대기용접 이음부 및 촬영시의 기하학적 조건이 이와 동등하다고 보는 용접 이음부	A급, B급
강관의 원둘레용접 이음부	A급, B급, P1급, P2급
강판의 T용접 이음부	F급

26 KS규격에 의한 30mm 두께의 알루미늄주물에 방사선투과검사 시 기포 크기 9mm의 결함 1개가 발견되었으면 몇급에 해당되는가?

① 1급   ② 2급
③ 3급   ④ 4급

해설

KS D 0241에 의거 30mm 두께의 알루미늄주물에서 기포 크기가 6.35mm 이상이면 4급에 해당한다.

27 알루미늄 평판 접합 용접부의 방사선투과시험방법(KS D 0242)에서 알루미늄 계조계의 형 종류로 옳은 것은?

① A, B, C   ② D, E, F, G
③ A, B, D   ④ A1, A2, B1, B2

해설

계조계의 종류 : D1, D2, D3, D4, E2, E3, E4, F0, G0형이 있다.

28 원자력안전법 시행령에서 방사선 작업종사자가 방사선 장해를 받았거나 받은 것으로 보이는 경우, 원자력 관계사업자가 취할 내용에 해당되지 않는 것은?

① 보건상의 조치
② 방사선 피폭이 적은 업무로 전환
③ 개인 안전장구 추가 지급
④ 방사선 관리구역에의 출입시간 단축

해설

방사선 장해를 받은 사람 등에 대한 조치(원자력안전법 시행령 제135조)
원자력 관계사업자가 하여야 할 조치는 다음과 같다.
• 방사선 작업종사자 또는 수시출입자가 방사선 장해를 받았거나 받은 것으로 보이는 경우에는 지체 없이 의사의 진단 등 필요한 보건상의 조치를 하고, 그 방사선 장해의 정도에 따라 방사선 관리구역 출입시간의 단축, 출입금지 또는 방사선 피폭 우려가 적은 업무로의 전환 등 필요한 조치를 하여야 한다.
• 방사선 관리구역에 일시적으로 출입하는 사람이 방사선 장해를 받았거나 받은 것으로 보이는 경우에는 지체 없이 의사의 진단 등 필요한 보건상의 조치를 하여야 한다.

29 방사선 안전관리 등의 기술기준에 관한 규칙에 따라 방사성 동위원소를 이동 사용하는 경우에 관한 설명으로 옳지 않은 것은?

① 사용시설 또는 방사선관리구역 안에서 사용하여야 한다.
② 전용 작업장을 설치하거나 차폐벽 등으로 방사선을 차폐하여야 한다.
③ 감마선 조사장치를 사용하는 경우에는 콜리메이터를 반드시 사용할 필요는 없다.
④ 정상적인 사용 상태에서는 밀봉선원이 개봉 또는 파괴될 우려가 없도록 해야 한다.

해설

감마선 조사장치를 사용하는 경우 피폭량 측정을 위해 반드시 콜리메이터를 사용해야 한다.

30 KS B 0845에 따른 강판용접부 두께가 50mm 초과인 투과 사진상에서 흠 점수로 산정하지 않는 제1종 흠의 긴지름은?

① 모재 두께의 1.4% 이하

② 모재 두께의 1.5% 이하

③ 모재 두께의 1.6% 이하

④ 모재 두께의 1.8% 이하

해설
KS B 0845 - 산정하지 않는 흠집의 치수

(단위 : mm)

모재의 두께	흠집의 치수
20 이하	0.5
20 초과 50 이하	0.7
50 초과	모재 두께의 1.4%

31 강용접 이음부의 방사선투과시험방법(KS B 0845)에 의한 상의 분류 시 결함의 종별-종류의 연결이 옳은 것은?

① 제1종 - 텅스텐 혼입

② 제2종 - 융합 불량

③ 제3종 - 용입 불량

④ 제4장 - 블로홀

해설
KS B 0845 - 결함의 종별 분류

결함의 종별	결함의 종류
제1종	둥근 블로홀 및 이에 유사한 결함
제2종	가늘고 긴 슬래그 혼입, 파이프, 용입 불량, 융합 불량 및 이와 유사한 결함
제3종	갈라짐 및 이와 유사한 결함
제4종	텅스텐 혼입

32 서베이미터의 배율 조정이 ×1, ×10, ×100으로 되어 있는데 지시눈금의 위치가 3mR/h이고, 배율조정 손잡이가 ×100에 있는 경우 방사선량률은 얼마인가?

① 3mR/h

② 30mR/h

③ 300mR/h

④ 3,000mR/h

해설
지시눈금이 3mR/h이며, 배율이 ×100이었다면 3 × 100 = 300 mR/h가 된다.

33 알루미늄 평판 접합 용접부의 방사선투과시험방법(KS D 0242)에 의해 투과시험할 때 촬영배치에 관한 설명으로 옳은 것은?

① 1개의 투과도계를 촬영할 필름 밑에 놓는다.

② 계조계는 시험부 유효길이의 바깥에 놓는다.

③ 계조계는 시험부와 필름 사이에 각각 2개를 놓는다.

④ 2개의 투과도계를 시험부 방사면 위 용접부 양쪽에 각각 놓는다.

해설
촬영배치(KS D 0242)
• 투과도계는 시험부의 방사면 위에 있는 용접부를 넘어 서서 시험부의 유효 길이 L_3의 양끝 부근에 투과도계의 가장 가는 선이 외측이 되도록 각 1개를 둔다.
• 계조계는 시험부의 선원 측의 모재부 위에, 시험부 유효길이의 중앙 부근의 용접선 근처에 둔다.

34 타이타늄용접부의 방사선투과시험방법(KS D 0239)에 의한 투과사진의 흠집의 상분류방법 중 모재의 두께 15mm인 용접부에서 산정하지 않는 흠의 치수 규정은?

① 0.3mm 이하　　② 0.4mm 이하
③ 0.5mm 이하　　④ 0.7mm 이하

해설

산정하지 않는 흠집의 상 치수(KS D 0239 부속서 A 표 A.2)
(단위 : mm)

모재의 두께	흠집의 치수
10 이하	0.3
10 초과 20 이하	0.4
20 초과 25 이하	0.7

35 다음 중 타이타늄용접부의 방사선투과시험방법(KS D 0239)에 따른 촬영배치를 설명한 것으로 옳지 않은 것은?

① 투과도계는 시험부 유효거리 내에서 가장 가는 선이 바깥쪽이 되도록 놓는다.
② 관 길이용접부의 이중벽 한면 촬영방법의 경우 투과도계를 시험부의 필름쪽 면 위에 놓는다.
③ 선원과 투과도계 사이의 거리(L_1)는 시험부의 유효길이(L_3)의 3배 이상으로 하여야 한다.
④ 촬영 시 조사범위를 필요 이상으로 크게 하지 않기 위해 조리개를 사용한다.

해설

선원과 투과도계 사이의 거리(L_1)는 시험부의 유효 길이(L_3)의 2배 이상으로 한다.

36 방사선을 측정할 때 사용되는 감마상수(γ-factor)에 관한 설명으로 옳은 것은?

① 반감기의 다른 표현이다.
② 방사능 측정 시의 보정인자를 나타낸다.
③ 방사성 물질의 단위를 나타내는 것이다.
④ 방사성 물질 1Ci의 점선원에서 1m 거리에 1시간에 조사되는 조사선량을 나타낸다.

해설

감마상수(γ-factor) : 방사성 물질 1Ci의 점선원에서 1m 거리에 1시간에 조사되는 조사선량을 나타낸 것이다.

37 ASEM Sec. V에 의거하여 투과도계 감도를 나타내는 기호 2-2T에서 '2'와 '2T'에 관한 설명으로 옳은 것은?

① 2 : 투과도계 두께(시험체 두께의 2%)
　 2T : 꼭 나타나야 할 투과도계 Hole 직경
② 2 : 투과도계 등가감도
　 2T : 꼭 나타나야 할 투과도계 Hole 직경
③ 2 : 투과도계 Hole 직경
　 2T : 투과도계 두께(시험체 두께의 2%)
④ 2 : 투과도계 등감감도
　 2T : 투과도계 두께(시험체 두께의 2%)

해설

2-2T : 투과도계 두께가 2, 투과도계 홀 직경이 2를 나타낸다.

38 구상흑연주철이 주조 상태에서 나타나는 조직의 형태가 아닌 것은?

① 페라이트형　　② 펄라이트형
③ 시멘타이트형　　④ 헤마타이트형

해설

구상흑연주철 : 흑연을 구상화하여 균열을 억제시키고, 강도 및 연성을 좋게 한 주철이다. 시멘타이트형, 펄라이트형, 페라이트형이 있으며, 구상화제로는 Mg, Ca, Ce, Ca-Si, Ni-Mg 등이 있다.

39 금속격자 결함 중 면결함에 해당되는 것은?

① 공 공   ② 전 위

③ 적층결함   ④ 프렌켈 결함

해설

금속결함

• 점결함 : 공공, 침입형 원자, 프렌켈 결함 등이 있다.

• 선결함 : 칼날전위, 나선전위, 혼합전위가 있다.

• 면결함 : 적층결함, 쌍정, 상계면 등이 있다.

• 체적결함 : 수축공, 균열, 개재물 등 1개소에 여러 개의 입자가 있는 것들이 해당된다.

40 용융점과 비중이 약 419℃, 7.1로써 철강재료의 피복용으로 사용되는 것은?

① 아 연   ② 구 리

③ 납   ④ 철

해설

아연의 용융점은 419℃, 비중은 7.1로 피복용으로 많이 사용된다.

41 자성체의 자화강도가 급격히 감소되는 온도는?

① 퀴리점   ② 변태점

③ 항복점   ④ 동소점

해설

강자성체나 페라이트에서 온도가 일정 값 이상이 되면 자기 모멘트의 방향이 흩어져 비투자율이 거의 1이 되는 점을 퀴리점이라 한다.

42 강의 페라이트 결정입도시험에서 FGC는 어떤 시험방법인가?

① 파괴법   ② 절단법

③ 비교법   ④ 평적법

해설

페라이트 결정입도 측정법 : KS D 0209에 규정된 강의 페라이트 결정입도시험으로 0.2%C 이하인 탄소강의 페라이트 결정입도를 측정하는 시험법이다. 비교법(FGC), 절단법(FGI), 평적법(FGP)이 있다.

43 라우탈(Lautal)의 주성분으로 맞는 것은?

① Fe-Zn   ② Al-Cu

③ Mn-Mg   ④ Pb-Sb

해설

라우탈(Lautal)

• Al-Cu-Si(알구시라)

• 주소성 및 절삭성이 좋다.

44 브리넬 경도계의 탄소강 볼 압입자의 사용범위(HB)는?

① 탄소강 볼 < 400~500

② 탄소강 볼 < 650~700

③ 탄소강 볼 < 800

④ 탄소강 볼 < 850

해설

브리넬 경도에서 볼의 재질에 따른 사용범위는 다음과 같다.

볼의 재질	사용범위(HB)
탄소강 볼	< 400~500
크롬강 볼	< 650~700
텅스텐 카바이드 볼	< 800
다이아몬드 볼	< 850

45 다음 중 재료의 연성을 알기 위한 시험법은?

① 란츠 시험

② 조미니 시험

③ 매크로 시험

④ 에릭슨 시험

해설

에릭슨 시험(커핑 시험) : 재료의 전·연성을 측정하는 시험으로 Cu판, Al판 및 연성 판재를 가압 성형하여 변형 능력을 시험한다.

46 다음 금속 중 용융 상태에서 응고할 때 팽창하는 것은?

① Sn　　　② Zn

③ Mo　　　④ Bi

해설

Bi(비스무트)는 원자번호 83번으로 무겁고 깨지기 쉬운 적색을 띤 금속으로 푸른 불꽃을 내고, 질산과 황산에 잘 녹는다. 수은 다음으로 열전도성이 작고 화장품, 안료에 사용된다.

47 주기율표상에 나타난 금속원소 중 용융온도가 가장 높은 원소와 가장 낮은 원소로 올바르게 짝지어진 것은?

① 철(Fe)과 납(Pb)

② 구리(Cu)와 아연(Zn)

③ 텅스텐(W)과 이리듐(Ir)

④ 텅스텐(W)과 수은(Hg)

해설

용융점 : 고체 금속을 가열시켜 액체로 변화되는 온도점
각 금속별 용융점

W	3,410℃	Al	660℃
Cr	1,890℃	Mg	650℃
Fe	1,538℃	Zn	420℃
Co	1,495℃	Pb	327℃
Ni	1,455℃	Bi	271℃
Cu	1,083℃	Sn	231℃
Au	1,063℃	Hg	−38.8℃

48 보통강보다 절삭가공이 용이하고 깨끗한 가공표면을 얻을 수 있으며 볼트, 너트, 핀 등의 제조에 공급되는 탄소강의 탄소 함유량(%)은?

① 0.001 이하　　　② 0.15~0.25

③ 1.0~1.5　　　④ 1.6 이상

해설

볼트, 너트, 핀 등의 탄소 함유량은 0.15~0.25(%)를 사용한다.

49 금속 간 화합물인 탄화철(Fe_3C)중 철(Fe)의 원자비(%)는?

① 25   ② 45

③ 65   ④ 75

해설

금속 간 화합물
- 각 성분이 서로 간단한 원자비로 결합되어 있는 화합물이다.
- 원래의 특징이 없어지고, 성분 금속보다 단단하고 용융점이 높아진다.
- 일반 화합물에 비해 결합력이 약하고, 고온에서 불안정하다.
- 탄화철은 철(Fe)이 75%, 탄소(C)가 25% 포함되어 있다.

50 에코팁 경도시험의 특징 중 옳지 않은 것은?

① 경도값의 측정이 수초 내에 완료된다.

② 반발을 이용한 경도시험기의 일종이다.

③ 측정자의 유지 방향(수직, 경사, 수평 등)에 제약이 많다.

④ 조작이 간편하여 경험이 없는 사람도 경도값을 쉽고 정확하게 얻을 수 있다.

해설

에코팁 경도시험 : 기존의 로크웰, 브리넬, 비커즈 경도시험은 압입자를 시편에 직접 자국을 내어 경도를 측정하지만 쇼어와 비슷한 원리로 임팩트 디바이스 안에 임팩트 볼을 스프링의 힘을 빌려 시편의 표면에 충격시켜 반발되기 직전과 반발된 직후의 속도비를 가지고 경도로 환산하는 방식

51 기체 흐름의 형태 중 기체의 평균 자유행로가 누설의 단면 치수와 거의 같을 때 발생하는 흐름은?

① 교란 흐름   ② 분자 흐름

③ 전이 흐름   ④ 음향 흐름

해설

기체의 흐름에는 점성 흐름, 분자 흐름, 전이 흐름, 음향 흐름이 있다.
- 점성 흐름
  - 층상 흐름 : 기체가 여유롭게 흐르는 것을 의미하며, 흐름은 누설 압력차의 제곱에 비례한다.
  - 교란 흐름 : 높은 흐름 속도에 발생하며 레이놀즈수 값에 좌우된다.
- 분자 흐름 : 기체 분자가 누설되는 벽에 부딪히며 일어나는 흐름이다.
- 전이 흐름 : 기체의 평균 자유행로가 누설 단면 치수와 비슷할 때 발생한다.
- 음향 흐름 : 누설의 기하학적 형상과 압력하에서 발생한다.

52 주철에 함유되어 있는 탄소의 형태가 아닌 것은?

① 전탄소   ② 공석탄소

③ 유리탄소   ④ 화합탄소

해설

주철에 함유된 탄소
- 유리탄소 : 유리된 상태로 존재하며 Si가 많고 냉각속도가 느릴 때 나타나며, 흑연이라고도 한다.
- 화합탄소 : 화합된 상태로 펄라이트 또는 시멘타이트로 존재하며, Fe_3C에서 $3Fe + C$로 분해되는 경우가 있다.
- 전탄소 : 유리탄소와 화합탄소를 합한 탄소량을 의미한다.

53 Al-Si계 합금의 설명으로 옳지 않은 것은?

① 10~13%의 Si가 함유된 합금을 실루민이라 한다.

② Si의 함유량이 증가할수록 팽창계수와 비중이 높아진다.

③ 다이캐스팅 시 용탕이 급랭되므로 개량처리하지 않아도 조직이 미세화된다.

④ Al-Si계 합금용탕에 금속나트륨이나 수산화나트륨 등을 넣고 10~50분 후에 주입하면 조직이 미세화된다.

해설

Al-Si(실루민)
- 10~14% Si를 첨가하고 Na을 첨가하여 개량화 처리를 실시한다.
- 용융점이 낮고 유동성이 좋아 넓고 복잡한 모래형 주물에 이용
- 개량화 처리 시 용탕과 모래형 수분과의 반응으로 수소를 흡수하여 기포가 발생한다.
- 다이캐스팅에는 급랭으로 인한 조직이 미세화된다.
- 열간 메짐이 없다.
- Si 함유량이 많아질수록 팽창계수와 비중은 낮아지며 주조성, 가공성이 나빠진다.

55 황동에 납(Pb)을 첨가하여 절삭성을 좋게 한 황동으로 스크류, 시계용 기어 등의 정밀가공에 사용되는 합금은?

① 리드 브라스(Lead Brass)

② 문쯔메탈(Muntz Metal)

③ 틴 브라스(Tin Brass)

④ 실루민(Silumin)

해설

구리와 그 합금의 종류
- 톰백(5~20% Zn의 황동) : 모조금, 판 및 선 사용
- 7-3황동(카트리지 황동) : 가공용 황동의 대표적
- 6-4황동(문쯔메탈) : 판, 로드, 기계부품
- 납황동(리드 브라스) : 납을 첨가하여 절삭성 향상
- 주석황동(틴 브라스)
  - 애드미럴티 황동 : 7-3황동에 Sn 1% 첨가, 전연성이 좋다.
  - 네이벌 황동 : 6-4황동에 Sn 1% 첨가
  - 알루미늄황동 : 7-3황동에 2% Al 첨가

54 특수금속재료 중 리드 프레임(Lead Frame) 재료에 요구되는 특성으로 옳지 않은 것은?

① 열전도율 및 전기전도율이 클 것

② 충분한 기계적 강도를 가질 것

③ 반복 굽힘 강도가 우수할 것

④ 금 도금성 및 납땜성이 없을 것

해설

리드 프레임(Lead Frame)은 반도체 칩을 올려 부착하는 금속기판으로 전기전도를 좋게 하기 위해 금 도금이 잘되어야 하며, 납땜성이 좋아야 한다.

56 동(Cu) 합금 중에서 가장 큰 강도와 경도를 나타내며 내식성, 도전성, 내피로성 등이 우수하여 베어링, 스프링, 전기접점 및 전극재료 등으로 사용되는 재료는?

① 인(P) 청동

② 베릴륨(Be) 동

③ 니켈(Ni) 청동

④ 규소(Si) 동

해설

구리에 베릴륨을 0.2~2.5% 함유시킨 동합금으로 시효경화성이 있으며, 동합금 중 최고의 강도를 가진다.

57 축각이 $\alpha = \beta = \gamma = 90°$, 축의 길이는 $a = b \neq c$ 로 이루어진 격자는?

① 단사정계

② 사방정계

③ 정방정계

④ 입방정계

해설

구 분	축 각	축의 길이
정방정계	$\alpha = \beta = \gamma = 90°$	$a = b \neq c$
단사정계	$\alpha = \gamma = 90° \neq \beta$	$a \neq b \neq c$
사방정계	$\alpha = \beta = \gamma = 90°$	$a \neq b \neq c$
입방정계	$\alpha = \beta = \gamma = 90°$	$a = b = c$
육방정계	$\alpha = \beta = 90°$, $\gamma = 120°$	$a = b \neq c$
삼사정계	$\alpha \neq \beta \neq \gamma \neq 90°$	$a \neq b \neq c$

58 피복 배합제 중 아크 안정제에 속하지 않는 것은?

① 석회석

② 알루미늄

③ 산화타이타늄

④ 규산나트륨

해설

아크 안정제 : 아크가 끊어지지 않고 부드러운 느낌을 주게 하는 것으로 규산칼리, 규산소다, 탄산바륨, 석회석, 루틸, 규산나트륨, 일미나이트, 산화타이타늄 등이 있다.

59 부하전류가 증가하면 단자전압이 저하하는 특성으로서 피복아크 용접 등 수동용접에서 사용하는 전원특성은?

① 정전압특성

② 수하특성

③ 부하특성

④ 상승특성

해설

수하특성 : 아크를 안정시키기 위한 특성으로 부하전류가 증가 시 단자전압은 강하하는 특성이다.

60 가스용접에서 아세틸렌 가스의 역할은?

① 용접 온도를 높여 효율을 높인다.

② 용접 부위에 산소 침입을 막는다.

③ 용접 재료의 전기 전도성을 증가시킨다.

④ 용접 재료를 탄화시킨다.

해설

아세틸렌 가스는 연료가스로서 온도를 높여 용접 효율을 상승시키는 역할을 한다.

57 ③ 58 ② 59 ② 60 ① 정답

교육은 우리 자신의 무지를 점차 발견해 가는 과정이다.

– 윌 듀란트 –

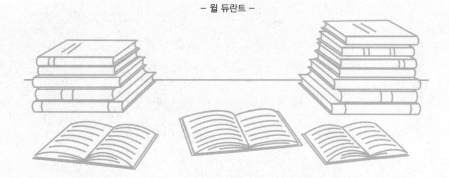

실기(작업형)

KEYWORD 이 편에서는 방사선비파괴검사기능사 수준의 결함탐상과 판독에 한하여 설명하며, 시험장소에 의해 사용되는 기자재는 상이할 수 있다. 이 교재에서는 기능사 수준의 방사선탐상 시 필요한 순서 및 배치방법, 결함분류에 한하여 설명한다.

제1과제 │ 주어진 시험편에 대하여 방사선 투과작업을 실시하시오.

1 방사선탐상 과제

① 평판맞대기 및 곡률 용접부

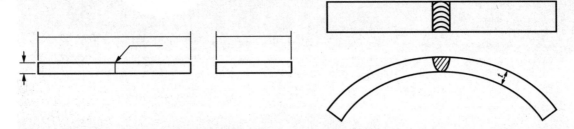

② 원둘레용접 이음부

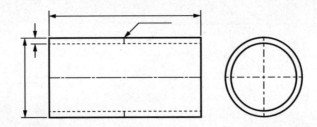

③ 필릿(T형) 용접부

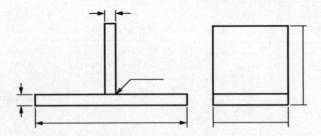

제2과제 | 주어진 필름을 판독하여 결함을 기록하시오.

2 전체적인 작업의 흐름도

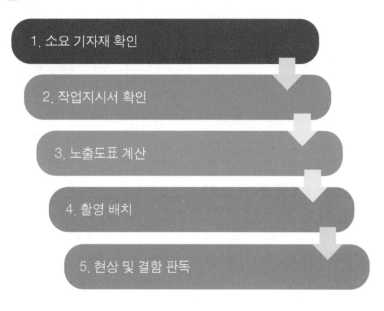

1. 소요 기자재 확인

2. 작업지시서 확인

3. 노출도표 계산

4. 촬영 배치

5. 현상 및 결함 판독

3 방사선비파괴검사 소요 기자재

구 분	소요 기자재
방사선 조사장치	γ선 조사장치, X선 조사장치
촬영용 기자재	필름, 카세트, 증감지, 투과도계, 계조계, 마그네틱 척, 납숫자, 줄자, 테이프
암실용 기자재	현상탱크, 필름건조기, 필름 헹거, 암등, 온도계
관찰용 기자재	필름 관찰기, 농도계, 스텝웨지 필름, 눈금자
방사선 안전관리용 기자재	서베이미터, 개인선량계, 포켓도시미터, 알람모니터, 경고등, 콜리메이터, 납 차폐체 등

① 방사선 조사장치

　방사선 작업장에서 사용하는 조사장치를 확인한다(주로 X선 조사장치를 이용한다).

② 촬영용 기자재

　㉠ 필름 : 노출도표에 제시되어 있는 필름 종류를 확인한다.

　㉡ 카세트 : P.V.C형 또는 고무 재질의 카세트를 사용한다.

　㉢ 증감지 : 특별한 경우를 제외하고 연박증감지는 0.005in, 후방용은 0.005in의 증감지를 사용한다.

　㉣ 투과도계 : 모재두께에 따라 KS B 0845에 의거 적합한 투과도계를 선정한다.

　㉤ 계조계 : 모재의 두께 20mm 이하일 때는 15형, 20mm 초과 40mm 이하일 때는 20형, 40mm 초과 50mm
　　이하일 때는 25형을 쓰며, 50mm 초과할 경우 계조계를 쓰지 않는다.

③ 암실용 기자재

　현상처리를 하기 위하여 암실이 설치되어 있어야 하며, 현상탱크, 필름 건조기, 필름 헹거, 암등, 온도계 등의
　작동 여부를 확인한다.

④ 관찰용 기자재

　필름 관찰기, 농도계, 스텝 웨지 필름, 눈금자 등을 확인한다.

⑤ 방사선 안전관리용 기자재

　안전관리용 기자재의 외관검사, 작동상태, 손상 여부 및 유효기간 등을 점검하고, 충분한 성능을 가지고 있는지
　확인 후 사용한다.

4 **방사선 작업 안전관리**

① 개인 선량계의 작동 상태 및 이상 여부를 점검하며, 방사선 구역에 들어갈 때에는 항상 방사능을 측정하여 안전한지 확인 후 출입하도록 한다.

② 방사선 관리구역 표지판, 경고등의 위치를 확인 및 비상구를 확인하여, 긴급 상황 시 대피 방법에 대해 숙지한다.

③ 선원이 노출된 후에는 방사선 관리구역/감시구역 경계에서의 방사선량률을 측정한다.

④ 노출 중에는 방사선 관리구역 및 방사선 감시구역에 종사자 이외의 사람은 출입하지 못하므로, 지정 장소에서 대기하도록 한다.

⑤ 노출이 끝나면 방사선 관리구역 및 감시구역의 알람기를 확인하고 방사선 장비 작동 위치에서 방사선량률을 측정하여 안전 여부를 확인한다.

⑥ 필름 배지는 왼쪽 가슴에 부착하며, 알람 모니터 경고음 주기 확인, 포켓도시미터, 서베이미터 등의 작동을 확인하여야 한다.

5 안전장비 및 장구의 점검요령

① Survey Meter 점검

　ⓐ 사용 전에는 배터리 점검을 해야 하며, 측정 구간은 "off"에 위치시키고 체크 버튼을 누른다.

　ⓑ 서베이미터는 공간선량률(mR/시간)을 측정하는 것으로 측정치는 1시간의 선량수치를 나타낸다.

건전지 확인 버튼 누름　　　　지침이 BATT구간에 있는지 확인

② 알람모니터 점검

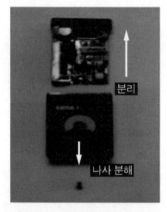

알람모니터 분해　　　　건전지 교체　　　　알람모니터 조립

방사선량률	경고음 및 점멸등 주기	
	CATCH-1	GAMMALERT
BACKGROUND	1회/10분~20분	1회/20분
1mR/hr	3회/분	2회/분
10mR/hr	30회/분	20회/분
100mR/hr	300회/분	200회/분
1,000mR/hr 이상	연속음	연속음

③ 포켓도시미터 점검(영점 조정)

　㉠ 외관 손상 여부 확인

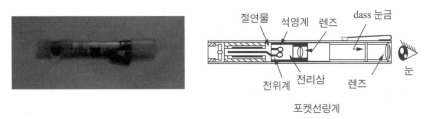

절연물　석영계　렌즈　　dass 눈금

전위계　전리상　렌즈　눈

포켓선량계

　㉡ 영점 조정

아래로 누름

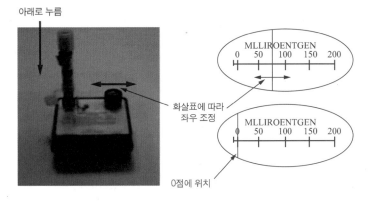

MLLIROENTGEN
0　50　100　150　200

MLLIROENTGEN
0　50　100　150　200

화살표에 따라
좌우 조정

0점에 위치

6 **작업지시서 확인하기**

① **촬영 연월일** : 시험 연월일을 기재한다.

② **사용 장치** : 사용 장치명을 기재한다.

③ **시험편 번호** : 배부 받은 시험편 번호를 기재한다.

④ **모재두께 및 재질** : 모재두께를 실측하며, 재질을 작성한다. 대부분 강(Carbon Steel)을 사용한다.

⑤ **필름** : 필름의 종류를 작성한다.

⑥ **투과도계** : 투과도계 종류를 작성한다.

⑦ **증감지** : 증감지 종류를 작성한다.

⑧ **사용 관전압** : 노출도표를 이용해 결정한다.

⑨ **사용 관전류** : X선 발생장치의 관전류는 5mA 또는 6mA로 고정되어 있다.

⑩ **초점(선원), 필름 간 거리** : 시험장 장비 별 감독위원이 지시한 값을 작성한다.

⑪ **식별 최소선지름** : 투과도계의 식별 최소선지름을 모재의 두께에 따라 그 값을 작성한다.

⑫ **계조계 및 계조계 값** : 모재의 두께에 따라 계조계의 종류 및 값을 작성한다.

⑬ **선량측정** : 필름촬영 시 대기하는 곳에서의 선량을 측정한다.

⑭ **시험편 모양** : 맞대기, 곡률, 원둘레, 필릿 용접부 등 시험편 모양을 작성한다.

⑮ **노출시간** : $T_1 : T_2 = D_1^2 : D_2^2$을 이용하여 실제 노출할 시간을 계산한다.

⑯ **촬영(필름)배치 모식도** : 시험편 모양에 따른 필름배치 혹은 촬영배치를 그림으로 간단히 표시한다.

7 노출조건 계산

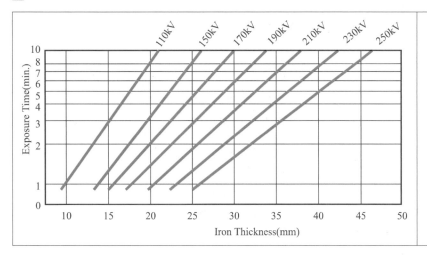

RF-250 EGM 표준 노출 차트 1/2
- 촬영필름 : Fuji#100
- 증감지 : 납 박편 0.03mm×2
- X-Ray 초점에서 필름까지 거리
  : 600mm
- 현상온도 : 20℃, 5분
- 필름흑화도 : 2.0

노출도표는 각 장비마다 다르며, X축은 투과 두께, Y축은 노출 시간을 나타내며, 사선은 사용 관전압(kV)를 의미한다.

① 모재두께 측정

용접부의 비드 부분이 없다면 투과두께는 원모재두께를 적용하며, 비드가 있다면, 용접 흠의 종류를 고려하여 투과두께를 계산한다.

㉠ 평판 맞대기, 곡률 : V형($T+2$), X형($T+4$)

㉡ 필릿 : $T_1 \neq T_2$일 경우 $1.1(T_1 + T_2)$, $T_1 = T_2$일 경우 $2.2 \times T$

㉢ 2중벽 단일면 : V형($2(T+2)$), X형($2(T+4)$)

㉣ 2중벽 양면 : V형($2(T+2)$), X형($2(T+4)$)

다만, 시험 시 용접 흠의 종류가 지시되어 있지 않다면, 실제 용접부의 비드 두께를 측정하여 투과두께를 계산하여야 한다. 필릿의 경우 T_1과 T_2를 더한 값에서 덧살 2를 더하여 계산하며, 2중벽의 경우 양면두께에 2를 더하여 계산하여야 한다.

② 노출시간 계산

노출도표를 이용하여 노출시간을 계산하며, 계산과정은 다음과 같다.

㉠ $T_1 : T_2 = D_1{}^2 : D_2^2$

- T_1 : 노출도표 상 시간
- T_2 : 실제 실시할 시간
- D_1 : 노출도표 상의 선원과 거리
- D_2 : 초점-필름 간 거리(SFD)

㉡ $T_2 = T_1 \times \left(\dfrac{D_2}{D_1}\right)^2$

ⓒ D_1의 경우 RF-250 EGM 표준노출 차트상 600mm로 지정되어 있으며, D_2의 경우 감독위원이 지시한 값을 이용하면 된다. 여기에서는 550mm로 한다. 그리고 T_1의 경우 투과두께를 이용하여 적당한 kV 및 노출시간을 결정하면 된다. kV에 따라 다르나, 통상 1~2분 이내로 결정한다.

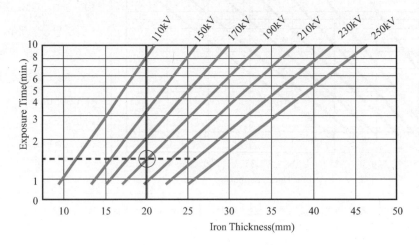

ⓓ 예를 들어, 모재두께가 20mm라고 한다면 노출도표상 Y축으로 평행하게 줄을 긋고 만나는 kV와 시간을 결정하며, 여기에서는 사용 관전압 190kV에 1분 30초를 적용한다.

ⓔ 노출시간을 계산하자면 $T_2 = 90\sec \times \left(\dfrac{550\text{mm}}{600\text{mm}}\right)^2 = 75.6$초가 된다.

ⓕ 이러한 노출시간의 계산과정을 빠짐없이 작성하여 준다.

③ 투과도계 및 계조계 선정

ㄱ 투과도계는 KS A 4054에 규정하는 일반형의 F형(강재) 혹은 S형(스테인리스)의 사용하며 투과두께에 따라 달리 사용한다.

모양의 종류	사용 투과두께 범위(mm)	
규격(구 규격)	보통급	특 급
04F(F02)	20 이하	30 이하
08F(F04)	10~40	15~60
16F(F08)	20~80	30~130
32F(F16)	40~160	60~300
63F(F32)	80~320	130~500

ㄴ 계조계는 KS B 0845를 참고하며 모재의 두께에 따라 종류를 결정한다.

모재의 두께(mm)	계조계의 종류
20.0 이하	15형
20.0 초과 40.0 이하	20형
40.0 초과 50.0 이하	25형

ㄷ 투과도계의 식별 최소선지름 및 계조계의 값은 KS B 0845 부속서를 참고하여 알고 있도록 한다.

8 촬영배치

① 평판맞대기 및 곡률 용접부

　㉠ 납글자 마킹 및 붙이기

　　청테이프를 이용하여 감독관의 지시에 따라 납글자를 붙이고, 마킹한 것을 비드에서 약간 떨어지게 붙인다. 여기에는 시험 연월일, 부재두께, 촬영날짜 등을 작업한다.

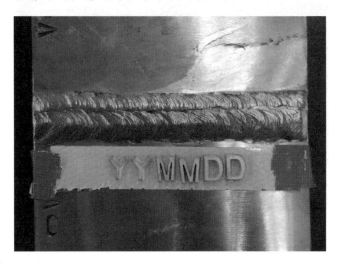

　㉡ 투과도계 부착

　　투과도계 부착 시 가는 선이 바깥쪽을 향하게 붙이며, 시험부 유효길이가 투과도계 너비의 3배 이하인 경우 중앙에 1개만 둘 수 있다. 특히 가는선 모두가 시험편 내로 들어올 수 있도록 붙여야 하는 것에 유의한다. 이때, 용접부의 열 영향부 간격을 유지하여야 한다.

© 시험부 유효길이 표시기호 부착

시험부 유효길이는 제시되는 값으로 하며, 대부분 양쪽 끝단에서 25.4mm(1인치)를 남기고 화살표 납글자를 이용하여 붙인다.

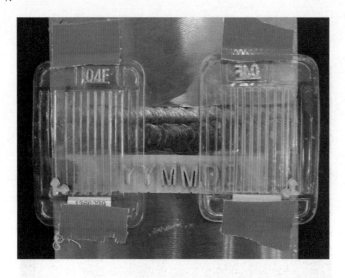

② 계조계 부착

계조계는 모재와 필름 사이에 붙이며, KS B 0845에 의거 모재의 두께에 따라 15형, 20형, 25형을 선정해서 붙이며, 이때 투과도계, 납글자를 피하여 붙여야 한다. 그리고 이러한 납글자, 계조계, 투과도계, 유효길이 표식은 모두 필름에 들어와야 한다. 시험편 뒤쪽 혹은 결함부를 피하여 필름쪽에 두어도 상관없다.

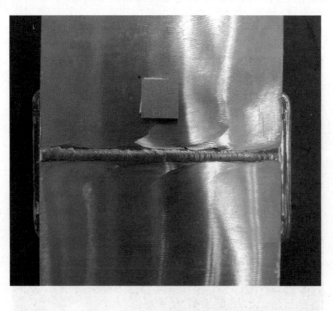

ⓜ 필름배치

모든 것을 배치한 후 모습이며, 유효길이 표시 부분도 테이핑을 해야 하지만, 사진상 잘 보이게 하기 위하여 붙이지 않음을 유의한다. 필름 쪽에 B 납글자를 붙여 후방산란을 다 적용하는 기호를 부착한다.

② 필릿(T형) 용접부

필릿의 경우 계조계를 사용하지 않으며, 탐상배치로는 선원에서 직각이 아닌 비스듬하게 촬영하거나 혹은 직각면에서 평행하게 하되, 각도를 30° 정도 준 후 촬영하는 방법이 있다.

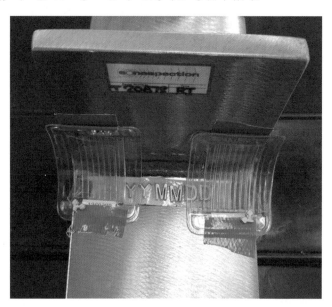

③ 강관의 원둘레용접 이음부(단일면)

X-ray를 사용할 경우, 필름을 감싸지 않고 촬영하여야 필름의 간섭을 없앨 수 있으며, 촬영배치 시 선원에서 FFD의 1/4 정도 거리를 띄운 후 촬영하여야 한다. 이때 필름 측에 납글자 F 마크를 붙여 투과 사진 상에서 필름 측에 둔 것을 알 수 있도록 한다.

9 안전관리 및 촬영

① 평판맞대기 용접부 촬영배치

KS B 0845에 따라 강판맞대기 용접부 촬영배치는 부속서 1 그림 1과 같으며, 유의할 점은 방사선 장비에서 중앙부 X라고 테이핑 된 부분에서 선원이 시작되는 지점이므로 선원-시험편 거리 측정 시 오차가 없도록 촬영배치 하여야 한다.

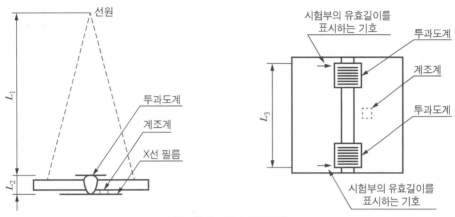

부속서 1 그림 1 촬영배치

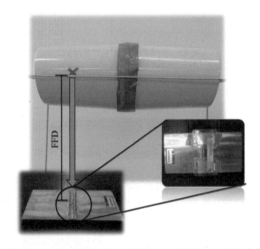

㉠ 서베이미터를 이용하여 촬영 전 방사선 누출 여부를 확인한 후 작업장 안으로 들어간다.

㉡ X선 발생장치의 문을 열고 선원과 시험편이 위치할 선반까지의 거리를 지시된 거리와 맞추어 준다.

㉢ 선원구의 중심과 촬영할 비드부 중심이 일치하도록 하고 납 차폐문을 닫은 후 전압과 노출시간을 입력하여 촬영을 한다.

㉣ 서베이미터로 촬영 중 선량을 측정한다.

㉤ 작업이 완료되면 후처리를 한다.

② 필릿(T)용접 이음부의 촬영배치

KS B 0845에 따라 필릿형 용접부 촬영배치는 부속서 3 그림 3과 같으며, 필릿형은 선원을 비스듬히 조사시켜 주어야 되는 것에 유의하여야 하며 다음 순서대로 촬영배치를 한다.

㉠ 서베이미터를 이용하여 촬영 전 방사선 누출 여부를 확인한 후 작업장 안으로 들어간다.

㉡ X선 발생장치의 문을 열고 시험편을 준비한다.

㉢ S거리를 계산(S=FFD거리×tan15°)하여 방사선원이 나오는 중앙에서 S거리를 띄워 시험편을 위치시킨다.

㉣ 납 차폐문을 닫은 후 전압과 노출시간을 입력하여 촬영을 한다. 촬영 중에는 서베이미터로 선량을 측정한다.

㉤ 작업이 완료되면 후처리를 한다.

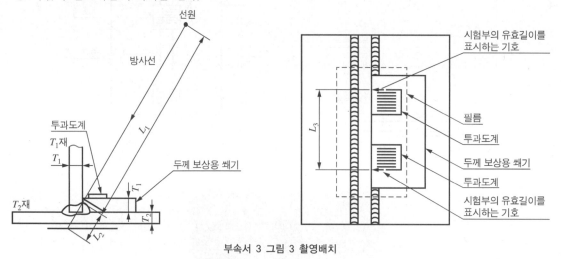

부속서 3 그림 3 촬영배치

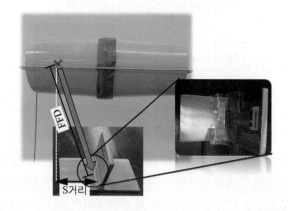

※ S거리를 준 후 시험하는 방법으로 X가 표시된 선원에서 S거리를 띄어 시험편을 위치시킨 후 FFD 거리를 줄자로 측정하여 촬영하는 방법

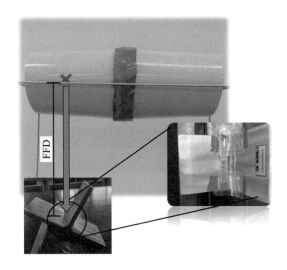

※ 시험편을 30° 정도 각도를 주어 선원에서 수직인 면에서 촬영을 하는 방법으로, 이때에도 X가 표시된 선원에서 줄자를 이용하여 FFD를 정확히 측정 및 촬영배치 후 촬영하여야 한다.

③ 강판의 원둘레 용접 이음부의 촬영배치(2중벽 단일면)

KS B 0845에 따라 2중벽 단일면의 촬영배치는 부속서 2 그림 4와 같으며, 선원을 비스듬히 조사시켜 주어야 되는 것에 유의하여야 하며 다음 순서대로 촬영배치를 한다.

㉠ 서베이미터를 이용하여 촬영 전 방사선 누출 여부를 확인한 후 작업장 안으로 들어간다.

㉡ X선 발생장치의 문을 열고 시험편을 준비한다.

㉢ S거리를 계산(S=FFD거리×tan15°)하여 방사선원이 나오는 중앙에서 S거리를 띄워 시험편을 위치시킨다. 이때, 시험부 유효길이의 중앙 상당한 부분에 조사각도 15° 이내를 생각하여, 관측 방향의 이동거리는 FFD의 1/4 정도로 한다.

㉣ 납 차폐문을 닫은 후 전압과 노출시간을 입력하여 촬영을 한다. 촬영 중에는 서베이미터로 선량을 측정한다.

㉤ 작업이 완료되면 후처리를 한다.

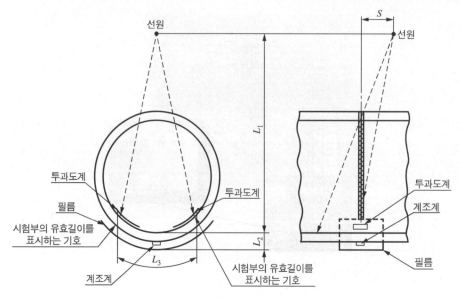

선원

선원

L_1

L_2

L_3

S

투과도계

투과도계

필름

시험부의 유효길이를
표시하는 기호

계조계

시험부의 유효길이를
표시하는 기호

투과도계

계조계

필름

부속서 2 그림 4 2중벽 단일면 촬영방법

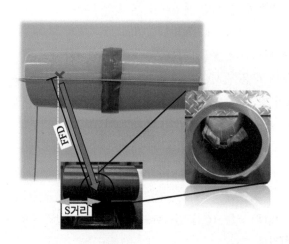

FFD

S거리

10 필름현상하기

필름현상의 주요 처리로는 현상 → 정지 → 정착 → 수세 → 건조의 순으로 진행되며, 기능사 작업 시 필름현상은
감독관이 실시한다.

11 필름판독하기

필름판독은 필름관찰기를 사용하여 현상된 필름을 올려둔 뒤 조명의 밝기를 조절하여 결함을 탐상하며, 판독은 다음과 같이 한다.

① 필름이 현상되면 판독실로 옮겨 필름의 품질 수준을 확인한다.

  ㉠ 필름에 구간 마크, 식별 표시, 시험부를 가리지 않는지 여부를 확인한다.

  ㉡ 시험부의 의사지시 여부를 확인한다. 의사지시로는 흐림, 물방울 자국과 얼룩과 같은 현상 처리 중 생긴 의사지시, 손가락 자국, 정전기 자국, 긁힌 자국, 필름과 스크린 밀착 불량으로 인한 의사지시 등이 있다.

  ㉢ 투과도계의 식별 최소선지름을 확인한다.

부속서 2 표 3 투과도계의 식별 최소선지름(강판맞대기 및 강관 원둘레용접 이음부)

단위 : mm

모재의 두께	상질의 종류			
	A급	B급	P1급	P2급
4.0 이하	0.125	0.10	0.20	0.25
4.0 초과 5.0 이하	0.16	0.10	0.20	0.25
5.0 초과 6.3 이하	0.16	0.125	0.25	0.32
6.3 초과 8.0 이하	0.20	0.16	0.32	0.40
8.0 초과 10.0 이하	0.20	0.16	0.32	0.40
10.0 초과 12.5 이하	0.25	0.20	0.40	0.50
12.5 초과 16.0 이하	0.32	0.20	0.50	0.50
16.0 초과 20.0 이하	0.40	0.25	0.63	0.63
20.0 초과 25.0 이하	0.50	0.32	0.80	0.80
25.0 초과 32.0 이하	0.50	0.40	1.0	0.80
32.0 초과 40.0 이하	0.63	0.50	1.25	–
40.0 초과 50.0 이하	0.80	0.63	1.6	

② 투과사진의 농도범위를 확인한다.

㉠ 농도계의 눈금이 0이 되도록 0점 조정한 후 투과사진 상의 최고농도와 최저농도를 측정하여 농도범위가 규격에 규정된 범위를 만족하는지 확인한다.

부속서 2 표 4 투과사진의 농도범위

상질의 종류	농도범위
A급	1.3 이상 4.0 이하
B급	1.8 이상 4.0 이하
P1급	1.0 이상 4.0 이하
P2급	

③ 계조계를 사용하였다면, 농도를 측정한 후 계조계의 값(농도차/모재 부분의 농도)가 규정된 범위에 만족하는지 확인한다.

부속서 2 표 5 계조계의 값

단위 : mm

모재의 두께	계조계의 값 $\left(\dfrac{농도차}{농도}\right)$		계조계의 종류
	상질의 종류		
	A급	B급	
4.0 이하	0.15	0.23	15형
4.0 초과 5.0 이하	0.10		15형
5.0 초과 6.3 이하	0.10	0.16	15형
6.3 초과 8.0 이하	0.081	0.12	15형
8.0 초과 10.0 이하	0.081	0.12	15형
10.0 초과 12.5 이하	0.062	0.096	15형
12.5 초과 16.0 이하	0.046	0.096	15형
16.0 초과 20.0 이하	0.035	0.077	15형
20.0 초과 25.0 이하	0.049	0.11	20형
25.0 초과 32.0 이하	0.049	0.092	20형
32.0 초과 40.0 이하	0.032	0.077	20형
40.0 초과 50.0 이하	0.060	0.12	25형

12 결함 등급 분류하기

① 결함의 등급 분류

결함의 분류는 KS B 0845 부속서 4에 따라 결함의 등급 분류를 적용하며, 제1종~제4종으로 분류한다.

부속서 4 표 1 결함의 종별

결함의 종별	결함의 종류
제1종	둥근 블로홀 및 이에 유사한 결함
제2종	가늘고 긴 슬래그 혼입, 파이프, 용입 불량, 융합 불량 및 이와 유사한 결함
제3종	갈라짐 및 이와 유사한 결함
제4종	텅스텐 혼입

② 결함의 모양 및 형태

㉠ 제1종 결함

둥근 블로홀 및 이와 유사한 결함으로 용접부의 수소 또는 일산화탄소의 과잉, 모재 내의 유황의 함유가 많을 경우, 전류가 높거나 용접 속도가 빠를 때 발생하며, 필름상 검고 구형의 모양으로 단독 또는 군집 형태로 나타난다.

ⓛ 제2종 결함

• 가늘고 긴 슬래그 혼입(Slag)

　 융합 불량 혹은 용입 불량으로 오해하기 쉬우며, 용착금속 부분 혹은 융합부에 슬래그가 남아 있는 것으로, 다음 사진과 같이 완전한 가늘고 긴 형태 혹은 드물게 혼입되어 있는 모습으로 나타난다. 슬래그 혼입은 다층용접일 경우 전층의 슬래그 제거가 불충분할 때 발생한다. 때로는 용접작업자의 기량미숙이나 용접부의 이음형상이 원인이 되어 발생할 때도 있다. 슬래그 혼입은 보통 용접선에 평행하게 선상으로 나타날 경우가 많다. 투과사진에서는 검고 불규칙한 형태로 나타난다.

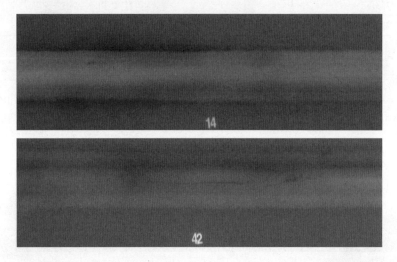

• 용입 불량(Incomplete Penetration : IP)

　 필름상 가는 실선으로 나타나는 형태로 보이며, 직선형 슬래그와 혼동될 수 있다. 이 경우 결함이 나타난 곳의 위치가 비드 부분인지 아닌지 확인하여 판독한다. 용접금속이 루트부까지 도달하지 못했기 때문에 모재와 모재 사이에 발생한 융합 부족의 특별한 예이다. 완전히 밀착시켜 놓은 Ⅰ형 홈에서는 용입 부족이 발생하더라도 용접수축에 의한 루트면의 밀착이 잘되어 방사선투과시험으로 검출이 안 될 때도 있다. 투과사진에서는 용접 비드 중앙에 검고 날카로운 직선 형태로 나타난다.

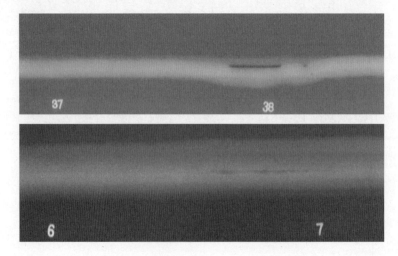

• 융합 불량(Lack of Fusion : LF)

융합 불량은 흠의 면, 즉 용접금속과 모재 사이 혹은 패스 사이, 즉 다음 용접패스와의 사이에서 용재의 용입은 잘 되었으나 용융이 적절하지 않아 루트(Root)에서 용접금속과 모재 사이가 충분히 녹아 붙지 않기 때문에 발생한 결함이다. 주요 원인으로는 부적절한 용접 전류 혹은 이음부의 형상, 토치 위치 및 토치 각도의 불량으로 발생한다. 이 결함은 가스용접과 TIG용접에 많이 발생하며, 입열 부족을 일으키면서 발생할 때가 많다.

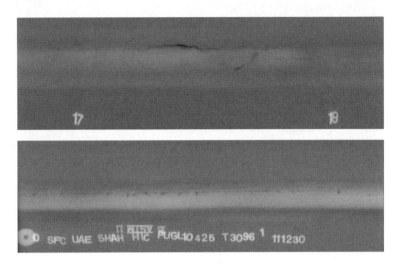

ⓒ 제3종 결함(갈라짐 : Crack)

용접부에 발생하는 갈라짐(Crack)은 주로 용접 시 발생하며, 열의 냉각속도가 너무 빨라 수축으로 인한 고온균 열, 아크 주위의 습기에 의한 수소균열, 비드 끝에서 발생하는 크레이터 균열, 필렛 용접 시 두꺼운 재질의 두께 부분 또는 모서리 부분에서 층층이 갈라져 나타나는 라멜라티어 등으로 발생한다. 균열의 종류를 분류해 보면 다음과 같다.

• 발생위치에 따른 분류

　− 용접금속 균열(Weld-Metal Crack)

　　a) 비드균열(Bead Crack) : 세로균열, 가로균열, 호상균열

　　b) 크레이터 균열(Crater Crack) : 세로균열, 가로균열, 별모양 균열

　　c) 루트 균열(Root Crack)

　　d) 마이크로 피셔(Micro Fissure)

• 열영향부 균열(Heat-Affected Zone Crack)

　− 루트 균열

　− 용접끝부 균열(Toe Crack)

　− 비드밑 균열(Under Bead Crack)

　− 라미네이션 균열(Lamination Crack)

• 발생기구에 따른 분류
  - 고온균열 또는 응고균열
  - 저온(냉간)균열

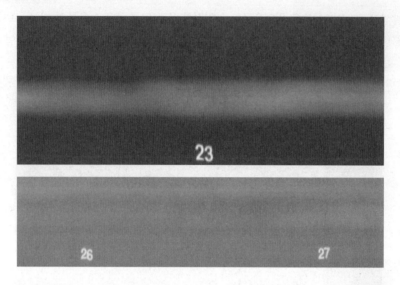

ⓔ 제4종 결함(텅스텐 혼입 : Tungsten Inclusion)

텅스텐 혼입은 TIG용접을 할 때, 용접하고 있는 텅스텐 전극의 선단을 용접 작업자의 잘못으로 용접지에 접지 시 텅스텐이 용접금속으로 이행하는 현상으로 독립적 혹은 용접 시작점이나 끝점에서 발생하기 쉽다. 또, 사용 전극에 비해 높은 전류를 사용하면 용접선 길이를 따라 텅스텐 혼입이 발생하기도 한다. 투과사진에서는 하얀 작은 기공과 같이 나타난다.

ⓜ 표면결함 예시

표면결함으로는 언더컷, 오버랩, 피트, 스패터 등이 있으며 방사선 필름 판독에서는 제외된다. 다음 표면결함을 잘 보고 결함 분류에 혼동하지 않도록 한다.

- 언더컷

  모재의 표면과 용접금속의 표면이 접히는 부분에 생기는 흠으로 용접속도가 크고, 용접전류가 과대하여 아크 길이가 길 때 발생하며, 대부분 육안시험 및 자분(침투)탐상으로 검출한다.

- 오버랩

  용착금속이 끝부분에서 모재와 용합되지 못하고 겹쳐지는 부분을 의미한다.

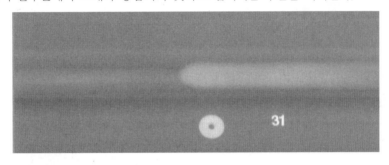

http://www.standard.go.kr을 주소창에 입력하면, 국가표준인증 통합정보시스템에 접속됩니다.

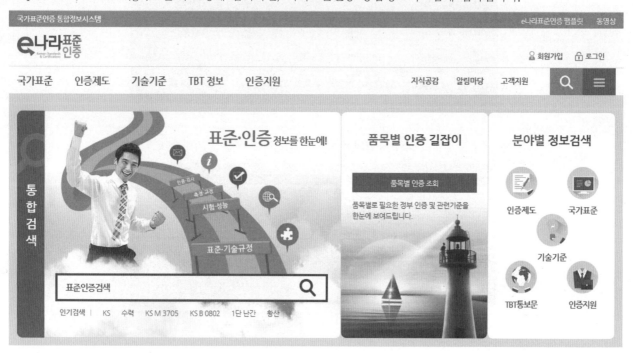

여기서 분야별 정보검색 아이콘을 클릭하면 다음과 같은 페이지가 나옵니다.

예를 들어 KS D 0213을 찾으려면, 표준번호를 선택하여 0213이라고 쓰고 검색을 누르면 다음과 같은 화면이 나옵니다.

No	표준번호	표준명	개정/개정/확인일	고시번호	담당부서	담당자
1	KS B 0213	유니파이 보통나사의 허용 한계 치수 및 공차	2017-08-28	2017-0314	기계소재표준과	
2	KS C 0213	환경 시험 방법 - 전기.전자 - 대기 부식에 대한 가속시험-지침	2015-12-31	2015-0680	전기전자표준과	
3	KS D 0213	철강 재료의 자분 탐상 시험 방법 및 자분 모양의 분류	2014-10-20	2014-0631	기계소재표준과	
4	KS E ISO10213	알루미늄 광석의 철 정량 방법- 삼염화타이타늄 환원법	2016-12-30	2016-0626	기계소재표준과	
5	KS K 0213	섬유의 혼용률 시험방법:기계적 분리법 폐지	1980-12-24		화학서비스표준과	

KS D 0213을 클릭하면 다음 화면이 나옵니다. 이 화면을 아래로 내려가면서 살펴보면 다음과 같은 화면이 나올 것입니다.

KS원문보기   PDF eBook   ※KS원문보기가 안될 경우 043-870-5697로 문의하여주시기 바랍니다.

	변경일자	구분	고시번호	제정.개정.폐지 사유
	1974-03-21	확인	1795	
	1977-05-20	개정	9160	
	1980-02-28	확인	800019	
	1983-12-30	개정	831037	
	1988-11-29	확인	880944	
표준이력사항	1994-01-05	개정	940227	
	1999-05-03	확인	990069	
	2004-06-29	확인	2004-0279	
	2009-12-23	확인	2009-0905	동 표준은 일본 JIS G 0656 표준을 참고하여 국내에서 자체적으로 개발되었으며 관련 적용분야에서 추가적인 개정에 대한 수요가 없었으며 자체 검토결과 개정 필요성이 매우 미약하다고 판단되어 확인처리 하고자 함
	2014-10-20	개정	2014-0631	KSA0001서식에 맞추어 개정(규격을 표준으로 변경 등) 인용표준 정비

그러면 KS원문보기의 PDF eBOOK을 클릭합니다. 여러 가지 뷰 관련 프로그램을 설치하고, 대한민국의 Active X 체계의 불편함을 한번 겪으면 KS규격 본문을 볼 수 있습니다. 이 본문은 오로지 열람용이며, 인쇄가 불가능합니다. 따라서, 필요한 규격이 있으면 컴퓨터를 이용하여 열람만 하던지, 아니면 KS D 0213만이라도 손으로 베껴 쓰면 좋겠습니다. 베껴 써두면 언제든지 궁금할 때 참고할 수 있고, 또 그 자체로 훌륭한 학습이 됩니다.

※ 출처 : 국가표준인증통합정보시스템   http://www.standard.go.kr

참 / 고 / 문 / 헌

- 고진현 외, 비파괴 공학, 원창출판사 2006년
- 중앙검사, 방사선투과검사, 중앙검사
- 권호영 외, 비파괴검사 기초론, 선학출판사, 2000년
- 김승대 · 강보안, 비파괴검사 실기 완전정복, 세진사, 2010년
- 용접기술연구회, 용접기능사학과, 일진사, 2003년
- 박익근, 비파괴검사개론, 노드미디어, 2012년
- 교육인적자원부, 금속재료, 대한교과서주식회사, 2002년

K / S / 규 / 격

- KS B 0845
- KS D 0227
- KS D 0237
- KS D 0239
- KS D 0241
- KS D 0242
- KS D 0245
- KS D 0272
- KS W 0913

Win-Q 방사선비파괴검사기능사 필기+실기

개정8판1쇄 발행	2025년 04월 10일 (인쇄 2025년 02월 07일)
초 판 발 행	2017년 01월 05일 (인쇄 2016년 11월 02일)
발 행 인	박영일
책 임 편 집	이해욱
편 저	권유현
편 집 진 행	윤진영 · 최 영 · 천명근
표지디자인	권은경 · 길전홍선
편집디자인	정경일
발 행 처	(주)시대고시기획
출 판 등 록	제10-1521호
주 소	서울시 마포구 큰우물로 75 [도화동 538 성지 B/D] 9F
전 화	1600-3600
팩 스	02-701-8823
홈 페 이 지	www.sdedu.co.kr
I S B N	979-11-383-8825-2(13550)
정 가	27,000원

TECH BIBLE

한눈에 이해할 수 있도록
체계적으로 정리한 **핵심이론**

철저한 시험유형 파악으로
만든 **필수확인문제**

국가직 · 지방직 등
최신 **기출문제와 상세 해설**

기술직 공무원 건축계획
별판 | 30,000원

기술직 공무원 전기이론
별판 | 23,000원

기술직 공무원 전기기기
별판 | 23,000원

기술직 공무원 생물
별판 | 20,000원

기술직 공무원 임업경영
별판 | 20,000원

기술직 공무원 조림
별판 | 20,000원

※도서의 이미지와 가격은 변경될 수 있습니다.